Till Grewe

Professional Service Firms in einer globalisierten Welt

GABLER EDITION WISSENSCHAFT

Unternehmensführung & Controlling

Herausgegeben von
Universitätsprofessor Dr. Dr. habil. Wolfgang Becker,
Otto-Friedrich-Universität Bamberg
und Universitätsprofessor Dr. Dr. h.c. Jürgen Weber,
WHU – Otto Beisheim School of Management, Vallendar

Die Schriftenreihe präsentiert Ergebnisse der betriebswirtschaftlichen Forschung im Themenfeld Unternehmensführung und Controlling. Die Reihe dient der Weiterentwicklung eines ganzheitlich geprägten Management-Denkens, in dem das Controlling als übergreifende Koordinationsfunktion einen für die Theorie und Praxis der Führung zentralen Stellenwert einnimmt.

Till Grewe

Professional Service Firms in einer globalisierten Welt

Eine strategische Analyse am Beispiel von Wirtschaftsprüfungsgesellschaften und Unternehmensberatungen

Mit einem Geleitwort von
Univ.-Prof. Dr. Dr. habil. Wolfgang Becker

GABLER EDITION WISSENSCHAFT

Bibliografische Information der Deutschen Nationalbibliothek
Die Deutsche Nationalbibliothek verzeichnet diese Publikation in der
Deutschen Nationalbibliografie; detaillierte bibliografische Daten sind im Internet über
<http://dnb.d-nb.de> abrufbar.

Dissertation Otto-Friedrich-Universität Bamberg, 2008

1. Auflage 2008

Alle Rechte vorbehalten
© Gabler | GWV Fachverlage GmbH, Wiesbaden 2008

Lektorat: Frauke Schindler / Stefanie Loyal

Gabler ist Teil der Fachverlagsgruppe Springer Science+Business Media.
www.gabler.de

Umschlaggestaltung: Regine Zimmer, Dipl.-Designerin, Frankfurt/Main
Gedruckt auf säurefreiem und chlorfrei gebleichtem Papier
Printed in Germany

ISBN 978-3-8349-1261-9

Geleitwort

Einer der bedeutsamsten Mega-Trends der letzten Jahrzehnte ist die Globalisierung wirtschaftlichen Handelns. Die Betriebswirtschaftslehre, insbesondere die Lehre der internationalen Unternehmensführung, noch spezieller die Lehre des Strategischen Managements und Controllings, haben diese Entwicklung bereits vor geraumer Zeit aufgegriffen und eine Reihe allgemeiner Erklärungs- und Handlungsmodelle entwickelt. Trotzdem sind immer noch eine Vielzahl spezifischer Fragestellungen weitgehend unbeantwortet, auch die der strategischen Gestaltung international tätiger Professional Service Firms. Diese Unternehmen sind Anbieter wissensintensiver Dienstleistungen wie insbesondere Unternehmensberatungen und Wirtschaftsprüfungsgesellschaften, deren Gestaltung im Fokus der vorliegenden Untersuchung von Till Grewe stehen.

Die Arbeit beschäftigt sich im Kern mit der Forschungsfrage, warum Unternehmensberatungen und Wirtschaftsprüfungsgesellschaften in der Vergangenheit ihre Organisationen internationalisiert haben und dies weiterhin tun. Till Grewe charakterisiert zunächst theoriegeleitet, dann anhand einer strategischen Analyse exemplarischer Branchenvertreter in drei explorativen Fallstudien Geschäftsmodelle von Professional Service Firms und leitet daraus strategische Gestaltungsoptionen für derartige Unternehmen ab. Die bewusst fallübergreifende Zusammenfassung der empirischen Ergebnisse mündet in der Ableitung von Hypothesen. Diese bilden eine interessante Ausgangsbasis für zukünftige, vertiefende Forschungsarbeiten.

Till Grewe entwickelt in diesem Zusammenhang u. a. einen modellhaften Bezugsrahmen, der Kundenwunsch, Auftragsgewinnung und interne Organisationsstruktur von Professional Service Firms miteinander verknüpft. Zudem werden in einer sehr interessanten Portfoliodarstellung zentrale Herausforderungen des weiteren Wachstums für Professional Service Firms im Hinblick auf die Neudefinition von Kundengruppen aufgezeigt und kritisch diskutiert und somit vergleichend beurteilt. Gleichzeitig bilden die gewonnenen Erkenntnisse einen Ansatzpunkt für weitere Forschungsarbeiten. So liegt für international tätige Professional Service Firms eine zentrale Herausforderung im Aufbau wertschöpfungsorientierter Steuerungssysteme. Solche (Controlling-) Instrumente müssen auf der Implementierung eines an den Stakeholderinteressen, den daraus resultierenden Unternehmenszielen und dem Geschäftsmodell ausgerichteten Performance Measurements und Managements basieren. Bedeutsame Folge der Einführung derartiger Konzepte ist die entsprechend konsequente Ausgestaltung von Anreiz- und Vergütungssystemen für die Mitarbeiter von Professional Service Firms.

Was wird von der Arbeit und den darin zahlreich verarbeiteten Ideen vor allem bleiben? Die zentrale wissenschaftliche Leistung von Till Grewe besteht in der anschaulichen Herausarbeitung der vielschichtigen Zusammenhänge der internationalen Tätigkeit von Professional Service Firms. Dank der explorativen Fallstudien konnte ein einerseits sehr detailliertes und andererseits aber zugleich umfassendes Bild des Strategischen Managements derartiger Firmen in der Unternehmenspraxis aufgezeigt werden. Dies schafft neue Einsichten in derzeitige sowie bereits antizipierte Herausforderungen und Lösungsmöglichkeiten für die Branche. Somit leistet die Arbeit eine wichtige, empirisch untermauerte Weiterentwicklung zum fundierteren Verständnis von Professional Service Firms.

Vor diesem Hintergrund ist Till Grewe mit der vorliegenden Arbeit ein wesentlicher Beitrag zum wissenschaftlichen Erkenntnisfortschritt innerhalb der Betriebswirtschaftslehre und hier insbesondere der Führung von Professional Service Firms und deren strategischer Gestaltung gelungen. Die Ergebnisse dieser Arbeit sind nicht nur aus wissenschaftlich-theoretischer Perspektive von Interesse, sondern beinhalten äußerst wertvolle Anregungen für Führungskräfte international tätiger Professional Service Firms. Dies liegt nicht nur an der Aktualität und Relevanz der vorliegenden Arbeit, die im Übrigen ausgesprochen lesbar geschrieben ist, sondern insbesondere an ihrer deutlichen Anwendungsorientierung, die sich in einem praxisnah verfassten Aufbau spiegelt. Daher wünsche ich ihr viele Leser und sage ihr diese auch voraus.

Univ.-Professor Dr. Dr. habil. Wolfgang Becker

Vorwort

Professional Service Firms im Allgemeinen sind ein aktuelles und, so zeigen hoffentlich auch einige in der vorliegenden Arbeit steckende Ideen, spannendes Forschungsfeld. Ihre volkswirtschaftliche Relevanz hat insbesondere in den westlichen (ehemaligen Industrie-) Ländern in den letzten Dekaden stark zugenommen und dürfte weiter steigen. „The rise of the creative class" ist noch lange nicht zu Ende. Gleichzeitig steht das Management international tätiger Professional Service Firms im Speziellen vor der Herausforderung, die jeweilige Gesellschaft in einer globalisierten Welt strategisch und organisatorisch so aufzustellen, dass sie im verhaltenstechnisch und damit häufig kulturell-lokal geprägten People's Business erfolgreich wirtschaften kann. Da Professional Service Firms anders funktionieren als Industrie- oder klassische Dienstleistungsunternehmen, besteht die Notwendigkeit zur eigenständigen Betrachtung der Branche und zur Entwicklung ganzheitlicher eigener Konzepte. Dieser wird allerdings noch in unzureichendem Maße in Forschung und Lehre nachgekommen, in meinen Augen vor allem aus drei Gründen:

Professional Service Firms sind erstens bemüht, nicht zu viele Informationen über ihre internen Strukturen nach außen dringen zu lassen. Sie geben sich gerne zugeknöpft. Ohne Einblicke bleiben natürlich wissenschaftliche Erkenntnisse versagt. Dies liegt zweitens u. a. daran, dass Mitarbeiter von Professional Service Firms vor allem die „Kundenarbeit" schätzen. Sie arbeiten folglich eher an Konzepten für den Kunden als für sich selbst, schließlich werden sie für diese auch bezahlt. Darunter leidet aber ihre eigene firmeninterne Effizienz. Auf Forschungsseite fällt drittens bei einschlägigen Arbeiten auf, dass sie zwar anwendungsorientiert gestaltet sind, meines Erachtens aber häufig die realen und komplexen Ist-Zustände in den Firmen nur eingeschränkt treffen. Ich hoffe daher, dass sowohl Forschende als auch Praktiker in meiner Arbeit den einen oder anderen Anknüpfungspunkt für ihre weiteren Tätigkeiten an oder in Professional Service Firms finden können.

Dank der thematischen Auseinandersetzung mit Professional Service Firms hatte ich eine sehr interessante Dissertationszeit, während ihr Verlauf von, nicht unüblichen, Auf und Abs geprägt war. Aber: „Wat wellste maache?" (Art. 7 Kölsches Grundgesetz). Bisweilen ist dann nicht der Weg das Ziel, sondern doch das Ziel selbst. Dass ich es auch erreiche, war mir als überzeugtem Wahlkölner natürlich klar. Denn: „Et hätt noch immer jot jejange" (Art. 3 ebd.). All denen, die mich im Laufe meiner Dissertationszeit in unterschiedlichster Weise und Funktion unterstützt haben, möchte ich deshalb auch noch einmal an dieser Stelle herzlich danken.

Till Grewe

Inhaltsverzeichnis

Abbildungsverzeichnis

Abkürzungsverzeichnis

AG	Aktiengesellschaft
AICPA	American Institute of Certified Public Accountants
Art.	Artikel
ASEAN	Association of Southeast Asian Nations
AWSC	Andersen Worldwide Société Coopérative
BARefG	Berufsaufsichtsreformgesetz
BCG	Boston Consulting Group
BDO	Binder Dijker Otte & Co. (heute BDO International)
BDU	Bundesverband Deutscher Unternehmensberater
BilReG	Bilanzrechtsreformgesetz
C+M	Clients & Markets
CEO	Chief Executive Officer
CFO	Chief Financial Officer
CIO	Chief Information Officer
CPA	Certified Public Accountant
CPSFM	Centre for Professional Service Firm Management
CRM	Customer Relationship Management
DE	Deutschland
DGMF	Deutsche Gesellschaft für Managementforschung
DPR	Deutsche Prüfstelle für Rechnungslegung
E&Y	Ernst & Young
ebd.	ebenda
EDS	Electronic Data Systems Corporation
EG	Europäische Gemeinschaft
EGOS	European Group for Organizational Studies
EMEA	Europe, Middle East, Africa
ES	Espana
et al.	und andere
EU	Europäische Union
EUR	Euro
f.	und folgende
ff.	und fortfolgende
FR	France
GF	Geschäftsführer
GIRS	Global Information Reporting System

GmbH	Gesellschaft mit begrenzter Haftung
GuV	Gewinn- und Verlustrechnung
HGB	Handelsgesetzbuch
HR	Human Resources
Hrsg.	Herausgeber
IBM	International Business Machines
IFRS	International Financial Reporting Standards
IMF	International Monetary Fund
IT	Informationstechnologie
Jg.	Jahrgang
KG	Kapitalgesellschaft
KPMG	Klynveld Peat Marwick Goerdeler
LATCO	Latin American Countries Organization
(G)LCSP	(Global) Lead Client Service Partner
LLP	Limited Liability Partnership
M&A	Mergers & Acquisitions
MAMIS	Marketing und Mandanten-Informations-System
MBA	Master of Business Administration
MNE	Multinational Enterprise
MPB	Managed Professional Business
MRI	Moores Rowland International
NL	The Netherlands
OECD	Organisation für wirtschaftliche Zusammenarbeit und Entwicklung
PCAOB	Public Company Accounting Oversight Board
PEI	Private Equity Intelligence
PSF	Professional Service Firm
PSM	Professional Service Modell
PwC	PricewaterhouseCoopers
R&D	Research & Development
SE	Societas Europaea
SEC	US-amerikanische Securities and Exchange Commission
SOX	The Sarbanes-Oxley Act of 2002
u. a.	unter anderem
UK	United Kingdom
US-/U.S.	US-amerikanisch
USA	Vereinigte Staaten von Amerika
USD	US-Dollar

US-GAAP	US-amerikanische Generally Accepted Accounting Principles
vgl.	vergleiche
WHU	Wissenschaftliche Hochschule für Unternehmensführung
WP	Wirtschaftsprüfer
WPO	Wirtschaftsprüferordnung
WZB	Wissenschaftszentrum für Sozialforschung

1 Einführung

1.1 Ausgangslage, Problemstellung und Zielsetzung

Der Wandel des weltweiten Wirtschaftssystems in den letzten Jahrzehnten von einer Industrie- zu einer Wissens- und Dienstleistungsökonomie hat dazu geführt, dass heute rund zwei Drittel des globalen Bruttosozialprodukts durch Dienstleistungen erwirtschaftet werden.[1] Professional Service Firms, wie Wirtschaftsprüfungsgesellschaften und Unternehmensberatungen, wachsen als Anbieter wissensintensiver Dienstleistungen, der so genannten Professional Services,[2] deutlich in ihren Aufgaben als Serviceprovider für Unternehmen und öffentliche Institutionen sowie als Quelle von Talent, Wissen und Kapital für die Volkswirtschaft.[3] Ihre gesamtwirtschaftliche Bedeutung wird weltweit in den kommenden Jahren weiter steigen.[4]

Daraus leitet sich unmittelbar ab, dass Fragen zu den Anforderungen an das Geschäftsmodell, die Strukturen und das (strategische) Management von Professional Service Firms von besonderem Interesse sind. Allerdings bedarf es für diese Firmen auf Forschungsseite noch weiterer Entwicklung als eigenständiges Betrachtungsobjekt.[5] Professional Service Firms sind nämlich im Vergleich zu beispielsweise Industrie- oder anderen (klassischen) Dienstleistungsunternehmen „different to such an extent that a direct application of traditional strategic management assumptions and tools is at best misleading and at worst disasterous"[6].

Dies ist hauptsächlich darauf zurückzuführen, dass Professional Service Firms als so genanntes „People's Business"[7] durch ein besonderes Rollenverständnis ihrer Mitarbeiter, der Professionals, geprägt sind: Ihre (leitenden) Mitarbeiter wollen weder führen noch geführt werden.[8] Professional Service Firms werden daher „managed in one of two ways: badly or not at all"[9]. So behauptet *Lowendahl*, „proactive strategic management … is often more or less

---

[1] Ringlstetter/Bürger/Kaiser (2004), S. 9. In Großbritannien sind es z. B. sogar 74 %. Vgl. WirtschaftsWoche (2006b), S. 38.

[2] Vgl. Gillmann (2002), S. 11. Professional Services stellen dabei nach Stutz (1988), S. 50 eine Unterkategorie und „reine und besonders typische" Form der Dienstleistungen dar.

[3] Vgl. Lorsch/Tierney (2002), S. 16.

[4] Vgl. Lowendahl (2005), S. IX. Laut einer Studie des International Monetary Fund (IMF) sind „Business & Professional services" der derzeit am schnellsten wachsende Sektor des Welthandels. Vgl. Riddle (2005), S. 28.

[5] Vgl. Müller-Stewens/Drolshammer/Kriegmeier (1999), S. 13; vgl. auch Kapitel 1.2.6.

[6] Lowendahl (2005), S. XI.

[7] Zur begrifflichen Abgrenzung vgl. Lowendahl (2005), S. 199.

[8] Vgl. Lowendahl (2005), S. 58 f.

[9] Maister (2003), S. 291.

neglected in professional service firm"[10], was nach *Lorsch/Tierney* auch daran liegt, dass bei Professional Service Firms nicht der Formulierung oder Identifikation von Strategien, sondern deren Umsetzung durch alle Mitarbeiter entscheidende Bedeutung zukommt: „Success in a PSF [Professional Service Firm] is 10 percent strategy, 90 percent implementation".[11]

Besonders ausgeprägt zeigt sich dies in Unternehmens- und Aufgabenbereichen, die von der Internationalisierung tangiert werden, der wohl zentralen strategischen Entwicklungsoption von Professional Service Firms.[12] Aufgrund der Globalisierung der Märkte und der internationalen Präsenz ihrer Kunden sind zwar alle führenden Professional Service Firms mittlerweile international tätig.[13] Trotzdem wird weiterhin deutliches Effizienzsteigerungspotenzial für die internationale Koordination und die Strukturen der Firmen sowie deren lokale operative Umsetzung angenommen.[14]

Fink bestätigt dies: „Die Kunden sind viel internationaler als die Beratungsfirmen, obwohl die Großen der Branche natürlich in jedem wirtschaftlich bedeutenden Land Büros haben. Das Problem ist aber, dass fast alle großen Beratungsunternehmen nicht wirklich global gemanagt werden. Grabenkriege zwischen regionalen Bürochefs sind keine Seltenheit. Jeder will zunächst einmal für sein Office das Beste herausholen. Die mangelnde Internationalität fängt häufig schon bei der Rechnungsstellung an: eine einheitliche Fakturierung gelingt nur selten auf Anhieb. Meist will jede nationale Niederlassung separat abrechnen. Die Internationalisierung der eigenen Strukturen ist sicherlich eine der größten Herausforderungen, der sich die Branche momentan gegenübersieht."[15]

Ausgehend von diesen Beobachtungen soll die vorliegende Arbeit einen Beitrag dazu leisten, die wesentlichen Determinanten der Internationalisierungsstrategien von Professional Service Firms zu beleuchten, den Stand der strukturellen Umsetzung aufzuzeigen und zu würdigen sowie angesichts der derzeitigen und zukünftigen Herausforderungen Handlungsempfehlungen für die weitere Internationalisierung der Firmen zu identifizieren. Die Arbeit soll dabei eine ganzheitliche Analyse sein, in der Wertungen vorgenommen und am Ende Thesen entwickelt werden.

Um tiefer in das Thema einzuführen, werden im Folgenden zunächst Professional Service Firms definiert und gegen andere Branchen abgegrenzt. Danach werden Gründe für ihre rapi-

---

[10] Lowendahl (2005), S. 76.
[11] Lorsch/Tierney (2002), S. 203.
[12] Vgl. Ringlstetter/Bürger/Kaiser (2004), S. 25.
[13] Vgl. Müller-Stewens/Drolshammer/Kriegmeier (1999), S. 30.
[14] So z. B. bei Müller-Stewens/Drolshammer/Kriegmeier (1999), S. 36 f.
[15] Manager magazin (2006a) – im Rahmen einer aktuellen Studie über die Beraterbranche.

de gestiegene Bedeutung genannt sowie Wachstumstreiber und Herausforderungen, denen sich die Branche momentan gegenübersieht, thematisiert. Anschließend wird eine Eingrenzung des Betrachtungsobjekts auf Wirtschaftsprüfungsgesellschaften und Unternehmensberatungen vorgenommen und der aktuelle Forschungsstand aufgezeigt. Die Einführung schließt mit einer Erläuterung des Erkenntnisinteresses, des methodischen Ansatzes sowie der weiteren Vorgehensweise dieser Arbeit.

1.2 Professional Service Firms als Betrachtungsobjekt

1.2.1 Abgrenzung

Professional Service Firms sind „knowledge intensive"[16] Unternehmen, bei denen Wissen der wesentliche In- und Outputfaktor ist und die „in einem interaktiven Prozess wissensintensive und in hohem Maße an die Bedürfnisse des Kunden angepasste, [häufig] von ... qualifizierten Mitarbeitern erstellte Dienstleistungen anbieten"[17]. Ihre Kunden sind vor allem Unternehmen und Institutionen.[18] Anbieter unterschiedlichster Professional Services werden als Professional Service Firms bezeichnet. Die im Folgenden aufgeführten Unternehmen stellen den wesentlichen Teil der Branche dar.[19]

---

[16] Müller-Stevens/Drolshammer/Kriegmeier (1999), S. 20.
[17] Gillmann (2002), S. 1. Die Mitarbeiter von Professional Service Firms können damit soziologisch auch zur stark wachsenden „Creative Class" nach Florida (2002), S. 67 ff. gezählt werden. Vgl. zur Creative Class auch Florida (2005), S. 6 ff. und Landry (2000), S. 132 ff.
[18] Vgl. Bürger (2005), S. 1. Aus diesem Grund wird teilweise auch von Professional Business Service Firms gesprochen, vgl. hierzu z. B. Aharoni (2000), S. 126.
[19] Diese Tabelle erhebt keinen Anspruch auf Vollständigkeit, gibt aber die wichtigsten Subbranchen wieder, die zusammen mehr als 75 % des geschätzten Gesamtumsatzes der Professional Services ausmachen.

Abbildung 1: Wesentliche Anbietergruppen von Professional Services nach Größe sortiert

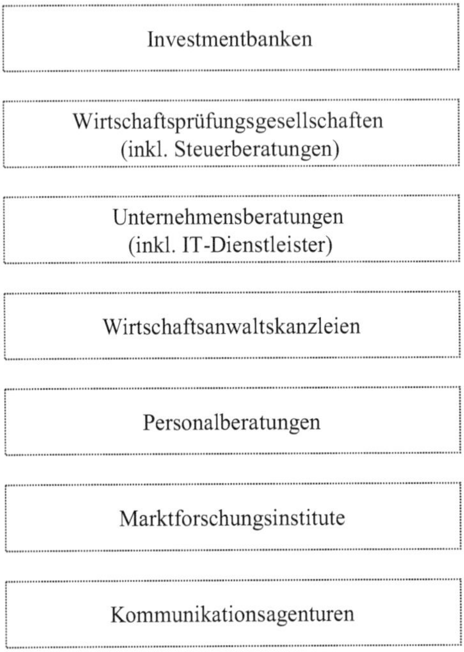

Investmentbanken

Wirtschaftsprüfungsgesellschaften (inkl. Steuerberatungen)

Unternehmensberatungen (inkl. IT-Dienstleister)

Wirtschaftsanwaltskanzleien

Personalberatungen

Marktforschungsinstitute

Kommunikationsagenturen

Quelle: In Anlehnung an Scott (2001), S. 9

Auch Architekturbüros, Ingenieurdienstleistungsunternehmen und Versicherungsmakler fallen beispielsweise unter die Kategorie Professional Service Firms.[20] Die neuerdings stark und einflussreich gewordenen Private-Equity-Firmen[21] hingegen dürften der Definition nach nur insoweit zu den Anbietern von Professional Services zählen, als sie Advisory Services, wie z. B. die Strukturierung von Fonds, anbieten und nicht selbst als Principals auf eigene oder

---

[20] Vgl. auch Ringlstetter/Kaiser/Bürger (2004), S. 42 ff.
[21] Aktuellen Erhebungen von Private Equity Intelligence (PEI) zufolge dürften Private-Equity-Firmen im Jahr 2006 weltweit die historische Rekordsumme von 300 Mrd. USD an Eigenkapital (Fondsgeldern) eingesammelt haben. Vgl. Venture Economics (2006). Bei einem konservativ angesetzten Debt/Equity Ratio von 3:1 ergibt sich daraus ein Gesamtinvestitionspotenzial (Enterprise Value) von 800 Mrd. USD. Auch Zahl und Volumen der Private-Equity-Investitionen haben im Jahr 2006 Rekordstände erreicht. In Deutschland stieg z. B. der Wert der Private-Equity-Deals um 27 % auf 42 Mrd. EUR, im restlichen Europa auf 188 Mrd. EUR (vgl. Frankfurter Allgemeine Sonntagszeitung (2006e), S. 49), während im ersten Halbjahr bereits die Zahl der Transaktionen um 25 % auf 106 und deren Wert um 17 % auf 17,8 Mrd. EUR angewachsen war. Vgl. E&Y (2006a). In den USA scheint der Markt jedoch bereits an seine Grenzen zu stoßen. Vgl. Börsen-Zeitung (2006d), S. 44.

fremde Rechnung Investments tätigen.[22] Dies gilt implizit auch für den Teil des Geschäftsmodells von Investmentbanken, der sich auf den Eigenhandel oder das (Eigen-) Beteiligungsge-
schäft bezieht.[23]

1.2.2   Bedeutung

In den letzten Dekaden hat die volkswirtschaftliche Bedeutung von Professional Service
Firms erheblich zugenommen. Dies liegt zunächst an ihrem rapiden Wachstum seit den 70er
Jahren. Aktuellen Schätzungen zufolge dürften Professional Service Firms weltweit im Jahr
2005 Umsätze von 2.000 bis 2.500 Mrd. USD generiert und ungefähr 7 % der Arbeitskräfte[24]
in den westlichen Industrienationen beschäftigt haben.[25] Gegenüber dem Jahr 1980 bedeutet
dies einen Anstieg um durchschnittlich mehr als 10 % pro Jahr. Nach einer leichten Stagnation infolge der Abschwächung der Weltkonjunktur zu Beginn des neuen Jahrhunderts[26] hat das
Umsatzwachstum der Branche seitdem wieder deutlich angezogen[27] und dürfte Schätzungen
zufolge auch in den Jahren 2006 und 2007 überdurchschnittlich ausfallen.[28]

In den „Fortune Global 500", den nach Umsatz 500 größten börsennotierten Unternehmen
weltweit,[29] sind im Jahr 2006 vier Investmentbanken und mit Accenture auch eine Unterneh-

---

[22]   Vgl. dazu DeLong/Nanda (2003), S. XIV, aber auch Willert (2006), S. 15 ff.
[23]   Vgl. Frankfurter Allgemeine Zeitung (2007d), S. 19. Zur begrifflichen Abgrenzung eines „Geschäftsmo-
       dells" vgl. detailliert Kapitel 2.4.1.
[24]   Etwa 25 bis 30 Mio.
[25]   Die Zahlen basieren auf eigenen Hochrechnungen nach OECD-Analysen und Schätzungen aus dem Jahr
       1999. Vgl. hierzu OECD (1999), S. 7 ff. sowie auch Lowendahl (2005), S. 19 und Gillmann (2002), S. 1.
       Die Schätzungen von Scott (2001), S. XIV und Kriegmeier (2003), S. 1 ff. sind unrealistisch, insbesondere
       aufgrund der dort deutlich zu niedrig angenommenen Umsätze pro Arbeitskraft. Beispielsweise liegen bei
       den fünfzig größten Unternehmensberatungen weltweit die Umsätze pro fachlichen Mitarbeiter in etwa zwi-
       schen 150.000 und 500.000 USD; bei den vier größten Wirtschaftsprüfungsgesellschaften der Welt, PwC,
       Deloitte, E&Y und KPMG, bei durchschnittlich 154.000 USD je Mitarbeiter bzw. 190.000 USD je fachli-
       chen Mitarbeiter im Jahr 2005. Vgl. hierzu auch PwC (2006), Deloitte (2006m), E&Y (2006b) und KPMG
       (2006a). Selbst wenn bei kleineren Unternehmensberatungen und Professional Service Firms aus anderen
       Bereichen, wie z. B. Werbeagenturen, diese Zahlen tendenziell niedriger sind, so dürfte ein Gesamtumsatz-
       durchschnitt von 75.000 USD je Arbeitskraft in den OECD-Staaten realistisch sein. Vgl. auch Instigate
       Group (2004).
[26]   Die Stagnation hat allerdings gezeigt, dass auch langfristig wachstumsstarke Branchen, wie die Professional
       Services, zyklisch sein können, da in Zeiten des konjunkturellen Abschwungs Unternehmen z. B. (externe)
       Beratungsleistungen relativ einfach einsparen können und dies auch tun.
[27]   In Deutschland hat z. B. nach Erhebungen des BDU der Markt für Unternehmensberatungsleistungen im
       Jahr 2004 wieder das Niveau von 2002 erreicht und ist danach im Jahr 2005 mit 7 % wieder deutlich
       gewachsen. Vgl. Financial Times Deutschland (2005c), S. A1 sowie BDU (2006).
[28]   Vgl. für den Unternehmensberatungsmarkt Kennedy Information (2006a), S. 63 sowie BusinessWeek
       (2005) und Lowendahl (2005), S. 19.
[29]   Vgl. Fortune Magazine (2006a).

mensberatung[30] vertreten.[31] Wäre die Mehrzahl der international tätigen Professional Service Firms nicht partnerschaftlich organisiert, würden deutlich mehr Unternehmen dieser Branche einen Platz im Ranking finden. So stünde z. B. Deloitte als weltweit zweitgrößte Wirtschaftsprüfungsgesellschaft mit rund 20 Mrd. USD Umsatz im Jahr 2005 auf Rang 325.[32]

Auch als Arbeitgeber besitzt die Branche eine besonders hohe Attraktivität, insbesondere bei gut ausgebildeten, international ausgerichteten Akademikern.[33] So möchten nach einer aktuellen Umfrage des Fortune-Magazines im Jahr 2006 allein 25 % aller MBA-Absolventen der führenden Business Schools in den USA nach Abschluss ihres Studiums in eine Managementberatungsfirma[34] und 12 % zu einer Investmentbank wechseln.[35] Unter den zwanzig beliebtesten Arbeitgebern finden sich insgesamt elf Professional Service Firms – fünf Unternehmensberatungen, vier Investmentbanken und eine Wirtschaftsprüfungsgesellschaft. McKinsey & Company auf Platz 1 und Goldman Sachs auf Platz 3 stehen dabei ganz oben auf der Liste.

Neben den genannten, direkt quantifizierbaren Gründen spielen Professional Service Firms vor allem deshalb eine „zentrale und nicht wegzudenkende Rolle im heutigen Wirtschaftsleben"[36], weil ihr, mehr oder weniger indirekter, Einfluss auf Dritte[37] durch ihr eigenes Wachstum erheblich zugenommen hat. Dies kann anhand mehrerer Punkte verdeutlicht werden. Unternehmensberatungen prägen häufig Strategie und Ausrichtung ihrer Kunden aus allen Branchen und formen auf diese Weise in ihrer Eigenschaft als Berater andere Unternehmen entscheidend mit. Neben Unternehmen geben zunehmend auch öffentliche Institutionen[38] Beratungsleistungen in Auftrag, was beispielsweise aus der Diskussion um den Etat für externe Beratungsaufträge der Bundesanstalt für Arbeit in Höhe von 25 Mio. EUR im Jahr 2005 er-

---

[30] Beispielsweise befinden sich in den auf US-amerikanische Unternehmen beschränkten „Fortune 500" des Jahres 1970 (die „Fortune Global 500" werden erst seit einigen Jahren berechnet) noch keine Professional Service Firms. Vgl. Fortune Magazine (2006b).
[31] Dies zeigt bereits den hohen Internationalisierungsgrad insbesondere der größten Firmen der Branche.
[32] Vgl. Deloitte (2006m).
[33] Gründe hierfür sind vor allem die überdurchschnittlich hohe Bezahlung der Branche, die sehr steile Lernkurve infolge der verantwortungsvollen Arbeit mit talentierten Kollegen an unterschiedlichsten interessanten Projekten und die exzellente Reputation der Firmen, was die langfristigen Karrierechancen bei einem Arbeitgeberwechsel deutlich erhöht. Vgl. auch Lorsch/Tierney (2002), S. 14 f.
[34] In Europa liegt diese Zahl tendenziell noch höher – hier arbeiten durchschnittlich über 35 % eines MBA-Jahrgangs nach ihrem Abschluss an einer der Top-Schulen bei Unternehmensberatung. Vgl. hierzu auch Instigate Group (2004).
[35] Vgl. die Studie „Fortune 100 Top MBA Employers" in Zusammenarbeit mit Universum Communications unter Fortune Magazine (2006c). Nach Lorsch/Tierney (2002), S. 14 beläuft sich die Zahl der MBA-Absolventen von Top Business Schools, die für Professional Service Firms arbeiten, sogar auf 65 %.
[36] Ringlstetter/Bürger/Kaiser (2004), S. 11.
[37] Vgl. Bürger (2003), S. 3 ff.
[38] Vgl. auch Scott (2001), S. 32 f. und FTD.de (2006).

sichtlich wird.[39] Investmentbanken treiben die im Jahr 2006 auf ein neues Rekordvolumen[40] gekletterten weltweiten Übernahmeaktivitäten nicht nur als ausführendes Organ, sondern vor allem auch als aktiver Ideengeber.[41]

Auch werden zunehmend Mitarbeiter von Professional Service Firms, z. B. Chefvolkswirte von Investmentbanken oder Senior Partner von Unternehmensberatungen,[42] als „Think Tanks",[43] das heißt sich öffentlich äußernde Denkfabriken, wahrgenommen, „die wissenschaftlich fundiert … praxisrelevante Fragestellungen behandeln und im Idealfall entscheidungsvorbereitende Ergebnisse und Empfehlungen liefern"[44]. Erreicht wurde dies auf der einen Seite durch enge Kooperationen mit wissenschaftlichen Einrichtungen, wie beispielsweise Universitäten,[45] und durch Buchveröffentlichungen[46] sowie auf der anderen Seite durch erhöhte öffentliche, vor allem mediale Präsenz.[47] Mögliche Interessensverquickungen von Professional Service Firms in dieser Rolle sind nicht von der Hand zu weisen, was die Relevanz ihrer Empfehlungen und damit auch ihren Einfluss deutlich mindert. Deshalb werden Rolle und Leistung von Professional Service Firms, insbesondere von Unternehmensberatungen, in letzter Zeit in der Öffentlichkeit sehr kritisch hinterfragt[48], wie jüngst Erfolg und Beachtung einschlägiger, teilweise eher pseudowissenschaftlicher, Veröffentlichungen über die Branche gezeigt haben.[49]

---

[39] Vgl. u. a. N24 Wirtschaft (2006).

[40] Vgl. Börsen-Zeitung (2006c), S. 41 und KPMG (2006b). Investmentbanken geraten allerdings zunehmend öffentlich in die Kritik, weil sie ihre Position in den einschlägigen M&A Rankings schönen, um im boomenden Markt auch als „Advisor of Choice" mit entsprechender Reputation wahrgenommen zu werden. Vgl. WirtschaftsWoche (2007a), S. 58.

[41] Vgl., auch zur veränderten Rolle der Investmentbanken, z. B. DIE ZEIT (2006b), S. 23.

[42] Vgl. u. a. Florian (2004).

[43] Vgl. zu Begriff und Rolle von Think Tanks in Deutschland z. B. Thunert (2003), S. 30 ff.

[44] Thunert (2003), S. 31.

[45] Zum Beispiel über gemeinsame Studien, wie bei „Unternehmertum Deutschland", einer im Jahr 2005 gestarteten gemeinsamen Initiative von McKinsey & Company und dem Lehrstuhl für Unternehmensentwicklung und Electronic Media Management der Wissenschaftlichen Hochschule für Unternehmensführung (WHU), Koblenz. Vgl. Unternehmertum Deutschland (2006). Oder über das im deutschsprachigen Raum vermehrt auftretende Sponsoring von Lehrstühlen durch Professional Service Firms, wie bei dem im Jahr 2005 neu geschaffenen „KPMG Lehrstuhl für Audit and Accounting" an der Universität St. Gallen. Vgl. Universität St. Gallen (2006).

[46] Vgl. Lorsch/Tierney (2002), S. 15.

[47] Beispielsweise durch diverse Auftritte von Dr. Jürgen Kluge (ehemaliger Deutschland-Chef von McKinsey & Company) und Roland Berger (Unternehmensberater) in der Talkshow „Sabine Christiansen". Vgl. Sabine Christiansen (2006).

[48] Vgl. Süddeutsche Zeitung (2006a), S. 34. Auch merkt z. B. das manager magazin an: „Beratergetriebene Veränderungen sind einfach nicht erfolgreich genug. Konzepte werden vorgezeigt, Programme werden ausgerollt, aber oft keine Ergebnisse erreicht. Verbesserungen sind immer Ziel, konkrete geschäftliche Ergebnisse seltener." Vgl. manager magazin (2006c), S. 266.

[49] Vgl. zu den, von Nissen (2007), S. 10 „Enthüllungsliteratur" genannten, Veröffentlichungen zu Unternehmensberatungen z. B. Glass (2006), Leif (2006) und Steppan (2003); zu Investmentbanken Knee (2006) und Rolfe/Troob (2001); zu Private Equity Seifert (2006). Generell bleibt zu den Pauschalkritiken anzumerken, dass es dem Kunden obliegt, guten Service von der jeweiligen Professional Service Firm einzufordern. Der wachsende Gesamtmarkt lässt folglich darauf schließen, dass zusammengenommen Professional Service

Die zunehmende Bedeutung von Professional Service Firms ist damit auch auf ihre rapide gewachsene Vernetzung mit wirtschaftlichen und gesellschaftlichen Institutionen zurückzuführen. Alumni-Netzwerke, die anfänglich ihre Wurzeln an Universitäten, vor allem an amerikanischen Business Schools hatten, sind insbesondere von großen Unternehmensberatungen[50] verstärkt aufgebaut worden,[51] um so ihre ehemaligen Mitarbeiter systematisch betreuen und die Beziehungen zu diesen weiter pflegen zu können.[52] Gegenwärtig ist fast die Hälfte aller Vorstände in Dax-Unternehmen einmal zuvor bei einer Unternehmensberatung tätig gewesen.[53] Dieser Trend dürfte anhalten, da die Anzahl ehemaliger Mitarbeiter von Unternehmensberatungen, die in andere Branchen wechseln, aufgrund der relativ stetigen hohen Fluktuation der Branche[54] bei wachsenden Gesamtmitarbeiterzahlen weiter steigt. Somit wird sich das Netzwerk verdichten; Bedeutung und Einfluss von Professional Service Firms werden auf diesem Weg weiter zunehmen.[55] Dies wird allerdings in den Unternehmen selbst nicht immer positiv gesehen.[56]

1.2.3   Wachstumstreiber

Die Gründe für die verstärkte Nachfrage nach Professional Services, die das Wachstum der Professional Service Firms zur Folge haben,[57] sind vielfältig. Aus den Ergebnissen einer breit angelegten Studie der OECD aus dem Jahr 2000 lassen sich insgesamt fünf Treiber für das

---

Firms weiterhin einen wie auch immer zu definierenden Nutzen für den Kunden stiften. Groß/Kieser (2006), S. 69 fordern trotzdem von Unternehmensberatungen, eine „neue Professionalisierung" ihrer Tätigkeit zu schaffen: „... consulting is confronted with prejudices, which, to some extent, can be linked to difficulties in the evaluation of consulting services. By guaranteeing certain qualification levels, professionalism is generally considered useful for reducing this kind of uncertainty."

50 Zum Beispiel das Alumni-Netzwerk der Boston Consulting Group. Vgl. Boston Consulting Group (2006).
51 Vgl. Harvard Businessmanager (2002), S. 8 f.
52 Vgl. Neue Zürcher Zeitung (2004).
53 Vgl. Die Welt (2005), S. 12. Über die Deutsche Post AG wird schon öffentlich moniert, „das Unternehmen ist McKinsey-verseucht", angesichts der hohen Zahl ehemaliger Mitarbeiter der Unternehmensberatung dort im Vorstand und Konzern. Vgl. WirtschaftsWoche (2007c), S. 72. Auf der anderen Seite arbeiten auch diverse Ex-Manager von Unternehmen mittlerweile bei Professional Service Firms, so z. B. in der Private-Equity-Branche und bei Unternehmensberatungen. Vgl. hierzu auch Leif (2006), S. 34.
54 Vgl. hierzu Lorsch/Tierney (2002), S. 22 und S. 89. Sie sprechen von vergleichsweise erhöhter Mobilitätsbereitschaft der Mitarbeiter von Professional Service Firms, zur Konkurrenz oder Unternehmen anderer Branchen zu wechseln. Nach Leif (2006), S. 55 ist diese hohe Fluktuation teilweise auch gewollt, um das Alumni-Netzwerk in Kundenunternehmen weiter zu verzweigen.
55 Vgl. auch Lorsch/Tierney (2002), S. 15.
56 Vgl. Financial Times Deutschland (2006e), S. 1. Die Zeitung berichtet, dass das Verhältnis von Achim Egner, Chef des drittgrößten deutschen Handelskonzerns Rewe, mit seinen Vorstandskollegen „zerrüttet" sei. „Ihm wird unter anderem angekreidet, dass er sich mit einem Gefolge von Unternehmensberatern der Boston Consulting Group von den anderen Führungskräften abschottet."
57 Zum einen implizieren diese Gründe das Wachstum des Gesamtmarktes, zum anderen aber auch das zusätzlich mögliche Wachstum der einzelnen Professional Service Firm durch Marktanteilsgewinnung, sofern diese als Reaktion auf die Wachstumstreiber eine überdurchschnittliche gute Positionierung auf dem Markt entwickelt.

Wachstum von Professional Service Firms identifizieren, die auch generelle volkswirtschaftliche und unternehmensstrategische Entwicklungen betreffen: [58]

- Die Auslagerung („Outsourcing") vieler ihrer ehemaligen Tätigkeiten durch etablierte Unternehmen.

- Das Wachstum kleinerer Produktionseinheiten und Unternehmen, die auf die externe Ergänzung ihrer internen Ressourcen bauen.

- Die Notwendigkeit größerer Flexibilität innerhalb von Unternehmen.

- Der Aufstieg wissensbasierter Wirtschaftssysteme, die auf dem Input von Expertenservice beruhen.

- Die Spezialisierung und erhöhte Arbeitsteilung in vielen Bereichen.

Die Fokussierung des Managements auf die Kernkompetenzen und auf die Steigerung der Flexibilität[59] der Unternehmen ist demzufolge der zentrale Treiber für die wachsende Nachfrage nach Professional Services und damit auch für die wachsende Bedeutung der Professional Service Firms. Dies bestätigt auch *Lowendahl*: „This trend seems to be deeply rooted in the fundamental restructuring processes taking place in many industries today, where the emphasis is on ‚lean production', flexible organisations, and ‚just-in-time delivery' combined with the extreme requirements for cost-efficient solutions."[60] Effizienz- und wertorientiert greifen mehr und mehr Unternehmen bei komplexen Fragestellungen, wie beispielsweise der steuerlichen Beeinflussung von M&A-Transaktionen, auf von Dritten erbrachte Professional Services zurück, weil vergleichbare Leistungen zu ähnlichen Preisen und in vergleichbarer Qualität intern nicht produziert werden können:[61] „Corporations are now purchasing brainpower from suppliers the way they have long been accustomed to purchasing raw materials and parts."[62]

Ein Treiber anderer Art, der in der Fachliteratur bislang jedoch noch eher selten diskutiert wurde, ist die Tatsache, dass durch die praktische Vergabe von Aufträgen an außenstehende Dritte, also an Professional Service Firms, häufig eine objektiv-unabhängige Möglichkeit ge-

---

[58] Zitiert nach OECD (2000), S. 14.
[59] Vgl. für viele auch Porter (1999).
[60] Lowendahl (2005), S. 19.
[61] Vgl. Lowendahl (2005), S. 20.
[62] Lorsch/Tierney (2002), S. 17.

schaffen wird, ohne konzernpolitische Eingrenzung die Durchsetzung oder Legitimation von Entscheidungen zu fördern.[63] Goldman Sachs im Übernahmekampf als „Lead Advisor" auf seiner Seite zu haben oder einen von McKinsey erstellten Restrukturierungsplan umzusetzen, impliziert Qualität und Kompetenz und kann Kritiker wie Gegner zunächst einmal abschrecken.[64] Auch erwarten sich Unternehmensleitungen von externen Beratern häufig gerade die unpopulären Vorschläge, z. B. hinsichtlich Personalanpassungen, die sie dann unter Bezugnahme auf deren fachliche Kompetenz übernehmen und umsetzen.

Auf Anbieterseite können Treiber für das Wachstum der Professional Service Firms in den überdurchschnittlich hohen Fähigkeiten ihrer Mitarbeiter gesehen werden.[65] Dank der Attraktivität der Branche und dem „War for Talents",[66] den Professional Service Firms Ende der 90er Jahre gestartet, kurzzeitig unterbrochen und nun wieder aufgenommen haben, können diese Firmen sicherstellen, dass insbesondere die jungen von ihnen eingestellten Mitarbeiter im Durchschnitt besser ausgebildet und talentierter sind als die ihrer Kunden.[67] Auch aus diesem Grund besteht für Unternehmen ein Anreiz, eine externe Professional Service Firm mit der Lösung von internen Aufgaben zu betrauen.[68]

1.2.4 Herausforderungen

Professional Service Firms sehen sich aber auch mit wachsenden Herausforderungen im Wettbewerb konfrontiert. Im Einzelnen können dabei genannt werden:

- Kostendruck: Die erhöhten Bedürfnisse von Kunden, die verstärkt innovativen, umfassenden, ausführungsgetriebenen und (oft global) einheitlichen Service erwarten, führen auf Anbieterseite zu wachsendem Kostendruck, da sie von den Professional

---

[63] Kritisch hierzu z. B. Leif (2006), S. 47 und S. 179.
[64] Vgl. Franck/Pudack/Benz (2004), S. 28 ff. In diesem Zusammenhang kann auch darauf verwiesen werden, dass Kunden Professional Service Firms nicht immer nur aus hehren rationalen Gründen, sondern durchaus auch instinktgetrieben, also beispielsweise aus Angst (alleine eine falsche Entscheidung zu treffen) oder Gier (höhere Steuerersparnisse zu realisieren) beauftragen können. Vgl. Interview Röhm.
[65] Vgl. auch Gillmann (2002), S. 60.
[66] Vgl. hierzu The McKinsey Quarterly (1998), S. 44 ff. sowie Leif (2006), S. 37 ff.
[67] Vgl. Lorsch/Tierney (2002), S. 14 f. Allerdings ist diese grundsätzliche Aussage umstritten. Vgl. hierzu z. B. den Erfahrungsbericht einer jungen Kandidatin im Bewerbungsprozess bei McKinsey & Company in Leif (2006), S. 96 ff. Es lässt sich darüber hinaus generell feststellen, dass das in die Öffentlichkeit getragene Image der Branche, die besten Köpfe als Mitarbeiter haben zu wollen und auch zu haben, bisweilen arg übertrieben kultiviert wird; beispielsweise wenn Mitarbeiter von McKinsey & Company öffentlich, angeblich nicht ohne Respekt, kolportieren, ihr neuer Deutschland-Chef Frank Mattern halte deshalb seinen Kopf immer schief, „weil sein Geist so großes Gewicht hat". Vgl. Frankfurter Allgemeine Sonntagszeitung (2006c), S. 43.
[68] Weitere Gründe können anhand der Auflistung der Kompetenzen von Strategieberatungsunternehmen bei Schmidt/Strobel (2005), S. 27 abgeleitet werden. Insbesondere die Moderationsstärken und die Projekterfahrung sind hierbei hervorzuheben.

Service Firms steigende Investitionen in Mitarbeiter (auch bei deren Akquisition aufgrund erhöhter Wettbewerbsintensität), die Präsenz vor Ort sowie die internationale Integration bei der firmeninternen Zusammenarbeit erfordern, um konkurrenzfähig zu bleiben.[69]

- Preisdruck: Da die Professional Service Firms ihr Leistungsspektrum laufend verbreitern, nimmt die Konkurrenz in vielen Produktbereichen[70] deutlich zu. Häufig erfolgt die Differenzierung, wie schon seit einiger Zeit beispielsweise im Bereich der Wirtschaftsprüfung, primär über den Preis.[71] Weil potenzielle Kunden zunehmend analysieren, in welchen Bereichen und zu welchen Preisen sie externe Berater oder andere Dienstleister wirklich benötigen, wächst zudem die Tendenz, deren Budgets zu kürzen.[72] Der Preiswettbewerb wird so noch verstärkt. Professional Service Firms selbst bescheinigen ihren Kunden eine zunehmende Professionalisierung im Umgang mit ihnen, z. B bei Ausschreibungen.[73] Sie werden dadurch immer mehr gezwungen, den Nutzen ihrer Tätigkeit beim Kunden auch konkret nachzuweise.[74] Die erwartete Konsequenz daraus ist eine Re-Spezialisierung großer Teile der Professional Service Firms auf ihre (derzeit noch margenstarken) Kernkompetenzen und damit ein stärkerer Preiswettbewerb auf den verschiedenen Teilmärkten für Beratungsleistungen.

- Konsolidierungsdruck: Die Branche ist in den letzten Jahren vermehrt von Konzentrationsbemühungen der Anbieter geprägt worden, um dem bestehenden Kosten- und Preisdruck auf diese Weise zu begegnen. Dies trifft vor allem auf umsetzungsorien-

---

[69] Vgl. Müller-Stevens/Drolshammer/Kriegmeier (1999), S. 27.

[70] Im Rahmen dieser Arbeit soll keine Unterscheidung zwischen Dienstleistungen und Produkten von Professional Service Firms vorgenommen werden, sondern beide als mögliche Ergebnisse von deren Arbeit betrachtet werden. Wohlgemuth (2006), S. 149 ff. unterscheidet beispielsweise bei der Leistungserbringung (am Beispiel von Unternehmensberatungen) zwischen Instrument (ein Hilfsmittel), Methode (eine systematische Vorgehensweise) und Produkt (ein geschnürtes, mehrfach einsetzbares Dienstleistungspaket).

[71] Grund hierfür sind langfristig gesunkene Prüfungshonorare. Vgl. hierzu z. B. Lünendonk (2006) oder Ballwieser 2003, S. 285 ff. In den USA sind die Prüfungshonorare in den letzten Jahren allerdings entgegen dem weltweiten Trend angestiegen, da infolge der verschärften Bedingungen des Sarbanes-Oxley Acts die Komplexität der Aufgaben gewachsen und damit das Prüfungsangebot der Wirtschaftsprüfungsgesellschaften „wertvoller" geworden ist. Vgl. US Chamber of Commerce (2006), S. 4.

[72] Vgl. Frankfurter Allgemeine Sonntagszeitung (2006b), S. 42. Als eine der Folgen gilt das seit einigen Jahren verstärkte Rangeln von Unternehmensberatern „auch um die kleinen Fische" als Kunden. Vgl. Der Platow-Brief (2003).

[73] Vgl. Mohe (2005) S. 204 und Frankfurter Allgemeine Zeitung (2007f), S. 18. Zwar dürfte insgesamt die Professionalität des Auswahlprozesses in den letzten Jahren zugenommen haben, allerdings sind weiterhin erhebliche Schwankungen nach Projektart, Auftragsvolumen und Kundengruppe in der Unternehmenspraxis zu beobachten. Dies gilt im Übrigen auch für die Wirkungsmessung der geleisteten Arbeit der Berater ex post. Vgl. hierzu Lechner/Kreuzer (2005), S. 33 f. So darf stark angezweifelt werden, dass „das Klientenunternehmen ... immer die Relation zwischen Beratungserfolg und Beratungskosten für die Vergütungshöhe zugrunde legen" wird, wie etwa Kralj (2004), S. 44 f. oder eine Studie der Cardea AG für die Wirtschafts-Woche (2007d), S. 80 ff. behaupten.

[74] Vgl. Niedereichholz/Niedereichholz (2006), S. 4 ff.

tierte Subbranchen zu, die von einigen wenigen Firmen dominiert werden, wie die der IT-Dienstleister. So hat beispielsweise Capgemini im Jahr 2000 den früheren Beratungsbereich von E&Y[75] und IBM im Jahr 2002 den früheren Beratungsbereich von PwC erworben.[76] Auch unter den Wirtschaftsprüfungsgesellschaften gab es Zusammenschlüsse. So wurden aus den Big 8 zu Beginn der 80er Jahre die Big 4 im Jahr 2002,[77] unter die heute begrifflich die vier größten multidisziplinären Wirtschaftsprüfungs- und Steuerberatungsgesellschaften der Welt fallen: PwC, Deloitte, E&Y und KPMG.

- Finanzierungsdruck: Mangels Börsennotierung sind viele partnerschaftlich organisierte Professional Service Firms darauf angewiesen, Wachstum über ihren selbst erwirtschafteten Cashflow zu finanzieren oder zusätzliches Eigenkapital über die Neuaufnahme von Partnern zu generieren. Aufgrund des Wachstums in den letzten Jahren[78] und notwendiger Investitionen in IT und Markteintritte in die Emerging Markets[79] stoßen einige Professional Service Firms an ihre Kapazitätsgrenzen oder sind besonders gefordert, wenn sie die Renditevorgaben nicht realisieren können. Dies zeigt auch der A.T. Kearney-Management-Buy-out von EDS im November 2005.[80]

- Regulierungsdruck: Spätestens seit der Verabschiedung des Sarbanes-Oxley Act of 2002 (SOX) und der Implementierung des Public Company Accounting Oversight Board (PCAOB)[81] erschweren die Regulierungsauflagen der amerikanischen SEC-Behörde[82] infolge des ENRON-Skandals und des späteren Zusammenbruchs der weltweiten Arthur-Andersen-Gruppe[83] den Wirtschaftsprüfungsgesellschaften, Auf-

---

[75] Vgl. z. B. Fink/Knoblach (2003), S. 123 f.

[76] Wobei angemerkt werden sollte, dass E&Y und PwC beim Verkauf ihrer Beratungssparten auch von drohenden Konsequenzen aus den Regulierungsbestrebungen der SEC getrieben wurden.

[77] Vgl. hierzu allgemein Stevens (1984, 1992, 2002).

[78] Lt. Scott (2001), S. 7 ist dies eine relativ neue Entwicklung, denn „the historical need of PSFs for capital has not been great".

[79] Vgl. Keller/Lorentz, S. 363.

[80] Vgl. Handelsblatt (2005), S. 16 und A.T. Kearney (2006a). EDS hatte A.T. Kearney 1995 übernommen, aber keine ausreichende Rendite bei der Unternehmensberatung erzielen können, sodass die leitenden Mitarbeiter von A.T. Kearney das Unternehmen als Partner und Investoren nun wieder zurückgekauft haben.

[81] Vgl. zur Rolle des PCAOB und anderer regulierender Institutionen im US-amerikanischen Prüfungsmarkt z. B. Arens/Elder/Beasley (2005), S. 30 ff.

[82] In Europa wurde hierzu von der Europäischen Kommission eine Novellierung der Abschlussprüferrichtlinie („8. EU-Richtlinie") verabschiedet („Richtlinie 2006/43/EG des Europäischen Parlaments und des Rates"), die im Juni 2006 in Kraft getreten ist. Vgl. Europäische Kommission (2006). Auch in Deutschland sieht das im Dezember 2004 verabschiedete Bilanzrechtsreformgesetz (BilReG), insbesondere durch die Neuformulierung des § 319 HGB („Auswahl der Abschlussprüfer und Ausschlussgründe") und die Neueinführung des § 319a HGB („Besondere Ausschlussgründe bei Unternehmen von öffentlichem Interesse"), die Stärkung der Unabhängigkeit des Abschlussprüfers vor, da Wirtschaftsprüfern, die kapitalmarktorientierte Unternehmen bzw. Unternehmen von öffentlichem Interesse prüfen, gewisse Tätigkeitsverbote auferlegt werden.

[83] Vgl. Toffler/Reingold (2003), S. 209 ff. und Squires et al. (2003), S. 10 ff.

träge für Beratungsleistungen zu akquirieren.[84] Gleichzeitig laufen Untersuchungen von gesetzgebender Seite in den USA und Europa zu der Frage, inwieweit eine Deregulierung des Marktes, z. B. über Haftungsbeschränkungen für Wirtschaftsprüfungsgesellschaften, ein notwendiger Schritt ist, um Risiken für alle Parteien zu reduzieren und den Wettbewerb aufrechtzuerhalten.[85] Gerade das Beispiel der außergerichtlichen Einigung von KPMG mit den US-Steuerbehörden im August 2005 auf Schadensersatz in Höhe von 456 Mio. USD für die Beratung der Deutschen Bank bei der Entwicklung illegaler Steuersparkonstrukte[86] zeigt, dass als Folge des Regulierungsdrucks, insbesondere in den USA, Professional Service Firms im Allgemeinen verstärkt mit hohen Summen zur Verantwortung gezogen werden, wenn sie gesetzwidrig handeln oder schlecht bzw. falsch beraten.

Die steigende Internationalisierung des Marktes führt zwangsläufig bei Professional Service Firms zu Bestrebungen, ihre eigene Internationalisierung selbst (weiter) voranzutreiben. Hieraus ergibt sich die Chance, Antworten auf die genannten Herausforderungen im nationalen Wettbewerb zu finden.[87] Gleichzeitig entstehen für Professional Service Firms aber auch wachsende Risiken aus der Internationalisierung selbst, so z. B. aus den Folgen des grenzüberschreitenden Regulierungsdrucks.[88]

---

[84] Allerdings werden gleichzeitig z. B. durch die Section 404 des SOX (Pflicht zur Definition und Beschreibung von Unternehmensprozessen, Festlegungen von Kontrollverfahren zur Minimierung des Risikos eines falschen Bilanzausweises) für Wirtschaftsprüfungsgesellschaften indirekt erweiterte Möglichkeiten geschaffen, prüfend tätig zu werden.

[85] Die Europäische Kommission hat im Jahr 2006 die Beratungsfirma London Economics damit beauftragt, eine Studie zu den ökonomischen Konsequenzen aus der derzeitigen Haftungssituation von Wirtschaftsprüfungsgesellschaften in der Europäischen Union zu erstellen. In dieser wird eine klare Empfehlung für eine europaweit einheitliche Haftungsbeschränkung gegeben, da die Konsequenz aus einem weiteren Haftungsfall, die Auflösung einer weiteren großen Wirtschaftsprüfungsgesellschaft, zu ökonomischen Nachteilen für die europäischen Volkswirtschaften führen könnte. Vgl. London Economics (2006), S. XXI ff. Eine Übersicht über die derzeitigen Haftungsbedingungen für Wirtschaftsprüfungsgesellschaften im EU-Vergleich findet sich bei Simons (2005), S. 135 ff. In einem internen Strategiepapier kommt Deloitte zu der Einschätzung, dass eine EU-weite Konvergenz der Haftungsbedingungen auf dem Weg ist, allerdings weiterhin kein eigener EU-Regulierer in diesem Fall geplant sei. Vgl. Deloitte (2006o). Auch in den USA wächst die Sorge, dass die Auflösung einer Big-4-Firma infolge eines weiteren Haftungsfalls weitreichende negative Folgen für das Ansehen der US-amerikanischen Volkswirtschaft hätte: „While four appears to be a sustainable number, any further contraction in this industry would present a major challenge to the viability of the profession, with potential for a negative effect on public confidence in our markets." Vgl. U.S. Chamber of Commerce (2006), S. 5. Aber die Kontroverse um das Für und Wider von Deregulierungen ist innerhalb der Professional-Services-Branche auch auf Wirtschaftsprüfungsgesellschaften beschränkt. Vgl. zur Situation in Großbritannien beispielsweise The Lawyer (2006), S. 20.

[86] Vgl. The New York Times (2006), S. C3.

[87] Vgl. Lorsch/Tierney (2002), S. 30 f.

[88] Wie der Zerfall des Arthur-Andersen-Netzwerks gezeigt hat. Vgl. Kapitel 3.2.1.3.

1.2.5   Eingrenzung des Betrachtungsobjekts

Die Gruppe der Professional Service Firms ist in sich sehr heterogen, wie der Vergleich ihrer Geschäftstätigkeit,[89] ihrer Größe und ihres Grades der Internationalisierung zeigt. Während auf dem Markt für Architekturleistungen eine zersplitterte Anbieterseite zu beobachten ist, wird beispielsweise der Markt für Personalberatungen von einigen großen Executive-Search-Firmen dominiert. Auch finden sich nur wenige global operierende Marktforschungsinstitute, dafür aber umso mehr große Bulge-Bracket-Investmentbanken, [90] die multinationalen Kunden die gesamte Produktpalette einer global aufgestellten Investmentbank aus einer Hand anbieten können.

Um vor dem Hintergrund dieser Heterogenität eine konsistente Analyse durchführen zu können, wird das Betrachtungsobjekt der vorliegenden Arbeit, die Professional Service Firms, auf die beiden Subgruppen Wirtschaftsprüfungs- und Steuerberatungsgesellschaften (im Folgenden kurz: WP-Firmen) sowie Unternehmensberatungen beschränkt.[91] Sie bilden gemeinsam den homogensten und größten Teilbereich der Professional Service Firms, der zusammen etwa 25 % des weltweiten Gesamtumsatzes der Branche ausmacht.[92] Sowohl WP-Firmen als auch Unternehmensberatungen sehen sich den gleichen Herausforderungen auf den internationalen Märkten gegenüber und befinden sich in einer zentralen Phase des internen Umbruchs, sodass Gemeinsamkeiten und Unterschieden im Rahmen ihrer Internationalisierungsstrategien herausgearbeitet werden können.

Im Einzelnen lassen sich WP-Firmen und Unternehmensberatungen (z. B. Strategieberatungsunternehmen wie McKinsey & Company oder operative Prozessberatungsunternehmen wie IBM Business Consulting) aus einer Reihe von Gründen für eine gemeinsame Analyse zusammenfassen:[93]

- Beide Gruppen decken (wie im weiteren Verlauf der Arbeit noch näher beschrieben) in ihren Geschäftsmodellen – zum Teil auch gegeneinander konkurrierend – die ge-

---

[89]   Vgl. hierzu insbesondere die Trennung in beratungsintensive und umsetzungsorientierte Professional Service Firms in Kapitel 2.2.
[90]   Zur konkreten Begriffsabgrenzung vgl. z. B. ZFB Rostock (2003) und Bürger (2005), S. 29.
[91]   Aus diesem Grund sind zur Vereinfachung auch WP-Firmen und Unternehmensberatungen gemeint, wenn allgemein ab dem Kapitel 2 dieser Arbeit von Professional Service Firms gesprochen wird.
[92]   Vgl. Kriegmeier (2003), S. 5.
[93]   Lowendahl (2005), S. 118 ff. bleibt in der generellen Argumentation unklar, warum aufgrund der auch von ihr konstatierten Heterogenität der Branche die Betrachtung einzelner Subgruppen keine gemeinsamen Schlüsse oder Verallgemeinerungen zulassen soll.

samte Bandbreite an Projekttypen von Professional Service Firms ab.[94] Ihre Projektarbeit ist folglich vergleichbar.

- Es gibt Überlappungen im Produktbereich, da beide Gruppen in den letzten beiden Jahrzehnten ihre Produktpaletten horizontal bis hin zur Multiprofessionalität erweitert haben.[95] So bieten WP-Firmen und Unternehmensberatungen mittlerweile Corporate-Finance-Leistungen an.[96] Auch bauen derzeit drei der vier großen WP-Firmen ihre Strategieberatungsbereiche, zum Teil unter dem „Deckmantel" der so genannten „Business Advisory Services",[97] erfolgreich[98] wieder auf, nachdem sie ihr Beratungsgeschäft erst vor einigen Jahren durch Abspaltung ihrer Consulting Practices[99] veräußert hatten. Lediglich bei Deloitte kam der Verkauf der Consulting Practice „Deloitte Consulting" über die Gründung einer neuen Gesellschaft mit dem Geschäftsnamen „Braxton" nicht zustande.[100] Als Folge der erneuten Diversifikation ist bei WP-Firmen der Anteil der Prüfungsleistungen am gesamten Umsatz in den letzten Jahren im Schnitt unter 50 % gefallen.[101] So können die WP-Firmen nun von einer größeren Gesamtkundenbasis profitieren, die von allen Service Lines[102] genutzt werden soll. Doch bleiben sich die verschiedenen Service Lines selbst untereinander trotz großer firmeninterner Herausforderungen kulturell oft noch fremd. *Scott* formuliert es treffend: „Many of the consolidated global professional service groups are no more than a collection of a diverse group of highly specialist firms who may or not chose to work with each other depending on the client situation."[103]

- Sowohl die Märkte für Unternehmensberatungen als auch für WP-Firmen[104] werden von einigen weltweit tätigen Unternehmensgruppen dominiert: Bei den WP-Firmen in

---

[94] Vgl. Kapitel 2.2.

[95] Man spricht in diesem Zusammenhang häufig auch vom „One-Stop-Shopping".

[96] Vgl. hierzu beispielsweise McKinsey & Company (2006a) oder Deloitte (2006m) bzw. Karriere (2006). Hossenfelder bestätigt den Konkurrenzkampf zwischen Wirtschaftsprüfern und Unternehmensberatern: „Marktkonzentration und Preisdruck im Kerngeschäft Wirtschaftsprüfung und Steuerberatung lässt immer mehr Wirtschaftsprüfungsgesellschaften in angrenzenden Revieren wildern ... Managementberatung stellt ein wichtiges Zukunftsfeld für Wirtschaftsprüfer dar." Vgl. Handelsblatt (2006f), S. 14.

[97] Vgl. Kennedy Information (2006b), S. 9 ff.

[98] „The Big Four have reasserted themselves as highly influential competitors in the consulting marketplace." Zitiert aus Gartner Research (2006), S. 2.

[99] Unter einer Practice wird ein Unternehmensbereich der Professional Service Firms einschließlich der darin arbeitenden Mitarbeiter verstanden. Dies kann sowohl ein funktionaler Bereich („Consulting Practice") als auch nationaler Bereich („Deutschland Practice") sein.

[100] Vgl. Consulting Magazine (2004).

[101] Vgl. Mandler (1999), S. 447.

[102] Unter Service Lines verstehen Professional Service Firms allgemein ihre Produktgruppen bzw. Dienstleistungsbereiche wie Audit (Wirtschaftsprüfung), Tax (Steuerberatung) und Consulting (Beratungsleistungen).

[103] Scott (2001), S. 15.

[104] Hierbei allerdings ausschließlich die Marktanteile der von den WP-Firmen angebotenen Dienstleistungen Abschluss- und Sonderprüfung betreffend, nicht aber z. B. der Steuerberatung.

Bezug auf den Umsatz der Big-4-Firmen, bei den Unternehmensberatungen vor allem bezogen auf die Reputation in der öffentlichen Wahrnehmung, z. B. von McKinsey & Company. Es gibt allerdings durchaus Nischenanbieter, die sich mit Erfolg spezialisiert[105], national wie international klar abgegrenzt auf dem Markt positioniert und so der wachsenden Nachfrage nach Spezialistenwissen entsprochen haben. Dieser Trend dürfte in Zukunft weiter anhalten.[106]

Gleichzeitig bestehen aber auch Divergenzen zwischen WP-Firmen und Unternehmensberatungen, die ihre Ursache vor allem in der unterschiedlich starken Regulierung der beiden Subbranchen haben:

- Unterschiede sind zunächst aus einer Differenzierung der Professional Service Firms in solche mit (national zum Teil unterschiedlichen) und ohne Zugangsbeschränkungen für ihre Mitarbeiter ersichtlich. Während bei den Wirtschaftsprüfern, Steuerberatern und Rechtsanwälten der Zugang zum Berufsstand gesetzlich geregelt und damit ihre Berufsbezeichnungen geschützt sind, gilt dies nicht für Unternehmensberater und Personalberater.

- Des Weiteren kann das Leistungsspektrum der Professional Service Firms in regulierte und nicht regulierte Dienstleistungen unterteilt werden. Während Unternehmensberatungen nicht reguliert werden, sind WP-Firmen sowohl bei ihrer strategischen Steuerung[107] als auch bei der Wahl ihrer Organisationsform[108] direkt durch die „Besonderheiten der Dienstleistung ‚Abschlussprüfung', welche zu regulierenden Staatseingriffen geführt"[109] haben, von gesetzlichen Regulierungsvorschriften betroffen. Aber nicht nur WP-Firmen, auch andere Professional Service Firms, wie z. B. Investmentbanken, unterliegen einer starken staatlichen Regulierung.[110]

---

[105] Vgl. hierzu z. B. manager magazin (2006b), S. 26.
[106] Vgl. Interview Bobrowski.
[107] Dies führt dazu, dass WP-Firmen nur eingeschränkt Beratungsmandate von solchen Kunden annehmen dürfen, die an der New York Stock Exchange notiert und deren Abschlussprüfer sie bereits sind. Allerdings entstehen auch Beratungsunternehmen Restriktionen etwa dadurch, dass sich Kunden, die im direkten Wettbewerb stehen, in der Regel nicht von ein und der gleichen Unternehmensberatung strategisch beraten lassen. Diese sind aber wettbewerbstechnischer Natur und nicht durch staatliche Einflussnahme verursacht.
[108] Vgl. auch Kapitel 2.3.1.
[109] Lenz/Schmidt (1999), S. 115.
[110] Vgl. Achleitner (2001), S. 105 f. Am Beispiel der Investmentbanken zeigt sich auch, dass eine Zugangsbeschränkung zur Berufsgruppe keine staatliche Regulierung auf Firmen- oder Dienstleistungsebene bedingt und umgekehrt, da der Berufsstand der Investmentbanker nicht geschützt ist, Investmentbanken als Marktteilnehmer jedoch sehr wohl reguliert sind.

Aus diesen Gründen konkurrieren multidisziplinär aufgestellte WP-Firmen und Unternehmensberatungen zwar in einigen Bereichen,[111] stehen aber gruppenspezifisch vor unterschiedlichen internen Herausforderungen. Dies ist auch ein Grund dafür, dass WP-Firmen und Unternehmensberatungen zwar weiterhin überwiegend partnerschaftlich organisiert sind (was in Fragen der internen organisatorischen Aufstellung zu ähnlichen Fragestellungen führt),[112] die Unternehmensberatungen allerdings bislang die großen WP-Firmen bei den Integrationsbemühungen ihrer weltweiten Netzwerke überflügeln. Ein Grund hierfür ist, dass die WP-Firmen „traditionell meist in föderalen und dezentralen Strukturen"[113] verankert waren und, anders als die Mehrheit der Unternehmensberatungen, nicht im Alleingang, sondern durch Akquisitionen oder Zusammenschlüsse gewachsen sind.

Ausschlaggebend hierfür ist ein weiterer wesentlicher Unterschied beider Subbranchen. Zur Erbringung einer Beratungsleistung können Unternehmensberatungen (oder auch WP-Firmen) internationalisieren, sollten sich ihnen lukrative internationale Kundenprojekte zur Akquisition bieten. Sie müssen es aber nicht tun. Für die Abschlussprüfung hingegen müssen WP-Firmen international aufgestellt sein, um bereits auf nationaler Ebene vom Kunden mandatiert zu werden, da dieser in der Regel ein und dieselbe Abschlussprüfungsgesellschaft mit der Prüfung seiner internationalen Gesellschaften betrauen will.[114] Insofern ist die internationale Präsenz eine Voraussetzung, um im Prüfungsbereich überhaupt Großmandate akquirieren zu können. Dies erklärt auch die Netzwerkzusammenschlüsse bei den WP-Firmen, die in den letzten Jahrzehnten stattfanden.[115]

1.2.6   Forschungsstand

Bislang wurde nach einhelliger Meinung Professional Service Firms im deutsch- und englischsprachigen Bereich (sowohl in der Lehre[116] als auch) in der wissenschaftlichen Forschung „relativ wenig Aufmerksamkeit geschenkt"[117].

---

[111]   Dabei stehen die multidisziplinären WP-Firmen, also vor allem die Big 4, im Prüfungsbereich auch mit solchen WP-Firmen im Wettbewerb um Prüfungsmandate, die nicht multidisziplinär aufgestellt sind, sondern ihr Dienstleistungsspektrum auf die Abschlussprüfung und prüfungsnahe Beratung beschränken. Und sie konkurrieren im Beratungsbereich direkt mit Unternehmensberatungen und anderen Beratungsdienstleistern.

[112]   Vgl. Kapitel 3.2.3.1.1.

[113]   Vgl. Kriegmeier (2003), S. 19.

[114]   Vgl. Interview Röhm.

[115]   Siehe hierzu auch Kapitel 3.2.2.3.2.

[116]   Bislang gibt es keinen einzigen Lehrstuhl an Hochschulen im deutschsprachigen Raum, der sich ausschließlich mit Professional Service Firms als Forschungsgebiet beschäftigt.

[117]   Ringlstetter/Bürger/Kaiser (2004), S. 11. In der englischsprachigen Fachliteratur wird diese Aussage beispielsweise von Greenwood (2001), S. 14 unterstützt: „One part of the economy that has received little attention from academics is the study of professional service firms."

Grund hierfür können vor allem die typischen Merkmale von Professional Service Firms, den „hidden giants"[118], sein: ihre Komplexität, Diversifizität und Intransparenz.

- Die Komplexität entsteht, weil Professional Service Firms unterschiedliche Dienstleistungen verschiedensten Kunden in einer großen Zahl von Ländern anbieten.

- Eine Diversifizität lässt sich konstatieren, weil die einzelnen Subbranchen der Professional Service Firms an sich bereits ein eigenes Forschungsgebiet darstellen und pauschale Rückschlüsse auf die Gesamtbranche nicht unmittelbar zulassen.[119]

- Professional Service Firms sind intransparent und schwer zu durchschauen, weil sie größtenteils in Partnerschaften organisiert sind und keine externen Aktionäre haben. Dies hat eingeschränkte Publizitätspflichten und geringere öffentliche Aufmerksamkeit, z. B. von Analysten, zur Folge.[120] Außerdem ist die Branche mit Verweis auf ihre engen, vertraulichen Kundenbeziehungen sehr verschwiegen. „Wisdom, not modesty, dictates this behaviour"[121]. Gerade die Umsetzung von Strategien und Konzepten kann deshalb von Außenstehenden nur schwer und indirekt überprüft und gemessen werden.

Hinzu kommt, dass sich Professional Service Firms zum Teil deutlich von Unternehmen anderer Branchen, insbesondere aus dem sekundären Sektor, unterscheiden: „Professional service firms are not like manufacturing firms."[122] Die zentrale Differenzierung ihres Geschäftsmodells ist, so *Lorsch/Tierney*, „its reliance, its absolute dependence, on skilled and motivated professionals"[123]. Aufgrund der Bedeutung dieses immateriellen[124] Faktors kann einer Analyse der Branche anhand traditioneller Theorien und Modelle die Aussagefähigkeit fehlen.

Professional Service Firms stellen damit „ein interessantes, noch sehr ausbaufähiges Forschungsfeld dar"[125]. Für die vergangenen Jahre kann dann auch ein deutlich gesteigertes Forschungs-[126] und Publizitätsinteresse an der Branche konstatiert werden: „This stream of re-

---

[118] Lorsch/Tierney (2002), S. 13.
[119] Vgl. Bürger (2005), S. 5.
[120] Vgl. Lorsch/Tierney (2002), S. 14.
[121] Lorsch/Tierney (2002), S. 14; vgl. kritisch hierzu Leif (2006), S. 14 und auch Financial Times Deutschland (2006d), S. 26.
[122] Lowendahl (2005), S. 45.
[123] Lorsch/Tierney (2002), S. 24; was Talent, Wissen (Expertise) und Beziehungskompetenz wie -netzwerk umfasst.
[124] Bzw. auch „nicht greifbaren" (intangibel), vgl. Müller-Stewens/Drolshammer/Kreigmeier (1999), S. 21.
[125] Rasche/Wagner (2003), S. 8.
[126] Professional Service Firms und deren Strategien, Management und Organisation sind Lehr- und Forschungsgebiet im deutschsprachigen Raum beispielsweise bei Prof. Ringlstetter an der Ingolstadt School of Management, bei Prof. Müller-Stewens an der Universität St.Gallen, bei Prof. Lenz an der Universität

search is alive and well"[127]. Die einschlägigen Publikationen[128] zur Branche lassen sich dabei in praxisorientierte und forschungsorientierte (Fach-) Literatur differenzieren.[129]

Die praxisorientierte Literatur befasst sich generisch, thematisch ganzheitlich und damit oft eher pauschal sowie unterdurchschnittlich fundiert angelegt mit der Gesamtbranche der Professional Service Firms,[130] mitunter auch fokussiert auf einzelne Subbranchen, wie z. B. die der Unternehmensberatung.[131] Der Vorteil dieser Publikationen ist der Versuch der Autoren, in der Praxis auftretende Fragestellungen als Ausgangspunkt ihrer Überlegungen zu nehmen und die Antworten darauf als Kern in die Argumentation einfließen zu lassen. Die Kritik bemängelt an den bisherigen Arbeiten allerdings, dass „eine theoretische Fundierung der Argumentation ... häufig nur in geringem Maße"[132] erfolgt. Es würde sich meist um „populärwissenschaftliche Veröffentlichungen der beratenden Institute selber [handeln], welche häufig dem Zweck der Vermarktung dieser"[133] oder als Leitfaden für die Professionals selbst dienen.

In der forschungsorientierten Literatur besteht wiederum im Allgemeinen das Defizit, dass bislang kaum der Versuch unternommen wurde, die Branche, ausgehend von der Identifikation aktueller Praxisprobleme, ganzheitlich zu untersuchen. Sicherlich sind Professional Service Firms wirklich „underconceptualized, ... even atheoretical"[134], da ihre Entscheidungen oft einen immateriellen, nicht quantifizierbaren Ursprung haben. Allerdings dürfte dies nur von besonderem Ansporn für die wissenschaftliche Forschung sein, selbst valide Konzepte zu entwickeln, die ihren Ausgang im operativen und damit praxisnahen Status quo der Betrach-

---

Würzburg sowie bei Prof. Rasche und Prof. Wagner an der Universität Potsdam. Darüber hinaus liefen und laufen derzeit Forschungsprojekte an der Universität Köln, am „Wissenschaftszentrum Berlin für Sozialforschung (WZB)" sowie am Lehrstuhl von Prof. Fink an der Fachhochschule Bonn-Rhein-Sieg, der gleichzeitig Geschäftsführer der Deutschen Gesellschaft für Managementforschung (DGMF) ist. Im europäischen Umfeld sind Bente R. Lowendahl, Professor an der BI Norwegian School of Management (Oslo), Glenn Morgan, Professor an der Warwick Business School, Laura Empson, Direktor des „Clifford Chance Centre for the Management of Professional Service Firms" an der Oxford Said Business School, Mats Alvesson, Professor an der Lunds universitet und Celeste Wilderom, Professor an der Universiteit Twente zu nennen. Auch gibt es jährlich ein Treffen von etwa 30 Forschern im Rahmen der „European Group for Organizational Studies (EGOS)". In Nordamerika beschäftigen sich vor allem Royston Greenwood, Leiter des „Centre for Professional Service Firm Management (CPSFM)" an der Alberta School of Business, Russ Coff, Associate Professor an der Goizueta Business School (Atlanta), Thomas DeLong und Ashish Nanda, Professoren an der Harvard Business School, sowie die Management Consulting Division an der Academy of Management mit Professional Service Firms.

[127] Lowendahl (2005), S. 202 ist überzeugt, dass die Forschung an Professional Service Firms intakt und gut ist.
[128] Für eine detaillierte Übersicht vgl. z. B. Bürger (2005), S. 5 f, Lowendahl (2005), S. 202 f. sowie Müller-Stewens, Drolshammer, Kriegmeier (1999), S. 13 ff.
[129] Vgl. hierzu entfernt Armbrüster/Kieser (2001), S. 691.
[130] Hier sind vor allem die Werke von Lorsch/Tierney (2002), Maister (1997, 2003) und Scott (2001) zu nennen.
[131] Vgl. u. a. Kubr (2002) und Niedereichholz/Niedereichholz (2006).
[132] Bürger (2005), S. 5.
[133] Binnewies (2002), S. 1.
[134] Lundberg, C. (1997), S. 193. Der Autor bezieht sich dabei auf Unternehmensberatungen.

tungsobjekte haben müssen, um so ihr bisher von Seiten der Praxis als „blutleer und überflüssig"[135] betiteltes Image nachhaltig zu verbessern.

Generell lassen sich in der forschungsorientierten Literatur zwei Richtungen unterscheiden. Zum einen sind mehrere Publikationen entstanden, die das gesamte Spektrum und eine breite Palette an Inhalten der Professional Service Firms abzudecken versuchen,[136] häufig in Form von Sammelwerken.[137] Neben theoriegeleiteten Aufsätzen gibt es auch Fachartikel, in denen Branchenvertreter aus der Unternehmenspraxis zu ausgewählten Themenkomplexen Stellung beziehen. Eine Zusammenführung der Erkenntnisse und die Entwicklung von übergreifenden Schlussfolgerungen erfolgen allerdings überwiegend nicht.[138]

Darüber hinaus wurden mehrere forschungsorientierte Publikationen veröffentlicht, die entweder Subbranchen innerhalb der Professional Service Firms (insbesondere Unternehmensberatungen[139] und WP-Firmen[140]) im Fokus haben oder spezielle Forschungsthemen, wie Aspekte der Führung oder des strategischen Managements, analysieren. Sie leisten jedoch relativ häufig keine Überleitung in den Gesamtkontext,[141] sodass insgesamt von einer Zersplitterung der Forschung, die sich mit Professional Service Firms befasst, gesprochen werden kann.[142]

Zu Fragen der Internationalisierung von Professional Service Firms beschränkt sich die Fachliteratur neben eher allgemein gehaltenen Einzelbeiträgen[143] oder Verweisen in den genannten Standardwerken bislang ebenfalls überwiegend auf die Betrachtung einzelner Subbranchen, wie WP-Firmen[144] oder Unternehmensberatungen.[145] Ein zusammenführender Vergleich[146] von Unternehmen beider Subbranchen und damit ein erster Schritt in eine konsolidierte Betrachtung der Gesamtbranche liegt hierzu allerdings noch nicht vor („Forschungsdefizit 1").

Inhaltlich steht bei der Untersuchung der Internationalisierung von WP-Firmen und Unternehmensberatungen der Versuch im Vordergrund, Motive für die internationale Expansion oder die Marktwahl und -eintrittsformen meistens auf der Makroebene zu identifizieren und

---

[135]   Nissen (2007), S. 11.
[136]   Vgl. z. B. Lowendahl (2005) und das Case Book von DeLong/Nanda (2003).
[137]   Vgl. im deutschsprachigen Raum z. B. Müller-Stewens/Drolshammer/Klinghammer (1999) und Ringlstetter/Bürger/Kaiser (2004).
[138]   Ein (ungenannt bleibender) Partner einer Professional Service Firm nennt im persönlichen Gespräch diese Publikationen daher auch „zu vage".
[139]   Vgl. z. B. Wohlgemuth (2006) und die Aufsatzsammlung in Nissen (2007).
[140]   Vgl. z. B. Leukel (2003) und Tenhagen (1992).
[141]   Vgl. z. B. die Aufsatzsammlung in Greenwood/Suddaby (2006).
[142]   Vgl. Nissen (2007), S. 30. Der Autor bezieht sich dabei auf Unternehmensberatungen.
[143]   Vgl. z. B. Aharoni (1993).
[144]   Vgl. z. B. Greenwood et al. (1995), Lenz/James (2007) und Mandler (1999).
[145]   Vgl. z. B. Kriegmeier (1999) und die Aufsatzsammlung in Reihlen/Rohde (2007).
[146]   Vgl. Kriegmeier (1999), S. 15.

anhand traditioneller Internationalisierungstheorien[147] modellhaft zu erklären.[148] Sehr wenig erforscht sind hingegen die konkreten Herausforderungen bereits internationalisierter Professional Service Firms auf der Mikroebene und damit verbunden die Identifikation von Problemen sowie die Erarbeitung von Lösungsansätzen im Rahmen ihrer internationalen Tätigkeit. Auch eine Zusammenführung von Analysen auf Makro- und Mikroebene erfolgt überwiegend nicht („Forschungsdefizit 2").

1.3 Erkenntnisinteresse

Aus der in *Kapitel 1.1* dargestellten Zielsetzung dieser Arbeit, der in *Kapitel 1.2.1 ff.* diskutierten Relevanz der Internationalisierungsthematik für Professional Service Firms und des Mangels an öffentlich zugänglichem Detailwissen zum Betrachtungsobjekt sowie den beiden soeben in *Kapitel 1.2.6* aufgezeigten Forschungsdefiziten[149] können nun zwei originäre Forschungsfragen abgeleitet werden, die das konkrete Erkenntnisinteresse dieser Arbeit abbilden sollen.

Diese werden zunächst wie folgt formuliert:

- „Warum erfordert die Globalisierung der Weltwirtschaft international aufgestellte Professional Service Firms?"

- „Wie sollten Geschäftsmodell, Strategie und Organisation von Professional Service Firms gestaltet sein, um Ausrichtung und Zielen ihrer Internationalisierungsbestrebungen gerecht zu werden?"

Die Beantwortung der Fragen soll dabei Gründe für die internationale Ist-Positionierung von WP-Firmen und Unternehmensberatungen sowie die strukturellen Determinanten der Umsetzung ihrer Internationalisierungsstrategien aufzeigen und würdigen. Sie soll damit einen Beitrag leisten, die genannten Forschungsdefizite zu reduzieren, und zudem die Bedeutung einer

---

[147] Zum Beispiel anhand des elektrischen Paradigmas, der Theorien lokaler Standortvorteile, der Internationalisierungstheorie oder des Uppsala-Modells. Vgl. hierzu Reihlen/Rohde (2007), S. 3 f. Die Autoren kritisieren in den (an dieser Stelle aufgeführten) vorliegenden Forschungsarbeiten dabei „die dominante Stellung der … traditionellen Internationalisierungstheorien, die Unternehmen als atomistische rationale Akteure betrachten, … [und] dabei für … [die] mangelnde Berücksichtigung der sozio-kulturellen Vernetzung professioneller Dienstleistungsunternehmen verantwortlich zu sein" (S. 4) scheinen.

[148] Eine aktuelle Übersicht über die wesentlichen, überwiegend konzeptionellen Arbeiten, z. B. von Dunning (1993), oder qualitativ-empirischen Arbeiten, z. B. von Glückler (2006), findet sich bei Jahn (2007), S. 4 ff.

[149] Forschungsdefizit 1 und Forschungsdefizit 2.

intensiveren Auseinandersetzung mit der Internationalisierung von Professional Service Firms
für Wissenschaft und Unternehmenspraxis herausstellen.

1.4   Methodischer Ansatz

Die vorliegende Arbeit basiert auf einem anwendungsorientierten betriebswirtschaftlichen
Forschungsverständnis.[150] Die anwendungsorientierte betriebswirtschaftliche Forschung befasst sich mit Problemen, die „nicht in der Wissenschaft selbst, sondern in der Praxis"[151] entstehen, grenzt diese durch den Praxisbezug von rein theoretischen Unteruschungen ab und
sucht nach nützlichen Aussagen und pragmatischen, folglich realisierbaren Problemlösungen.
Damit haben es Forscher im Rahmen anwendungsorientierter Projekte bei der „Rechtferti-
gung ihres Vorgehens nicht in erster Linie mit anderen Wissenschaftlern, sondern mit Prakti-
kern zu tun"[152]. Ziel dieser Arbeit ist es deshalb schlussendlich nicht, abstrakte Zusammenhänge aufzuzeigen oder theoretische Modelle zu entwickeln, sondern vielmehr konkrete Erkenntnisse zu generieren, deren Qualität an ihrer Anwendbarkeit und ihrem Nutzen gemessen
werden müssen.[153] Hierzu werden aktuelle und antizipierte Problemfelder der Praxis identifiziert und gewertet sowie Lösungsansätze diskutiert.

Dabei verfolgt die vorliegende Arbeit einen qualitativen Forschungsansatz. Dessen zentrale
Prinzipien liegen in der Offenheit des Forschers gegenüber Untersuchungspersonen, Untersu-
chungssituation und Untersuchungsmethoden, in einer primär kommunikativen Erhebung im
Rahmen der Forschungsstrategie und in dessen interdisziplinären und prozesshaften, sich im
Laufe des Forschungsprozesses veränderbaren Charakter.[154] *Mayring* führt fünf Grundsätze
für den Einsatz der qualitativen Sozialforschung in der Humanwissenschaft[155] auf, die in der
vorliegenden Arbeit beachtet werden sollen. Die Betriebswirtschaftslehre fällt dabei deshalb
unter die Humanwissenschaften, weil sie Aktivitäten des Menschen zum Untersuchungsgegenstand hat.

---

[150]   Vgl. Ulrich (1982), S. 3 f.
[151]   Ulrich (2001), S. 463.
[152]   Kromrey (2006), S. 21.
[153]   Vgl. Kromrey (2006), S. 21. Siehe hierzu auch Ulrich (1982), S. 3.
[154]   Vgl. Lamnek (2005), S. 26.
[155]   Es gibt keine wissenschaftlich verbindliche Definition der „Humanwissenschaften". Unter ihr werden ge-
         meinhin all die Wissenschaftsgebiete verstanden, die sich mit dem Menschen als Forschungsobjekt befassen,
         darunter auch die Wirtschaftswissenschaften. Begrifflich wird so auf den Trend zum interdisziplinären For-
         schen reagiert, indem die bisherigen Unterscheidungen zwischen Geisteswissenschaften, Sozialwissenschaf-
         ten und Naturwissenschaften aufgehoben werden.

- „Gegenstand humanwissenschaftlicher Forschung sind immer Menschen, Subjekte. Die von der Forschungsfrage betroffenen Subjekte müssen Ausgangspunkt und Ziel der Untersuchungen sein.

- Am Anfang einer Analyse muss eine genaue und umfassende Beschreibung (Deskription) des Gegenstandsbereiches stehen.

- Der Untersuchungsgegenstand der Humanwissenschaft liegt nie völlig offen, er muss immer auch durch Interpretation erschlossen werden.

- Humanwissenschaftliche Gegenstände müssen immer möglichst in ihrem natürlichen, alltäglichen Umfeld untersucht werden.

- Die Verallgemeinerbarkeit der Ergebnisse humanwissenschaftlicher Forschung stellt sich nicht automatisch über bestimmte Verfahren her; sie muss im Einzelfall schrittweise begründet werden."[156]

Im Gegensatz zur quantitativen empirischen Sozialforschung, die den Einsatz von mittels Vermutungen über Gesetzmäßigkeiten aufgestellten (Einzel-) Hypothesen voraussetzt, die systematisch und objektiv getestet werden, geht es qualitativen Sozialforschern „nicht um eine statistische Überprüfung und Sicherung ihrer Ergebnisse. Vielmehr beschäftigen sie sich mit der Frage, wie man zu neuen, ‚besseren' Theorien kommen kann."[157] Daher ist die Aufstellung von Hypothesen höchstens das Resultat der subjektiven Interpretation vor allem nicht-numerischer Daten, die in offener Herangehensweise an das Forschungsobjekt gewonnen wurden.[158] Ziel ist es, den Untersuchungsgegenstand in seiner „Komplexität und Ganzheit"[159] zu untersuchen und ein grundlegendes Verständnis davon zu bekommen. Es geht darum, „die erforschte Realität zutreffend zu deuten"[160], so *Mayring*.

Das Forschungsobjekt der vorliegenden Arbeit – international tätige WP-Firmen und Unternehmensberatungen – ist im rapiden Wandel begriffen und noch wenig erforscht.[161] Zudem ist zur Erfassung des Forschungsobjekts dessen grundlegendes, ganzheitliches Verständnis erforderlich. Vor allem aber bietet sich die qualitative Forschungsmethodik für die vorliegende

---

[156] Mayring (2002), S. 19 ff.
[157] Lamnek (2005), S. 178.
[158] Vgl. Bortz/Döring (2002), S. 298.
[159] Flick (2004), S. 17.
[160] Mayring (2002), S. 546.
[161] Daher werden auch in besonderem Maße für eine aktuelle Betrachtung und Meinungsbildung notwendige Veröffentlichungen in der Wirtschafts- und Unternehmenspresse als Quellen in dieser Arbeit miteinbezogen.

Arbeit an, weil aufgrund der für betriebswirtschaftliche Verhältnisse ungewöhnlich hohen Abhängigkeit vom Faktor „Mensch" im People's Business subjektive, teilweise sehr stark verhaltenswissenschaftlich geprägte Sachverhalte eine dominante Rolle spielen. „Given the subjectivity of individual constructions, researchers have to engage with qualitative methodologies."[162] Eine quantitative empirische Erhebung von Merkmalen bei Professional Service Firms, beispielsweise über statistische Auswertungen strukturierter Fragebögen, ist daher zunächst nicht zielführend.[163] *Bortz/Döring* merken hierzu generell an, dass empirische Untersuchungen sowieso nicht nach der verwendeten Untersuchungsmethode, sondern nur nach ihren Ergebnissen und ihrer Funktion beurteilt werden sollten.[164]

Der qualitative Ansatz soll dabei insbesondere im Rahmen der empirischen Untersuchung[165] des Forschungsobjekts mit Hilfe der primär zu den qualitativen Forschungsinstrumenten zählenden Fallstudientechnik zur Anwendung kommen. Nach *Yin* ermöglicht sie Forschern, komplexe soziale Phänomene zu erforschen, zu verstehen und zu erklären und so einen holistischen und aussagekräftigen Einblick in den Verlauf realer Ereignisse und deren Zusammenhänge zu erhalten.[166] Die vorliegende Untersuchung hat dabei explorativen Charakter,[167] da gesicherte Erkenntnisse über die Forschungsthematik vor Beginn der Analyse nicht vorlagen. Ziel der in *Kapitel 4.1* detailliert beschriebenen explorativ-empirischen Fallstudienanalyse ist dabei die Weiterentwicklung und Beantwortung der Forschungsfragen und ihre Überleitung in Hypothesen.

Der Fallstudienanalyse wird zunächst zu Beginn der Arbeit eine theoriegeleitete Abhandlung der Thematik vorangestellt, in der ein grundlegendes Verständnis entwickelt und so Erkenntnisse gewonnen werden sollen, die sowohl für sich selbst stehen können als auch als Fundament in den empirischen Teil der Arbeit einfließen werden.[168] Auf diesen aufbauend werden drei ausführliche Einzelfallstudien strukturiert und durchgeführt. Hierfür wurden mit Deloitte, Rödl & Partner und McKinsey & Company drei Professional Service Firms als konkrete Fall-

---

[162] Reihlen/Apel (2006), S. 15.
[163] Sie bietet sich auch deshalb nicht an, da gerade zwischen strukturellen Ansprüchen und ihrer operativen Umsetzung in der Realität erfahrungsgemäß bisweilen deutliche Lücken zu bestehen scheinen und daher annahmegemäß verzerrt wiedergegeben werden, weil formale („Soll") und nicht tatsächliche Abläufe („Ist") von den Befragten aufgezeigt würden.
[164] Vgl. Bortz/Döring (2002), S. 302.
[165] Vgl. hierzu ausführlich Kapitel 4.1.
[166] Vgl. Yin (2003a), S. 2. Siehe auch Meyer (2003), S. 475.
[167] Vgl. Kromrey (2006), S. 547 f.
[168] Damit kann man den Forschungsaufbau der vorliegenden Arbeit auch abstrakt als eine Art „Soll-Soll-Ist"-Vergleich verstehen, in dessen Verlauf zunächst ein ganzheitliches „Soll", soweit es der Forschungsstand zulässt, theoriegeleitet untersucht wird und danach im Rahmen der Fallstudien sowohl auf das „Soll", das sich die jeweiligen Unternehmen selbst gesetzt haben, und das „Ist", wie sie dieses Soll bislang umgesetzt haben, eingegangen wird. Im Rahmen der abschließenden Hypothesenbildung kann aus den gesammelten Erkenntnissen ein empirisch ableitbares, neues „Soll" formuliert werden.

studienobjekte für die empirische Erhebung ausgewählt, die in ihrer Größe, ihrem Geschäftsmodell und dem Grad ihrer Internationalisierung deutlich voneinander abweichen und gleichzeitig als verschiedene Typen von Subgruppen der WP-Firmen und Unternehmensberatungen
klassifiziert werden können.[169] So soll sichergestellt werden, dass sich die untersuchten Ausprägungen und Besonderheiten in den Fallstudien signifikant voneinander unterscheiden. Auf
diese Weise lassen sich Rückschlüsse auf das Forschungsobjekt im Ganzen transparent und
deutlich herausarbeiten.[170]

1.5 Vorgehensweise

Im Folgenden wird zunächst im theoriegeleiteten Teil der Arbeit in *Kapitel 2* eine Einführung
in die Branche der Professional Service Firms gegeben. Am Beispiel der WP-Firmen und Unternehmensberatungen als Anbieter professioneller Dienstleistungen werden diese definitorisch abgegrenzt und systematisiert (*Kapitel 2.1 bis 2.3*), wesentliche Elemente ihres Geschäftsmodells erläutert (*Kapitel 2.4.1*) und selektive strategische Optionen sowie operative
Managementaufgaben beschrieben (*Kapitel 2.4.2*). Um ein grundlegendes Verständnis für das
Betrachtungsobjekt zu gewinnen, ist diese detaillierte Betrachtung der ökonomischen Funktionsweise der Branche unabdingbar.

Darauf aufbauend wird in *Kapitel 3* nach einer begrifflichen Abgrenzung der Internationalisierung in *Kapitel 3.1* der Stand der Internationalisierung der Branche dargelegt sowie ihre
Relevanz im strategischen und operativen Kontext für Professional Service Firms analysiert
(*Kapitel 3.2*). Dabei werden nach einer Betrachtung der Ausgangslage (*Kapitel 3.2.1*) Ansätze
ihrer internationalen (Weiter-) Entwicklung diskutiert (*Kapitel 3.2.2*) sowie Herausforderungen und Barrieren bei der weiteren Intensivierung der grenzüberschreitenden Zusammenarbeit
innerhalb der Professional Service Firms identifiziert. Besonderes Augenmerk gilt dabei der
Ausgestaltung und Rolle ihrer internationalen Organisationsstrukturen sowie deren Operationalisierung (*Kapitel 3.2.3 bis 3.2.5*).

Kapitel 4 enthält darauf aufbauend eine konzeptionelle Einordnung des empirischen Untersu-
chungsschemas *(Kapitel 4.1)* und eine explorative Fallstudienuntersuchung zur Internationalisierung aus der Unternehmenspraxis als Kern der Arbeit *(Kapitel 4.2 bis 4.4)*. Es folgen eine
fallübergreifende Analyse und der Abgleich der gewonnenen Ergebnisse anhand der eingangs
formulierten sowie aus den Erkenntnissen des theoriegeleiteten Teils der Arbeit entwickelten

---

[169] Vgl. Kapitel 4.1.
[170] Vgl. Miles/Huberman (1994), S. 29.

Forschungsfragen (*Kapitel 4.5*). Die wesentlichen Ergebnisse werden in Hypothesen überge-
leitet, die allerdings so noch nicht verallgemeinerungsfähig sind, sondern erst in zukünftigen
Forschungsarbeiten über die Gesamtbranche der Professional Service Firms auf diese Eigenschaft hin überprüft werden müssen. Die Arbeit schließt mit einer Zusammenfassung und einem Ausblick sowie Implikationen für die weitere Forschung in *Kapitel 5*.

Die Vorgehensweise soll anhand folgender Abbildung veranschaulicht werden:

Abbildung 2: Aufbau der Arbeit

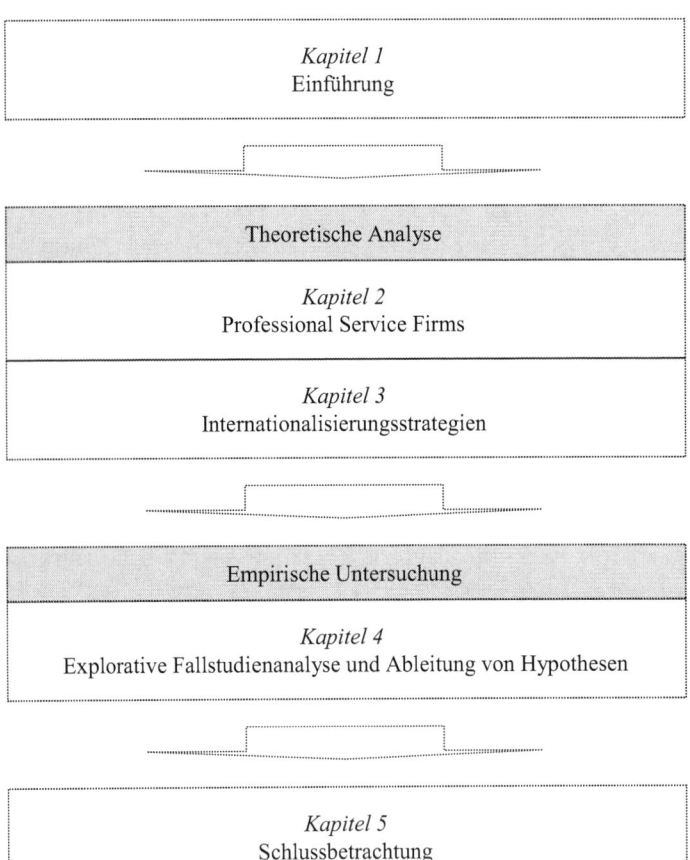

2 Professional Service Firms

2.1 Einordnung von Professional Services

Volkswirtschaftlich werden Dienstleistungen im Allgemeinen als tertiärer Sektor[171] bezeichnet, während in betriebswirtschaftlichen Definitionen unter Dienstleistungen[172] überwiegend immaterielle[173] Prozesse und/oder Produkte verstanden werden, „die des direkten Kontaktes zwischen Anbieter und Nachfrager bedürfen"[174]. Professional Services, also professionelle Dienstleistungen, wie z. B. die Wirtschaftsprüfung und Unternehmensberatung, unterscheiden sich dabei von anderen generischen Kategorien der Dienstleistungen[175], den Mass Services (z. B. Hotels) und Service Shops (z. B. Restaurants), im Wesentlichen durch drei Kriterien: durch ihre hohe Wissens- und Personenintensität auf Anbieterseite, ihre Unternehmensorientierung auf Kundenseite und durch ihren Prozessfokus. Dieser leitet sich aus der Konzentration auf sehr heterogene Leistungserbringungsprozesse und nicht aus der Konzentration auf Endprodukte ab.[176] Da in Professional Service Firms Menschen Hauptträger der Leistungserbringung sind, ist der individuelle, situationsbedingte und in höchstem Maße kundenspezifische Professional-Service-Prozess von Subjektivität und äußerlich meist nicht wahrnehmbarer Immaterialität geprägt.

Wesentliche Faktoren, die bei der Erstellung des Professional Services auf Anbieterseite zum Einsatz kommen, sind (Fach-) Wissen, Expertise und Problemlösungskompetenz[177] des Mitarbeiters, der dem Kunden als Resultat des Prozesses bei der Lösung eines fachlichen Problems hilft.[178] Besonders charakteristisch für Professional Services ist die Notwendigkeit, den

---

[171] Vgl. Fisher (1939), S. 24 ff.

[172] Lowendahl (2005), S. 18 argumentiert, dass heutzutage die detaillierte Abgrenzung von Sachgütern und Dienstleistungen keine wesentlichen neuen Erkenntnisse mehr liefern kann, sodass auch in dieser Arbeit bewusst darauf verzichtet wird. Zur Herausarbeitung von konstitutiven Merkmalen von Dienstleistungen vgl. z. B. Meffert/Bruhn (2006), S. 29 ff.

[173] bzw. auch „nicht greifbare" („intangible"), vgl. Müller-Stevens/Drolshammer/Kriegmeier (1999), S. 21.

[174] Hentschel (1992), S. 26.

[175] Fitzgerald/Moon (1996), S. 6.

[176] Vgl. hierzu Strambach (1995), Neuhoff (1998) und Fitzgerald et al. (1991), S. 12, die als Ergebnis eigener Projektstudien als typisch für Professional Services auch noch die vergleichsweise hohe Kontaktzeit im Front-Office-Bereich bei gleichzeitiger geringer Zahl an Kundentransaktionen herausheben.

[177] Vgl. Keeble/Nachum (2001), S. 74. Der Begriff „expertise" wird im Englischen bisweilen von „knowledge" abgegrenzt, indem „expertise" für fachliche Erfahrung und „knowledge" für Wissen steht. Maister (2003), S. 21 trennt begrifflich hingegen „expertise" von „experience". Generell lassen sich aber vereinfachend unter dem Begriff „Wissen" im Allgemeinen Fachwissen, Erfahrung und die Fähigkeit des Mitarbeiters zur Problemlösung zusammenfassen. Vgl. auch Alvesson (1995), S. 1 f. Lowendahl (2005), S. 90 spricht in diesem Zusammenhang von „knowledge, skills and talents", die das Können eines individuellen Mitarbeiters prägen.

[178] Vgl. Stutz (1988), S. 50 f. in Verbindung mit Lowendahl (2005), S. 22.

Kunden interaktiv in den gesamten Prozess der Leistungserbringung zu integrieren, um somit das Wissen auf Anbieterseite auch zum Kunden transferieren oder mit dem auf Kundenseite vorhandenen Wissen austauschen zu können,[179] da bei Professional Services eine erhebliche Informationsasymmetrie zwischen Anbieter und Kunden besteht.[180] *Lorsch/Tierney* beschreiben die Konsequenz, die sich daraus für die Beziehung zwischen beiden ergibt, mit: „Rarely in business is there such a tight and responsive relationship between a service provider and a customer".[181]

Ob auch Altruismus im Hinblick auf die Entscheidung im Zweifelsfall zu Gunsten des Kundennutzens und gegen die eigene Profitabilität langfristig ein wesentliches Merkmal für Professional Services sein muss, ist umstritten, in jedem Fall aber sehr idealistisch.[182] Auch eine, eher organisationssoziologisch getriebene, Abgrenzung durch den inhärenten, von „Profession"[183] abgeleiteten Begriff „Professional" als dem wissensintensiven Leistungserbringer der Professional Services gelingt nicht eindeutig,[184] wie *Klatetzki/Tacke* zeigen: „Wurden bisher vielfach diejenigen Berufe als professionell bezeichnet, deren Handeln auf wissenschaftlichem Wissen basierte und die eine Gemeinwohlorientierung aufwiesen (üblicherweise waren dies vor allem Ärzte und Juristen), und galten entsprechend als semi-professionell die Berufsgruppen, die sich im Prozess der Professionalisierung befanden (hier richtete sich der Blick vor allem auf Sozialarbeiter und Lehrer), so wird der Begriff heute tendenziell auf alle beruflichen Tätigkeiten ausgedehnt, die sich um eine kognitive Stilisierung ihre Handelns bemühen."[185] Nichtsdestotrotz hat sich in der Fachliteratur wie in der Unternehmenspraxis der Begriff „Professional" für den fachlichen, sprich höher qualifizierten Wissensträger und Mitarbeiter von Professional Service Firms einheitlich durchgesetzt.[186]

---

[179]   Vgl. Maister (1997), S. XV.
[180]   Müller-Stewens (1999), S. 21.
[181]   Lorsch/Tierney (2002), S. 19.
[182]   Vgl. Lowendahl (2005), S. 22. Generell scheint es manchmal geradezu verpönt, in der Fachliteratur das Profitdenken auch bei Professional Service Firms, wie bei Firmen anderer Branchen selbstverständlich, in den Mittelpunkt der Überlegungen zu stellen, auch da sich führende Strategieberatungsfirmen, wie McKinsey & Company, bisweilen öffentlich um ein karitatives Image bemühen, obwohl oder gerade weil sie im eigentlichen Geschäft unter schwachem Wachstum leiden. Ex-Deutschlandchef Kluge mit Verweis auf die Konkurrenten der Boston Consulting Group: „Wir betrachten Beratung als Profession, andere betrachten Beratung als Geschäft. Und ich sage Ihnen: Wer Beratung nur als Geschäft ansieht, wird am Ende scheitern." Vgl. Frankfurter Allgemeine Sonntagszeitung (2006a), S. 37. Die Journalisten von der Frankfurter Allgemeinen Sonntagszeitung konstatieren vor dem Hintergrund ähnlicher Aussagen des Kluge-Nachfolgers Mattern, er befürchte eine „Kommerzialisierung" der Branche durchaus zur Recht: „Aus dem Mund von Männern, deren Gewerbe vom Kommerz lebt, klingt diese Angst ein wenig merkwürdig." Vgl. Frankfurter Allgemeine Sonntagszeitung (2006d), S. 43.
[183]   Ein Berufsstand bzw. eine Organisation, die zu einem Großteil hoch qualifiziertes Personal beschäftigt. Vgl. z. B. Alvesson (1993), S. 997 ff.
[184]   Vgl. Lowendahl (2005), S. 20 ff. Kubr (2002), S. 131 schreibt zur Thematik am Beispiel der Unternehmensberatung: „After all, it may be not so important to decide whether consulting is a profession."
[185]   Klatetzki/Tacke (2003), S. 3.
[186]   Vgl. Lorsch/Tierney (2002), S. 18 und Lowendahl (2005), S. 28.

Auch wenn einige der hier aufgeführten Kriterien die inhaltliche Eingrenzung von „Professional Services" erleichtern, existiert in der Fachliteratur bis heute keine einheitliche Definition des Begriffes und folglich auch keine vollständige Auflistung aller Professional Services.[187] Die folgende Abbildung zeigt ein breites Spektrum von Professionals, die als typische Vertreter der Branche angesehen werden können und deren Services deshalb exemplarisch für die Branche stehen.

Abbildung 3: Typische Vertreter der Professional-Services-Branche

- Aktuare
- Architekten
- Entwicklungsplaner
- Headhunter
- Industriedesigner
- Ingenieurdienstleister
- Investmentbanker
- IT-Berater
- Managementberater
- Marktforscher
- Personalberater
- Prozessoptimierer
- Public-Relations-Berater
- Rechtsanwälte
- Softwareentwickler
- Steuerberater
- Unternehmensberater
- Versicherungsmakler
- Versicherungsmathematiker
- Volkswirte
- Werbeakquisiteure
- Wirtschaftsprüfer

Quelle: In Anlehnung an Lowendahl (2005), S. 22 ff

Zusammenfassend soll daher für diese Arbeit folgende Definition von Professional Services zugrunde gelegt werden: Professional Services sind wissensintensive und kundenspezifische

---

[187] Vgl. Bürger (2005), S. 26.

Dienstleistungen für Unternehmen und Organisationen, deren Leistungserbringungsprozess maßgeblich von Subjektivität und Immaterialität beeinflusst wird. Im nächsten Kapitel werden Professional Service Firms als Anbieter und Ersteller professioneller Dienstleistungen in den Mittelpunkt der Betrachtung gestellt.

2.2   Merkmale von Professional Service Firms

Professional Service Firms lassen sich anhand ihrer (Erfolgs-) Ressourcen kennzeichnen und auf Basis ihres Projekt-Outputs typisieren. Für *Scott* sind wesentliche Merkmale von Professional Service Firms, dass ihre Mitarbeiter ihr (mitunter einziges) Kapital sind („their assets walk out of the front door every evening"[188]) und ihre Existenz auf brüchigen, häufig instabilen Kundenbeziehungen beruht („their livelihood is founded on fragile client relationships"[189]). Der Zweck ihrer Tätigkeit ist die kundenorientierte Bereitstellung von Informationen und Wissen für Unternehmen und andere Organisationen. In Verbindung mit der Notwendigkeit einer Integration des (externen) Kunden[190] in die immaterielle Leistungserbringung kristallisieren sich für *Ringlstetter/Bürger/Kaiser* drei wesentliche Ressourcen von Professional Service Firms heraus: Wissen, Reputation und Beziehungskompetenz,[191] wobei die Beziehungskompetenz in der Unternehmenspraxis häufig auch als „execution"[192] bezeichnet wird:

- Wissen wird in besonders hohem Maße benötigt, um unstrukturierte und komplexe Problemstellungen des Kunden bearbeiten zu können.[193]

- Reputation stellt ein wesentliches Qualitätsmerkmal dar, das die vor Auftragsabschluss ex ante bestehende Unsicherheit des Kunden im Hinblick auf die Einschätzung der Leistungsqualität des Anbieters mindern soll.[194]

---

[188] Scott (2001), S. XIV.
[189] Scott (2001), S. XIV. Dies gilt in Ermanglung langfristiger Vertragsbindungen für die meisten, aber natürlich nicht für alle Professional Services. Die Erbringung von Jahresabschlußprüfungen durch WP-Firmen wird beispielsweise nicht jedes Jahr neu ausgeschrieben, was auch für die Stabilität der Kundenbeziehung spricht. Scott (2001) verweist selbst auf das Beispiel der Werbeagentur J. Walter Thompson, die ihren Kunden Unilever über länger als ein halbes Jahrhundert betreut hat (S. 5).
[190] Vgl. Gillmann (2002), S. 11.
[191] Vgl. Ringlstetter/Bürger/Kaiser (2004), S. 12 f.
[192] Vgl. Interview Röhm. „Execution" bedeutet dabei Kundenorientierung, das heißt das Handeln und Anwenden von Wissen im Sinne des Kunden, aber gleichzeitig auch die Fähigkeit, neue Aufträge beim Kunden zu akquirieren.
[193] Vgl. Ringlstetter/Bürger/Kaiser (2004), S. 13. Brandes hingegen behauptet, zu viel Wissen sei für den Erfolg eines Unternehmens eher hinderlich. Vgl. Brandes (2007), S. 93.
[194] Vgl. auch Zeithaml (1981), S. 34 sowie zur Bedeutung der Reputation besonders Bürger (2005), S. 49 ff.

- Beziehungskompetenz ist erforderlich, um die notwendige Interaktion mit dem Kunden und seine Integration in den Leistungserbringungsprozess zu gewährleisten und auch um ex post Folgeaufträge beim Kunden akquirieren zu können.[195]

Auch wenn allgemein konstatiert wird, dass die internen Ressourcen und Kenntnisse eines Unternehmens, allerdings nicht um ihrer selbst willen,[196] eine wichtige Rolle für den Geschäftserfolg spielen, müssen die auf dem „Resource-based View"- und dem Kernkompetenz-Ansatz[197] basierenden Überlegungen von *Ringlstetter/Bürger/Kaiser* in pragmatischere Erfolgsfaktoren überführt werden. Denn nach *Macharzina/Wolf* ist „den betroffenen Managern vielfach selbst nicht bekannt ..., wie die Wirkungsmechanismen der impliziten erfolgsstiftenden Faktoren funktionieren oder ausgeprägt sind, [daher] bleibt offen, ob tief in den Unternehmen verwurzelte verdeckte Potenziale einer rationalen Analyse zugänglich sind"[198].

Zum einen kommt der Kompetenz der Professionals in den Firmen, ihre Fähigkeiten und Leistungen dem Kunden auch zu „verkaufen", in der Unternehmenspraxis eine entscheidende Rolle zu. Deshalb ist die messbare Fähigkeit von Professional Service Firms zum eigentlichen Verkauf ihrer Leistung ex ante ein eigenständiges Erfolgsmerkmal. Die persönlichen Kundenbeziehungen der Professionals sind hierzu anders als in anderen Dienstleistungsbranchen ein wesentliches Differenzierungsmerkmal zwischen den einzelnen Anbietern. *Ringlstetter/Bürger/Kaiser* gehen implizit davon aus, dass eine hohe Reputation, die im Idealfall Wissen und Beziehungskompetenz[199] abbildet, ausreicht, um in der Anbahnungsphase[200] Aufträge zu generieren.[201] Eine hohe Reputation der Professional Service Firms selbst ist zwar die Basis für die erfolgreiche Akquisition von Kunden. Ihre entscheidende Bedeutung in diesem

---

[195] Vgl. auch Halek (2003), S. 533 ff.
[196] Vgl. Porter (1999), S. 17.
[197] Zum „Resource-based View"-Ansatz vgl. ursprünglich Collis/Montgomery (2005) und Barney (2005).
[198] Macharzina/Wolf (2005), S. 71. Vgl. zu den allgemeinen Kritikpunkten am „Resource-based View"-Ansatz (z. B. zentrale Argumente sind empirisch nicht testbar, Handlungsanweisungen und praktische Implikationen für das Management fehlen (Operationalisierungsprobleme), statischer Ansatz, fehlende Marktorientierung, alleinige Innenorientierung und hohes Abstraktionsniveau) beispielsweise Foss (1998), S. 138 ff, Theuvsen (2001), S. 1648 f. oder Thiele (1997), S. 62 ff.
[199] Bürger (2005), S. 45 und S. 48 f. argumentiert, dass Beziehungskompetenz nicht nur für die Leistungserbringung wichtig ist, sondern begrifflich eben auch ein Faktor in „auftragsübergreifenden Beziehungen" ist und zu besseren und dauerhafteren Kundenbeziehungen führen kann. Somit kommt aus seiner Sicht der Beziehungskompetenz auch eine, aber doch eher indirekte Aufgabe beim Verkauf von Leistungen zu.
[200] Strasser (1993), S. 94 f. teilt den Professional Service Prozess am Beispiel der Unternehmensberatung in drei Phasen: Anbahnung, Durchführung und Realisierung.
[201] Dies liegt auch daran, dass nach der ressourcenorientiert argumentierenden Fachliteratur wie z. B. bei Rasche (1994), S. 89, Ressourcen nur dann Werte auf dem Markt schaffen, wenn sie einen wahrnehmbaren Nutzen für den Kunden schaffen. Dazu gehört der bloße Verkauf einer Leistung sicherlich nicht.

Prozess kann aber bezweifelt[202] und aufgrund eines häufig irrationalen und wenig greifbaren Auswahlverfahrens auf Kundenseite[203] letztlich auch nur eingeschränkt gemessen werden.

Zum anderen findet sich das Management von Mitarbeitern, Teams und Projekten auf Anbieterseite nicht als eigenständige wesentliche Ressource wieder. Ein Grund hierfür ist, dass Professionals im Allgemeinen keine Manager sein wollen[204] und daher dieser Aspekt bei der Betrachtung der Branche bislang eine weniger relevante Rolle spielte. Allerdings können Wissen und Beziehungskompetenz nur dann Werte schaffen, wenn die Träger des Wissens und Könnens bereits auf Anbieterseite zusammengebracht und gut geführt werden, und somit auch die Professionals selbst, das Human Capital der Firmen,[205] zufrieden gestellt werden können. Denn bei Professional Service Firms sind „talented people ... the source of competitive advantage"[206]. Das Zusammentreffen von hohem Fachwissen, sehr gutem Umgang mit Kunden und zugleich noch exzellenten Managementqualitäten ist bei Professionals jedoch selten gegeben. Somit hängt der Erfolg einer Professional Service Firm immer auch von der Optimierung seiner Mitarbeitermixtur und deren Führung ab.

Zusammenfassend kann gesagt werden, dass der Erfolg von Professional Service Firms mit der Umsetzung von drei kritischen Erfolgsfaktoren steigt und fällt: Wissen, Kundenorientierung (als Zusammenfassung der Ressourcen Reputation, Beziehungskompetenz und Akquisitionsvermögen) und Managementfähigkeiten.[207] Diese drei Faktoren werden, wie auch im

---

[202]   Es darf angezweifelt werden, ob Hachmeister (2001), S. 105 Recht hat, der für WP-Firmen konstatiert: „Der Erfolg einer Prüfungsgesellschaft ist heute weniger als früher von den persönlichen Beziehungen zwischen Mandant und Prüfer abhängig, sondern mehr von der Reputation der Prüfungsgesellschaft im Kapitalmarkt." Gerade die im Rahmen dieser Arbeit durchgeführten Interviews mit Vertretern aus der Unternehmenspraxis zeigen, dass es sowohl Professional Service Firms gibt, die ihre persönlichen Beziehungen in den Mittelpunkt ihres „Vertriebskonzeptes" stellen, und andere, die den Weg primär über ihre Reputation und ihren Brand gehen. In einer aktuellen Branchenuntersuchung haben Lechner et al. (2005), S. 7 festgestellt, dass beim Verkauf der Leistungen von Unternehmensberatungen „drei Viertel der befragten Unternehmen angeben, dass trotz dieses Versuchs der Versachlichung nach wie vor persönliche Netzwerke eine entscheidende Rolle spielten – ja sogar in der Lage seien, Bewerber aus dem Rennen zu werfen".

[203]   Es gibt mehrere Untersuchungen darüber, nach welchen Kriterien Professional Service Firms mandatiert werden. Allerdings können daraus bislang keine objektivierbaren Schlüsse gezogen werden. Vgl. dazu die empirischen Analysen zu Kompetenz, Benchmarking und Auswahl von Beratungsunternehmen von Kohr (2000), Höck/Keuper (2001), Lechner/Kreutzer (2005) und Schneider/Amann (2006). Kohr (2000), S. 252 schreibt beispielsweise: „Sowohl die theoretische Betrachtung als auch die empirische Untersuchung haben den hohen Grad der Heterogenität der Auswahlprozesse von Unternehmensberatungen verdeutlicht." Am Beispiel von Unternehmensberatungen weisen Barchewitz/Armbrüster (2004), S. 151 f. indirekt nach, dass die Dienstleistungsqualität (als Basis für Weiterempfehlungen durch den Kunden) und nicht die Effizienz von Marketingmaßnahmen der Schlüssel zum Vertriebserfolg ist. Allerdings beruhen die Ergebnisse der Untersuchung ausschließlich auf Befragungen der Beraterseite, aber nicht der Kundenseite. Sie sind somit zu einseitig und können daher nur eingeschränkt verallgemeinert werden.

[204]   Vgl. z. B. Lowendahl (2005), S. 58 f.

[205]   Vgl. Gillmann (2002), S. 60 f.

[206]   Lorsch/Tierney (2002), S. 14.

[207]   In der Praxis wird diesem Rechnung getragen, indem beispielsweise KPMG ihr Zielvereinbarungs- und Projektbeurteilungssystem für fachliche Mitarbeiter an ihren globalen Werten „Clients, „People" und

Verlauf dieser Arbeit noch gezeigt wird, einen wesentlichen Einfluss auf Fragen zur Internationalisierung von Professional Service Firms haben.

Eine Abgrenzung von Professional Service Firms lässt sich auch institutionell vornehmen. *Lowendahl* kategorisiert Professional Service Firms als zwingend wissensintensive Organisationsgruppe und unterscheidet sie so von kapital- und arbeitsintensiven Unternehmensgruppen.[208] Nicht alle wissensintensiven Organisationsgruppen sind jedoch gleichzeitig Professional Service Firms; auch Schulen oder Hersteller von Computer-Software bieten beispielsweise wissensintensive Tätigkeiten an.[209] Ein wesentliches Unterscheidungskriterium[210] von Professional Service Firms sind daher ihre zeitlich begrenzten Projekte als vorherrschende Form der Leistungserbringung.[211] Diese Professional Services können nach Ausprägung der Merkmale „Innovation" und „Standardisierbarkeit" in verschiedene Projekttypen unterteilt werden: Brain Projects, Grey Hair Projects und Procedure Projects.[212] Brain Projects erfordern ein hohes Maß an Innovationsfähigkeit und Erfahrung, während Procedure Projects sich wiederholen und eher unterdurchschnittlich kundenspezifisch sind. Beispiele für Brain Projects sind Strategieberatungsprojekte, für Grey Hair Projects, eine Mischform aus Brain Projects und Procedure Projects, die Unternehmensbewertung und für Procedure Projects die Wirtschaftsprüfung.

In Anlehnung an *Maister* unterscheidet *Bürger* zwei Typen von Professional Service Firms: die beratungsintensiven und die umsetzungsorientierten Gesellschaften.[213] Während beratungsintensive Firmen überwiegend maßgeschneiderte Problemlösungen durch die Schaffung von neuem Wissen anbieten, verkaufen umsetzungsorientierte Firmen stärker standardisierbare Problemlösungen, für die der Kunde in der Regel gezielte und aufgabenspezifische Vorgaben machen kann. Diese Differenzierung scheint insbesondere dann von Bedeutung, wenn es um die unterschiedlich hohe Relevanz von Größe und Wachstum für den Geschäftserfolg geht. Vor allem für umsetzungsorientierte Professional Service Firms, wie z. B. WP-Firmen, ist aufgrund des starken Preiswettbewerbs ein hoher Marktanteil auch ein wesentlicher Wettbewerbsvorteil.

„Knowledge" ausrichtet, wobei „People" das Führungsverhalten, wie Projektmanagement, und „Clients" explizit auch die Fähigkeit zur Geschäftsentwicklung, das heißt zum Verkauf der Leistungen, beinhaltet.

[208] Vgl. Lowendahl (2005), S. 23 f.
[209] Vgl. auch Müller-Stevens/Drolshammer/Kriegmeier (1999), S. 21.
[210] Für weitere Unterscheidungsmerkmale siehe auch die Merkmale von Professional Services in Kapitel 2.1.
[211] Vgl. Thomas/Schwab/Hansen (2001), S. 115 ff.
[212] Vgl. Maister (2003), S. 22 f.
[213] Vgl. Bürger (2005), S. 61 ff, aber auch seinen Hinweis, dass es sich um eine idealtypische Einordnung handelt, da fraglich ist, „ob alle so genannten Strategieberatungsunternehmen den Anspruch der Beratungsintensität in der Praxis wirklich erfüllen" (S. 64). Vgl. hierzu auch Ringlstetter/Kaiser/Bürger (2004), S. 40.

Am Beispiel von Beratungsfirmen stellt *Wohlgemuth* hingegen das unterschiedliche Knowledge Management der Gesellschaften in den Mittelpunkt seiner Systematisierung von Professional Service Firms. In seinem Modell sind Firmen immer dann erfolgreich, wenn sie entweder die Personalisierungs- oder die Kodifizierungsmethode als Grundlage ihrer Tätigkeit definieren. Bei der Personalisierungsmethode müssen, analog zu beratungsintensiven Gesellschaften, dem Kunden maßgeschneiderte Problemlösungen angeboten und implizit ein Wissens-
aufbau und Wissenstransfer für den Kunden sichergestellt werden. Analog zu umsetzungsorientierten Gesellschaften bauen Professional Service Firms bei der Anwendung der Kodifizierungsmethode ihr Geschäftsmodell auf multiplizierbare Dienstleistungen bei gleichzeitig for-
malisiertem Wissensaustausch.[214] Nur bei einer klaren Differenzierung ihres Typs können
Professional Service Firms die Zufriedenheit ihrer Kunden und die eigene Rentabilität dauerhaft sichern.

Abbildung 4: Erfolgreiche Differenzierungsmethoden von Professional Service Firms

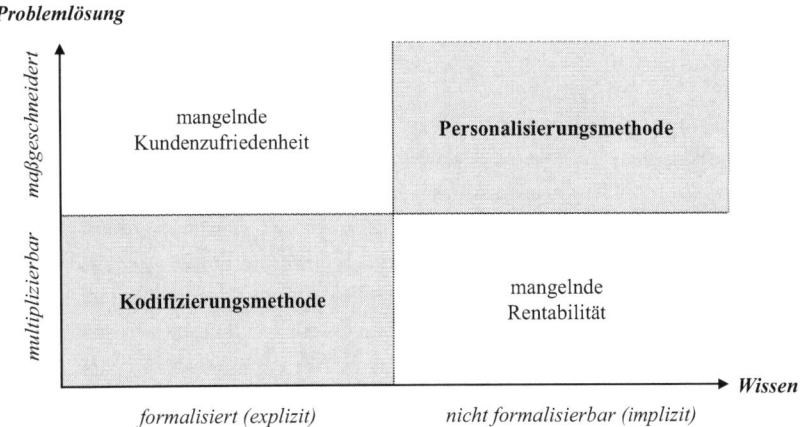

Quelle: In Anlehnung an Wohlgemuth (2006), S. 215

Alle für Professional Service Firms herausgearbeiteten Merkmale treffen auf WP-Firmen und
Unternehmensberatungen zu, sodass die Fokussierung auf beide Subbranchen der Professional Service Firms in der vorliegenden Arbeit weiterhin gerechtfertigt ist. Auch gelten im Gegenzug viele typische Merkmale von WP-Firmen und Unternehmensberatungen als repräsen-

---

[214]   Vgl. Wohlgemuth (2006), S. 214.

tativ für die Gesamtbranche. Im Folgenden werden daher beide Subbranchen kurz vorgestellt, zunächst die WP-Firmen, danach die Unternehmensberatungen.

2.3   Branchenbetrachtung

2.3.1   WP-Firmen

Wirtschaftsprüfung (oder auch Audit) wird im Allgemeinen als „die durch Gesetz vorgeschriebene Prüfung der Jahresabschlüsse bestimmter Unternehmen"[215] auf Ordnungsmäßigkeit definiert.[216] Die vorgelegten Abschlüsse werden dabei von einem unabhängigen, qualifizierten und vereidigten Dritten, dem Wirtschaftsprüfer,[217] daraufhin geprüft, ob sie ein zutreffendes Bild der Geschäftstätigkeit zeichnen und in Einklang mit den jeweils geltenden Bilanzierungs- und Rechnungslegungsstandards stehen, z. B. nach HGB (in Deutschland), nach IFRS (in Europa) oder nach US-GAAP (in den USA).[218] Bei positivem Resultat werden die Jahresabschlüsse mit einem Bestätigungsvermerk versehen. Auf Druck der globalisierten Kapitalmärkte hat in den letzten Jahren ein internationaler Harmonisierungsprozess der Bilanzierungs- und Rechnungslegungsstandards sowie der Prüfungsstandards eingesetzt.[219]

Die heutige Wirtschaftsprüfung hat ihre Wurzeln in der internen Revision und Kontrolle der Betriebe sowie dem Aufkommen externer Revisoren und gerichtlicher Sachverständiger in den westlichen Industrieländern im Laufe des 19. Jahrhunderts. In Deutschland gelten die zu Beginn des 20. Jahrhunderts gegründeten ersten Treuhandgesellschaften als Vorläufer der heutigen Big-4-Landesgesellschaften.[220] Ziel der Tätigkeit von Wirtschaftsprüfern ist es, die „Verlässlichkeit derjenigen Informationen zu erhöhen, die der Jahresabschluss bereitstellt"[221]. Der vom Aufsichtsrat bestellte Abschlussprüfer übernimmt dabei die Rolle einer neutralen Instanz zwischen dem Produzenten (Unternehmensmanagement) und dem Nutzer der Jahresabschlussdaten (Aktionäre, Steuerbehörden etc.). *Kinney* spricht daher von einer Dreierbeziehung zwischen diesen während der Leistungserbringung.[222]

---

[215]   WP-Handbuch (2006), S. 5.
[216]   Für Jahres- und Konzernabschlüsse von Aktiengesellschaften und anderen (Groß-) Unternehmen besteht eine Prüfungspflicht. Vgl. zu den gesetzlichen Bestimmungen z. B. in Deutschland WP-Handbuch (2006), S. 241 ff.
[217]   Vgl. WP-Handbuch (2006), S. 15 ff.
[218]   Vgl. Gillmann (2002), S. 18.
[219]   Vgl. z. B. Vorstius (2004), S. 54 ff, Ruhnke (2000), S. 334 oder von Eitzen (1996), S. 152 ff.
[220]   Vgl. WP-Handbuch (2006), S. 2
[221]   Gillmann (2002), S. 15 f. Vgl. z. B. grundsätzlich zur Zweckstruktur des Jahresabschlusses (und damit implizit auch zu dessen Informationszweck) von Kapitalgesellschaften in Deutschland Kupsch (1986), S. 49 ff.
[222]   Vgl. Kinney (2000), S. 20.

Neben der Abschlussprüfung wurde im Laufe der Jahre das Leistungsangebot der WP-Firmen um weitere Prüfungsleistungen und prüfungsnahe Beratung (Assurance Services)[223] erweitert. So werden neben gesetzlich vorgeschriebenen Sonderprüfungen (z. B. beim Squeeze-out), Gutachter- (z. B. im Rahmen der Unternehmensbewertung) und Treuhändertätigkeiten[224] auch freiwillige Prüfungen (z. B. prüferische Durchsicht von Quartalsabschlüssen) nachgefragt und von den WP-Firmen unter Wahrung ihrer Unabhängigkeit angeboten.[225] Zur prüfungsnahen Beratung zählen Leistungen des Wirtschaftsprüfers, die die Qualität des Jahresabschlusses erhöhen sollen. Diese reichen von der Gestaltung der Rechnungslegungsabläufe bis hin zur Erstellung des Jahresabschlusses,[226] wobei die Erbringung derartiger Leistungen die gleichzeitige Abschlussprüfung ausschließt.

Die Abschlussprüfung befindet sich im Gegensatz zur Unternehmensberatung bereits in der Reifephase ihres Lebenszyklus.[227] Auf der einen Seite wird der Wettbewerb in der WP-Branche aufgrund ihres umsetzungsorientierten Commodity-Charakters seit Jahren primär über den Preis geführt[228] und die Abschlussprüfung (unter Wahrung der Unabhängigkeit) teilweise nur noch als Sprungbrett für den Verkauf teurerer, stärker nachgefragter Dienstleis-

---

[223] Das American Institute of Certified Public Accountants (AICPA) definiert dabei Auditing Services als eine Art Prüfungsbasisleistungen, die ein Teil der Attesting Services sind, die wiederum Zusatzleistungen, wie Compliance-Informationen, enthalten. Zusammen mit der prüfungsnahen Beratung fallen diese schließlich unter den mittlerweile vorherrschenden Begriff Assurance Services, deren Ziel es ist, die Qualität der bereitgestellten Informationen zu erhöhen. Vgl. AICPA (2006).

[224] Vgl. Leukel (2003), S. 40 f.

[225] Vgl. WP-Handbuch (2006), S. 6 ff.

[226] Marten/Quick/Ruhnke (2003), S. 605 führen auf, dass beispielsweise in den USA in den vergangenen Jahren der Umsatz im Prüfungsbereich durch freiwillige Zusatzdienstleistungen verdoppelt bis verdreifacht werden konnte, dies aber auch dem Kunden einen Nutzen bringt, da dieser z. B. durch verbesserte Corporate-Governance-Strukturen infolge der Arbeit der WP-Firmen seinen Unternehmenswert steigern kann.

[227] Vgl. Ruud/Beer (1999), S. 374. Der Begriff „Lebenszyklus" ist aber für die Wirtschaftsprüfung nur eingeschränkt verwendbar, da aufgrund ihrer gesetzlichen Abnahmeverpflichtung durch den Kunden bezweifelt werden muss, dass es auch zu einer im Produktlebenszykluskonzept vorgesehenen Rückgangsphase ihres Umsatzes kommen wird.

[228] Vgl. z. B. Greenwood/Hinings/Brown (1990) oder Kitschler (2005), S. 103 f. Kitschler verweist auch darauf, dass infolge eines Mangels an Transparenz die Reputation der WP-Firmen, insbesondere der Big 4, quasi gleich hoch ist. Dies hat zur Folge, dass eine Differenzierung über Qualität (vor allem ex ante) kaum möglich ist und wenn, dann nur über höhere Preise, welche die Kunden aber aufgrund des Commodity-Charakters nicht zahlen wollen. Die Differnrezierung muss daher vor allem über den Preis (oder der persönlichen Beziehungen des Partners) erfolgen. Vgl. hierzu auch Hachmeister (2001), S. 44 und S. 174. Allerdings sind dem Preiskampf Grenzen gesetzt, da beispielsweise so genanntes „Low Balling", die Festsetzung einer Gebühr für die Erstprüfung unterhalb der Prüfungskosten, nicht erlaubt ist, da es die Unabhängigkeit des Abschlussprüfers beeinträchtigen würde. Vgl. hierzu Simons (2005), S. 110 f. Wie beschrieben hat sich einzig in den USA diese Situation in den letzten Jahren etwas entspannt, da infolge der größer und komplexer gewordenen Anforderungen an die Abschlussprüfung die Nachfrage nach Prüfungsleistungen angestiegen ist. Der Preisverfall konnte so gestoppt werden. Auch ist nun ein akuter Mangel an qualifizierten Wirtschaftsprüfern zu beobachten, sodass teilweise selbst die Big 4 Probleme haben, ihre Aufträge qualitativ hochwertig zu erfüllen. Vgl. Interview Röhm.

tungen (z. B. von Corporate-Finance-Beratung) an den Prüfungskunden gesehen.[229] Auf der anderen Seite ist seit dem ENRON-Skandal[230] die Unabhängigkeit und damit die Qualität der Jahresabschlussleistung stärker in den Mittelpunkt des öffentlichen Interesses gerückt. So sehen sich die WP-Firmen in der Dreierbeziehung besonders von den Nutzern der Jahresabschlussdaten starkem Druck, z. B. durch Haftungsfragen ausgesetzt, was zu hohen Anforderungen an sie führt, um weiter effizient und profitabel zu wirtschaften.[231]

Allerdings ist gleichzeitig auch ein wachsendes Interesse auf Regulierungsseite zu beobachten, die Unabhängigkeitsanforderungen[232] an die WP-Firmen nicht so weit anzustrengen, dass die Qualität ihrer Prüfungsleistungen darunter leidet. So würden eine mögliche Zerschlagung eines weiteren führenden Anbieters infolge weiterer Regulierung der Haftungssituation und damit eine Reduktion der Big-4-Firmen auf „Big 3" oder die Verpflichtung zum turnusmäßigen Abschlussprüferwechsel zu Lasten der Qualität der Abschlussprüfung gehen.[233] *Gillmann* streicht allerdings treffend heraus, dass die Wirtschaftsprüfung im Gegensatz zur Unternehmensberatung immer ein Professional Service bleiben wird, zu deren Abnahme die Unternehmen per Gesetz verpflichtet sind.[234] Somit konkurrieren WP-Firmen zwar gegeneinander, nicht aber, wie z. B. Unternehmensberatungen, gegen mögliche Substitutionsmöglichkeiten in Form des Einsatzes firmeninterner Beratungsunternehmen (Inhouse Consultants) oder der Rationalisierung der Leistungen.[235]

Auch aus diesem Grund ist die im Laufe der letzten Dekaden ehemals prüfungsnah durch Leistungsdiversifikation begonnene Entwicklung der WP-Firmen hin zu breit aufgestellten

---

[229] Vgl. auch zur Einführung neuer Dienstleistungen von WP-Firmen Leukel (2003), S. 99 ff. Damit stehen WP-Firmen vor einem steigenden Innovationsbedarf, um das Wachstum ihres Geschäfts dauerhaft zu sichern.

[230] Vgl. Kapitel 1.2.4.

[231] Vgl. Interview Röhm. Die Big 4 verweisen hinsichtlich der Erweiterung ihres Leistungsportfolios auf die Verknüpfung zwischen hoher betriebswirtschaftlicher Kompetenz und der Sicherheit im Prüfungsurteil, sodass auch die Wirtschaftsprüfer vom Wissen der Steuerberater und Corporate-Finance-Berater profitieren. Aber das Leistungsspektrum und die damit einhergehende breite Erfahrung der WP-Firmen soll andersherum auch ein Wettbewerbsvorteil für die Beratungssparte gegenüber Wettbewerbern sein, die schlanker auf dem Markt aufgestellt sind.

[232] Vgl. zum Grundsatz der Unabhängigkeit z. B. Marten/Quick/Ruhnke (2003), S. 151.

[233] Nach Meinung des Vorsitzenden der Deutschen Prüfstelle für Rechnungslegung (DPR), Eberhard Scheffler, ist aber im Allgemeinen die Konzentration der Branche im gegenwärtigen Umfang der Qualität förderlich: „Die Vorschriften für die Rechnungslegung werden immer komplizierter und sie ändern sich ständig. Das können im Einzelnen nur größere Prüfungsgesellschaften hautnah verfolgen. Insofern ist eine Konzentration fast zwangsläufig, die der Qualität sogar zugute kommt." Vgl. Handelsblatt (2006c), S. 15. Auch Simons (2005), S. 160 f. argumentiert, dass eine Prüferrotation Lerneffekte vernichten und, ebenso wie eine verschärfte Dritthaftung, Kontrollkosten, aber nicht die Prüfungsqualität erhöhen würde.

[234] Zugleich werden die WP-Firmen durch regulierende Vorschriften auch noch vor dem Eintritt anderer Wettbewerber in den Wirtschaftsprüfungsmarkt geschützt, vgl. Lenz/Schmidt (1999), S. 122.

[235] Vgl. Gillmann (2002), S. 21.

Professional Service Firms[236] weit vorangeschritten. Die den internationalen Markt der WP-
Firmen oligopolistisch führenden, angelsächsisch geprägten Big-4-Netzwerke,[237] die im Jahr
2005 zusammen ein weltweites Honorarvolumen in Höhe von 71 Mrd. USD erzielten und
damit, je nach Land, etwa 75 % des Gesamtmarktes[238] unter sich aufteilten[239], sind alle auch
in der Steuerberatung und in den (Business) Advisory Services[240] tätig. Dabei machten die
Prüfungstätigkeiten (einschließlich prüfungsnaher Beratung) von PwC, Deloitte, E&Y und
KPMG im Jahr 2005 nur noch durchschnittlich 55 %[241] ihres Gesamtumsatzes aus.[242] *Grewe*
schreibt hierzu, dass „die Entwicklung der Wirtschaftsprüfungsgesellschaften zu breit aufgestellten professionellen Dienstleistungsunternehmen eine Antwort auf den Bedarf ihrer Mandanten" gewesen sei und ist.[243] Desinvestitionen der teilweise erst im Laufe der 90er Jahre
übernommenen[244] Rechtsberatungs- und Unternehmensberatungstochtergesellschaften infolge
von Einschränkungen des Cross-Sellings durch SOX in den vergangenen Jahren standen große Wachstumserfolge und Weiterentwicklungsambitionen in den verbliebenen Beratungsbe-
reichen gegenüber.[245] Generell müssen aber WP-Firmen auch immer, sowohl in den USA
(teilweise Staatenrecht) als auch in Europa, mehrheitlich von lokal zugelassenen Wirtschaftsprüfern geführt und in partnerschaftlicher Struktur[246] gehalten werden, was in Zukunft weitergehende Fusions- oder Refinanzierungsmöglichkeiten zumindest einschränkt.[247]

---

[236] Vgl. Ruud/Beer (1999), S. 389.
[237] Ursache hierfür sind vor allem die höher entwickelten Prüfungsmärkte in den USA und Großbritannien, die
vor allem auf die stärkere Kapitalmarktorientierung der dortigen Unternehmen zurückzuführen sind. Vgl.
Hachmeister (2001), S. 320.
[238] Vgl. zu den Zahlen für Europa London Economics (2006), S. 20 ff.
[239] Vgl. Handelsblatt (2006d), S. 15. Es ist trotzdem anzumerken, dass sich die Gesamtzahl der WP-Firmen in
den 90er Jahren fast verdoppelt hat, da z. B. auch verstärkt Wirtschaftskanzleien auf dem Gebiet der Wirtschaftsprüfung aktiv werden und in das Geschäft mit kleinen und mittelständischen Kunden drängen. Vgl.
dazu auch Hachmeister (2001), S. 265 ff.
[240] Darunter fallen vor allem Transaction Services, Corporate-Finance-Beratung, Restrukturierungsberatung
und Risk Advisory.
[241] Vgl. PwC (2005), Deloitte (2005a), E&Y (2005) und KPMG (2005).
[242] Allerdings werden Beratungsleistungen zumindest in Deutschland mittlerweile überwiegend an Non-Audit-
Clients verkauft, wie eine Studie von Lenz/Bauer (2004), S. 985 ff. zeigt. Auf Basis einer Erhebung börsennotierter deutscher Unternehmen betrug der Anteil der Honorare für Beratungsleistungen bezogen auf die
Gesamthonorare aus Prüfung und Beratung eines Mandanten durchschnittlich knapp 30 % und liegt damit
deutlich unter den in den USA gemessenen Werten. Die Autoren folgern, dass die Bedeutung von Beratungsleistungen überschätzt wird. Auch konnte noch in keiner Studie nachgewiesen werden, dass zusätzliche Beratung wirklich zu einer Beeinträchtigung der Unabhängigkeit des Abschlussprüfers führt.
[243] Grewe (2004), S. 230 f.
[244] Vgl. Cannon (1997), S. 25 ff.
[245] Vgl. Kapitel 1.2.5 zu den Consulting Practices. Als letzte Big-4-Firma hat E&Y im August 2006 die Asso-
ziierung mit seiner Rechtsberatungskanzlei (Luther) aufgegeben, plant aber weiterhin, auch in Zukunft eng
mit ihr zu kooperieren. Vgl. Financial Times Deutschland (2006c), S. 19 und Consultant (2006), S. 11. Es
sollte aber an dieser Stelle erwähnt werden, dass auch Unternehmensberatungen regulative Einschränkungen unterliegen. So durften Roland Berger Strategy Consultants 1990 nach dem „Bank Holding Company
Act" keine Beratungsleistungen in den USA anbieten, weil sich die Gesellschaft zu diesem Zeitpunkt zu
mehr als 25 % im Besitz einer Bank (Deutsche Bank) befand. Vgl. Fink/Knoblach (2003), S. 103.
[246] Das bedeutet, dass in der Regel aktive Partner und nicht externe Dritte Anteilseigner der WP-Firmen sind.
Es beschränkt aber ihre Rechtsform nicht auf die Partnergesellschaft. So können WP-Firmen auch als Kapi-

In der vorliegenden Arbeit sollen WP-Firmen als ganzheitliches Betrachtungsobjekt analysiert werden, die trotz unterschiedlicher Sparten unter einer Firma auf dem Markt auftreten. Auf Divergenzen zwischen den einzelnen Sparten wird bei spezifischen Fragestellungen anlassbezogen eingegangen.[248]

2.3.2 Unternehmensberatungen

Unter Unternehmensberatung versteht man bei funktionaler Betrachtung[249] einen dynamischen und „projektbezogenen Interaktionsprozess zwischen Personen eines Klientensystems und eines Beratersystems"[250], der damit explizit den Kunden „als aktives Element mit einbezieht"[251]. Ihr Zweck ist dabei „die Problemlösungstätigkeit bei sehr komplexen Problemen ... oder auch die Unterstützung bei der Implementierung der Problemlösung ..."[252] oder mit anderen Worten „any form of providing help on the content process, or structure of a task or series of tasks, where the consultant is not actually responsible for doing the task itself but is

---

talgesellschaften partnerschaftlich organisiert sein. Vgl. z. B. Havermann (1993), S. 50 ff. Allerdings könnten nach Kapitel II Art. 3b der aktualisierten 8. EU-Richtlinie in Europa Minderheitsgesellschafter aufgenommen und somit von Professional Service Firms theoretisch bis zu 49,9 %, z. B. über den Kapitalmarkt, finanziert werden. Vgl. Europäische Kommission (2006). In den USA ist dies hingegen im AICPA Code of Professional Conduct [ET Appendix B, Section 505.01] ausgeschlossen: „A majority of the ownership of the firm in terms of financial interests and voting rights must belong to CPAs. Any non-CPA owner would have to be actively engaged as a member of the firm or its affiliates. Ownership by investors or commercial enterprises not actively engaged as members of the firm or its affiliates is against the public interest and continues to be prohibited." AICPA (2006).

[247] Vgl. Lorsch/Tierney (2002), S. 120 zu USA und Lenz/Schmidt (1999), S. 118 f. zu Europa und Deutschland. Aus der Verabschiedung der aktualisierten 8. EU-Richtlinie ergibt sich die wesentliche Neuerung auf europäischer Ebene, dass ein „European Approval" die Beschränkung auf lokal zugelassene Abschlussprüfer bzw. WP-Firmen („Local Approval") nicht mehr möglich macht. Die Mehrheit der Stimmrechte sowie die Positionen des Verwaltungs- und Leitungsorgans dieser WP-Firmen müssen zukünftig von solchen Personen gehalten werden, die in einem EU-Mitgliedsland als Abschlussprüfer bzw. WP-Firma zugelassen sind. Der Gesetzentwurf der Bundesregierung zur so genannten 7. WPO-Novelle greift die hier erwähnten wesentlichen Regelungen der Neufassung der 8. EU-Richtlinie auf, die bislang noch nicht in deutsches Recht umgesetzt worden sind, insbesondere durch Änderungen der §§ 27,28. Vgl. Siebte WPO-Novelle zum Berufsaufsichtsreformgesetz – BARefG (Gesetzentwurf der Bundesregierung vom 9.8.2006) unter Wirtschaftsprüferkammer (2006) oder auch Heininger/Bertram (2006), S. 910.

[248] Dazu gehören z. B. Unterschiede im Geschäftsmodell, in den strukturellen Anforderungen oder in kulturellen Fragen zwischen „Prüfern" und „Beratern".

[249] Vgl. zu einer ausführlichen Diskussion des in der Fachliteratur uneinheitlich abgegrenzten Begriffes „Unternehmensberatung" z. B. Nissen (2007), S. 3 f. Der Autor selbst definiert Unternehmensberatung als „professionelle Dienstleistung, die durch eine oder mehrere, im Allgemeinen fachlich dazu befähigte und den beratenen Klienten hierarchisch unabhängige Person(en) zeitlich befristet sowie meist gegen Entgelt erbracht wird und zum Ziel hat, betriebswirtschaftliche Probleme des beauftragenden Unternehmens interaktiv mit den Klienten zu definieren, strukturieren und analysieren, sowie Problemlösungen zu erarbeiten, und auf Wunsch ihre Umsetzung gemeinsam mit Vertretern der Klienten zu planen und im Unternehmen zu realisieren" (S. 3).

[250] Wohlgmuth (1995), S. 15.

[251] Meurer (1993), S. 32.

[252] Meurer (1993), S. 32.

helping those who are"[253]. Eine Unternehmensberatung soll also beim Kunden vor allem Sinn stiften und Probleme lösen.[254]

Abbildung 5: Globale Marktentwicklung für IT & Management Consulting, 2003-2007

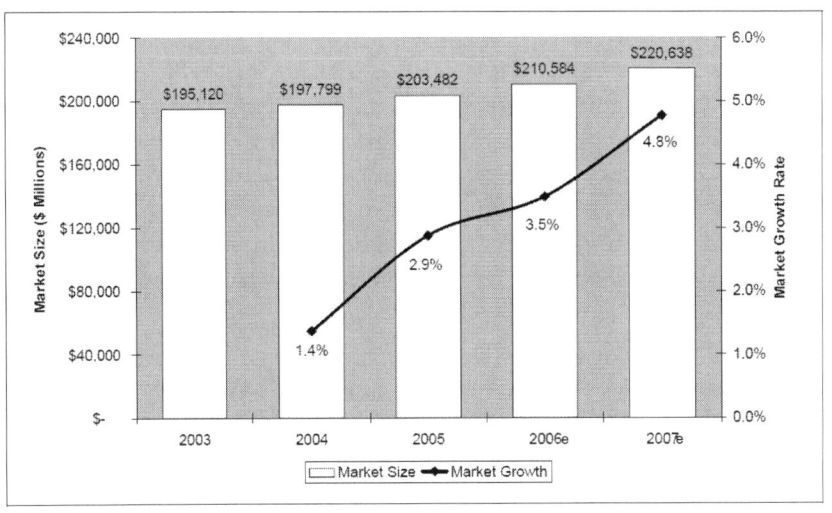

Quelle: In Anlehnung an Kennedy Information (2005)

Der in den letzten Dekaden stark gestiegene und in Deutschland im Jahr 2006 auf 13,2 Mrd. EUR[255] und weltweit auf etwa 210 Mrd. USD[256] geschätzte Unternehmensberatungsmarkt ist nach *Oetinger* nicht ein „Zeichen von Schwäche, sondern von Stärke"[257] der Unternehmen, die Beratungsleistungen in Anspruch nehmen. Da die Herausforderungen für Unternehmen immer größer und komplexer werden und ihre Mitarbeiter oft weder inhaltliche Kapazität (z. B. die geeignete Qualifikation oder Erfahrung für die Arbeit an bestimmten Projekten) noch zeitliche Ressourcenverfügbarkeiten haben, kommen die Stärken der Unternehmensberatungen besonders zum Tragen: hohes Erfahrungs- und Prozesswissen, Einbringung neuer

253 Steele (1975), S. 3.
254 Vgl. Fink/Knobloch (2003), S. 7.
255 Vgl. BDU (2006), S. 2 ff.
256 Vgl. Kennedy Information (2006a), S. 12 ff.
257 Oetinger (2004), S. 78.

Ideen und ein externes, als unabhängig[258] angesehenes Urteil in der Analyse von Problemstellungen sowie die Umsetzung von identifizierten Lösungen.[259] Konkreter werden Unternehmensberatungen nach *Kubr* hauptsächlich für fünf generische Zwecke vom Kunden beauftragt:

- Achieving organisational purposes and objectives,
- Solving management and business problems,
- Identifying and seizing new opportunities,
- Enhancing learning,
- Implementing changes. [260]

Im Wesentlichen erbringen Unternehmensberatungen dabei Leistungen wie die Bereitstellung von Informationen, Vermittlung von Expertenwissen und Expertenmeinungen, Analysen und Planungen, Entwicklung von Systemen, Methoden und Handlungsempfehlungen sowie Coaching und Training von Management und Mitarbeitern.[261]

Inhaltlich wird im Bereich der Unternehmensberatung die (klassische) Managementberatung von der IT- und Personalberatung unterschieden, weil bei der Managementberatung „die zentralen Problemfelder der Unternehmensführung adressiert werden"[262]. Das Dienstleistungsspektrum im Bereich der Managementberatung umfasst:

- Strategieberatung,
- Organisations- bzw. operative Prozessberatung,
- Changeberatung.

Die Aufgaben der Managementberatung reichen von der Entwicklung von E-Business-Strategien (Strategieberatung) über die detaillierte Outsourcing-Planung und deren Umsetzung (Prozessberatung) bis hin zur Post-Merger-Integration (Changeberatung).[263] Gründe für die Entwicklung unterschiedlicher Beratungsfelder sind dabei zum einen die Entwicklung der Kundennachfrage hin zu unterschiedlichsten Beratungsumfängen, zum anderen aber auch die

---

[258] Es soll allerdings erwähnt werden, dass Unternehmensberatungen nicht völlig unabhängig agieren, da sie durchaus wie alle anderen Firmen auch Eigeninteressen haben. Vgl. hierzu und zum Konzept der „Begrenzten Rationalität" Muhr (2004), S. 15 unter Verweis auf Crozier/Friedberg (1993).

[259] Vgl. z. B. Stutz (1988), S. 90 ff.

[260] Vgl. Kubr (2002), S. 10.

[261] Vgl. Kubr (2002), S. 16 basierend auf den Überlegungen der so genannten „klassischen Beratungsschule". Vgl. hierzu z. B. Althaus (1994), S. 67.

[262] Fink/Knobloch (2003), S. 7. Mit der von der operativen Prozessberatung zu unterscheidenden IT-Beratung ist vor allem die IT-Implementierung gemeint, wie sie besonders von Accenture oder IBM Business Consulting angeboten wird.

[263] Vgl. z. B. Kubr (2002), S. 28.

erfolgreiche Antizipation der Unternehmensberatungen, Beratungsbedarf bei ihren Kunden zu identifizieren und ihnen so neue Dienstleistungen anzubieten.

Tatsächlich sind die verschiedenen Aufgaben von Unternehmensberatungen immer weniger voneinander abgrenzbar und die Übergänge aufgrund der komplexer werdenden Anforderungen auf Kundenseite fließend, da beispielsweise neben der Strategieentwicklung immer häufiger auch deren Umsetzung von der jeweils beauftragten Unternehmensberatung verlangt wird.[264] Zudem werden vom Kunden Beratungsleistungen für immer mehr funktionale Bereiche auf verschiedenen Ebenen des Managements nachgefragt. Dazu gehören z. B. die Corporate-Finance-Beratung im Finanzmanagement oder Transaktionsprozess sowie die funktionale Beratung, die spezielle Bereiche des Unternehmens, wie das Supply Chain Management in der Logistik oder das Total Quality Management in der Produktion, betreffen.[265]

Unternehmensberatungen müssen sich diesem Trend stellen. Er erfordert eine erhöhte Spezialisierung in der Kerngeschäftstätigkeit,[266] um sich der wachsenden Konkurrenz von kleineren, häufig stärker fokussierten Nischenanbietern stellen zu können.[267] Auf der anderen Seite verbreitern fast alle Wettbewerber ihr Leistungsangebot funktional, branchenübergreifend und geografisch. Besonders die Gesellschaften, für die Unternehmensberatung bislang nur ein Teilbereich ihres Dienstleistungsangebots ist, wie z. B. die Big-4-Firmen, oder IT-Dienstleister verstärken ihre Bemühungen um ein erfolgreich erweitertes Leistungsprogramm[268] und konkurrieren mit klassischen Managementberatungshäusern, wie McKinsey & Company, Roland Berger Strategy Consultants oder The Boston Consulting Group.[269] So waren kürzlich bei der hoch dotierten Ausschreibung eines Dax-Unternehmens für die internationale Post-Merger-Integration eines übernommenen Unternehmens sowohl ehemalige klassi-

---

[264] Vgl. Fink/Knobloch (2003), S. 38.

[265] Vgl. z. B. Kubr (2002), S. 309.

[266] Vgl. Köppen (2001), S. 33, Financial Times Deutschland (2006f), S. 6 und Frankfurter Allgemeine Zeitung (2006), S. 20.

[267] Das Hauptproblem für Unternehmensberatungen ist, dass sie die Spezialisierung nur solange aufrecht erhalten können, solange sie mit ihr eine dauerhaft hohe Auslastung der Mitarbeiter erreichen, da die Honorare, anders als beispielsweise im M&A-Bereich der Investmentbanken, nicht so hoch sind, dass bereits mit einem Auftrag pro Jahr die Budgetziele erreicht werden können. Vgl. hierzu Financial Times (2006b), S. 26.

[268] Diese Expansion gelingt in der Regel entweder durch einen intern gewonnenen Zuwachs an Erfahrungen oder aber durch das Abwerben von Mitarbeitern der Konkurrenz, die das gesuchte Know-how und die gewünschte Reputation auf dem Markt bereits mitbringen.

[269] McKinsey & Company, Roland Berger Strategy Consultants und (The) Boston Consulting Group sind derzeit nach Umsatz die drei größten Managementberatungsunternehmen in Deutschland. Vgl. Lünendonk (2006). Weltweit sind die größten Unternehmensberatungen jedoch die IT-Dienstleister IBM Business Consulting und Accenture. Vgl. Instigate Group (2004).

sche Strategieberatungsunternehmen wie McKinsey & Company als auch eher operativ IT-nah tätige Prozessberater wie Accenture zu eigenen Angebotspitches[270] eingeladen.[271]

2.3.3 Gemeinsamkeiten

WP-Firmen und Unternehmensberatungen haben in der Vergangenheit vergleichbare Entwicklungen genommen und stehen nun auch vor ähnlichen Herausforderungen, was nicht zuletzt aus der unmittelbaren Konkurrenzsituation um Aufträge und qualifiziertes Personal in mehreren Leistungsbereichen sowie aus dem Umgang mit den gleichen Erfolgsressourcen resultiert. Zwar werden für die unterschiedlichen Dienstleistungen auf Geschäftsbereichsebene,[272] auf die Standardisierbarkeit der Projektleistung sowie die durchschnittliche Projektdauer[273] und die Erwartungen auf Kundenseite noch „weit reichende Unterschiede"[274] zwischen WP-Firmen und Unternehmensberatungen festgestellt. Allerdings bestehen diese nicht hinsichtlich der Anforderungen an das Management der großen WP-Firmen und Unternehmensberatungen auf Unternehmensebene.[275] Hier haben die professionalisierte Kundennachfrage, der technologische Fortschritt und der Wettbewerbsdruck dazu geführt, dass früher deutliche Abgrenzungen der Firmen über die angebotenen Dienstleistungen heute unpräziser geworden sind. „Management consultants have started to rethink and redefine their business, widening and enhancing their service offerings, merging or establishing alliances with other consultants and professional service firms, and abandoning self-imposed restrictions on the sort of work they are prepared to undertake."[276]

---

[270] Unter einem Angebotspitch versteht man eine Wettbewerbs- bzw. Verkaufspräsentation durch die Professional Service Firm. Der Begriff leitet sich ab vom englischen „to pitch", was mit „werfen", aber auch mit „(sich) anpreisen" übersetzt werden kann. Vgl. LEO (2007).

[271] Vgl. Interview Stratmann.

[272] Zur Unterscheidung von Unternehmensebene (corporate level) und Geschäftsbereichsebene (business level) vgl. Johnson/Scholes/Whittington (2005), S. 11. Generell werden strategische Entscheidungen auf Unternehmensebene, strategisch-operative auf Geschäftsbereichsebene und operative auf Projektebene getroffen. Bei Professional Service Firms sind mit Geschäftsbereichsebene die einzelnen Dienstleistungssparten gemeint.

[273] Was zur Folge hat, dass die jeweiligen Partner ihre Zeit unterschiedlich für ihre verschiedenen Tätigkeitsbereiche einteilen müssen, z. B. hinsichtlich Akquisition, Business Development, operativer Arbeit und Managementtätigkeiten.

[274] Gillmann (2002), S. 24.

[275] Aus diesem Grund werden auch Branchenstrukturanalysen wie „The Five Forces" von Porter (1999), S. 34 ff. oder „The PSF market model" von Scott (2001), S. 79 ff. an dieser Stelle nicht näher diskutiert. Scott definiert z. B. sechs Werttreiber für Professional-Service-Subbranchen, die Intensität und Art des Wettbewerbs kennzeichnen: „Growth and cyclicality", „Entry and exit barriers", „Client dependency", „Recruitment and retention patterns", „Threat of service substitution" und „Impact of government activity".

[276] Kubr (2002), S. 27.

Daher lassen sich die bereits in *Kapitel 1.2.4* für Professional Service Firms im Allgemeinen aufgeführten Herausforderungen für die beiden betrachteten Subbranchen wie folgt anhand von drei internationalen Branchentrends[277] konkretisieren:

- Internationalisierung[278] stellt für WP-Firmen und Unternehmensberatungen die Antwort auf die Globalisierung[279] ihrer Kunden und die Notwendigkeit zur Präsenz vor Ort dar.[280]

- Diversifikation ist für sie notwendig, um die steigende Nachfrage der Kunden nach komplexen Services aus einer Hand bedienen zu können und multidisziplinäres One-Stop-Shopping zu ermöglichen.[281]

- Konzentrations- und Integrationstendenzen sind wiederum eine Konsequenz aus dem Internationalisierungs- und Diversifikationsstreben der Professional Service Firms. Ziel der Konzentration ist die Verbesserung der Wettbewerbsposition, die Erzielung kosten- wie ertragsseitiger Economies of Scale und Economies of Scope sowie die Steigerung der Attraktivität für (mögliche) Mitarbeiter. Ziel der Integration sind die interne Hebung von Vorteilen aus der Konzentration wie die Gewinnung von Synergien,[282] die Mobilisierung der Ressourcen oder das Angebot eines „schnittstellenarmen, integrierten und in bezug auf Dienstleistungs- und Qualitätsstandards gleichermaßen konsistenten"[283] Seamless Global Service für den Kunden.[284]

Im Anschluss an die Abgrenzung und nähere Charakterisierung von Professional Service Firms sollen nun näher auf deren Besonderheiten[285] im Vergleich zu Industrie- und anderen Formen von Dienstleistungsunternehmen eingegangen werden. Zunächst werden dazu das Geschäftsmodell, danach die Anforderungen an ihr strategisches wie operatives Management

---

[277] Müller-Stewens/Drolshammer/Kriegmeier (1999), S. 30 ff.
[278] Vgl. ausführlich Kapitel 3.
[279] Vgl. zur begrifflichen Abgrenzung von Globalisierung und Internationalisierung auch Greven/Scherrer (2005), S. 15. Die Autoren machen auch deutlich, dass der Begriff Globalisierung derzeit zumindest noch „einen Prozess und nicht einen endgültigen Zustand beschreibt ... Der Endzustand, Globalität, ist noch nicht und wird sicher auch nicht so bald erreicht sein, denn selbst auf wirtschaftlichem Gebiet – auf der E-bene der Politik ohnehin – machen sich staatliche Grenzen noch bemerkbar ..." (S. 17).
[280] Diese ist bei WP-Firmen infolge ihrer engen Kundenbindungen besonders stark ausgeprägt. Vgl. Mandler (1999), S. 435.
[281] Vgl. Maister (1997), S. 151 f.
[282] Multidisziplinäre oder multinationale Strategien von Professional Service Firms schaffen nur dann Wert, wenn der Wert der gesamten Firma dank der Hebung von Synergien höher liegt als die Summe der separaten Wertbeiträge der einzelnen Geschäftsbereiche oder Länder. Vgl. auch Günther (1997), S. 340 ff.
[283] Müller-Stewens/Drolshammer/Kriegmeier (1999), S. 28.
[284] Vgl. Maister (2003), S. 303 ff.
[285] Vgl. Müller-Stewens/Drolshammer/Kriegmeier (1999), S. 37.

näher betrachtet, um so den „spezifischen, ihnen eigenen Wirkungsmechanismen"[286] Rechnung zu tragen.

2.4 Besonderheiten von Professional Service Firms

2.4.1 Geschäftsmodell

2.4.1.1 Abgrenzung

Unter Geschäftsmodellen (Business Model) versteht man eine mögliche Analyseeinheit zur beispielhaften Beschreibung der Kerngeschäftstätigkeit einer Branche oder eines Unternehmens. Über die zunehmende Relevanz und den Nutzen einer Betrachtung von Geschäftsmodellen ist man sich in der Fachliteratur einig: Geschäftsmodelle stellen „nichts anderes als die Essenz einer Theorie der Firma dar"[287].

Uneinigkeit besteht hingegen über das Wesen und die inhaltlichen Bestandteile eines Geschäftsmodells. Dies führt zu zahlreichen unterschiedlichen Definitionsansätzen. *Ghemawat* beschreibt ein Geschäftsmodell sehr generisch als „different set of choices about what to do and how to do it"[288]. Für *Johnson/Scholes/Whittington* stellt es „the structure of product, service and information flows and the roles of the participating parties"[289] dar. Die Wertschöpfungskette[290] (Value Chain Framework) von *Porter*[291] kann als eine Möglichkeit angesehen werden, ein Geschäftsmodell zu beschreiben, während für andere Autoren die Wertschöpfungskette nur eine von mehreren Hauptkomponenten zur Abbildung eines Geschäftsmodells ist. *Stähler* sieht neben der Architektur der Wertschöpfung (Wie wird die Leistung in welcher Konfiguration erstellt?) die Value Proposition (Welchen Nutzen stiftet das Unternehmen?) und das Ertragsmodell (Wodurch wird Geld verdient?) als kennzeichnend für ein Geschäftsmodell an.[292] *Chesbrough* fügt diesen (bei ihm Value Proposition, Value Chain Structure und Revenue Generation and Margins genannten) Merkmalen noch die Wettbewerbspositionierung (Market Segment sowie Position in Value Network) und die Strategie (Competitive Strategy) als ergänzende Modellelemente hinzu.[293]

---

[286] Müller-Stewens/Drolshammer/Kriegmeier (1999), S. 134.
[287] Knyphausen-Aufseß/Meinhardt (2002), S. 64.
[288] Ghemawat (2006), S. 19.
[289] Vgl. Johnson/Scholes/Whittington (2005), S. 462.
[290] Vgl. zum Begriff der Wertschöpfung und des Wertschöpfungsprozesses Stauss/Bruhn (2007), S. 5 ff.
[291] Vgl. Porter (1999), S. 36 ff.
[292] Vgl. Stähler, P. (2001), S. 41.
[293] Vgl. Chesbrough (2003), S. 63 ff.

Das Geschäftsmodell eines Industrie- oder eines klassischen Dienstleistungsunternehmens kann wegen der branchentypischen Besonderheiten hinsichtlich Serviceart, Interaktion mit dem Kunden, Informationsasymmetrie und der Abhängigkeit von den immateriellen Faktoren Mensch und Wissen[294] nicht auf eine Professional Service Firm übertragen werden. Auch werden klassische Konzepte für sich wandelnde Branchen häufig als zu starr angesehen, da „Manager dem Unternehmen ein flexibles Fundament verpassen müssen"[295].

Für diese Arbeit wird daher ein eigenes Geschäftsmodell für Handlungen von Professional Service Firms entwickelt, dessen zentrale Ausgangsfragen „what, where, to whom, and how to deliver?"[296] sind. Dabei werden marktorientierte Elemente („what, where, to whom?") anhand des Produkt-Markt-Rahmenkonzepts mit vom Intellectual-Capital-Rahmenkonzept abgeleiteten ressourcenorientierten Elementen („how?") zu einem strategischen Bezugsrahmen kombiniert.[297] Damit wird das „Wie" (bzw. „how") weniger prozessorientiert, als vielmehr ganzheitlich strategisch analysiert, weil eine prozessorientierte Betrachtung nicht Kern dieser Arbeit ist. Trotzdem muss der Betrachtung des Geschäftsmodells zunächst eine Diskussion der Wertschöpfungsprozesse von Professional Service Firms vorangestellt werden, um ein grundlegendes Verständnis für ihre Tätigkeit aufzubauen.

2.4.1.2 Wertschöpfungsprozesse

In der Fachliteratur bestehen verschiedene Ansätze zur Modellierung und Beschreibung von Wertschöpfungsprozessen von Professional Service Firms. [298] Nach *Stabell/Fjeldstad* lässt sich ein Wertschöpfungsmodell von Professional Service Firms am geeignetsten anhand der primären Aktivitäten[299] eines „Value Shops" beschreiben, bei dem der Problemlösungsprozess im Vordergrund steht. Die einzelnen Schritte des wertschöpfenden Prozesses sind dabei:[300]

- Problemermittlung und Projektakquisition („Problem Finding and Acquisition"),

---

[294]   Vgl. hierzu Lowendahl (2005), S. 48.
[295]   WirtschaftsWoche (2006a), S. 139.
[296]   Lowendahl (2005), S. 101.
[297]   Vgl. hierzu entfernt Binnewies (2002), S. 23 ff.
[298]   Ergänzend könnte auch noch das „neue St. Galler Management-Modell" in Betracht gezogen werden, das sich aber im Wesentlichen nicht von den drei hier vorgestellten unterscheidet. Vgl. dabei für die wesentlichen Prozesse einer Unternehmung und die Ordnungsmomente (Strategie, Strukturen, Kultur) Rüegg-Stürm (2002), S. 21 ff. Auch Lowendahls Modell der „Value Creating Processes" reduziert das Geschäftsmodell von Professional Service Firms auf drei, relativ abstrakt gehaltene, wertschöpfende Prozesse, die aber auch in den in dieser Arbeit diskutierten Modellen impliziert sind. Vgl. Lowendahl (2005), S. 46 f.
[299]   Vgl. zur Begrifflichkeit Porter (1999), S. 39.
[300]   Vgl. hierzu auch Müller-Stewens/Kriegmeier (2001), S. 135 ff.

- Problemlösung („Problem Solving"),
- Auswahl einer Problemlösung („Choice"),
- Ausführung bzw. Implementierung der gewählten Lösung („Execution"),
- Kontrolle und Bewertung der gewählten Lösung („Control and Evaluation").[301]

Es ist davon auszugehen, dass in allen fünf Schritten der Wertschöpfungskette die jeweilige Professional Service Firm in Abhängigkeit von der angebotenen Dienstleistung mit unterschiedlicher Intensität mit dem Kunden in Interaktion treten muss. Somit kommt dem immateriellen Faktor „Mensch" ex ante, während des Prozesses und ex post durch permanente Rückkopplung und Innovationsdruck bei der Lösungsdefinition und -erstellung eine erfolgsentscheidende Bedeutung auf Kunden- wie auf Unternehmensseite zu.[302] Dieser Interaktionsgrad mit dem Kunden ist in Prozessen von Professional Service Firms deutlich höher als in Prozessen von Industrieunternehmen,[303] bei denen der Kunde nur passiv, z. B. beim Vertrieb eines Produktes, in die Wertschöpfung eingebunden ist, und von anderen Dienstleistungsunternehmen, bei denen die Leistungen deutlich standardisierter sind.

Die klassischen unterstützenden (sekundären) Aktivitäten in der Wertschöpfungskette Infrastructure, Human Resource Management, Technology Development und Procurement, sind nach *Stabell/Fjeldstad* denen von Industrieunternehmen ähnlich. Sie sind wichtige Ressourcen, werden aber von den Autoren nicht explizit herausgestellt, sondern implizit im Kernproblemlösungsprozess abgebildet. Insbesondere das Human Resource Management, sprich die Akquisition und Entwicklung von Mitarbeitern, spielt aber eine entscheidende Rolle im Wertschöpfungsprozess, weil diese gerade die Wettbewerbsvorteile (oder auch - nachteile) bei einer Professional Service Firm ausmachen können.

Im Wertschöpfungsmodell[304] von *Müller-Stewens/Drolshammer/Kriegmeier* steht zwar wie schon bei *Stabell/Fjeldstad* der eigentliche Dienstleistungsprozess (Service Process: Acquisition, Staffing & Sourcing, Operations & Delivery, After Sales Management) im Mittelpunkt der Betrachtung. Er wird aber von den folgenden vier für die konkrete Erstellung der Dienstleistung essentiell notwendigen Inputs (unterstützende Funktionen) flankiert: Services, Systems, Capital und Professionals.

---

[301] Vgl. Stabell/Fjeldstad (1998), S. 420 ff.
[302] Siehe auch die „Value Creating Processes" bei Lowendahl (2005), S. 46 ff.
[303] Vgl. zur Diskussion von entscheidenden Faktoren für Wettbewerbsvorteile im Wertschöpfungsprozess bei Industrieunternehmen z. B. Ghemawat (2006), S. 51 ff.
[304] Vgl. Müller-Stewens/Drolshammer/Kriegmeier (1999), S. 87 ff.

Abbildung 6: Wertschöpfungsmodell einer Professional Service Firm

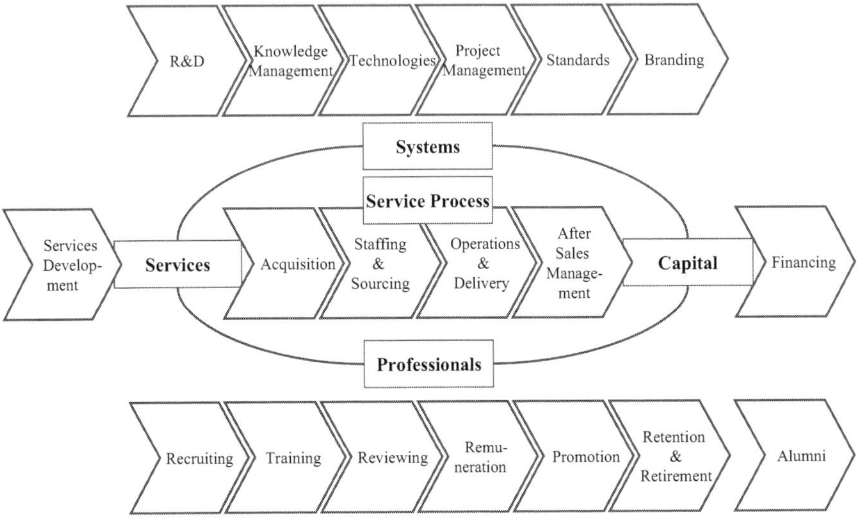

Quelle: In Anlehnung an Müller-Stewens/Drolshammer/Kriegmeier (1999), S. 87[305]

Die Schaffung eines Leistungsangebots (Services), von „Produkten" auf „Märkten",[306] dient als Ausgangspunkt eines Wertschöpfungsmodells für Professional Service Firms. Alle die Mitarbeiter (Professionals) betreffenden Fragen, vom Recruiting bis hin zu ihrer Bezahlung und Entwicklung, fließen direkt in die Wertschöpfung ein, weil die Professionals Träger des Wissens und der Kompetenzen sowie die eigentlichen Leistungserbringer sind.

Die Implementierung von Systemen (Systems),[307] von R&D über Knowledge Management, Technologies und Project Management bis zu gemeinsamen Standards[308] und Branding, ist in einer großen Professional Service Firm indirekt wertschaffend, weil diese institutionellen Möglichkeiten dazu beitragen, den eigentlichen Kernprozess zu unterstützen, indem die leistungserbringenden Professionals darauf zurückgreifen können. Die Ausstattung mit Kapital (Capital) und damit die Finanzierung von Professional Service Firms betreffen den Wert-

---

[305] In leicht abgeänderter Form findet sich das Modell auch noch einmal bei Wohlgemuth (2006), S. 211 und bei Müller-Stewens/Kriegmeier (2001), S. 135.
[306] Müller-Stevens/Drolshammer/Kriegmeier (1999), S. 95.
[307] Systeme von Professional Service Firms können dabei als ein Bündel ähnlicher Prozeduren, Prozesse oder Verfahren charakterisiert werden.
[308] Unter „Standards" sind z. B. von den Professional Service Firms entwickelte Normen, Richtlinien und Qualitätsstandards zu verstehen.

schöpfungsprozess, da er insbesondere bei Großprojekten vom Kapitalbedarf abhängt und gegebenenfalls (für die Branche neue) Finanzierungslösungen, wie z. B. die Aufnahme von externen Gesellschaftern oder Fremdmitteln, gesucht werden müssen.[309]

Müller-Stewens/Drolshammer/Kriegmeier argumentieren bewusst aus einer eher ganzheitlichen Unternehmenssicht und identifizieren damit bereits strategische wie auch operative Managementfragen. Dies macht auch Sinn, weil gerade die erfolgreiche Lösung der Fragen, welche Unterstützung und welchen Rahmen das Management bzw. die Professional Service Firm als solche für den eigentlichen Kernprozess geben können oder müssen und wie sie es tun, die Wertschöpfung entscheidend beeinflussen. Es muss jedoch angemerkt werden, dass, auch im Unterschied zu den klassischen Dienstleistungsunternehmen, der einzelne Professional oder Partner sämtliche Stufen des primären Wertschöpfungsprozesses sowie auch große Teile der Unterstützungsfunktionen innerhalb eines Projekts selbst abdeckt. Zwar variieren in Abhängigkeit von Seniorität und Stärken eines jeden Mitarbeiters seine Hauptaufgaben[310] innerhalb des Wertschöpfungsmodells. Auch versuchen insbesondere große Professional Service Firms zunehmend, unterstützende (so genannte „Non-Client"- oder „Back-Room"-) Funktionen modularisiert an Spezialisten, mitunter auch im Ausland,[311] zu delegieren.[312] Allerdings bleibt prinzipiell der gesamte Prozess eines Professional Service bestehend aus Akquisition, Besetzung, Durchführung und Nachbereitung in Händen eines oder mehrerer Projektverantwortlicher.[313] So ist es durchaus nicht unüblich, dass selbst ein Senior Partner noch fachlich-operative Projektarbeiten übernimmt, je nach Spezifikation und Komplexität der fachlichen Aufgabe oder auch seiner Delegierungsfähigkeiten.[314]

---

[309]   Vgl. Müller-Stevens/Drolshammer/Kriegmeier (1999), S. 131 f.
[310]   Vgl. Ringlstetter/Bürger/Kaiser (2004) S. 18 f.
[311]   Vgl. Dawson (2005), S. 51. „The shift to a more global, integrated economy is impacting every aspect of business, including professional services. The modularization of business means that those modules can readily be positioned not just outside the client or professional services firm but in a different country on the other side of the planet. Those elements that can be performed at lower cost in other countries will be relocated. A pointed illustration is the fact that many major investment banks … are doing financial analysis and investment research in India". Vgl. allgemein zur Modularisierung von Dienstleistungen z. B. Corsten/Dresch/Gössingen (2007), S. 95 ff.
[312]   Vgl. Keppel (1997), S. 155 ff.
[313]   Allerdings gibt es durchaus Unternehmensberatungen, beispielsweise Roland Berger Strategy Consultants, bei denen Akquisitionsteams eingesetzt werden, die dann später aber nicht die fachliche Durchführung des Projekts mitübernehmen, mit allen Vor- und Nachteilen für den Gesamtprozess. Vgl. Interview Schiemann. Es ist aber durchaus fragwürdig, ob diese, für die Unternehmensberatung mitunter kurzfristig effektivere Aufstellung, den Kunden nachhaltig zufriedenstellt und ihn gleichzeitig auch an die Unternehmensberatung dauerhaft bindet.
[314]   Vgl. Grewe (2005). Da auch in der Fachliteratur regelmäßig McKinsey & Company als Musterbeispiel für Unternehmensberatungen (bei einem Marktanteil von knapp 1 %) herhalten müssen, ist zu bezweifeln, dass die dort gewonnenen Erkenntnisse (vgl. in diesem Fall zur Teilung von Wertschöpfungsaktivitäten Kriegmeier (2003), S. 159 f) für alle Unternehmensberatungen gelten können. Auch müssen Strukturen immer mit Leben gefüllt werden. So ist es durchaus der Fall, dass Professional Service Firms z. B. Tätigkeiten an Research- oder HR-Departments auslagern. Ob die einzelnen Partner diese jedoch auch in Anspruch nehmen, ist eine andere, an dieser Stelle nicht zu klärende Frage.

Eine ebenso entscheidende Rolle kommt in diesem Zusammenhang in Ergänzung zum Wertschöpfungsmodell der pyramidenähnlichen Mitarbeiterstruktur zu, die für mehr oder weniger
alle Professional Service Firms in unterschiedlicher Ausprägung die Grundlage ihrer operativen Tätigkeiten bildet. Selbst wenn die Kunden, in letzter Zeit auch öffentlich,[315] eine Pro-
jektteamzusammensetzung („Leverage Struktur"[316]) wünschen, die zunehmend aus vielen erfahrenen Mitarbeitern besteht, versucht die Professional Service Firm aus Rentabilitätsgrün-
den tendenziell ein Projekt mit vielen jungen Mitarbeitern zu besetzen. Ein verkauftes Projekt
ist umso profitabler, je mehr jüngere Mitarbeiter mit niedrigem Gehalt auf ihm arbeiten, da in
der Praxis fixe Tagessätze je Professional, unabhängig von dessen Seniorität, mit dem Kunden ausgehandelt werden. Insbesondere in unruhigen Geschäftszeiten, wie bei starkem Unter-
nehmenswachstum oder Geschäftsrückgängen und bei einer hohen Mitarbeiterfluktuation,
stehen Professional Service Firms daher vor der Herausforderung, eine ausreichend breite
Mitarbeiterpyramide beizubehalten.

Um neben der Gewährleistung ihrer Profitabilität ihren jüngeren Mitarbeitern genügend Auf-
stiegsmöglichkeiten innerhalb der Pyramide zu geben und so auch das individuelle Wissen
der Mitarbeiter im Unternehmen zu sichern und an immer neue Mitarbeiter weiterzugeben,[317]
müssen Professional Service Firms, je nach Stärke des Wachstums, daher eine strikte „Up or
out"-Philosophie[318] auch bei erfahreneren Mitarbeitern und die konstante Rekrutierung insbesondere jüngerer Mitarbeiter sicherstellen. Letzteres stellt aber viele Professional Service
Firms bisweilen vor erhebliche Probleme.[319]

---

[315]   Vgl. Derakhchan/Aden (2007), S. 5.
[316]   Vgl. Ringlstetter/Kaiser/Bürger (2004), S. 19 f.
[317]   Dieser Prozess führt schlussendlich zur Schaffung von explizitem Wissen im Unternehmen.
[318]   Vgl. Ringlstetter/Kaiser/Bürger (2004), S. 23.
[319]   Vgl. WirtschaftsWoche (2005), S. 64 f.

Abbildung 7: Die professionelle Pyramide

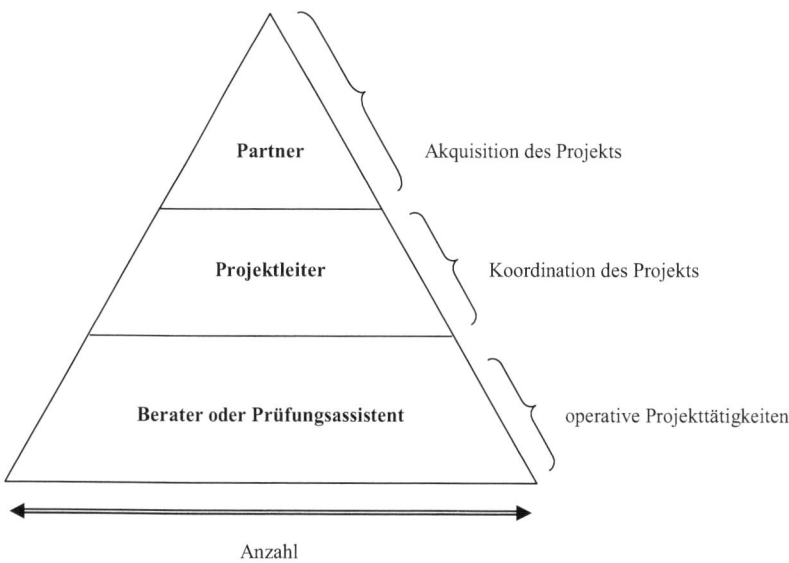

Quelle: *In Anlehnung an Ringlstetter/Kaiser/Bürger (2004), S. 19*

Lorsch/Tierney wiederum berücksichtigen in ihrem generischen Prozessmodell für Professional Service Firms explizit die Problematik, dass die Professionals nicht nur die wesentliche Rolle bei der eigentlichen Leistungserbringung und der Beziehung zum Kunden spielen, sondern ihnen eine fast ebenso kritische Rolle bei der internen Beziehung zur eigenen Professional Service Firm zukommt, sei es als einfacher Mitarbeiter, Führungskraft und/oder Anteilseigner.

Es werden drei Dimensionen von Beziehungen unterschieden. Die Basis[320] bildet die enge, gegenseitige persönliche Beziehung eines oder einer Gruppe von Professionals zum Kunden, wenn er diesem seine eigene Zeit auf einem Projekt verkauft und eine ergebnisorientierte Leistungserbringung anstrebt. Dabei ist unerheblich, ob es sich bei dieser Leistung um die Erstellung eines Prüfungsberichts oder eines Strategiepapiers handelt.

---

[320] Wie bei Stabell/Fjeldstad (1998) und Müller-Stevens/Drolshammer/Kriegmeier (1999).

Da eine Professional Service Firm viele Projekte gleichzeitig anbietet, bearbeitet und darum eine Mehrzahl von Professionals angestellt hat, stellt die zweite wesentliche Komponente die Beziehung des individuellen Professionals zu seinen Kollegen und damit zu seinem Unternehmen dar. Professionals auf Leitungsebene sind Leistungserbringer beim Kunden, Manager ihres Teams oder Bereichs und häufig auch Inhaber ihres Unternehmens in einer Person. Vor allem verfolgen sie aber unterschiedliche, da eigene Interessen. Nach *Lorsch/Tierney* liegt die Stärke einer Professional Service Firm darin, die individuellen Interessen des jeweiligen Professionals zwar einzuholen und beispielsweise in die Strategieentwicklung des Unternehmens einfließen zu lassen, sie aber in Summe den Interessen des Unternehmens als Ganzem unterzuordnen:[321] „The larger the proportion of partners who are willing to do this, ... the higher the odds that it (the firm) will achieve its objective over time."[322]

Die dritte und letzte Komponente des Prozessmodells betrifft die Beziehung zwischen Unternehmen und Kunden selbst. *Lorsch/Tierney* halten dabei zwar die Ausrichtung der Firma für entscheidend, diese Beziehung zu definieren[323] und somit den Übergang zum Geschäftsmodell und späteren Strategieentscheidungen zu legen. Allerdings kommt es anders als bei Industrieunternehmen entscheidend darauf an, dass die Professionals, die die Kundenbeziehungen unterhalten, Aufträge einholen und Preise determinieren, das Geschäftsmodell tragen und Strategien auch umsetzen. „The central difference – and distinguishing characteristic – of the PSF business model is its reliance, its absolute dependence, on skilled and motivated professionals."[324] Es können keine Entscheidungen im People's Business top-down implementiert

---

[321] Dieses Verständnis geht auf die die Prinzipal-Agenten-Theorie ergänzende Stewardship-Theorie zurück. Grundlage sind dabei die Austauschbeziehungen zwischen einem Prinzipal (Auftraggeber) und einem Steward (Auftragnehmer), in deren Rahmen das Verhalten des sich selbst verwirklichenden Stewards kollektiv orientiert ist und dieser Unternehmensziele bei seiner Tätigkeit höher gewichtet als seine persönlichen Ziele. Daraus folgt, dass dem Steward vom Prinzipal Vertrauen und größere Eigeninitiative eingeräumt werden kann, ohne dass er dabei eigennütziges, opportunistisches Verhalten des Stewards zu fürchten hat. Vgl. Davis/Schoorman/Donaldson (1997), S. 24 und Fisch (2003), S. 217 f. In der Fachliteratur wird in letzter Zeit verstärkt die Stewardship-Theorie zur Begründung des Erfolgs oder Misserfolgs weniger hierarchischer Organisationsformen, wie partnerschaftlicher Professional Service Firms, herangezogen, bei denen eine auf der Prinzipal-Agenten-Theorie basierende, misstrauensgeprägte Corporate Governance suboptimal ist. So führt beispielsweise Maister (2006) an: „I don't think you can create a sustainable, ongoing great firm unless there is a broadly-held sense of stewardship, with each partner or senior officer feeling that they do not own the firm in perpetuity, but hold it in trust to be passed on in better shape to the next generation." Allerdings gibt es bislang noch keine relevanten Forschungsergebnisse, in wie weit die Stewardship-Theorie als Substitut für die Prinzipal-Agent-Theorie in Professional Service Firms verwendet werden kann oder sollte. Auch zeigen sämtliche Beispiele aus der Praxis, dass egoistisches Denken in jedem Unternehmen anzutreffen ist, wenn auch in unterschiedlicher Intensität, da es menschlich ist. Somit kann sowohl Vertrauen als auch Misstrauen der Partner in die Partner und Mitarbeiter von Professional Service Firms gerechtfertigt sein, sodass ökonomisch gesehen eine heterarchische Mischung aus Kontrollmechanismen und Freiheitsgraden für jeden Mitarbeiter auch hier sinnvoll erscheint.

[322] Lorsch/Tierney (2002), S. 21.

[323] Vgl. Lorsch/Tierney (2002), S. 23.

[324] Lorsch/Tierney (2002), S. 24; vgl. hierzu auch Scott (2001), S. XIV, der sagt: „Their basis of competitiveness is starkly simple – how clever are your people?"

werden,[325] sie müssen von den Professionals entwickelt, verinnerlicht, getragen und exekutiert werden. Da Professionals aber ungern managen noch gemanaged werden und freies, operatives Handeln einem strategischen Tätigkeitskorsett vorziehen, kann bereits in der Entwicklung von Geschäftsmodell und Strategien ein Dilemma für Professional Service Firms liegen.

2.4.1.3 Entwicklung eines Bezugsrahmens

Nach der Betrachtung der Wertschöpfungsprozesse lässt sich nun für das Geschäftsmodell von Professional Service Firms durch die Kombination von marktorientierten und ressourcenorientierten Elementen ein strategischer Bezugsrahmen entwickeln, anhand dessen auch Unterschiede zwischen den einzelnen Professional Service Firms festgestellt werden können.[326]

Abbildung 8: Geschäftsmodell einer Professional Service Firm

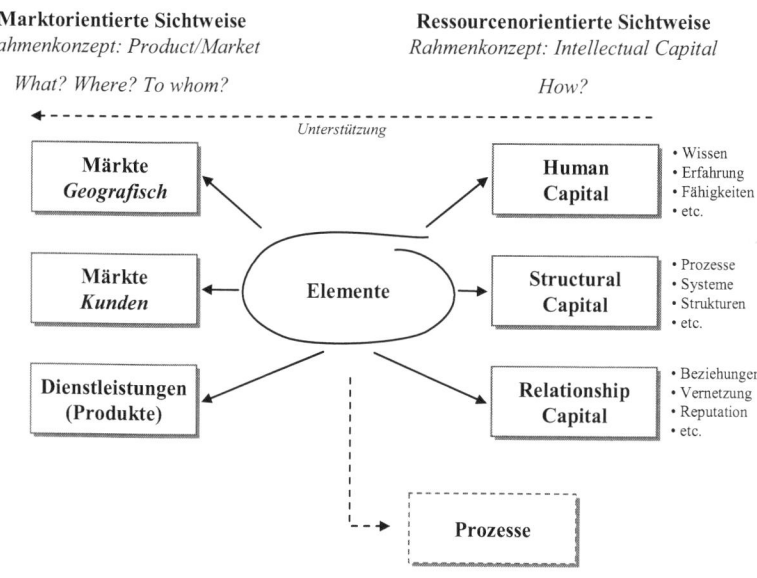

---

[325] Vgl. Maister (2003), S. 226.
[326] Eine stärker prozessuale Betrachtungsweise des Geschäftsmodells und damit die Integration der Wertschöpfungsprozesse in den hier diskutierten strategischen Bezugsrahmen ist Aufgabe folgender, hierauf aufbauender Forschungsarbeiten.

Die marktorientierten Elemente bilden unternehmensexterne Erfolgsfaktoren in Form von Entscheidungen über die Positionierung innerhalb einer unternehmensübergreifenden Produkt-Markt-Kombination[327] in entfernter Anlehnung an *Ansoff*.[328] Für *Dawson* sind „strategic issues that need to be addressed by Professional Service Firms such as what industries and types of clients they target [and] the scope of services provided down to the specific practice area level"[329] Kernbestandteil eines Geschäftsmodells von Professional Service Firms. Die Firmen müssen dabei entscheiden, in welchen Ländern bzw. Regionen („Märkte/geografisch") sie welchen Kunden („Märkte/Kunden") welche Leistungen („Produkte") anbieten. Eine Besonderheit für Professional Service Firms gegenüber dem ursprünglich für Industrieunternehmen entwickelten Rahmenkonzept entsteht durch die Zweiteilung des Marktelements in „Länder/Regionen" und „Kunden".[330] Während bei Industrieunternehmen die Marktsegmentierung und damit die Kundendifferenzierung bisweilen noch Teil von, dem eigentlichen Produktionsprozess nachgelagerten, Vertriebsentscheidungen ist, wird sie für Professional Service Firms durch die im People's Business individuell auf den Kunden zugeschnittenen Akquisitionsbestrebungen und die durchgängig notwendige Integration des Kunden in den originären Leistungserbringungsprozess ein wesentliches Element ihres Geschäftsmodells.

Anhand des Intellectual-Capital-Rahmenkonzepts lassen sich die ressourcenorientierten Elemente eines Geschäftsmodells von Professional Service Firms identifizieren. Intellectual Capital ist als Theorie[331] dem „Resource-based View"-Ansatz zuzuordnen und umfasst die wesentlichen Ressourcen, mit denen eine Firma in der Wissensökonomie konkurrenzfähig sein will: „Control of physical resources is no longer the key defining factor for most business models. Now and in the future, success or failure will depend on knowledge, skills, competencies, processes and relationships."[332] Dies trifft in besonderem Maße für Professional Service Firms zu: „The key resources of professional service firms are certainly not fixed assets such as plants and machinery. Trying to understand knowledge intensive companies has driven the development of the new field of intellectual capital, which has provided us with frameworks for managing and beginning to measure the intangible assets of organizations."[333]

Das immaterielle Vermögen von Organisationen lässt sich in Anlehnung an die Intellectual-Capital-Rahmenkonzepte von *Sveiby*[334] und *Dawson*[335] in drei Kategorien einteilen: Human

---

[327]   Vgl. zu Produkt-Markt-Kombinationen generell Ansoff (1965, 1988).
[328]   Vgl. Macharzina/Wolf (2005), S. 338.
[329]   Dawson (2005), S. 305.
[330]   Vgl. Ringlstetter/Kaiser/Kampe (2007), S. 148.
[331]   Sie wird bisweilen auch als „Intangible assets"-Konzept bezeichnet.
[332]   Trek Consulting (2005).
[333]   Dawson (2005), S. 52.
[334]   Vgl. Sveiby (1998), S. 19 ff.

Capital, Structural Capital und Relationship Capital. Human Capital beinhaltet im weiteren Sinne das Wissen, die Erfahrung und Fähigkeiten des individuellen Mitarbeiters. Structural Capital, nach *Bontis* „the organizational routines of the business"[336], setzt sich aus Prozessen, Systemen[337], Strukturen und auch der Kultur des Unternehmens zusammen. Während Human Capital und Structural Capital nach innen ins Unternehmen gerichtet sind und damit ein Gegengewicht zu den marktorientierten Elementen darstellen, wird über die dritte Dimension des Intellectual-Capital-Konzepts, das Relationship Capital, die Verbindung zur Umwelt geschaffen. Es umfasst die im Unternehmen aufgebauten Beziehungen zu Stakeholdern, die Vernetzung mit und in der Gesellschaft sowie die Reputation und den Brand und beschreibt, wie Professional Service Firms mit Kunden und anderen Marktteilnehmern in Verbindung stehen. Diese drei Elemente determinieren somit die ressourcenorientierte Seite des Geschäftsmodells von Professional Service Firms.

Zusammenfassend ist festzuhalten, dass sich Geschäftsmodelle von Professional Service Firms von denen anderer Dienstleistungs- oder Industrieunternehmen unterscheiden. Es wird deutlich, dass weder die bloße Betrachtung von unterschiedlichen und individuellen, meist subjektiv und simultan ablaufenden Prozessen noch die alleinige Charakterisierung von Elementen innerhalb eines strategischen Bezugsrahmens den Besonderheiten ihres Geschäftsmodells gerecht wird und dieses umfassend beschreibt. Dem Management einer Professional Service Firm kommt deshalb die besondere Aufgabe dabei zu, nicht nur die Fähigkeiten der Professionals, sondern auch deren Handeln in einen institutionellen Rahmen zu bringen[338] und sie andererseits mit Input verschiedenster Art[339] in ihrer originären Tätigkeit zu unterstützen. Die Professionals selbst müssen die diesen institutionellen Rahmen prägenden strategischen Entscheidungen ihrer Firma mittragen, um so die Existenz ihrer Tätigkeit innerhalb eines Unternehmens zu rechtfertigen und Nutzen für alle zu schaffen.

Im Folgenden wird nun näher auf die Herausforderungen an das strategische Management von Professional Service Firms und ihre strategischen Entwicklungsoptionen eingegangen, die sich aus den einzelnen Elementen des entwickelten Geschäftsmodells ableiten lassen.

---

[335] Vgl. Dawson (2005), S. 51 ff.

[336] Bontis (2002), S. 29.

[337] Ziel für die Professional Service Firm muss es hierbei sein, das individuelle Wissen der Mitarbeiter im Unternehmen z. B. in Datenbanken zu speichern, „to capture knowledge from human capital to make it structural capital". Dawson (2005), S. 53.

[338] Damit die Entscheidung über marktorientierte Elemente, z. B. die angebotenen Leistungen der Professional Service Firm, nicht nur Vorschläge, sondern bindend für die Mitarbeiter sind.

[339] Zum Beispiel mit der Schaffung einer Infrastruktur über Systeme (Structural Capital) oder der Stärkung des Brands (Relationship Capital).

2.4.2   Strategisches Management

Eine notwendige Reaktion auf die komplexer gewordenen Herausforderungen und den verstärkten Wettbewerbsdruck seit Ende der 90er Jahre, als ein zunehmender Preisverfall und
eine sinkende Auslastung auf die Margen drückten,[340] stellt auch bei Professionals Service
Firms heute die wachsende Bedeutung des strategischen Managements und damit die Definition und Weiterentwicklung von Unternehmensstrategien und strategischen Entscheidungen[341]
sowie deren Umsetzung dar.

2.4.2.1   Abgrenzung

In der Fachliteratur trifft man auf eine „recht weitgehend ausdifferenzierte Diskussion"[342],
was unter „Strategie" und „strategischem Management" zu verstehen ist, in der sich die Argumente zwar „inhaltlich und methodisch teilweise ganz erheblich"[343] unterscheiden, allerdings alle Ansätze auf demselben Grundverständnis über die wichtigste Besonderheit von
Strategie und strategischem Management beruhen: ihrer Relevanz für die (langfristige) Entwicklung und Ausrichtung des Unternehmens.[344]

Mintzberg führt beispielsweise fünf Faktoren an[345], die erforderlich sind, um den Begriff
„Strategie" zu erklären: Plan, Ploy, Pattern, Position und Perspective. *Hungenberg* grenzt e-
benso anhand von wesentlichen Merkmalen den Begriff des strategischen Managements ein.
Er spricht dabei von „strategischen Entscheidungen"[346], die im strategischen Management gefällt werden. Als strategisch gelten dabei solche Entscheidungen des Managements, „die die
grundsätzliche Richtung der Unternehmensentwicklung bestimmen oder maßgeblich beeinflussen"[347]. Strategische Entscheidungen sind damit prinzipiell langfristig ausgerichtet, müssen jedoch nicht zwangsläufig langfristig Bestand haben. Sie sollen einen Beitrag dazu leisten,
Wettbewerbsvorteile auf- und auszubauen und somit „den langfristigen Erfolg eines Unternehmens zu sichern"[348].

---

[340]   Vgl. Ringlstetter/Bürger (2004), S. 283.
[341]   Vgl. hierfür allgemein z. B. Staehle (1999) oder Henzler (1988).
[342]   Müller-Stewens/Lechner (2005), S. 23.
[343]   Hungenberg (2004), S. 3.
[344]   Vgl. Müller-Stewens/Lechner (2005), S. 22 f.
[345]   Vgl. „Five P's for Strategy" in Mintzberg/Ahlstrand/Lampel (1998), S. 9 ff.
[346]   Hungenberg (2004), S. 5.
[347]   Hungenberg (2004), S. 5.
[348]   Hungenberg (2004), S. 5.

Strategische Entscheidungen sind somit Entscheidungen über die grundsätzliche Ausrichtung des Unternehmens und keine Entscheidungen über einzelne konkrete Handlungen extern auf dem Markt oder auch intern im Unternehmen. Nach *Andrews* ist Strategie daher „a stream of decisions made over time, which reflects the goals of the firm and the means by which the firm achieves those goals"[349]. Durch Strategien sollen Erfolgspotenziale geschaffen werden, die dann im operativen Geschäft umgesetzt und genutzt werden müssen. Damit befasst sich das strategische Management mit Entscheidungen, „die aus einer übergeordneten Perspektive die grundsätzliche Ausrichtung eines Unternehmens bestimmen"[350].

Unterschieden werden muss dabei zwischen Strategien auf Unternehmens-[351] und Geschäftsbereichsebene.[352] Auf Unternehmensebene wird in der Unternehmensstrategie geregelt, mit welchem Leistungsportfolio das Unternehmen auf welchen Märkten tätig sein will und welche Priorität bzw. Ressourcen den einzelnen Geschäftsbereichen zugeteilt werden sollen.[353] Auf dieser Grundlage gestaltet das strategische Management auf Unternehmensebene ganzheitlich die organisatorischen Rahmenbedingungen.[354] Die Umsetzung bzw. Implementierung der Unternehmensstrategie erfolgt auf Geschäftsbereichsebene einerseits im Rahmen der gebildeten Strukturen und Systeme, andererseits durch Kultur und Führung. Auf Geschäftsbereichsebene müssen zusätzlich auch eigene, für jeden Geschäftsbereich spezifische und im Gesamtkontext meist heterogene Wettbewerbsstrategien entwickelt und operativ umgesetzt werden müssen.[355]

2.4.2.2 Management und Strategieentwicklung bei Professional Service Firms

Management und Strategieentwicklung werden bei Professional Service Firms weiterhin als eher unterdurchschnittlich wichtig angesehen,[356] auch wenn sich dies in den letzten Jahren

---

[349] Andrews (1980), S. 18.
[350] Hungenberg (2004), S. 6.
[351] Vgl. zu „Corporate Strategy", insbesondere zum Grundgedanken des „Parenting Advantage" für diversifizierte Unternehmen, Goold/Campbell/Alexander (1994), S. 297 ff.
[352] Vgl. zu „Business Strategy" z. B. Johnson/Scholes/Whittington (2005), S. 239 ff.
[353] Vgl. Müller-Stewens/Lechner (2005), S. 37 f.
[354] Vgl. Hungenberg (2004), S. 15 f.
[355] Vgl. Becker (2000), S. 94 ff.
[356] Dies zeigt sich auch daran, dass beispielsweise keinerlei strategische Wettbewerbsanalysen für den „Big-4-Markt" vorliegen, weder bei den (kontaktierten) Gesellschaften selbst noch in der Öffentlichkeit. Dies kann zwar auch auf die generelle Intransparenz der Branche oder die mangelnde Incentivierung solcher Tätigkeiten zurückzuführen sein, dürfte aber vor allem am mangelnden strategischen Positionierungsinteresse (oder auch an der fehlenden Notwendigkeit hierzu) gegenüber den Wettbewerbern liegen. Auch werden die Bemühungen des Managements von Professional Service Firms, strategisch zu handeln, häufig falsch kommuniziert oder von Mitarbeitern und Öffentlichkeit nicht ernst genommen, wie die Diskussionen um das von Deloitte USA als Führungs- und Motivationsleitfaden für ihre Mitarbeiter herausgegebene „the little blue book of strategy" zeigen. Vgl. Financial Times (2007c), S. 16.

etwas verändert hat. Die Partner[357] in den Unternehmen, auch leitende Partner, sehen ihre Hauptaufgabe vorwiegend darin, Aufträge zu akquirieren und hierzu am eigenen Kundennetzwerk zu arbeiten oder sich fachlich in die jeweils laufenden Projekte operativ einzubringen.[358] Unabhängig davon, ob eine Professional Service Firm klein oder groß, global oder national, dezentral oder zentral aufgestellt ist, so ist es am Ende immer der (oft auch im Wettbewerb mit den eigenen Kollegen) erzielte Umsatz bzw. Gewinn des einzelnen Partners,[359] der seinen Erfolg kennzeichnet, auch wenn dies beispielsweise von *Lowendahl* mit Verweis auf die Wertschaffung für den Kunden als wichtigstem Ziel einer Professional Service Firm verneint wird.[360] Für dieses durchaus strategische Dilemma des People's Business haben Professional Service Firms entweder bereits unterschiedliche Antworten gefunden oder werden sie finden müssen, um das erfolgsentscheidende Unternehmertum[361] des einzelnen Partners aufrechtzuerhalten, dieses aber in Einklang mit den strategischen Entscheidungen der Gesamtfirma zu bringen.[362]

Da die Karriereaussichten und die variable Bezahlung des einzelnen Partners von dessen eigenem operativen Erfolg getrieben sind, spielen letztendlich strategische Fragen bei ihm eine eher unwichtige und unverbindliche Rolle.[363] Dies liegt auch daran, dass der operative Erfolg des Partners häufig von der flexiblen und autonomen Reaktion auf kurzfristige Wünsche und Entscheidungen auf Kundenseite abhängt („Clients first"), bisweilen natürlich auch von Instinkt und Zufall, aber eher selten von detailliert ausgearbeiteten langfristigen Strategieplänen.[364]

---

[357]   Unter Partnern sollen im Folgenden auch leitende Mitarbeiter, wie z. B. Vice Presidents, in solchen Professional Service Firms fungieren, die nicht partnerschaftlich organisiert sind, da die begriffliche Abgrenzung an dieser Stelle nichts mit der (rechtlichen) Partnergesellschaftsform zu tun hat. Zur Partnerschaftsgesellschaft als Möglichkeit bei Wahl und Vergleich von Rechtsformen für Freiberufler vgl. z. B. Castan/Wehrheim (2005), S. 119 ff. Auch die in partnerschaftlich organisierten Professional Service Firms mitunter anzutreffende Unterscheidung zwischen „Equity-Partnern", die echte Anteilseigner sind, und „Non-Equity-Partnern", die keine Anteilseigner sind, aber trotzdem Führungs- und Personalverantwortung tragen, kann an dieser Stelle vernachlässigt werden.

[358]   Vgl. dazu auch Maister (2003), S. 291, Ringlstetter (2003), S. 14 und Lowendahl (2005), S. 58 ff.

[359]   Vgl. Fluri/Weibel (1999), S. 175. Vgl. auch abweichende Meinungen dazu im Interview Görner.

[360]   Vgl. Lowendahl (2005), S. 77.

[361]   Grundsätzlich scheint ein, in dieser Arbeit nicht zu lösender, Widerspruch zwischen dem Streben der Partner nach Unternehmertum auf der einen Seite und ihrem z. B. in Kapitel 2.2 dargelegten Charakteristikum, entweder keine Manager sein zu wollen oder vergleichsweise schlechte Manager zu sein, auf der anderen Seite zu liegen. Der Begriff Unternehmertum bezieht sich in diesem Kontext damit auch eher auf die eigenverantwortliche Gestaltung der Kundenbeziehung und damit der Erlösseite als auf das ganzheitliche Management eines eigenen (Teil-) Bereichs.

[362]   Vgl. hierzu auch Kapitel 4 dieser Arbeit.

[363]   Stumpf/Doh/Clark (2002), S. 275 sehen daher auch eine Herausforderung für Professional Service Firms darin, „to overcome the near singular focus on billable activities".

[364]   Vgl. Lowendahl (2005), S. 77 und S. 101. „Given the high degree of innovation, the responsiveness to unique client needs, and the unpredictability of which target projects will be won by the firm, strategic management in professional service firms cannot be centred on the development of detailed long-term plans." Gegen die Meinung von Lowendahl spricht, dass Professional Service Firms ihre Organisation

Ein zweiter Grund für das Dilemma liegt darin, dass sowohl Partner als auch Professionals die Autonomie[365] ihrer Tätigkeit schätzen und sich ungern leiten lassen. Leitende Partner bleiben folglich immer nur „primus inter pares"[366]. So können sich Partner selbst gegenüber den Professionals weniger auf ihre formale Autorität stützen, sondern müssen sich diese zumindest in der Theorie über ihre höheren fachlichen Kompetenzen erarbeiten.[367] Dieses kulturell besonders unbürokratische Klima[368] führt allerdings dazu, dass bereits die neu angestellten Professionals nur selten administrative Aufgaben an Assistenten delegieren.[369] Zudem machen in der Regel solche Partner Karriere, die fachkompetent sind oder ihre Leistungen verkaufen können, aber nicht unbedingt Managementfähigkeiten besitzen, geschweige denn Interesse haben, sich diese anzueignen, um ein Unternehmen oder ein Team gut zu führen.[370] Solange aber die Partner ihren Managementaktivitäten keine oder nur unterdurchschnittlich wenig Zeit im täglichen operativen Geschäft einräumen, werden strategisch-konzeptionelle Tätigkeiten vernachlässigt und langfristige Fragestellungen hinfällig. Partner müssen zwar folglich „vom persönlichen Nutzen einer Strategie überzeugt"[371] sein, aber auch selbst von der Gemeinschaft in die Verantwortung genommen werden, diese umzusetzen und mit Leben zu füllen.

Allerdings ist man sich in der Fachliteratur darüber einig, dass strategisches Handeln für den Erfolg von Professional Service Firms notwendig ist: „Strategy is necessary in order to achieve coordinated activities in a highly decentralised and non-routine structure, where the lack of detailed plans makes an agreement on goals and priorities fundamental to the achievement of a ‚pattern in strategic decisions'"[372]. In der Praxis wird strategischen Fragen

---

durchaus über Mehrjahrespläne steuern, und das nach eigenen Auskünften durchaus erfolgreich. Vgl. Interview Röhm. Allerdings fragen Dunn/Baker (2003), S. 285 nicht zu Unrecht: „What happened to the 5- or 10-year strategic plan of Arthur Andersen?" Als Konsequenz heißt das nicht, dass detaillierte Strategien bei Professional Service Firms unwesentlich für den Geschäftserfolg sind. Gerade das Gegenteil ist der Fall. Sie müssen einen kurzfristigeren Zeithorizont haben und durchaus an sich verändernde Bedingungen immer wieder neu angepasst werden.

[365] Vgl. Schreyögg (2003), S. 243. Allerdings muss an dieser Stelle erwähnt werden, dass durch die arbeitstechnisch vorherrschende Form der Teamarbeit und die damit einhergehende Notwendigkeit zur Kooperation, zum Konsens- und Konformitätsdruck sowie zur, (betriebs-) soziologisch wie psychologisch gesehen, Unterdrückung von Werten der Einzelpersönlichkeit ein Großteil der durch die in Professional Service Firms formal flacheren Hierarchien gewonnenen Autonomie der Professionals auch wieder verloren geht. Dies gilt unabhängig davon, wie ideal die Teamarbeit funktioniert. Vgl. hierzu auch Balzereit (1991), S. 145; Bornemann, (1967), S. 125; Dick/West (2005), S. 20 f; Kellner (2002), S. 15; Sagebiel/Vanhoefer (2006), S. 20; Schneider (1991), S. 23 ff. und Sennett (2005), S. 155.

[366] Vgl. McKenna/Maister (2002), S. XXI.

[367] Vgl. Netzer (2000), S. 62 und Stutz (1988), S. 212.

[368] Dies ist typisch für informale Organisationen, zu denen die Professional Service Firms zu zählen sind. Vgl. Stutz (1988), S. 20 f.

[369] Vgl. Maister (2003), S. 41 f.

[370] Das schließt auch die Personalführung ein. Vgl. dazu Kubr (2002), S. 621; Kaiser (2004), S. 181 f. und Müller-Seitz (2003), S. 25 ff.

[371] Vgl. Fluri/Weibel (1999), S. 160.

[372] Lowendahl (2005). S. 101.

ebenso eine immer höhere Bedeutung zugemessen,[373] auch wenn ihr quantifizierbarer Einfluss auf den Unternehmenserfolg selten errechnet wird oder ermittelt werden kann. Die Strategie muss dabei nach *Maister* die „Rules of the Game" und die "Expenditures"[374] bestimmen, nach *Lowendahl* „Vision", „Clear Goals" und „Set priorities" festlegen.[375] Erreicht werden soll, über die gemeinschaftliche Entwicklung, Kommunikation und Umsetzung der festgelegten Strategien, den Unternehmenswert als eigentliches Ziel jeder unternehmerischen Tätigkeit zu steigern,[376] was nach *Scott* bei Professional Service Firms wiederum stark von immateriellen Faktoren und dabei hauptsächlich von der langfristigen „ability to attract and retain both outstanding clients and outstanding professionals"[377] abhängt.

Prinzipiell gelten die einschlägigen Elemente des strategischen Managements bei Industrieunternehmen auch für Professional Service Firms. Dazu gehören primär die Festlegung von Strategien, beispielsweise hinsichtlich der konkreten langfristigen Ziele des Unternehmens oder der Positionierung im Wettbewerb, die Schaffung grundlegender Organisationsstrukturen und die Implementierung von Systemen zur Führung des Unternehmens.[378] Allerdings müssen bei Professional Service Firms zwei Besonderheiten gegenüber Industrieunternehmen berücksichtigt werden.

Aufgrund der zentralen Bedeutung der Betreuung des Kunden für den Geschäftserfolg besteht bei Professional Service Firms erstens die Notwendigkeit, Entscheidungen dezentral vor Ort zu treffen, um schnell und flexibel auf Kundenbedürfnisse reagieren zu können: entscheidend sind „Schnelligkeit, Flexibilität [der Mitarbeiter] … und vor allem der persönliche Kontakt"[379] zum Kunden. Damit müssen strategische Entscheidungen, die den Kundenkontakt betreffen, überwiegend bottom-up auf Geschäftsbereichsebene entwickelt werden.[380] Die Geschäftsbereichsebene ist bei Professional Service Firms überwiegend eindimensional nach strategischen Geschäftsfeldern oder Segmenten in Service Lines (z. B. Corporate Finance), Kundenbranchen (z. B. Banken) oder Regionen (z. B. Europa) gegliedert.[381] In den großen WP-Firmen und Unternehmensberatungen ist aber verstärkt auch eine mehrdimensionale

---

[373] Vgl. Deloitte (2006l).
[374] Vgl. Maister (2003), S. 232.
[375] Vgl. Lowendahl (2005), S. 105.
[376] Vgl. Koller/Goedhart/Wessels (2005), S. 101 und Scott (2001), S. 156 ff.
[377] Scott (2001), S. 61. Vgl. hierzu auch Lowendahl (2005), S. 197 sowie Maister (2003), S. 3. Maister definiert dabei ähnlich wie Scott Kundenbindung und Mitarbeiterzufriedenheit, aber eben auch unternehmerischen Erfolg als die drei wichtigsten Zieldimensionen einer Professional Service Firm.
[378] Vgl. Hungenberg (2004), S. 7 ff. Für Bleicher gehören zu den Elementen Programme, die Auslegung von Systemen und Strukturen des Managements und das Problemlösungsverhalten ihrer Träger. Vgl. Bleicher (2004), S. 80 ff.
[379] Fluri/Weibel (1999), S. 169.
[380] Vgl. zu möglichen Geschäftsbereichsstrategien bei Unternehmensberatungen z. B. Meurer (1993), S. 197 ff.
[381] Vgl. Fluri/Weibel (1999), S. 166.

Kombination dieser theoretisch als gleichwertig zu betrachtenden Segmente zu finden. In zweidimensionalen Matrix-Organisationen werden Service Lines und Kundenbranchen ver-knüpft („Corporate Finance für Banken"), während in Tensor-Organisationen die Regionen als dritte Dimension mit Service Lines und Kundenbranchen verbunden werden („Corporate Finance für Banken in Europa").[382]

Auf Unternehmensebene wird zwar die Gesamtstrategie von Professional Service Firms for-muliert, allerdings erfolgt nicht nur die Umsetzung, sondern auch eine mögliche Anpassung[383] an die Verhältnisse vor Ort auf Geschäftsbereichsebene. Der Grad der nötigen Anpassung ist unterschiedlich hoch, kann aber durchaus als Dilemma der Internationalisierung für Professi-onal Service Firms bezeichnet werden, weil er den zentralen Durchgriff einer international aufgestellten Organisation auf die einzelnen Gesellschaften und Partner auf den lokalen Märk-ten vor Ort erschwert oder unmöglich macht.[384]

Zweitens werden auf Unternehmensebene insbesondere die Zielmärkte betreffende Richtli-nien für die allgemeine Wettbewerbsstrategie und die Gesamtpositionierung verabschiedet, die ursprünglich vor allem von den Strategien der wichtigsten Kunden abhingen. Originäre Positionierungsstrategien auf Basis von Portfoliomodellen[385] im Rahmen des absatzorientier-ten „Market-based View"-Ansatzes oder Wettbewerbsvorteilsstrategien, wie das Erstreben der Kosten- oder Qualitätsführerschaft[386] auf Geschäftsbereichsebene, sind für Professional Ser-vice Firms aber aufgrund ihrer internen Komplexität ebenso wie der ihres externen Marktum-felds schwer zu definieren. Dies liegt daran, dass ihre Erfolgsfaktoren vor allem weicher Na-tur sind[387] und die Differenzierung zur Konkurrenz allgemein schwierig ist, da die meisten Wettbewerber dieselbe Qualität und damit denselben Nutzen ihrer Leistungen zu einem zu-nehmend ähnlichen Preis versprechen:[388] „There was a time when auditing was a highly spe-

---

[382] Vgl. Grewe (2004), S. 238 und Kutschker/Schmid (2005), S. 524.

[383] Beispielsweise ist es oft der Fall, dass nicht nur verschiedene Service Lines in verschiedenen Ländern un-terschiedliche Leistungen anbieten und unterschiedliche Kunden bedienen. Auch innerhalb von Service Li-nes eines Landes ist es keine Seltenheit, dass ein Branchenteam der Function „Corporate Finance" (als Teil der Business Advisory Service Line) überwiegend mittelständische Kunden hat und ein anderes ausschließ-lich Großunternehmen. Vgl. auch Maister (2003), S. 226.

[384] Vgl. hierzu im Einzelnen auch die Ergebnisse der empirischen Fallstudienuntersuchung in Kapitel 4.5.

[385] Vgl. Hungenberg (2004), S. 423.

[386] Vgl. Porter (1999), S. 75.

[387] Weiche Faktoren sind definitionsgemäß „Phänomene, die innerhalb einer Person und zwischen Personen wirksam werden und aus emotionalen, kognitiven und konativen Komponenten bestehen. Sie werden sub-jektiv sowie kollektiv von allen in einer Situation anwesenden Personen erlebt und wahrgenommen und sind mit Hilfe von Verfahren der psychologischen Diagnostik sowie über Indikatoren mess- und quantifi-zierbar." Harte Faktoren hingegen sind „objektive, direkt erfassbare und/oder quantifizierbare Zustände bzw. Vorgänge." Vgl. Schmickl/Jöns (2001), S. 6.

[388] Vgl. Scott (2001), 35 ff.

cialized, highly valued service. Now it's largely a commodity."[389] Der Trend wird dadurch
verstärkt, dass sich die großen Professional Service Firms in ihrer Vision, Mission, ihrem Un-
ternehmenszweck und damit in ihren Zielen und Werten[390] so gut wie nicht mehr unterscheiden.[391] Ihre ertragsseitige Ähnlichkeit lässt darauf schließen, dass insbesondere auf der Kostenseite über Differenzierungsmöglichkeiten nachgedacht werden muss, z. B. über eine Pro-
zessgestaltung mit dem Ziel der Effizienzsteigerung.

Aufgrund dieser Besonderheiten sind die großen international tätigen Professional Service
Firms im Ganzen dazu übergegangen, sich, sofern möglich, über Qualität[392] und über Größe
bzw. Marktabdeckung zu differenzieren[393] und damit eine Hybridstrategie[394] zu verfolgen.[395]
Dem strategischen Management von Professional Service Firm kommen daher auf Unternehmensebene besonders die Aufgaben zu, zum einen die weichen Erfolgsfaktoren wie Knowledge, Innovation, Branding[396] und Reputation zu entwickeln,[397] zum anderen die organisatorischen Rahmenbedingungen zu schaffen, die den Austausch zwischen den einzelnen Geschäftsbereichen, insbesondere auch auf internationaler Ebene, fördern. Die eigentlichen Vorteile eines breit aufgestellten Unternehmens, die gemeinsame Nutzung der Ressourcen[398] und
die Möglichkeiten zum Cross-Selling, lassen sich nur auf diese Weise realisieren.

2.4.2.3   Strategische Entwicklungsoptionen für Professional Service Firms

Die strategischen Entwicklungsoptionen für Professional Service Firms können anhand der
bereits bei der Beschreibung des Geschäftsmodells vorgenommenen Unterscheidung in
markt- und ressourcenorientierte Elemente unterteilt werden.

---

[389]   Lorsch/Tierney (2002), S. 49.
[390]   Vgl. zur begrifflichen Abgrenzung Hungenberg (2004), S. 412 ff.
[391]   Vgl. Kriegmeier (2001), S. 228 ff. und Maister (2003), S. 3. Interessant in diesem Zusammenhang ist auch
        ein anonymisiertes Zitat eines Partners einer (erfolgreichen) kleineren deutschen Unternehmensberatung:
        „Wir brauchen noch einen ‚Claim'. So wie Simon Kucher für Pricing-Know-how stehen, müssen wir auch
        für etwas stehen ... Aber für was, weiß ich auch nicht."
[392]   Vgl. zur Differenzierung über Qualität auch Bürger (2004), S. 141 ff.
[393]   Vgl. Fluri/Weibel (1999), S. 167.
[394]   Vgl. zur begrifflichen Abgrenzung Proff (1997), S. 305 f.
[395]   Vgl. Jenner (2000), S. 7 f.
[396]   Vgl. zur Rolle des Brandings bei Unternehmensberatungen auch Höselbarth/Lay/Ammann (2001), S. 44 ff.
[397]   Vgl. auch Müller-Stevens/Drolshammer/Kriegmeier (1999), S. 87.
[398]   Und damit die Transaktionskosten zu senken. Vgl. zur Transaktionskostentheorie allgemein z. B. Pi-
        cot/Reichwald/Wigand (2003), S. 49 ff.

2.4.2.3.1 Marktorientierte Sichtweise

Aus den marktorientierten Elementen des Geschäftsmodells leiten sich drei wesentliche Differenzierungsmöglichkeiten für Professional Service Firms ab.

Abbildung 9: Marktorientierte strategische Entwicklungsoptionen

Professional Service Firms können entweder rein national oder international agieren und sich dabei auf Großkunden und/oder klein- und mittelständische Kunden konzentrieren. Ferner können sie sich fokussiert auf einen Produktbereich beschränken oder als multidisziplinärer Dienstleister auf dem Markt auftreten. In Einklang mit den Branchentrends lassen sich anhand dieser Unterscheidungen auf Unternehmensebene wiederum drei originäre strategische Entwicklungsoptionen[399] identifizieren, die es Professional Service Firms erlauben, spezifische Wettbewerbsvorteile aufzubauen und zu entwickeln, „um sich von der Konkurrenz zu differenzieren"[400].

---

[399] Diese sind zwar im Kern an klassische Wettbewerbspositionierungs- und Strategieentwicklungsansätze von beispielsweise Ansoff angelehnt, vgl. Ghemawat (2006), S. 8, tragen aber den spezifischen Besonderheiten von Professional Service Firms insofern Rechnung, als sie den immateriellen Faktor auf Unternehmens- wie Kundenseite speziell berücksichtigen.

[400] Vgl. Ringlstetter/Bürger/Kaiser (2004), S. 25.

- Internationalisierung erlaubt einen Seamless Global Service[401] und die Möglichkeit zur Erweiterung und insbesondere Teilung von Wissen, dem so genannten Knowledge Leverage.[402]

- Diversifikation von Dienstleistungen birgt die Chance zum multidisziplinären One-Stop-Shopping[403] für den Kunden und zur Nutzung des Client Leverage, indem bestehende Produkte bzw. Leistungen neuen Kunden angeboten und damit Kundenmärkte entwickelt werden können kann.[404] Diversifikation nach Kunden führt zur Positionierung als „one firm fits all"[405] und führt wiederum zur Möglichkeit von interdisziplinärem Knowledge Leverage.

- Die stärkere Spezialisierung der Geschäftstätigkeit auf eine Kundengruppe und/oder einen Produktbereich kann durch die Stärkung des Kerngeschäfts bedingt sein und führt damit zu Service Excellence und zu Client/Knowledge Leadership.[406]

Bei bereits auf allen wesentlichen Märkten weltweit vertretenen Professional Service Firms führt (weitere) Internationalisierung in der Regel zur Stärkung ihres Kerngeschäfts oder bzw. und zur Diversifikation ihrer Geschäftstätigkeit.[407] Das Kerngeschäft wird dabei durch eine Qualitätsverbesserung der Kundenbeziehung oder der Wissensbasis gestärkt. Die Akquisition neuer Kundenpotenziale sowie Produkt- und damit Wissenspotenziale führt zu einer stärkeren Diversifikation der Professional Service Firm, aus der heraus z. B. Verbundeffekte besser genutzt werden können. Damit gerät Internationalisierung auch mit keiner der beiden anderen

---

[401] Vgl. zur begrifflichen Abgrenzung Kapitel 2.3.3 sowie Ringlstetter/Kaiser/Bürger (2005), S. 8.

[402] Zur Diskussion um Knowledge Leverage vgl. z. B. Müller-Stewens (2001), S. 121 f.

[403] One-Stop-Shopping bezeichnet in diesem Zusammenhang den Prozess, einem bestehenden Kunden mehrere Produkte aus einer Hand anbieten zu können. Dies funktioniert z. B. über so genannte Reputationstransfers. Die weltweit tätigen Big-4-Firmen versuchen hierbei ihre ursprüngliche Reputation und die Kundenkontakte im Bereich der Abschlussprüfung zu nutzen, um ihren Kunden weitere, vor allem Beratungs-Dienstleistungen zu verkaufen. Vgl. Simon (1985), S. 19 ff. Dies ist auch einer der Gründe dafür, warum bislang keine der Big-4-Firmen eine Abspaltung ihres Abschlussprüfungsbereichs vorgenommen hat.

[404] Vgl. Ringlstetter/Bürger/Kaiser (2004), S. 25.

[405] Vgl. Ringlstetter/Kaiser/Kampe (2007), S. 148.

[406] Begrifflich lassen sich „Service Excellence" und „Client/Knowledge Leadership" vom Konzept der Qualitätsführerschaft als strategischer Positionierungsoption im Wettbewerb von Industrieunternehmen ableiten. Vgl. hierzu z. B. Porter (1999), S. 120 ff.

[407] Ringlstetter/Bürger/Kaiser (2004), S. 25 und insbesondere Bürger (2005), S. 123 ff, der die Stärkung des Kerngeschäfts eher hinter die beiden anderen Entwicklungsoptionen anstellt, argumentieren abweichend. Für sie sind Diversifikation und Internationalisierung gleich wichtig gestellt, weil Diversifikation definitorisch ausschließlich zu einem Client Leverage und Internationalisierung ausschließlich zu einem Knowledge Leverage führt. Für die Internationalisierung über den Eigenaufbau von Leistungen trifft dies auch zu. In dieser Arbeit sollen aber entweder bereits bis zu einem gewissen Stadium internationalisierte Firmen oder solche Firmen betrachtet werden, die über weitere Akquisitionen oder eine Intensivierung ihrer Netzwerkbeziehungen wachsen wollen.

Optionen in einen möglichen Konflikt.[408] Sie kann somit als herausragende strategische Entwicklungsoption definiert werden. Da die führenden Professional Service Firms bereits international aufgestellt sind, ist besonders die Art und Intensität ihrer internationalen Geschäftstätigkeit von Interesse.

Mit Verweis auf die von *Ringlstetter/Kaiser/Kampe* diskutierten Restriktionen bei der Internationalisierung und Diversifikation der Geschäftstätigkeit – wie eingeschränktes Diversifizierungspotenzial aufgrund gesetzlicher Regulierungen, limitierte Möglichkeiten zum organischen Wachstum aufgrund des harten Wettbewerbs bei der Anwerbung hochqualifizierter Absolventen und Komplexität des grenzüberschreitenden externen Wachstums über Akquisitionen[409] – ließe sich auch die Spezialisierungsoption bei der strategischen Entwicklung stärker herausstellen. In der Praxis zeigt sich aber, dass die großen Professional Service Firms Wachstum ohne Qualitätsverlust[410] primär über eine internationale und breit aufgestellte Positionierung zu erreichen versuchen, weil ihre weltweite Präsenz ein entscheidender Wettbewerbsvorteil gegenüber den Spezialanbietern im Wettbewerb um Großkunden und international tätige mittelständische Unternehmen ist. Unabhängig davon muss aber die Herausforderung für Professional Service Firms, profitables Wachstum sicherzustellen, im Rahmen der Fallstudien dieser Arbeit noch näher untersucht werden. Denn weder das aus Internationalisierung oder Diversifikation noch aus der Stärkung des Kerngeschäfts resultierende Umsatzwachstum führt immer auch zu steigender Profitabilität und damit zu nachhaltigem Unternehmenserfolg im People's Business.[411]

---

[408] Dies gilt immer dann, wenn Internationalisierung Ursache für die Stärkung des Kerngeschäfts oder die Diversifikation ist. Sobald Internationalisierung einer „Entweder-oder-Entscheidung" entspringt und nur alternativ zu den beiden anderen Optionen durchgeführt werden kann, kann sie auch mit ihnen in Konflikt geraten, z. B. bei der Allokation von für Investitionen zur Verfügung stehenden Mitteln. Dies ist allerdings vor dem Hintergrund der begrifflichen Abgrenzung von Internationalisierung in dieser Arbeit in der Regel nicht der Fall.

[409] Vgl. Ringlstetter/Kaiser/Kampe (2007), S. 147 ff.

[410] So genanntes „Quality Growth". Maister (2003), S. 36 ff. betont, dass Wachstum für eine Professional Service Firm zwingend notwendig ist, um Mitarbeiter anzuwerben, zu motivieren und weiterzuentwickeln. Wachstum aber geht fast immer zu Lasten der Profitabilität, da zum einen die Höhe der Tagessätze in der Regel nicht aufrechterhalten werden kann, zum anderen die Kapital- und Kapazitätsanforderungen bei der Expansion nicht mehr alleine intern zu tragen sind und daher auf Kosten der einheitlichen Unternehmenskultur extern aufgebracht werden müssen. Börsig/Wattles (2005), S. 396 f. zeigen zusätzlich auf, dass in den letzten Jahren Professional Service Firms mit hohen Umsätzen je Mitarbeiter deutlich weniger stark gewachsen sind als jene mit niedrigeren. Hinzu kommt, dass in den letzten Jahren „eine Verschiebung der Machtverhältnisse vom Beratungsunternehmen auf den einzelnen Berater", Kralj (2004), S. 42, erfolgt ist, sodass die Preise für hoch qualifizierte Berater gewachsen sind und damit die Professional Service Firms in besonderem Maße darauf angewiesen sind, adäquat vergütete Aufträge abzuschließen.

[411] Vgl. Kapitel 4. Der generell in der Fachliteratur zu konstatierende Trend, dass „size matters" nicht mehr betriebswirtschaftlicher Treiber des 21. Jahrhunderts sein sollte (vgl. hierzu z. B. Burlingham (2005), S. XV, der schreibt, kulturelle Werte sind Wachstum und Expansion vorzuziehen) und Unternehmen in einer globalisierten Welt klein und flexibel sein sollten, aber groß handeln müssen (vgl. Friedman (2006), S. 515 f), könnte demnach im Besonderen für Professional Service Firms zutreffen.

2.4.2.3.2 Ressourcenorientierte Sichtweise

Auch vor einem ausschließlich ressourcenbasierten Hintergrund lassen sich strategische Entwicklungspotenziale für Professional Service Firms definieren. Der Auf- oder Ausbau von
„spezifischen oder einzigartigen Potenzialen"[412] bzw. Kernkompetenzen kann ein Ansatzpunkt für die Differenzierung sein und zur Erhöhung der von Kunden wahrgenommenen Qualität des Service führen. Auf Basis der in *Kapitel 2.2* vorgestellten Weiterentwicklung der Erfolgsressourcen lassen sich drei Ziele herausstellen, die den Geschäftserfolg von Professional
Service Firms langfristig sicherstellen können:[413]

- Stärkung der Kundenorientierung,
- Entwicklung der Wissensbasis,
- Ausbau der Managementfähigkeiten.

Die Kundenorientierung wird infolge einer Verbesserung der Reputation der Firma sowie der
Beziehungskompetenz und des Akquisitionsvermögens der Mitarbeiter gestärkt. Die Wahrnehmung der Professional Service Firm und ihres Leistungsprozesses kann so auf dem Markt
erhöht werden und damit zu einer höheren Neuakquisition von Aufträgen führen. Auch kann
durch eine gesteigerte Reputation die Position auf dem Markt für gut ausgebildete potenzielle
Mitarbeiter verbessert werden.[414] Eine verstärkte Beziehungskompetenz führt zu einer verbesserten Zusammenarbeit mit dem Kunden und gemeinsam mit der Entwicklung der Wissensbasis[415] auch zu einer qualitativ höherwertigen Bearbeitung der Projekte, da durch die gesteigerte Interaktion mit dem Kunden dessen Bedürfnisse spezifischer erfasst werden und so der
Leistungsprozess optimiert werden kann.[416] Gleichzeitig stellt eine Professional Service Firm
über den Ausbau der Managementfähigkeiten ihrer leitenden Mitarbeiter sicher, dass ihre Professionals geführt und die Gestaltung kundennaher wie interner Prozesse besser strukturiert
und koordiniert werden.

Bei der Betrachtung ressourcenbasierter strategischer Entwicklungsoptionen muss jedoch die
allgemeine Kritik[417] am „Resource-based View"-Ansatz[418] beachtet werden. Deren Vertreter

---

[412]   Macharzina/Wolf (2005), S. 67.
[413]   In Abänderung von Ringlstetter/Bürger/Kaiser (2004), S. 12.
[414]   Vgl. Kaiser (2004), S. 163 ff.
[415]   Vgl. allgemein auch Stein (2005), S. 941.
[416]   Als Folge steigt auch die Chance, Anschluss- bzw. Folgeaufträge beim Kunden akquirieren zu können und
       damit die Kundenbeziehung aufrechtzuerhalten, was Kosten spart und Prozesse vereinfacht. Vgl. Nieder-
       eichholz (2006), S. 358 f.
[417]   Vgl. Kapitel 2.2.
[418]   Vgl. Roos et al. (1998), S. 28 ff.

bezweifeln nämlich, dass Wettbewerbsvorteile durch Unterschiede in der Ausstattung und Kombination von erfolgsentscheidenden, immateriellen Unternehmensressourcen, vor allem von Wissen erklärt werden können. So ist Wissen beispielsweise für *Wettstein* nur beschränkt imitierbar, substituierbar und vergleichbar.[419] Auch sind bislang der Einfluss der Reputation und damit des Brands einer Professional Service Firm auf die Erfolgschancen für eine Mandatierung durch den Kunden sowie die Qualitätsmessung eines Projekts nur eingeschränkt erforscht worden.[420] *Macharzina/Wolf* monieren des Weiteren, vermutlich sei „der ressourcenbasierte Ansatz auch besser dazu geeignet, den erfolgreichen Unternehmen ihren bereits erreichten Erfolg plausibel zu machen, als etwa den weniger erfolgreichen Unternehmen konkrete Wege zum Erreichen von Erfolg aufzuzeigen"[421].

Ableiten lassen sich für Professional Service Firms allerdings durchaus strategische Differenzierungsoptionen anhand der im Intellectual-Capital-Rahmenkonzept dargestellten ressourcenorientierten Elemente ihres Geschäftsmodells. Diese liegen dann aber nicht in der Entwicklung der ohnehin kaum oder nur subjektiv messbaren „wahrnehmbaren Qualität" ihrer Ressourcen innerhalb des Human Capital, Structural Capital oder Relationship Capital, sondern in der Möglichkeit zur Bewertung unterschiedlicher Strategien, dieses immaterielle Vermögen im Rahmen des Geschäftsmodells für den Unternehmenserfolg unterstützend einzusetzen und zu managen. Damit steht beispielsweise beim Relationship Capital nicht die Frage im Vordergrund, wie viel Beziehungskapital eine Professional Service Firm besitzt, sondern ob sie strategisch primär über ihre Reputation oder die persönlichen Beziehungen ihrer Mitarbeiter versucht, Aufträge zu erhalten. Eine strategisch eindeutige Positionierung stellt somit eine erfolgsentscheidende Entwicklungsoption für die Professional Service Firm dar. Da eine solche Betrachtungsweise aber zu einer Vielzahl möglicher Differenzierungsoptionen führen würde, werden diese in der vorliegenden Arbeit auf je ein wesentliches Merkmal der drei Elemente Human Capital, Structural Capital und Relationship Capital begrenzt, das von der Internationalisierung besonders stark betroffen ist. Die Identifikation dieser Merkmale findet sich folglich erst nach der Behandlung der Internationalisierungsthematik in *Kapitel 3.2.5*.[422]

---

[419] Vgl. Wettstein (2002), S. 62.
[420] Vgl. Köppen (2001), S. 42 ff.
[421] Macharzina/Wolf (2005), S. 71.
[422] Dort erfolgt dann auch implizite eine Zusammenführung markt- und ressourcenorientierter Elemente des Geschäftsmodells im Rahmen dieser Arbeit. Schon Wernerfelt (1984), S. 171 ist davon überzeugt, dass der markt- und ressourcenorientierte Ansatz als komplementär angesehen werden müssen: „For the firm, resources and products are two sides of the same coin."

2.4.2.4 Strategieimplementierung

2.4.2.4.1 Relevanz

Eine alleinige Ausrichtung auf die Strategien auf Unternehmensebene und damit auf Unternehmensstrategien, die top-down durchgesetzt werden sollen, greift zu kurz. Was nützt die strategische Ausrichtung einer Professional Service Firm auf beispielsweise langfristig definierte Kernkunden,[423] wenn kurzfristig Aufträge bei anderen Kunden akquiriert werden könnten, insbesondere wenn die Auslastung temporär niedrig ist? Was nützt sie, wenn Branchenteams gebildet wurden, allerdings Auftragsanfragen plötzlich aus anderen Branchen kommen? Aufgrund der Schnelllebigkeit und bisweilen Zyklik des Geschäfts sowie der Ungeduld der diese Strategien formulierenden Professionals sind sie manchmal schon vor ihrer Umsetzung wieder obsolet. Oder einzelne Professionals entwickeln alternative eigene Strategien, die von den Unternehmensstrategien abweichen.[424] Aus diesem Grund kommt der Strategieimplementierung eine besondere Rolle zu, unter der nach *Hungenberg* begrifflich alle „Bemühungen und Maßnahmen subsumiert werden, die sich mit der konkreten Umsetzung einer formulierten Strategie in reale Handlungen beschäftigen"[425]. *Bossidy/Charan* beschreiben die Umsetzung („Execution") dann auch als „discipline, and integral to strategy, the major job of the business leader [that] must be a core element of an organization's culture"[426].

Denn: „The internal logic of the PSF business model means that the ultimate result of any strategic bold stroke depends on the subsequent behaviour of individual stars"[427]. Allerdings scheint die Diskrepanz zwischen theoretisch abstrahierten und praktischen Erfolgsfaktoren bislang ein wesentlicher Grund dafür zu sein, warum in der wissenschaftlichen Forschung die Diskussion um das strategische Management von Professional Service Firms noch nicht zu einheitlichen Resultaten geführt hat: „In the days of the partnership, there was very little cooperation or even communication across technical areas. Each partner ran his own discipline out of New York as if it were an independent firm"[428].

In der Praxis zeigen sich bei großen Teilen partnerschaftlich organisierter Professional Service Firms auch heute noch Probleme bei der Kooperation, z. B. beim Informationsaustausch und der internen Kommunikation ganz allgemein. „A big problem with the ‚stars' is that they

---

[423]   Vgl. Fluri/Weibel (1999), S. 166.
[424]   Vgl. Lorsch/Tierney (2002), S. 49 ff.
[425]   Hungenberg (2004), S. 294.
[426]   Bossidy/Charan (2002), S. 21.
[427]   Lorsch/Tierney (2002), S. 60.
[428]   Lowendahl (2005), S. 76; vgl. in diesem Zusammenhang zu weitergehenden Problemen der partnerschaftlichen Struktur auch Aquila/Marcus (2004), S. 175, die behaupten, „the traditional professional firm is run for its partners, not its stuff".

do not want to share the applause, even when there was a team behind the achievement."[429] Auch daraus lässt sich ein strategisches Dilemma des People's Business ableiten. Positionierungsstrategien können zwar formuliert werden, müssen aber, wie praktische Erfahrungen zeigen, auch heute noch häufig in dem Moment fallen gelassen werden, wenn operativ Aufträge akquiriert werden können, unabhängig davon, ob diese in Einklang mit der übergeordneten Unternehmensstrategie oder den allgemein verabschiedeten Preisvorstellungen stehen.

Bei der Auflösung dieses Dilemmas scheint es große interne Unterschiede zwischen den einzelnen Professional Service Firms zu geben, wie die Ergebnisse der Fallstudien im Rahmen dieser Arbeit noch zeigen werden.[430] Zusammenfassend besteht zwar Einigkeit darüber, dass Professional Service Firms ein strategisches Management brauchen, allerdings ist man sich auch darüber im Klaren, dass die Fähigkeiten des einzelnen Partners vor Ort von wesentlicher Bedeutung sind und ihm Freiheiten zur Anwendung seiner Fähigkeiten gegeben werden müssen. Wo genau eine solche Trennung zwischen strategischen Vorgaben und operativen Freiheiten verlaufen soll, ist schwierig zu bestimmen.[431]

Auch *Lorsch/Tierney* sind davon überzeugt, dass Professional Service Firms strategisch geführt werden müssen, um dauerhaft Erfolg zu haben: „Proprietary strategy and sustainable competitive advantage are the two holy grails of business"[432]. Sie haben eine „Alignment Pyramid" entwickelt, in der drei wichtige Dimensionen aufgezeigt werden, die für die notwendige Strategieumsetzung entscheidend sind: die Unternehmensorganisation[433] („People Systems, Structure and Governance"), die Unternehmenskultur[434] („Culture") und die Unternehmensführung[435] („Leadership").[436] Den weichen Faktoren Unternehmenskultur und Unternehmensführung kommt bei der Umsetzung von Strategien in Professional Service Firms besondere Bedeutung zu, „because firm leaders lack the positional power and authority of their peers in traditional corporations"[437]. Unabhängig davon ob die organisatorischen Strukturen Entscheidungen formell zulassen oder nicht,[438] werden diese in einer Partnerschaft immer konsensori-

---

[429]   Lowendahl (2005), S. 58.
[430]   Vgl. Kapitel 4.5.
[431]   Zu diesem Punkt gibt es deutlich unterschiedliche Sichtweisen von Professional Service Firms, zum Teil auch innerhalb der betrachteten Gesellschaften.
[432]   Lorsch/Tierney (2002), S. 62.
[433]   Vgl. zum Organisationsbegriff die Definitionen bei Macharzina/Wolf (2005), S. 468.
[434]   Vgl. zum Kulturbegriff das allgemeine Kulturverständnis bei Kutschker/Schmid (2005), S. 666 ff.
[435]   Unter Unternehmensführung wird allgemein die Steuerung und Koordination der langfristigen Entwicklung eines Unternehmens sowie dessen Ausrichtung auf gemeinsame Ziele verstanden. Vgl. Wöhe (1996), S. 99 f. und Thommen/Achleitner (2001), S. 43 f. Zu sehr praxisnahen Beispielen von Führungsaufgaben und Führungsmethoden vgl. auch Bruch/Krummaker/Vogel (2006), S. 3 ff.
[436]   Vgl. Lorsch/Tierney (2002), S. 64 ff.
[437]   Lorsch/Tierney (2002), S. 165.
[438]   Vgl. Kapitel 3.2.3.

entiert sein, da die Partner ihre Strategien definieren, umsetzen und vor dem Kunden verantworten müssen und somit eine operative Rückkopplung auch immer zwingend notwendig ist.

Unter einer Unternehmenskultur verstehen *Lorsch/Tierney* „a system of beliefs that members
of an organization share about the goals and values that are important to them and about the
behavior that is appropriate to attain those goals and live those values. [...] it is a set of in-
visible guideposts that define how people should behave."[439] Unterschieden werden kann zwischen einheitlichen („cohesive") und eher lockeren („loose") Unternehmenskulturen, die
durch viel individuellen Freiraum für die einzelnen Mitarbeiter und damit ein hohes Maß an
Toleranz gegenüber Vielfältigkeit an Werten, Erfahrungen und Vorstellungen der Mitarbeiter
gekennzeichnet sind. In einheitlichen Unternehmenskulturen hingegen versuchen Unternehmen ihre Mitarbeiter sehr stark anhand relativ klar definierter Werte und Ziele zu prägen.
Häufig werden einheitliche deshalb gleichzeitig auch als sehr starke Unternehmenskulturen
charakterisiert, weil durch sie hoher Einfluß auf das Verhalten der Mitarbeiter geübt wird. Eine starke Unternehmenskultur übt nach Meinung von *Müller-Stewens/Drolshammer/Krieg-
meier* „eine Koordinations- und Integrationswirkung aus, indem sie dem einzelnen Mitarbeiter
einen Orientierungsrahmen und damit Rollensicherheit gibt und darüber hinaus den Zusammenhalt des Gesamtsystems fördert"[440]

Professional Service Firms versuchen mehrheitlich einheitliche Unternehmenskulturen zu
schaffen oder zu leben,[441] um über sie die Gesellschaft zu steuern und damit die Operationalisierung und Kontrolle ihrer Strategie durchzusetzen. Allerdings gibt es auch Nachteile bei
einer zu einheitlichen Ausrichtung der Unternehmenskultur: „Even though there may be sub-
stantial benefits to the development of a cohesive culture, the culture should ideally be able to
accommodate multiple backgrounds such that the professional firm is able to match the repre-
sentatives of the client firms as these also evolve over time."[442]

---

[439] Lorsch/Tierney (2002) S. 143 f.
[440] Müller-Stewens/Drolshammer/Kriegmeier (1999), S. 45.
[441] Vgl. hierzu auch die Diskussion über die One-Firm in Kapitel 3.2.3.2.1.
[442] Lowendahl (2005), S. 71.

Abbildung 10: Strategiepyramide

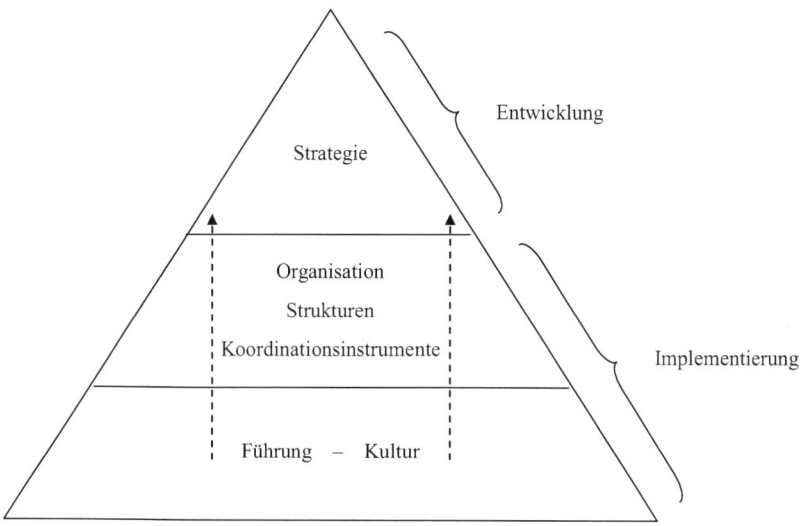

Quelle: In Anlehnung an Lorsch/Tierney (2001), S. 61[443]

2.4.2.4.2 Operatives Management

Die Strategieimplementierung obliegt dem operativen Management, definiert als „im Kern auftragsbezogene, lenkende, gestaltende und entwickelnde Willensbildung, -durchsetzung und -sicherung in Prozessen durch Projekte"[444]. Sie umfasst die Absicherung,[445] Operationalisierung und Durchsetzung der Strategie.[446] Dem operativen Management müssen folglich die notwendigen Werkzeuge zur Verfügung gestellt werden, um effizient und mit dem notwendigen Freiraum tätig werden zu können und politisches[447] oder anderweitiges, nicht im Einklang mit der Gesamtstrategie stehendes Verhalten[448] der Mitarbeiter zu verhindern.[449]

---

[443] Die von Lorsch/Tierney definierten Dimensionen „People Systems, Structure and Governance" werden in der Abbildung als Organisation, Strukturen und Koordinationsinstrumente zusammengefasst.
[444] Bleicher (2004), S. 451. Vgl. auch Hungenberg (2004), S. 44.
[445] Unter der Absicherung einer Strategie versteht man im Allgemeinen die strategiegerechte Ausrichtung und Gestaltung von zur Implementierung der gewählten Strategie notwendigen Strukturen und Systeme.
[446] Hungenberg (2004), S. 293 ff. Kubr spricht in diesem Zusammenhang auch von „monitoring strategy implementation", Kubr (2002), S. 645.
[447] Vgl. Staehle (1999), S. 670.
[448] Vgl. Macharzina/Wolf (2005), S. 390 ff.
[449] Zur Thematik, wie strategische Initiativen operativ wirksam werden können, vgl. auch Müller-Stewens/Lechner (2002), S. 55 f.

Damit die auf Team- oder Geschäftsbereichsebene identifizierten kritischen operativen Erfolgsfaktoren, von denen letztendlich der Erfolg der Umsetzung der gewählten Strategie abhängt, innerhalb der Professional Service Firm optimal genutzt werden können, müssen „die
einzelnen Bestandteile des internen Leistungserbringungssystems"[450] mit den Teilaufgaben
der Strategieumsetzung in Einklang gebracht werden. Um individuelles Partnerverhalten in
Einklang mit den Interessen der Gesamtfirma zu bringen, erfolgt die Absicherung der Strategieumsetzung vor allem über die Organisationsstruktur einer Professional Service Firm[451] und
über Managementinformations- sowie vor allem Anreiz- und Vergütungssysteme.[452] Auch ein
ganzheitliches Human Resource Management ist dazu notwendig.[453] Die Operationalisierung
der Strategie erfolgt über operative Planungen, deren Kontrolle[454] (im Rahmen des Controlling) sowie durch die allgemeine Ausgestaltung der einzelnen Geschäftsprozesse.[455] Die
Durchsetzung erfolgt letztendlich vor allem über die Faktoren Unternehmenskultur und Unternehmensführung[456] und damit implizit auch über die Mitarbeiterführung.

Im Zuge der Ausgestaltung von Struktur und Systemen können nähere Rückschlüsse daraus
gezogen werden, welche strategischen Weichen unter anderem von einer Professional Service
Firm gestellt werden müssen, um die Umsetzung ihrer operativen Erfolgskriterien strategisch
und organisatorisch angehen zu können.

- Anreiz- und Vergütungssysteme: Wie müssen Performance Incentives in einer Partnerschaft aufgebaut sein, damit ein Partner ein (monetäres) Interesse daran hat, nicht
  nur primär den kurzfristigen monetären Erfolg sowie die Reputation seines Teams o-
  der seiner Abteilung, sondern den nachhaltigen Erfolg der gesamten Gesellschaft zu
  verfolgen?

- Human Resource Management und Informationssysteme: Wie müssen Mitarbeiter geschult und eingesetzt werden, damit sie erforderliches Wissen aufbauen, dieses Wissen
  und die zu dessen Erlangung notwendigen Informationen innerhalb der Firma weiter-
  geben und somit „Service Excellence" beim Kunden liefern können, ohne dass ihnen

---

[450]   Fluri/Weibel (1999), S. 178.
[451]   Vgl. Kapitel 3.2.4.
[452]   Vgl. Fluri/Weibel (1999), S. 179 f.
[453]   Vgl. Lorsch/Tierney (2002), S. 114 f.
[454]   Vgl. Hungenberg (2004), S. 340 ff.
[455]   Vgl. Utikal (2003), S. 264 ff. und Fluri/Weibel (1999), S. 180. Bei Industrieunternehmen werden Prozesse
        und Schnittstellen gemeinhin eher zur Absicherung der Unternehmensstrategie verwendet. Professional
        Service Firms müssen hingegen einen vergleichsweise hohen Autonomiegrad bei der Prozessgestaltung auf
        den unteren Unternehmensebenen zulassen, sodass diese eher unter die Operationalisierung der Strategie
        fällt.
[456]   So auch Lorsch/Tierney (2002), S. 164 und S. 196 f. Bei Raelin (1986), S. 167 ff. finden sich Lösungsver-
        suche, wie man Unternehmens- und Mitarbeiterkulturen miteinander vereinen kann.

dabei Nachteile erwachsen, weil Partnerkollegen dieses Wissen zur eigenen Auftragsakquisition nutzen?

- Organisationsstruktur: Wie können Internationalisierungsstrategien[457] skizziert und
  umgesetzt werden, die den Rahmen dafür bilden, dass sich Professional Service Firms
  operativ erfolgreich auf dem Markt positionieren können?

2.4.2.5 Modell zum Strategieprozess

Anders als bei Industrieunternehmen können strategische Entscheidungen über die Ausgestaltung der strategischen Rahmenbedingungen die jeweiligen Mitarbeiter bei der Projektakquisition und Leistungserbringung in starkem Maße einschränken, ihnen aber auch besonders be-
hilflich sein. Insofern ist der Entstehungsprozess von Strategien von spezieller Bedeutung,
weil die Entwicklung strategischer Erfolgsfaktoren einer Professional Service Firm zum einen
eine Reaktion auf die individuellen und lokalen[458] Kundenbedürfnisse, zum anderen ein rol-
lierender Prozess sein muss, der an der angemessenen Umsetzung der formulierten Strategie-
inhalte[459] sukzessive immer wieder neu ansetzt. Damit ist für Professional Service Firms
grundsätzlich von keiner fixen Trennung zwischen strategischem und operativem Management auszugehen.

---

[457] Vgl. Kapitel 3.2.3 f.
[458] Vgl. Fluri/Weibel (1999), S. 179.
[459] Vgl. Macharzina/Wolf (2005), S. 265.

Abbildung 11: Strategieprozess

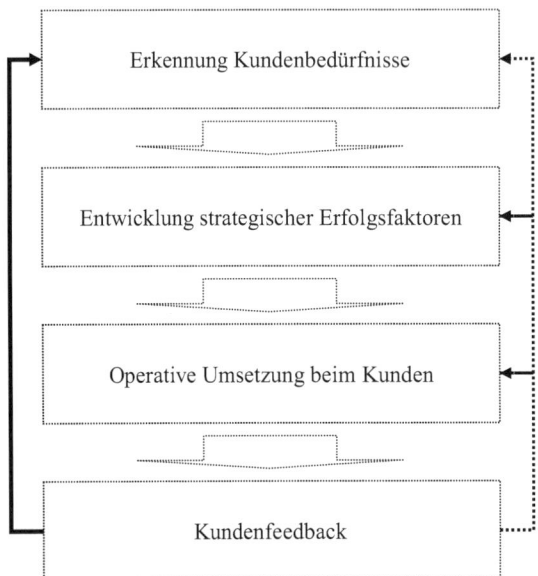

Hauptaufgabe des operativen Managements von Professional Service Firms ist dabei, in der Interaktion mit dem Kunden dessen Bedürfnisse zu erkennen, auf dieser Basis Ansatzpunkte und Potenziale für die Entwicklung eigener strategischer Erfolgsfaktoren zu finden und ihm im Rahmen der operativen Umsetzung die richtig kreierten Problemlösungen zu verkaufen.

Die Verwendung des Kundenfeedbacks aus dem After Sales Management[460] in Form von De-Briefing oder Client Service Assessments ist ein wesentliches Mittel, diese Kundenbedürfnisse zu erkennen und den weiteren Strategieentwicklungsprozess an deren möglichen Wandel anzupassen. Auf diese Weise bei bestehenden Kunden gewonnene Erkenntnisse können dann auch auf Prozesse bei der Akquisition neuer Kundengruppen übertragen werden. Deloitte beispielsweise hat im Rahmen der Aktion „Doing business with Deloitte" eine detaillierte Kundenbefragung zu ihren Stärken und Schwächen durchgeführt und in einem zweiten Schritt die

---

[460] Aus dieser Sicht spielt auch für den Erfolg von Professional Service Firms die Kontrolle und Bewertung ihrer Leistung in den Wertschöpfungsmodellen von Stabell/Fjelstad oder Müller-Stewens/Drolshammer/Kriegmeier („Termination") eine entscheidende Rolle (vgl. Kapitel 2.4.1.2), auch wenn die Evaluierung des Erfolgs von Projekten weiterhin – für Theorie wie Unternehmenspraxis – schwierig ist. Vgl. Fox (2006), S. 20.

so gewonnenen Ergebnisse in strategische Verbesserungsleitlinien überführt, die anschließend unternehmensweit umgesetzt wurden.[461]

Dem strategischen Management obliegt in diesem Prozess die Hauptaufgabe, die einzelnen bottom-up gewonnenen Ansatzpunkte für mögliche Erfolgspotenziale zu sammeln, sie in einem strategischen Rahmen zu konsolidieren und daraus strategische Erfolgsfaktoren zu entwickeln. Auf diese Weise sollen firmeneinheitliche Leitfäden und somit ein konsistentes Vorgehen sichergestellt. Insbesondere sollen auch Synergien zwischen den einzelnen Geschäftsbereichen (bzw. Partnern und Teams) durch Mitarbeiteraustausch und die Hebung von Cross-Selling-Potenzialen erzeugt werden. Bei allen notwendigen individuellen Unterschieden in der Leistungserbringung einer breit aufgestellten Unternehmensberatung oder WP-Firma können nur durch ein klares und konsistentes Unternehmensprofil die Vorteile des dezentralen kundennahen Geschäfts im Gesamtkontext sichergestellt werden. „Professional service firm managers may be misled to think that as long as each new project adds value, each new hire is excellent, and all professionals are kept busy with billable activities, all is well."[462]

Folglich muss das strategische Management einer Professional Service Firm operativ getrieben sein.[463] Die Bereitschaft, strategische Entscheidungen auch umzusetzen, ist bei Partnern und Professionals wesentlich stärker ausgeprägt, wenn diese primär die Kostenseite und damit Effizienzsteigerungen oder Skaleneffekte betreffen. Die Gestaltung des Kundenkontakts und damit die Freiheit, als Unternehmer zu handeln und den Kunden so anzusprechen und zu bedienen, wie man das für richtig hält, scheint für viele Partner und Professionals weiterhin eine erfolgsentscheidende und motivierende Bedeutung zu haben. Mit Blick auf das Geschäftsmodell von Professional Service Firms sind es daher sicherlich die unterstützenden Funktionen, die, zumindest kurzfristig, eine deutlich höhere Strategiesensitivität aufweisen. Denn unabhängig davon, welche Entscheidungen vom strategischen Management schließlich getroffen werden, bedarf es immer besonderer Anstrengungen, die Einbindung und gleichgerichteten

---

[461] Vgl. Deloitte (2006n).

[462] Lowendahl (2005), S. 198.

[463] Anders als beispielsweise in der Pharmabranche, wo strategische Entscheidungen in der Regel top-down auf Portfolio-Basis getroffen werden, sind bei Professional Service Firms die im persönlichen Endkontakt mit dem Kunden gewonnenen operativen Erfahrungen der Partner und Professionals wesentliche und signifikante Quellen zur Sicherstellung ihres langfristigen Erfolgs. Zwar fließen die Rückmeldungen der Vertriebsmitarbeiter eines Pharmaunternehmens zu den Kundenmeinungen in die Vertriebs- und Produktstrategie mit ein, sie sind aber nur ein Faktor unter vielen. Auch treffen die Vertriebsmitarbeiter dort keine Produktentscheidungen selbst, sondern müssen das verkaufen, was das Unternehmen entwickelt hat bzw. auf dem Markt positionieren will. Hingegen vertreiben Professionals die Dienstleistungen ihrer Firma beim Kunden nicht nur selbst, sie passen sie auch an dessen Wünsche an, setzen sie um und erwerben in diesem Prozess umfassende Kundenkenntnisse, die von der Firma in Summe genutzt und koordiniert werden müssen. Somit sollte die Professional Service Firm ihren Mitarbeitern höchstens einen Rahmen für ihre Handlungen auf dem Markt vorgeben, ihnen aber keine strategischen Entscheidungen aufoktroyieren, die von den operativen Erfahrungen der Mitarbeiter losgelöst sind.

Handlungen möglichst vieler Partner oder Professionals zu erreichen; auch derer, die zunächst mit diesen Entscheidungen nicht einverstanden waren.

2.4.2.6 Leistungsmessung sowie Anreiz- und Vergütungssysteme

Die dargelegten Besonderheiten des strategischen Managements[464] bei Professional Service Firms führen zu unterschiedlichen Ansätzen bezüglich der Kriterien zur Messung ihrer Gesamtperformance. Ziel der Leistungsmessung ist dabei die Schaffung eines Diagnosemodells zur Ableitung der über die Profitabilität hinausgehenden Effektivität der Organisation, das in einem zweiten Schritt häufig auch als Grundlage einer einheitlichen Beurteilung der Leistung der Mitarbeiter und damit von Anreiz- und Vergütungssystemen dient.

In Anlehnung an McKinsey & Company's 7-S Modell,[465] in dem sieben Variablen zur Erreichung der Unternehmensziele genannt werden (drei harte, greifbare Variablen mit Strategy, Structure und Systems sowie vier weiche, schwer greif- und messbare mit Style, Staff, Skills und Shared Values), definiert *Lowendahl* 5P's[466] für die Performance-Messung von Professional Service Firms: Processes, Profits, Projects, People und Profile. Auch *Lowendahl* integriert harte (Processes, Profits, Projects) und weiche Erfolgsfaktoren (People und Profile) und verweist darauf, dass Professional Service Firms eine unterschiedlich starke Gewichtung zwischen den Elementen aufweisen.[467] Das Professional Service Modell (PSM)[468] von *Scott* wird konkreter. Der Autor nennt sechs Treiber, anhand deren Entwicklung der Erfolg einer Professional Service Firm langfristig gemessen werden kann: Client Strategy, Service Mix, Pricing Strategy, Financial and Process Control, Recruitment, Incentives and Career Management sowie Process Efficiency and Internal Structures. Analog ließe sich anhand der Elemente des in dieser Arbeit entwickelten Bezugsrahmens des Geschäftsmodells und der hiervon abgeleiteten strategischen Optionen ein Kriterienkatalog zur Erfolgsmessung aufbauen, der auf Planung und Umsetzung der Markt- und Ressourcenentscheidungen der jeweiligen Professional Service Firm fußt.

Zwar können die weichen Faktoren häufig nur eingeschränkt geplant und beeinflusst werden, da sie stark durch die handelnden Mitarbeiter geprägt werden. Sie haben aber trotzdem großen, oft allerdings nur begrenzt identifizierbaren Einfluss auf die harten Faktoren. Alle Modelle

---

[464] Vgl. Kapitel 2.4.2.
[465] Vgl. z. B. Staehle (1999), S. 508.
[466] Vgl. Lowendahl (2005), S. 158 f.
[467] Vgl. Lowendahl (2005), S. 158.
[468] Vgl. Scott (2001), S. 80.

müssen aber erst noch den Beweis antreten, dass sie sich im Rahmen einer praktischen Umsetzung realisieren lassen.[469] Wenn bereits Industrieunternehmen Schwierigkeiten in der konkreten Messung der Auswirkung weicher Faktoren auf den Unternehmenserfolg haben, so stellt dies Professional Service Firms, insbesondere vor dem Hintergrund der Fokussierung ihrer Professionals auf operative Tätigkeiten, vor nur eingeschränkt lösbare Aufgaben. Die nur unzureichend objektivierbare und bewertbare Identifikation von weichen Faktoren, wie z. B. der Ressourcen, ist bereits in der Planung und Entwicklung von Strategien[470] ein Problem: „If you can't measure it, you can't manage it".[471]

Die Problematik der Realisierbarkeit von Performance-Modellen in der Praxis bemängelt bereits *Gillmann*, der ein Balanced-Scorecard-Modell für Professional Service Firms entwickelt hat,[472] aber noch „weiteren Forschungsbedarf"[473] sieht und das Augenmerk auf die Diskussion einer möglichen Implementierung lenkt, da diese „für den erfolgreichen Einsatz"[474] eines jeden Performance-Modells entscheidend ist.[475] Insofern scheint eine Konzentration auf wesentliche messbare, harte Faktoren, wie Gewinn oder Umsatz, und auf durch statistische Methoden gut quantifzierbare weiche Faktoren, wie Mitarbeiter- und Kundenwünsche oder -bewertungen, erfolgversprechender. Auch wenn diese im Zweifelsfall die Gesamtleistung nicht vollständig widerspiegeln, bilden sie dafür aber eine einheitliche, transparente und von allen akzeptierte Bewertungsbasis. Wie bereits bei der Strategieentwicklung kann auch bei der Messung der eigentlichen Leistung der Professional Service Firm (und des jeweiligen Mitarbeiters) nur dann der gewünschte Erfolg erreicht werden, wenn die methodische Akzeptanz bei den Professionals gesichert ist.

Dabei können anhand einer Balanced Scorecard ausgestaltete, leistungsorientierte Anreiz- und Vergütungssysteme bei der Entlohnung von Partnern und anderen Mitarbeitern „eine erfolg-

---

[469]   Schon zum 7-S Modell schreibt Staehle (1999), S. 509, es bliebe „insgesamt sehr unverbindlich und schlicht".

[470]   Ein von Fink/Knoblach entwickeltes strategisches Planungs- und Entwicklungsmodell für die Unternehmensberatung, das eine anzustrebende Positionierung im Wesentlichen über die Dimensionen der Geschäftsfeldattraktivität und die Wettbewerbsstärke ableitet, steht vor einem analogen Problem. Der entscheidende Indikator zur Messung der Attraktivität eines Geschäftsfelds ist mit dem „Beratungsbedarf" ein ebenso weicher Faktor wie die vor allem von der Ressource „Reputation" getriebene Wettbewerbsstärke. Vgl. Fink/Knoblach (2003), S. 230.

[471]   Kaplan/Norton (1996), S. 21.

[472]   Vgl. für ein Beispiel eines Performance-Modells Deloitte (2006r).

[473]   Gillmann (2002), S. 255.

[474]   Gillmann (2002), S. 255.

[475]   In diesem Zusammenhang sei auf Arthur Andersen verwiesen, die in den 90er Jahren in ihren Performance-Measurement-Systemen das One-Firm-Konzept abgebildet und umgesetzt, weltweit ein „set of technical standards" implementiert und damit ihre Strategie und ihr System erfolgreich aneinander angepasst hatten. Vgl. Fitzgerald/Moon (1996), S. 90.

reiche Strategieumsetzung unterstützen"[476] und das Verhalten der Mitarbeiter mit den strategischen Zielen des Unternehmens in Einklang bringen. So sollen mögliche Interessenskonflikte zwischen einzelnen Partnern und den strategischen Zielen der gesamten Professional
Service Firm reduziert werden, sobald eine Firmengröße erreicht ist, die eine ausschließlich
auf persönlicher Abstimmung der Partner basierende Steuerung nicht mehr zulässt. Laut *von
Dungen* ist „mit dem Einsatz von systematischen Anreizsystemen die Hoffnung verbunden,
geeignete Organisationsmitglieder zu selektieren, sie zielgerichtet zu motivieren und ihre Ar-
beitsleistungen im Hinblick auf gesamtunternehmerische Ziele zu koordinieren."[477]

Grundsätzlich ergänzen auf der motivationstheoretischen Wirksamkeit extrinsischer Anreize
basierende Anreiz- und Vergütungssysteme die höchstens organisationskulturell steuerbaren
intrinsischen Anreize der Mitarbeiter wie Freude an der Arbeit oder Teamgeist. Extrinsische
Anreize wiederum lassen sich in immaterielle Komponenten (Karriere, Anerkennung im
Team) und materielle (Gehalt, Firmenwagen) unterteilen.[478] Entscheidendes Kriterium für den
erfolgreichen Einsatz von Anreiz- und Vergütungssystemen ist die Wahl einer adäquaten
Leistungsbemessungsgrundlage. Sowohl immaterielle Komponenten wie die Beförderung des
Mitarbeiters als auch materielle Komponenten wie die leistungsbasierte Vergütung hängen
dabei sowohl von der individuellen Leistung bzw. Zielerreichung des Mitarbeiters als auch
von der seines Teams, seiner Funktion und der Gesamtfirma ab.

Leistungsbasierte Vergütungsmodelle lassen sich generell in einen fixen (Monatsgehalt) und
einen variablen Vergütungsanteil (Gewinnbeteiligung, Boni) für die Mitarbeiter unterteilen.
Normalerweise steigt die Höhe der Erfolgskomponente, sprich des variablen Vergütungsan-
teils, mit zunehmender Seniorität bzw. Karrierestufe des Mitarbeiters. Partner haben, in der
Regel als Teilhaber, den höchsten variablen Vergütungsanteil in einer Professional Service
Firm. Da im Idealfall die Performance-Messung der Gesamtfirma Grundlage der Ausgestaltung der Anreiz- und Vergütungssysteme analog zur Balance-Scorecard sein sollte, erfolgt die
Leistungsbemessung sowohl anhand quantifizierbarer als auch weicher Faktoren. Ziel einer
Professional Service Firms muss es sein, diese Faktoren so auszuwählen, dass die Mitarbeiter
auf eine Weise ausgewählt, motiviert und gesteuert werden, dass sie in Einklang mit den strategischen Zielen der Gesamtfirma handeln bzw. zu handeln versuchen: „there is ultimately
only one test of a compensation system: whether or not it encourages the full range of behavi-
or needed for the firm's success. If partners are spending their time wisely and energetically
on things that benefit not only themselves but also the firm, then the system is working. If an

---

[476] Becker/Schwertner/Seubert (2005), S. 33.
[477] Von Dungen (2007), S. 106.
[478] Vgl. Weinert (1992), S. 128 ff.

individual's best interests don't coincide with the firm's, the system needs an overhaul. To apply this acid test, one first has to understand what makes the firm succeed."[479]

2.5   Zwischenfazit

Im zweiten Kapitel wurden Professional Services und deren Anbieter, die Professional Service Firms, von anderen Dienstleistungs- und Industrieunternehmen abgegrenzt sowie das Forschungsobjekt dieser Arbeit auf WP-Firmen und Unternehmensberatungen beschränkt, da diese erhebliche Gemeinsamkeiten aufweisen. Es folgte eine Diskussion der Besonderheiten von Professional Service Firms, ihres Geschäftsmodells sowie der Relevanz des strategischen Managements und dabei insbesondere der Strategieimplementierung für den Geschäftserfolg. Für den weiteren Verlauf der Arbeit wurden drei wesentliche Erkenntnisse gewonnen:

- Professional Service Firms benötigen trotz der operativen Abhängigkeit von Kundenwünschen und deren kurzfristiger und individueller Befriedigung ein flexibles strategisches Management, das die Firma ganzheitlich formt, Leitlinien vorgibt und eine Organisation schafft, der es gelingt, Synergien zu erzeugen und ein einheitliches Profil zu entwickeln. Allerdings erscheint die Relevanz des strategischen Managements für Professional Service Firms in der Unternehmenspraxis weiterhin umstritten.

- Wegen der notwendigen Dezentralität des Geschäftsmodells von Professional Service Firms kommt der Umsetzung der entwickelten Strategien besonderere Bedeutung zu. „Structure follows strategy"[480]: In Abstimmung mit der Strategie beziehen sich die Gestaltungsaufgaben des Managements primär auf die Implementierung organisatorischer Strukturen und Schnittstellen sowie auf die Mitarbeiterführung und -entwicklung und die Schaffung einer gemeinsamen Unternehmenskultur. Damit Partner und Professionals in Einklang mit der die Ertragsseite betreffenden Strategie handeln, ist es notwendig, sie an deren Entwicklung maßgeblich teilhaben zu lassen, sodass der Prozess grundsätzlich bottom-up über das Erkennen von Kundenbedürfnissen und Erfolgspotenzialen initiiert werden muss. Gleichzeitig ist strukturell sicherzustellen, dass die so entwickelte Strategie auch abgesichert, operationalisiert und durchgesetzt wird und dass alle Mitarbeiter lernen, auch ganzheitlich-strategisch und nicht nur projektorientiert zu handeln.

---

[479] Maister (2003), S. 268.
[480] Vgl. Chandler (1962), S. 15 ff.

- Die Internationalisierung kann als herausragende strategische Entwicklungsoption für Professional Service Firms hervorgehoben werden, weil sie entweder eine Diversifikation oder eine Stärkung des Kerngeschäfts oder beides impliziert. Da die führenden Professional Service Firms größtenteils bereits international aufgestellt sind, kommt es vor allem auf die Integration oder Weiterentwicklung ihrer internationalen Aktivitäten an. Gerade lokale Unterschiede bei Unternehmenskulturen und Kundenwünschen stellen aber Professional Service Firms auf internationaler Ebene vor besondere Herausforderungen und lassen sie an ihre Grenzen bei der Entwicklung und Umsetzung ganzheitlicher Strategien stoßen.

Im folgenden Kapitel soll zunächst nach einer kurzen theoriegeleiteten begrifflichen Klärung von Internationalisierung und Internationalisierungsstrategien im Allgemeinen der Stand der Internationalisierung bei Professional Service Firms aufgezeigt werden. Im Anschluss daran werden mögliche Internationalisierungsstrategien definiert und insbesondere die organisatorisch-strukturellen Anforderungen bei deren Umsetzung dargelegt. Aus den dabei gewonnenen theoriegeleiteten Erkenntnissen werden weitere Forschungsfragen abgeleitet und eine Überleitung zur empirischen Fallstudienuntersuchung geschaffen.

3   Internationalisierungsstrategien

3.1   Begriffliche und theoretische Abgrenzung

Seit Beginn der 80er Jahre ist der Markt für Professional Services in zunehmendem Maße von Expansions- und Integrationsaktivitäten der einzelnen Firmen auf internationalem Niveau gekennzeichnet, um so die Nachfrage der selbst international wachsenden, multinationalen Kunden nach einem einheitlichen globalen Servicestandard befriedigen, aber auch firmeninterne Wissensskaleneffekte generieren zu können.[481]

Eine einheitliche Abgrenzung der Internationalisierung von Unternehmen existiert nicht. In der Fachliteratur wird der Begriff anhand einer Vielzahl unterschiedlicher Phänomene, Ansätze und Konzepte beschrieben, deren gemeinsames Merkmal nach *Zentes/Morschett* „die Landesgrenzen überschreitenden Aktivitäten von Unternehmen"[482] sind. Internationalisierung betrifft dabei „zumindest konzeptionell das Unternehmen als Ganzes"[483]. Von einem international tätigen Unternehmen kann gesprochen werden, „wenn es regelmäßig Transaktionsbeziehungen mit Wirtschaftssubjekten im Ausland"[484] bzw. in mehreren Ländern unterhält. Dabei kann die Internationalität „sämtliche grenzüberschreitenden Formen der Geschäftstätigkeit von der sporadischen Auslandsmarktbearbeitung bis hin zum integrierten Management weltweit präsenter Großunternehmen"[485] umfassen, wobei der Grad und damit die Bedeutung der Internationalisierung zur Zielerreichung eines Unternehmens quantitativ wie qualitativ nur schwer gemessen werden kann,[486] da (zu) viele unterschiedliche Kriterien in deren Messung einfließen.[487]

Zusammenfassend soll der Begriff Internationalisierung in der vorliegenden Arbeit als grenzüberschreitende Tätigkeit von Professional Service Firms verstanden werden und die Unterteilung in Inlands- und Auslandsmärkte perspektivisch in den Hintergrund rücken, da das Forschungsobjekt dieser Arbeit bereits in hohem Maße international positionierte Firmen sind. Ein international tätiges Unternehmen soll dabei von einem globalen, das heißt weltweit tätigen Unternehmen abgegrenzt werden. Von Globalisierung (bzw. Globalität) wird dann gesprochen, wenn aus gesamtwirtschaftlicher Perspektive die ganze Welt von bestimmten Ent-

---

[481]   Vgl. z. B. Dyckerhoff (2004), S. 346 f.
[482]   Zentes/Morschett (2003), S. 51.
[483]   Perlitz (2004), S. 8.
[484]   Kutschker (1999), S. 105.
[485]   Macharzina/Wolf (2005), S. 927.
[486]   Vgl. Kutschker/Schmid (2005), S. 251 ff. und S. 278 ff.
[487]   Vgl. Perlitz (2004), S. 10 f.

wicklungen tangiert oder aus Unternehmensperspektive der Weltmarkt ganzheitlich betrachtet wird.[488] Diese weltweit grenzenlose und einheitliche Verflechtung aller Märkte wird bislang in der Fachliteratur aber als utopischer Zustand angesehen.[489] Begrifflich schließt Internationalisierung die Globalisierung eher als ihre besonders weitreichende, aber gleichzeitig illusorische Spezialform mit ein.[490]

Eine Abgrenzung von Motiven und Zielen im Rahmen der Internationalisierung von Unternehmen deutet „auf die besondere Problematik der Systematisierung hin"[491]. So unterscheiden *Welge/Holtbrügge* markt- und absatzorientierte, kosten- und ertragsorientierte, beschaffungsorientierte sowie strategische Motive von Unternehmen,[492] *Macharzina/Wolf* hingegen ökonomische und nicht-ökonomische, defensive und offensive sowie Ressourcen-orientierte, produktionsorientierte und absatzorientierte Ziele.[493] Bei beiden Vorgehensweisen bleiben Überschneidungen und Probleme hinsichtlich der klaren Zuordnung von einzelnen konkreten Ausprägungen auf Ziel- und Motivkategorien nicht aus.

Insbesondere um „die Aufnahme der internationalen Geschäftätigkeit sowie die Wahl bestimmter Markteintrittsstrategien"[494] zu erklären, wurden seit den 60er Jahren auch eine Reihe theoretischer Modellansätze entwickelt.[495] Zu nennen sind hierbei vor allem die Außenhandelstheorien,[496] Theorien der internationalen Direktinvestition,[497] die übergreifenden Internationalisierungstheorien[498] sowie neuere Theorien der Multinationalen Unternehmung.[499] *Macharzina/Wolf* konstatieren zwar, dass diese Forschungsaktivitäten „einen beachtlichen Erkenntnisanstieg bewirkt"[500] haben, da eine Fülle von Bestimmungsfaktoren der grenzüberschreitenden Expansion von Unternehmen identifiziert werden konnte.[501] Allerdings fehlt es „weitgehend an integrativen Gesamtkonzepten, die in der Lage wären, diese Faktoren in einen

---

[488]   Vgl. Kutschker/Schmid (2005), S. 166.
[489]   Vgl. Macharzina/Wolf (2005), S. 924.
[490]   Vgl. Kutschker/Schmid (2005), S. 166.
[491]   Macharzina/Wolf (2005), S. 928.
[492]   Vgl. Welge/Holtbrügge (2006), S. 24.
[493]   Vgl. Macharzina/Wolf (2005), S. 928. Die Autoren heben dort auch empirische Untersuchungen hervor, die zeigen, dass „absatzorientierten Zielen" und nicht Ressourcen-orientierten „eine herausragende Bedeutung für die Internationalisierungsentscheidung zukommt".
[494]   Macharzina/Wolf (2005), S. 929.
[495]   Vgl. zu ihrer Übertragungsmöglichkeit auf Dienstleistungsunternehmen Graf (2005), S. 116 ff.
[496]   Dazu gehören die Ansätze von Smith, Ricardo und Heckscher/Ohlin. Vgl. detailliert Kutschker/Schmid (2005), S. 376 ff.
[497]   Im Wesentlichen sind hierbei die Theorien von Aliber, Rugman und Hymer zu nennen. Vgl. Kutschker/Schmid (2005), S. 397 ff.
[498]   Bei Kutschker/Schmid (2005), S. 418 ff. finden sich Überlegungen zu den Theorien von Aharoni, Dunning und Buckley/Casson.
[499]   Vgl. hierzu die zusammenfassenden Ausführungen zu den Arbeiten von Fayerweather, Porter und Kogut bei Welge/ Holtbrügge (2006), S. 80 ff.
[500]   Macharzina/Wolf (2005), S. 930.
[501]   Vgl. Macharzina/Wolf (2005), S. 930.

systematischen Zusammenhang zu bringen"[502]. *Kutschker/Schmid* beklagen, dass es sich bei den Erklärungsansätzen nur um Partialansätze handelt, die auch zur Folge haben, dass die meisten Ansätze „explizit oder implizit die produzierende Industrieunternehmung in das Zentrum ihres Interesses gerückt"[503] und dabei verabsäumt haben, sie „auf ihre Anwendbarkeit im Handels- und Dienstleistungsbereich zu überprüfen"[504].

Die hinter der Internationalisierung von Unternehmen stehenden Strategien stellen nach *Macharzina/Wolf* zunächst „Muster der Wahl unter potenziellen Handlungsalternativen im internationalen Umfeld dar, die Unternehmen bei der Gestaltung ihrer Beziehungen zur Umwelt sowie ihrer internen Strukturen und Prozesse offen stehen"[505]. Diese Entscheidungsmuster beziehen sich auf verschiedene Teilaspekte bzw. Dimensionen von Internationalisierungsstrategien, [506] die teilweise interdependent sind und somit nur unzureichend separat betrachtet werden können. Primär zwei entscheidende Strategiedimensionen können herausgestellt werden: die strategische Orientierung des Unternehmens und die Markteintritts- bzw. -entwicklungsstrategien.[507]

---

[502] Macharzina/Wolf (2005), S. 930. Dies gilt auch gerade für die sehr abstrakten modellhaften Versuche, die Internationalisierung der Professional Service Firms anhand eigener Theorien zu beschreiben. Eine Übersicht hierzu findet sich bei Reihlen/Rohde (2007), S. 3 f.
[503] Kutschker/Schmid (2005), S. 470.
[504] Kutschker/Schmid (2005), S. 470. Vergl. hierzu auch Meffert/Bruhn (2006), S. 775.
[505] Macharzina/Wolf (2005), S. 945.
[506] Vgl. Macharzina/Wolf (2005), S. 946. Sie beinhalten z. B. auch Dimensionen wie Wettbewerbsstrategien, die nicht konsequent etwas mit der Internationalisierung zu tun haben, und daher im Folgenden außer Acht gelassen werden.
[507] Vgl. Macharzina/Wolf (2005), S. 946.

Abbildung 12: Wesentliche Dimensionen von Internationalisierungsstrategien

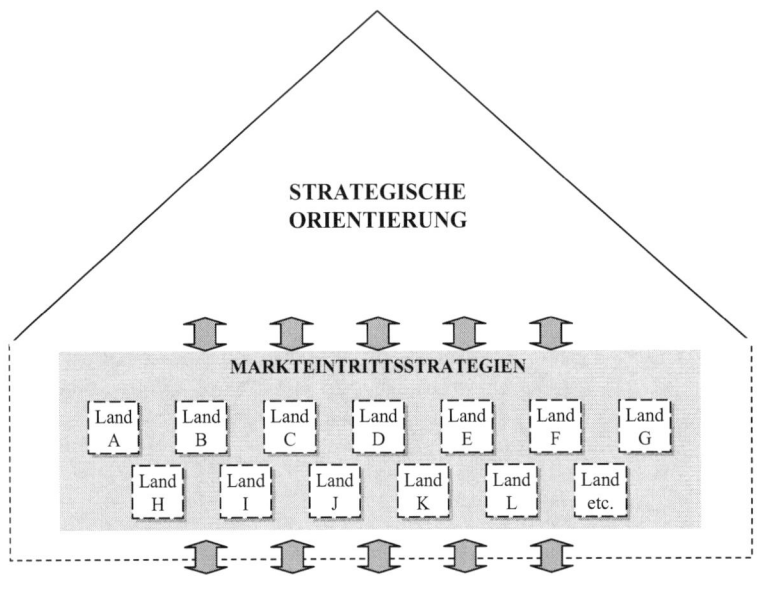

Dabei gibt die strategische Orientierung den übergreifenden Rahmen vor, in dem Unternehmen international tätig sind. Markteintrittsstrategien, die im Einzelnen nach *Wel-
ge/Holtbrügge* die Wahl von Markt bzw. Standort, der Markteintrittsform und des
Markteintrittszeitpunkts beinhalten[508], umfassen daraus abgeleitet konkrete strategische Entscheidungen des Unternehmens zur Expansion in neue oder auch zur Intensivierung oder Veränderung der Aktivitäten auf bestehenden Märkten.

3.1.1 Strategische Orientierung von Unternehmen

3.1.1.1 Grundlagen

Die strategische Orientierung betrifft das Unternehmen ganzheitlich in seiner grundsätzlichen,
unternehmensweiten Positionierung auf den Weltmarkt vor dem Hintergrund des (vor allem
für Professional Service Firms entscheidenden) „Spannungsfelds zwischen dem hauptsächlich

---

[508]   Vgl. Welge/Holtbrügge (2006), S. 95 ff.

ökonomisch motivierten Streben nach Globalisierungsvorteilen und der jeweiligen Notwendigkeit zur lokalen Anpassung"[509], das heißt zwischen den Chancen aus der globalen Integration und den Notwendigkeiten zur lokalen Differenzierung.[510]

Vor diesem dialektischen Spannungsfeld wurden eine Reihe mehrstufiger Typologisierungskonzepte[511] entwickelt. Am häufigsten zitiert[512] werden dabei die Konzepte von *Perlmutter*,[513] von *Bartlett/Ghoshal*[514] sowie das von *Macharzina/Wolf*[515], das sich an das Konzept von *Bartlett/Ghoshal* anlehnt. Die Konzepte der drei Autoren unterscheiden sich im Wesentlichen in zwei Punkten: Zum einen wird aus unterschiedlichen Perspektiven heraus argumentiert. Für *Perlmutter* ist die Einstellung des Managements für die Positionierung entscheidend, für *Bartlett/Ghoshal* und *Macharzina/Wolf* sind es die Branchenzugehörigkeit des Unternehmens, aus der sich ihre strategische Orientierung in der Regel ableiten muss.[516] Zum anderen erfolgt eine Abgrenzung anhand verschiedener Kriteriengruppen. Trotzdem haben alle drei jeweils vier mögliche Unternehmens- bzw. Strategietypen entwickelt, anhand derer die strategische Orientierung eines Unternehmens klassifiziert werden kann.

Perlmutter grenzt das „ethnozentrische", „polyzentrische", „geozentrische" und „regiozentrische" Unternehmen in seinem EPRG-Schema idealtypisch anhand einer Reihe von Kriterien[517] voneinander ab. Diese lassen vor allem Schlüsse darüber zu, wie in einem international tätigen Unternehmen entschieden, geführt und kontrolliert wird.[518] Damit lässt sich das EPRG-Schema als „Typologisierung einer Führungskonzeption"[519] für internationale Unternehmen bezeichnen.

- In einem ethnozentrischen Unternehmen überträgt die nationale Muttergesellschaft ihre zentral für den Heimatmarkt entwickelten Konzepte und Maßnahmen gleichermaßen auf alle (Tochter-) Gesellschaften im Ausland, die vor Ort adaptiert werden müssen.

---

[509]   Macharzina/Wolf (2005), S. 951.
[510]   Vgl. Meffert (1990), S. 93 ff.
[511]   Zur Kritik und Weiterentwicklung der Konzepte vgl. Macharzina/Wolf (2005), S. 956 oder Kutschker/Schmid (2005), S. 316 ff.
[512]   Vgl. Kutschker/Schmid (2005), S. 289.
[513]   Vgl. Heenan/Perlmutter (1979), S. 21 ff.
[514]   Vgl. Bartlett/Ghoshal (2002), S. 72 ff.
[515]   In Anlehnung an das Konzept von Meffert. Vgl. Macharzina/Wolf (2005), S. 951 ff.
[516]   Vgl. Kutschker/Schmid (2005), S. 289, Macharzina/Wolf (2005), S. 951 und Bartlett/Ghoshal (2002), S. 23 f.
[517]   Vgl. für eine ausführliche Diskussion der Kriterien Heenan/Perlmutter (1979), S. 18 f.
[518]   Vgl. Kutschker/Schmid (2005), S. 281 ff.
[519]   Kutschker/Schmid (2005), S. 281.

- Auch das geozentrische Unternehmen besitzt analog einen weltweit einheitlichen Charakter für alle Gesellschaften. Allerdings spielen „Spezifika der Mutter- und Tochtergesellschaften"[520] für ein geozentrisches Unternehmen ebenso wenig eine Rolle wie nationale Unterschiede. Es wird vielmehr versucht, zunächst aus den Bedürfnissen aller Landesgesellschaften global gültige Konzepte zu entwickeln und diese danach einheitlich für alle umzusetzen.

- Das polyzentrische Unternehmen hingegen geht davon aus, dass die Berücksichtigung landes- bzw. kulturspezifischer Regeln und Unterschiede wesentlich für ihren lokalen Markterfolg vor Ort ist. Damit besitzen die meist mit lokalen Führungskräften besetzten (Landes-) Gesellschaften einen hohen Autonomiegrad in ihren Entscheidungen, die sich meistens auch von denen anderer Landesgesellschaften abheben.

- Eine Gruppierung von Landesmärkten zu regionalen Einheiten nimmt das regiozentrische Unternehmen vor. Dabei werden sowohl polyzentrische Elemente in Form von regional (und nicht mehr national) abgegrenzt zu behandelnden Märkten als auch geozentrische Elemente berücksichtigt, da die regionalen Gruppen homogene Konzepte für sich erstellen.[521]

Der Mischansatz des regiozentrischen Unternehmensmodells ist somit auch am besten als Konzept für die Weiterentwicklung solcher Unternehmen geeignet, deren Typ von *Perlmutter* nicht berücksichtigt wurde. Darunter fallen Unternehmen, die sowohl geozentrische als auch polyzentrische Elemente bei Konzeptentwicklung und Maßnahmengestaltung vereinen, diese allerdings nicht nach Regionen, sondern inhaltlich nach dem Wesen ihrer Entscheidungsbefugnisse trennen.[522] Dabei bestimmen die Landesgesellschaften zwar beispielsweise autonom über ihre Vertriebsentscheidung, übernehmen aber gleichzeitig das weltweit entwickelte einheitliche Controllingsystem der anderen Landesgesellschaften und ordnen sich in diesem Punkt einer zentralen Unternehmensführung unter.

Das Konzept von *Bartlett/Ghoshal* wiederum unterscheidet internationale, multinationale, globale und transnationale (bei *Macharzina/Wolf* im Ansatz ähnlich „blockiert-globale")[523] Branchen, aus denen sich die strategische Orientierung des Unternehmens ergibt.[524]

---

[520]   Kutschker/Schmid (2005), S. 281.
[521]   Vgl. Heenan/Perlmutter (1979), S. 18 f.
[522]   Vgl. Kutschker/Schmid (2005), S. 281 f.
[523]   Vgl. Macharzina/Wolf (2005), S. 954. Die Autoren sprechen von einer blockiert-globalen Branche, wenn die in ihr tätigen Unternehmen zwar gerne global tätig wären, aber Einschränkungen verschiedener Art sie zu lokalen Anpassungen zwingen.
[524]   Vgl. Bartlett/Ghoshal (2002), S. 75.

- Internationale Strategien werden von der Muttergesellschaft im Heimatland entwickelt und auf die Tochtergesellschaften in den einzelnen Ländern übertragen, die selbst wenig strategische Entscheidungsbefugnis besitzen.

- Multinationale Strategien lassen sich anhand eines Portfolios aller durch die Gesellschaften in den Ländern vor Ort definierten Einzelmarktstrategien kennzeichnen, das von der Mutter- bzw. einer Zentralgesellschaft nur föderativ koordiniert wird.

- Globale Strategien werden zentral von der Muttergesellschaft (unter Berücksichtigung vor Ort gewonnener Kunden- und Firmenbedürfnisse) für den Weltmarkt entwickelt und auf alle Länder einheitlich ausgeweitet. Ziel ist der Aufbau einer effektiven und kostengünstigen Wettbewerbsposition.

- Transnationale Strategien wiederum versuchen globale Effizienz und lokale Anpassungsfähigkeit netzwerkartig zu verbinden, indem sie zwar weltweite integrierte Aktivitäten fördern, gleichzeitig aber auch nationale Differenzierungen vor Ort zulassen und den Austausch zwischen den Landesgesellschaften unterstützen.[525]

Eine bisweilen in der Fachliteratur zu findende Gleichsetzung bzw. Parallelisierung der Konzepte von *Bartlett/Ghoshal* und *Perlmutter* kann trotz ähnlicher Ansätze nur eingeschränkt vorgenommen werden.[526] So zeigt der multinationale Strategietyp von *Bartlett/Ghoshal* einige gemeinsame Merkmale, z. B. die Notwendigkeit zu dezentralen Entscheidungen, mit der polyzentrischen Orientierung des Managements nach *Perlmutter*.[527] Der internationale Strategietyp lässt sich mit der ethnozentrischen Ausrichtung vergleichen. Insbesondere für transnationale Strategien fehlt allerdings ein analog ausgeprägter Typ in *Perlmutters* EPRG-Schema. Ihnen würde am ehesten die weiterentwickelte regiozentrische Unternehmensform entsprechen.

---

[525] Vgl. Bartlett/Ghoshal (2002), S. 74 ff.
[526] Vgl. Kutschker/Schmid (2005), S. 301.
[527] Vgl. Kutschker/Schmid (2005), S. 300.

Abbildung 13: Strategische Orientierung von Unternehmen

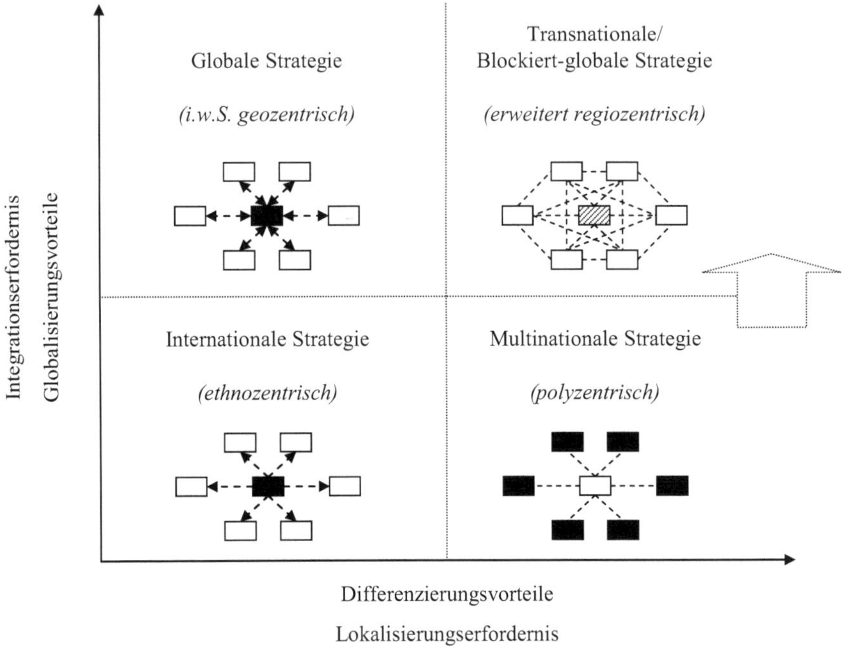

Differenzierungsvorteile

Lokalisierungserfordernis

Quelle: In entfernter Anlehnung an Bartlett/Ghoshal (2002), S. 70, Kutschker/Schmid (2005), S. 292 f. und Macharzina/Wolf (2005), S. 952

Die Strategietypen lassen sich zusammenfassend anhand zweier grundsätzlicher Merkmale klassifizieren. Einerseits können Unternehmen nach Globalisierungsvorteilen streben, aus denen sich für sie die Chance ergibt, „ihre Produkte oder Dienstleistungen rund um den Globus in vereinheitlichter und standardisierter Form anzubieten"[528] und damit Größenvorteile zu nutzen. Globalisierungsvorteile können dabei durch eine weltweite Abstimmung der Aktivitäten, entweder in Form einer zentralisierten Marktbearbeitung (beim globalen Strategietyp) oder durch die Förderung des interaktiven Austauschs zwischen den Landesorganisationen (beim transnationalen Strategieytp) realisiert werden. Bedingung hierfür ist in beiden Fällen allerdings die Koordination und Integration der internationalen Firmenaktivitäten.[529]

---

[528] Macharzina/Wolf (2005), S. 949.
[529] Vgl. Macharzina/Wolf (2005), S. 953 f.

Alternativ oder auch zusätzlich können Unternehmen versuchen, landesspezifische oder regionale Differenzierungsvorteile zu erzielen, indem sie kulturell oder institutionell bedingte Besonderheiten in ihre Strategien für diese Märkte aufnehmen und sich so auf dem Markt von den Wettbewerbern positiv abheben. Besonders ausgeprägt ist dies bei multinationalen und transnationalen Strategietypen. Sie bedingen jedoch immer auch eine (kosten-) intensive Lokalisierung und starke Anpassungen an die jeweiligen Gegebenheiten vor Ort.[530]

Für die vorliegende Arbeit ist vor allem die transnationale Unternehmung von Bedeutung, da sich insbesondere die Branche der Professional Service Firms zwischen der Hebung von Globalisierungsvorteilen durch eine zentrale oder gemeinsame Steuerung ihrer Aktivitäten und einem hohen Maß an lokaler Anpassung aufgrund individuell und kulturell bedingter Verhaltensunterschiede oder institutioneller Gründe in Folge differierender Rechtsnormen bewegt. Eine transnationale Unternehmung erfordert ein hohes Maß an Interaktion von den Unternehmen, die zwar Standardisierungs- und damit Synergievorteile unternehmensweit zu realisieren versuchen, sich aber zugleich intensiv mit den Verhältnissen vor Ort auseinandersetzen müssen. Die Koordination ihrer Aktivitäten erfolgt dabei bevorzugt über ein integriertes Netzwerk.[531] Zwar hat die Idee der „besonders fortschrittlichen"[532] transnationalen Unternehmung in den letzten Jahren in der Fachliteratur an Bedeutung gewonnen, allerdings bleibt sie vor dem Hintergrund der bisher mehrheitlich international oder verstärkt auch global aufgestellten Unternehmen „eher ein Zukunfts- bzw. Wunschbild denn ein Realitätsbild"[533], wie auch empirische Untersuchungen zeigen.[534] *Macharzina/Wolf* vermuten, „dass die Unternehmen wohl aus Effizienzgründen ein hohes Maß an lokaler Anpassung scheuen"[535] oder aber die Lokalisierungserfordernisse der Kunden die Globalisierungsvorteile (noch) übertreffen.

3.1.1.2 Besonderheiten bei Dienstleistungsunternehmen

Generell zeigt sich auch bei Typologisierungsansätzen von der ebenfalls stetig intensivierten[536] Internationalisierung bei Dienstleistungsunternehmen, dass aufgrund ihrer Heterogenität eine eindeutige Charakterisierung nicht möglich ist.[537] Eine strikte Zuordnung verschiedener Dienstleistungsunternehmen zu den von *Perlmutter* oder *Bartlett/Ghoshal* entwickelten Typen von Internationalisierungsansätzen ist somit nicht möglich. Zwar konstatieren *Mef-*

---

[530] Vgl. Macharzina/Wolf (2005), S. 951 f.
[531] Vgl. Bartlett/Ghoshal (2002), S. 68 ff.
[532] Kutschker/Schmid (2005), S. 297.
[533] Kutschker/Schmid (2005), S. 297.
[534] Vgl. Macharzina/Wolf (2005), S. 952.
[535] Macharzina/Wolf (2005), S. 952.
[536] Vgl. Kutschker/Schmid (2005), S. 242.
[537] Vgl. Meffert/Bruhn (2006), S. 793.

fert/Bruhn, dass im Dienstleistungsbereich „transnationale Strategien insbesondere in Branchen anzutreffen sind, bei denen ein hohes spezifisches Know-how erforderlich ist"[538], also
bei Professional Service Firms. Andererseits widerspricht diese Feststellung der Einschätzung
von *Berger*, der auf die hohe Ortsgebundenheit der Ressourcen von Unternehmensberatungen
verweist.[539] Auch *Bradley* räumt der juristischen Beratung, Buchhaltung und Rechtsberatung
vergleichsweise wenige Möglichkeiten zur Erzielung von Skaleneffekten bei der Internationalisierung ein.[540]

Stauss, der Dienstleistungen auf Basis von Mobilitätsüberlegungen charakterisiert,[541] klassifiziert Professional Services als nachfragestandortbasierten Dienstleistungstyp, bei dem „die
Produktionsfaktoren des Anbieters im Gegensatz zum Dienstleistungsnachfrager mobil
sind"[542] und der durch hohe Interaktionsintensität, Intangibilität und Spezifität des Outputs
gekennzeichnet ist. Eine Professional Service Firm muss für die Leistungserbringung zum
Kunden kommen, auf dessen Wünsche eingehen, die zwar regional nicht völlig unterschiedlich ausfallen müssen, aber können, und ihn in den Leistungserbringungsprozess integrieren.
Zwar verkünden Strategieberatungsunternehmen wie McKinsey & Company, dass der Kunde
von ihnen ein einheitliches globales Produkt erwartet und angeboten bekommen möchte,[543]
andere Professional Service Firms betonen hingegen die notwendige Anpassung an lokale inhaltliche und kulturelle Besonderheiten.[544] In aktuellen Publikationen wie der von *Friedman*
wird dann auch eine vollkommen „flache", grenzenlose Welt eher als Vision denn als konkrete, lückenlose Realität begriffen.[545] Zudem ist dieser Eindruck nicht unberechtigt, da selbst in
sich nahe stehenden Regionen die kulturellen Besonderheiten untereinander wieder stärker
betont werden.[546] *Matussek* schreibt zu diesem Phänomen: „Je internationaler die Welt, desto
nationaler das Gefühl."[547] Demnach dürfte *Friedmans* Befürwortung einer „Glokalisierung"[548],
also global zu denken, aber lokal zu handeln, im besonderen Maße für eine kultursensitive
Branche wie die der Professional Service Firms zutreffen.

---

[538] Meffert/Bruhn (2006), S. 807.
[539] Vgl. Berger (1999), S. 199 ff.
[540] Vgl. Bradley (1995), S. 420 ff.
[541] Vgl. Stauss (1995), S. 456 ff.
[542] Meffert/Bruhn (2006), S. 788.
[543] Vgl. Interview Görner.
[544] Vgl. Interview Röhm.
[545] Vgl. Friedman (2006), S. 477 ff.
[546] Ein europäisches Beispiel: Über seine Recherche vor Ort in Großbritannien berichtet Koydl, dass „in
       Schottland der Wunsch nach Unabhängigkeit" von England wächst: „Wir werden uns immer fremder." Vgl.
       Süddeutsche Zeitung (2006d), S. 3.
[547] Matussek (2006), S. 22.
[548] Vgl. DIE ZEIT (2006a), S. 64 unter Bezugnahme auf Friedman (2006), S. 498. Für Schivelbusch (2007),
       S. 186 ist es sogar vorstellbar, dass sich, ausgelöst durch eine allgemeine volkswirtschaftliche Zeitgeist-
       wende, globale Konzerne wieder vermehrt strategisch zu lokal effizienten Mittelstandsunternehmen zurück-
       entwickeln könnten.

Daraus lässt sich somit die Notwendigkeit zur lokalen Differenzierung für das Betrachtungsobjekt dieser Arbeit und als deren Konsequenz eine multinationale oder transnationale Strategiepositionierung ableiten, die noch dazu von institutionellen Regulierungen, wie beispielsweise durch die in *Kapitel 2.3.1* beschriebenen nationalen Beschränkungen bei der Zulassung von Wirtschaftsprüfern verstärkt wird.[549] Zudem schätzen (insbesondere auch mittelständische) Kunden die lokale Betreuung vor Ort sehr.[550] Diese Annahme wird gestützt durch die Erfahrungen vieler Investmentbanken.[551] Als diese im Rahmen des Branchenabschwungs im Jahr 2000 ihre Berater aus Frankfurt abzogen, um ihre Aktivitäten in Deutschland von der europäischen Zentrale in London aus „kosteneffizienter" steuern und damit Synergien heben zu können, verstärkte die Verlagerung den Geschäftsrückgang.

Somit kann bei Professional Service Firms im Gegensatz zu Industrieunternehmen nicht die Lokalisierungserfordernis,[552] sondern, wenn überhaupt, der Globalisierungsnutzen und damit der Vorteil aus der Zentralisierung von Entscheidungen und Funktionen angezweifelt werden. Da Professional Service Firms ihren Ursprung häufig in einer multinationalen Positionierung haben, wird diese zum Teil auch heute noch in manchen Unternehmen von ihren Mitarbeitern gelebt. Somit kommt bei Professional Service Firms[553] der „Koordination im Spannungsfeld von globaler Integration und lokaler Differenzierung"[554] entscheidende Bedeutung zu vor dem Hintergrund, dass transnationale Unternehmen ihre strategischen Kompetenzen vor allem in der globalen Wettbewerbsfähigkeit, multinationalen Flexibilität[555] und ihrer weltweiten Lernfähigkeit haben.[556]

---

[549] Eine internationale Strategie können nur solche Professional Service Firms übernehmen, die kurzfristig export-ähnlich im Ausland tätig werden. Globale Strategien lassen sich am ehesten dort finden, wo weltweit standardisierte Dienstleistungen oder Produkte angeboten werden können, z. B. im IT-Dienstleistungsbereich.

[550] Vgl. Grote (2005), S. 26 ff.

[551] Investmentbanken werden als Beispiel erwähnt, weil es bislang WP-Firmen und Unternehmensberatungen nicht einmal auf nationalem Niveau gewagt haben, die Nähe zum Kunden durch die übermäßige Schließung von Büros zu verlieren. So hat die Boston Consulting Group in Deutschland sieben, KPMG 22 Büros, obwohl die Berater mit Flugzeug, Bahn und Auto normalerweise in weniger als ein bis zwei Stunden auch von Zentralbüros aus beim Kunden sein könnten.

[552] Immer vorausgesetzt, dass Professional Service Firms weiterhin sämtliche Kundengruppen zum Ziel ihrer Marktaktivitäten machen und nicht, wie optional auch möglich, sich alternativ beispielsweise nur auf die (global tätigen) Großkunden konzentrieren. Bei den WP-Firmen wird ein solcher Trend teilweise schon beobachtet: „US mid-tier firms are continuing to pick up clients from the Big Four. However ... those opportunities are in part being created by the Big Four firms redirecting their strategy to focus on their most important clients." Vgl. International Accounting Bulletin (2006), S. 4 f. Andererseits sind mögliche theoretische Überlegungen bis hin zur Einführung einer mittelständischen Zweitmarke bei den Big 4 oder auch Sponsoring-Aktivitäten, beispielsweise im Rahmen des Wettbewerbs „Deloitte Technology Fast 50" ein klares Indiz dafür, dass man es sich nicht leisten kann, auf die mid-tier Unternehmen von heute und damit potenzielle internationale Großkunden von morgen zu verzichten. Vgl. Fast50 (2006).

[553] Vgl. zu dieser Dialektik auch die Ausführungen von Barett/Cooper/Jamal (2005), S. 8 ff.

[554] Kriegmeier (2003), S. 1.

[555] Diese Notwendigkeit zur Flexibilität moderner Unternehmen unterstreichen auch Oxman/Smith (2003), S. 82: „Flexibility is trumping structure as the governing principle behind organization design ... While

Im weiteren Verlauf dieser Arbeit wird daher auch zu klären sein, in welchem Maße WP-Firmen und Unternehmensberatungen nach heutigem Stand wirklich Integrationsvorteile, z. B. über eine vollintegrierte One-Firm-Strategie[557] realisieren können. Oder inwiefern eine eher dezentral-multinationale, regionenorientierte Netzwerk-Strategie den Mitarbeitern vor Ort in den einzelnen Ländern die notwendigen Freiräume gibt, um mittelfristig erfolgreich im People's Business tätig zu sein.[558]

3.1.2   Internationale Markteintritts- und Marktentwicklungsstrategien

Im Gegensatz zur strategischen Orientierung sind Markteintritts- und Marktentwicklungsstrategien nicht unternehmensweit, sondern für die Märkte in den jeweiligen Ländern spezifisch vom Unternehmen zu formulieren. Unter Markteintrittsstrategien versteht man „die Festlegung verschiedener Formen der Geschäftsaufnahme und -ausweitung, durch die das Unternehmen seine Produkte oder Dienstleistungen"[559] in verschiedenen Ländern anbietet. *Macharzina/Wolf* unterscheiden zwei grundsätzliche Formen der Markteintrittsstrategien,[560] eine über Exporte und eine andere über eine ständige Präsenz im Zielland, entweder im Rahmen internationaler Vertragsformen (Lizenzvereinbarungen, Franchising) oder von Direktinvestitionen (Tochtergesellschaften, Joint Venture). Die verschiedenen Formen des Markteintritts lassen sich dabei anhand mehrerer Kriterien systematisieren. *Meffert/Bruhn* führen als Kriterien unter Verweis auf *Kutschker/Schmid* die Notwendigkeit von Managementleistungen und Kapitaleinsatz im In- oder Ausland, die Kontrollmöglichkeiten, Kooperationsfähigkeit und die institutionelle Ansiedlung der Aktivitäten auf.[561]

Für Dienstleistungsunternehmen hängt nach *Meffert/Bruhn* die Wahl einer geeigneten Markteintrittsstrategie entscheidend von „der Ausprägung der dienstleistungstypischen Charakteristika ab"[562]. Es handelt sich dabei um die Kriterien Interaktionsintensität, Intangibilität und Spezifität sowie aber auch um die Standardisierbarkeit der Leistung. Da bei WP-Firmen und Unternehmensberatungen die Interaktionsintensität bei ihren Kerndienstleistungen sehr

---

structure is clearly still part of the equation, strategists are now being forced to change their image of ‚organization' from that of a static photograph of boxes and lines to a dynamic movie depicting a continuous flow of internal and external responsiveness."

[556]   Vgl. Lovelock (1999), S. 278 ff.
[557]   Vgl. zur begrifflichen Abgrenzung Kapitel 3.2.3.2.
[558]   Vgl. dazu Kapitel 3.2.3.2.2.
[559]   Macharzina/Wolf (2005), S. 957.
[560]   Vgl. Macharzina/Wolf (2005), S. 957.
[561]   Vgl. Meffert/Bruhn (2006), S. 809.
[562]   Meffert/Bruhn (2006), S. 809.

hoch, deren Standardisierbarkeit hingegen im Allgemeinen sehr gering[563] ist, bieten sich
Markteintrittsformen an, die Kapital- und Managementleistungen im jeweiligen Zielland binden, z. B. über den Aufbau oder Erwerb von Tochtergesellschaften. Auf diese Weise kann
auch der Forderung des Kunden entsprochen werden, lokale Marktkenntnisse der Mitarbeiter
sicherzustellen.[564] Allerdings weisen *Kutschker/Schmid* darauf hin, dass es „kein allgemein-
gültiges Modell"[565] gibt, das alle möglichen Einflussfaktoren auf die Wahl der optimalen
Markteintrittsstrategie berücksichtigt und somit eine konkrete Handlungsempfehlung vollständig begründen könnte.

Es ist auch zu betonen, dass Unternehmen, besonders die in dieser Arbeit behandelten international positionierten Professional Service Firms, nicht nur Entscheidungen über den erstmali-
gen Markteintritt fällen müssen, sondern sich vielmehr auch deren Marktbearbeitung durch
die Weiterentwicklung der Engagements in den jeweiligen Ländern im steten Wandel befindet.[566] So können einmalige oder vorübergehende Kundenkontakte auf Landesmärkten, die
von der jeweiligen Professional Service Firm bislang nicht bedient wurden, über den befriste-
ten Direktexport[567] eigener Partner und Professionals gestaltet werden. Erst im zweiten oder
dritten Schritt wird eine weitergehende Intensivierung und Institutionalisierung der Marktbearbeitung in Betracht gezogen.[568]

3.1.3   Strategieimplementierung

Nach der Festlegung einer geeigneten strategischen Orientierung ist für international tätige
Unternehmen die Notwendigkeit zur Strategieumsetzung über Organisationsstrukturen und
Steuerungsinstrumentarien gegeben.[569] Allerdings sind grenzüberschreitende Implementie-
rungsentscheidungen durch eine vergleichsweise hohe Komplexität gekennzeichnet. Der
Grund hierfür sind einerseits die räumliche Distanz, andererseits kulturelle sowie rechtliche
Unterschiede zwischen den einzelnen Ländern. Dabei müssen die internationalen Organisati-
onsstrukturen in Einklang mit der strategischen Orientierung des Unternehmens gebracht
werden. *Macharzina* unterscheidet zwei Gestaltungsalternativen: differenzierte und integrierte

---

[563]   Die in Kapitel 2.2 vorgestellte Klassifizierung von Maister in mehr und weniger standardisierbare Professional Services (Procedure Projects) soll nicht darüber hinweg täuschen, dass Procedure Projects innerhalb
der Dienstleistungen selbst als wenig standardisierbar gelten müssen und z. B. auch die Wirtschaftsprüfung
nicht einfach über Grenzen hinweg standardisierbar ist.
[564]   Vgl. Meffert/Bruhn (2006), S. 819, Grewe (2004), S. 233 und Ghoshal (1987), S. 429, der in diesem Zusammenhang von der Notwendigkeit einer „national responsiveness" von Professional Service Firms spricht.
[565]   Kutschker/Schmid (2005), S. 904.
[566]   Vgl. Kutschker/Schmid (2005), S. 911. In diesem Fall spricht man dann auch von Marktentwicklungsstrategien.
[567]   Bzw. Faktorunterstütztem Export, vgl. hierzu Mößlang (1995), S. 133.
[568]   Vgl. Meffert/Bruhn (2006), S. 809.
[569]   Vgl. Kapitel 2.4.2.4.

Strukturen. Bei differenzierten Strukturen nehmen Unternehmen analog zu einer strikt multinationalen Strategie eine deutliche Trennung ihrer Inlands- und Auslandsaktivitäten (bzw. ihrer gesamten regionalen Aktivitäten) vor, z. B. in Form einer Auslandsholding. Stärker integrierte Strukturen, wie mehrdimensionale länderübergreifende Matrixstrukturen oder Netzwerkkonzepte,[570] werden wiederum transnationalen Strategien am ehesten gerecht werden, die ein hohes Maß an Interaktion zwischen den Landesgesellschaften voraussetzen.[571]

Neben der Etablierung einer passenden Organisationsstruktur ist der Einsatz weiterer, prozessualer Koordinationsinstrumente zur Ergänzung, Abstimmung und Steuerung der Einzelaktivitäten vor dem Hintergrund eines übergeordneten strategischen Ziels erforderlich.[572] Dies können vor allem technokratische Koordinationsinstrumente, wie Eigentumsverhältnisse, Verantwortlichkeiten und Planungsprozesse, oder personenorientierte Koordinationsinstrumente, wie das Human Resource Management und der Mitarbeitertransfer, sein.[573] Eine wichtige Rolle bei Anwendung und Durchsetzung der Koordinationsinstrumente kommt auch einem personenorientierten Instrument zu, der interkulturellen Unternehmensführung. Dies liegt daran, dass auf nationaler Ebene in der Regel jeweils ein kulturell bedingt unterschiedliches Verständnis von Zielen, Strategien, Strukturen und Systemen vorherrscht.[574] Unterstützt werden diese technokratischen und personenorientierten Instrumente dann durch operationalisierende Maßnahmen, wie der Entwicklung eines institutionalisierten grenzüberschreitenden Informations- und Wissenstransfers sowie eines gemeinsamen Technologie- und Innovationsmanagements.

Wie schon bei der Behandlung des strategischen Managements von Professional Service Firms im Allgemeinen diskutiert, müssen auch im Rahmen der Internationalisierung die Besonderheiten der Branche beachtet werden, da im noch viel größeren und komplexeren internationalen Rahmen der Erfolg einer Strategie besonders davon abhängt, ob und wie sie operativ umgesetzt wird. Zunächst werden daher im Folgenden Stand, Treiber und Herausforderungen der Internationalisierung von Professional Service Firms detailliert diskutiert, um darauf aufbauend Internationalisierungsstrategien und ausgewählte Aspekte ihrer Umsetzung zu betrachten.

---

[570]   Vgl. Macharzina (1992), S. 4 ff.
[571]   Vgl. Bartlett/Ghoshal (2002), S. 85 ff. und Macharzina/Wolf (2005), S. 976.
[572]   Vgl. Welge (1989), S. 1184.
[573]   Vgl. Macharzina/Wolf (2005), S. 977. Analog zur Strategiepyramide in Abbildung 7 fallen in Anlehnung an Lorsch/Tierney (2001), S. 61 personenorientierte Koordinationsinstrumente unter „Organisation" (bei Lorsch/Tierney People Systems) und technokratische Koordinationsinstrumente unter „Strukturen" (bei Lorsch/Tierney unter Governance sowie teilweise unter Structure).
[574]   Vgl. Kutschker/Schmid (2005), S. 779 ff.

3.2   Internationalisierungsstrategien bei Professional Service Firms

3.2.1   Ausgangslage

3.2.1.1   Stand der Internationalisierung

Auch wenn der Internationalisierungsgrad von Professional Service Firms quantitativ nicht abschließend bewertet werden kann, so lässt sich doch anhand einiger Beispiele konstatieren, dass es sich um eine stark internationalisierte Branche handelt. McKinsey & Company unterhält 80 Büros in über 40 Ländern[575] und Deloitte ist über 71 Landesgesellschaften im internationalen Netzwerk in 148 Ländern vertreten.[576] Auch kleinere Professional Service Firms haben international expandiert. So unterhält beispielsweise die 1985 in Bonn gegründete Unternehmensberatung Simon – Kucher & Partners acht Niederlassungen im Ausland.[577] Die in Nürnberg gegründete WP-Firma Rödl & Partner führt 49 eigene Büros in 31 Ländern.[578]

Anhand dieser Zahlen lassen sich bereits zwei Tendenzen feststellen. Zum einen ziehen Professional Service Firms bereits bei begrenzten Auslandsaktivitäten[579] eine wie auch immer vertraglich gestaltete dauerhafte Präsenz vor Ort dem Mitarbeitertransfer auf Projektbasis vor. Zum anderen scheint aber diese Präsenz, wie bereits angedeutet, für Unternehmensberatungen weniger entscheidend zu sein als für WP-Firmen.

Das kann zunächst darauf zurückzuführen sein, dass für die großen WP-Firmen aus rechtlichen Gründen in der Service Line Wirtschaftsprüfung eine Länderniederlassung für den Markteintritt zwingend vorgeschrieben ist und nur über eine umfassende Präsenz vor Ort die Annahme eines multinationalen Abschlussprüfungsmandats sichergestellt werden kann. WP-Firmen müssen folglich internationalisieren, während Unternehmensberatungen optional im Ausland oder in für sie neuen Ländern tätig werden können, sollten sie auf diesem Weg zusätzliche Nachfrage generieren und das internationale Wachstum profitabel genug gestalten. Unterschiede zwischen WP-Firmen und Unternehmensberatungen können aber auch kulturell bedingt sein. Bei WP-Firmen ist, historisch gewachsen, das Kulturverständnis stärker dezen-

---

[575]   Vgl. McKinsey & Company (2006b).
[576]   Vgl. Deloitte (2005f).
[577]   Vgl. Simon – Kucher & Partners (2006) sowie Welt am Sonntag (2007), S. NRW4.
[578]   Vgl. Rödl & Partner (2006a).
[579]   Am Beispiel von Simon – Kucher & Partners, deren 261 Berater im Jahr 2005 einen weltweiten Umsatz von 52,7 Mio. EUR erzielten: Angenommen das durchschnittliche Umsatzvolumen je Projekt beläuft sich dort auf 500.000 EUR (aus eigener Erfahrung angemessen für eine größere Strategieberatung), so verteilt sich die Jahresleistung auf etwa 100 (Groß-) Projekte, wovon schätzungsweise maximal 20 komplett im Ausland außerhalb des Stammlands Deutschland durchgeführt werden. Dies ergäbe 2,5 Projekte pro Jahr je Niederlassung, was im Verhältnis zu den jeweils anfallenden Fix- und Transaktionskosten für ein Büro zahlenmäßig wenig erscheint.

tral ausgeprägt als bei Unternehmensberatungen, bei denen die Produktionsfaktoren, das heißt die Professionals, schon immer stärker international eingesetzt wurden.

Eine möglicherweise unterschiedliche Kundenstruktur bei beiden Gruppen kommt als weiterer Grund für spezifische Unterschiede nicht in Betracht. Auch Unternehmensberatungen müssen die ersten Schritte einer Expansion in ein neues Land, sollten sie keine lokal tätige Firma übernehmen, über die existierenden Beziehungen zu international positionierten Kundenunternehmen, z. B. über deren Tochtergesellschaften, tätigen und können nur sehr eingeschränkt den Weg über den so genannten „kalten" Eigenaufbau von neuem Umsatz auf einem fremden Markt gehen.[580]

3.2.1.2 Treiber der Internationalisierung

Generell lassen sich verschiedene mögliche Treiber der Internationalisierung von WP-Firmen und Unternehmensberatungen identifizieren. Deren primäres Ziel war und ist der Erhalt und Ausbau der Wettbewerbsfähigkeit für die Professional Service Firm als Ganzes. Im Einzelnen werden in der Fachliteratur folgende Treiber diskutiert:[581]

- Internationalisierung der Nachfrage: Infolge der Internationalisierung der Kunden hat deren Nachfrage nach grenzüberschreitenden Leistungen von WP-Firmen und Unternehmensberatungen stark zugenommen und sind deren Wünsche nach einem Seamless Global Service dabei deutlich gewachsen.[582] Professional Service Firms sahen und sehen sich gezwungen, zusammen mit dem Kunden zu internationalisieren („Follow your client"-Prinzip): „Clients are increasingly global and integrated. The provision of services to multinational clients requires integration of practises, information flows, and client work ... Professional service firms need to be at least as coordinated across practice areas and locations as their clients are."[583] So wollen internationale Großkonzerne in der Regel nur mit einem Abschlussprüfer weltweit zusammenarbeiten, um Transaktionskosten zu sparen.[584] Daraus ergibt sich die Konsequenz für WP-Firmen, auch überall dort qualifiziert und präsent vor Ort zu sein, wo der Kunde bereits tätig ist, um kundenorientiert und damit wettbewerbsfähig zu bleiben.

---

[580] Vgl. Interview Bobrowski sowie Weyrather (2006), S. 10 und Glückler (2006), S. 8 ff. zu möglichen Internationalisierungsstrategien kleinerer Unternehmensberatungen.
[581] Vgl. vor diesem Hintergrund auch noch einmal die strategischen Entwicklungsoptionen in Kapitel 2.4.2.3.
[582] Vgl. Ringlstetter/Bürger (2004), S. 286 f.
[583] Dawson (2005), S. 51.
[584] Vgl. Mandler (1994), S. 176.

- Erschließung von Wachstumspotenzialen: Auslöser für die internationale Erweiterung der bisherigen Aktivitäten sind auch die zunehmende Sättigung der traditionellen Märkte und der daraus entstehende, insbesondere über den Preis ausgetragene Wettbewerb.[585] So ergeben sich beispielsweise aus der Osterweiterung der Europäischen Union und dem weiterhin hohen Wachstumspotenzial in vielen aufstrebenden asiatischen Märkten, z. B. in Indien, für viele Professional Service Firms neue Chancen zur Geschäftsentwicklung. Allgemein wird somit die Penetration neuer Märkte dem Versuch vorgezogen, in den bestehenden Kernländern weitere Marktanteile zu gewinnen.[586]

- Verbundeffekte (Economies of Scope): Verbundeffekte sachlicher, räumlicher oder zeitlicher Art können auftreten, wenn Unternehmen ihre „flexibel einsetzbaren Potenziale"[587], z. B. ihre Ressourcen oder Infrastruktur, bündeln oder verketten und diese für verschiedene Aktivitäten gemeinsam vorteilhafter nutzen, als wenn sie nicht kombiniert worden wären. Sie entstehen beispielsweise im Rahmen der internationalen Expansion, wenn Unternehmen bestehende Produkte auf neuen Märkten anbieten können,[588] oder auch häufig bei Fusionen zwischen Unternehmen, die ähnliche Potenziale aufweisen. Man spricht in diesem Zusammenhang auch von der Hebung von Synergieeffekten.[589] International tätige Professional Service Firms können Verbundeffekte vor allem durch die Intensivierung und damit Integration ihrer grenzüberschreitenden Zusammenarbeit realisieren. So können Mitarbeiter Wissen, Erfahrungen und Informationen zwischen den einzelnen Ländern austauschen, die dann gemeinsam für eine verbesserte Kundenakquisition oder Projektarbeit genutzt werden.[590] Verbundeffekte ergeben sich analog aus der Verwendung einheitlicher IT-Systeme und anderer unterstützender Einrichtungen. Auch eine höhere Reputation und eine damit verbundene verbesserte Wettbewerbspositionierung[591] der Professional Service Firm kann ein Resultat des räumlich verbreiterten Gebrauchs ihres Brands und damit von Verbundeffekten sein.

---

[585] Vgl. Müller-Stewens/Drolshammer/Kriegmeier (1999), S. 31.

[586] Dies gilt insbesondere für WP-Firmen, die unter dem Preisdruck zu leiden haben, der infolge der Sättigung des Marktes für Prüfungsleistungen in den meisten Kernländern entstanden ist.

[587] Macharzina/Wolf (2005), S. 340.

[588] Vgl. Ansoff (1965), S. 77 ff.

[589] Vgl. Macharzina/Wolf (2005), S. 340.

[590] Darunter fallen auch die bei Specker/Engelhard (2005), S. 450 ff. diskutierten lernstilbedingten Synergieeffekte, die bei richtiger Zusammenstellung und Führung internationaler Projektteams in Professional Service Firms entstehen können, wenn heterogene Lernstile und Fähigkeiten Teammitglieder unterschiedlicher Kulturen aufeinandertreffen.

[591] Vgl. Elfring/van den Bosch/van der Aa (1993), S. 3 ff, Ghoshal (1987), S. 435 und Aharoni (2000), S. 127 ff.

Bürger führt als weitere Möglichkeit zur Realisierung von Verbundeffekten auf, Schwankungen in der Kapazitätsauslastung durch die internationale Besetzung von Projektteams[592] (Staffing) auch bei rein nationalen Tätigkeiten auszugleichen, um so eine weitere Einsatzmöglichkeit für Mitarbeiter zu finden, die den wesentlichen Fixkostenblock der Firmen ausmachen.[593] Bei Deloitte werden beispielsweise Prüfungsmitarbeiter in Südafrika in den dortigen Sommermonaten an die Landesgesellschaften in England und den USA „ausgeliehen", um so den unterschiedlichen Nachfragezyklus, die „Saisonabhängigkeit" der Abschlussprüfung,[594] effizienter bewältigen zu können. Dies funktioniert deshalb relativ reibungslos, da die Sprachen und Prüfungsansätze identisch sind.[595] *Macharzina/Wolf* weisen vor diesem Hintergrund zu Recht darauf hin, dass diversifizierte und dezentral aufgestellte Unternehmen eher geringe Verbundeffekte heben, während stark fokussierte und integrierte Firmen von ihnen in höherem Maße profitieren können.[596]

- Skaleneffekte (Economies of Scale): Skalen- bzw. Größendegressionseffekte entstehen, wenn Unternehmen durch hohe Ausbringungsmengen ähnlicher Leistungen oder Tätigkeiten relative Kosteneinsparungen erreichen.[597] Sie spielen bei Professional Service Firms eine geringere Rolle als bei produktionslastigen Industrieunternehmen.[598] Insbesondere bei den primären Aktivitäten der Wertschöpfung von Professional Service Firms scheint es bislang schwierig, wesentliche Standardisierungen in den Abläufen der Leistungserbringung zu erreichen und auf diesem Weg Skaleneffekte zu realisieren.[599] *Bürger* verweist zwar beispielhaft darauf, dass für umsetzungsorientierte Professional Services wie die Wirtschaftsprüfung standardisierte Tools entwickelt werden können, die weltweit von allen Professionals genutzt und dem Kunden angeboten werden.[600] Allerdings wird angezweifelt, dass solche Standardisierungen konsequent weltweit umgesetzt werden können, von den Kunden akzeptiert werden und ei-

---

[592] Vgl. zu den Herausforderungen bei der Zusammenstellung internationaler Teams Govindarajan/Gupta (2001), S. 63 ff.

[593] Vgl. Bürger (2005), S. 135. Dies geht auch einher mit der Annahme, dass insbesondere die Big 4 bereits auf nationaler Ebene deutliche Kostenvorteile gegenüber ihren Wettbewerbern im Prüfungsbereich aufgrund höherer Mandatszahlen und effizienterer Auslastung ihrer Mitarbeiter haben. Vgl. Hachmeister (2001), S. 73 f. und Simons (2005), S. 131.

[594] Vgl. von Eitzen (1996), S. 89 ff.

[595] Vgl. Interview Röhm. Generell erfolgt die landesübergreifende Zusammenarbeit auf Projektebene umso einfacher, je ähnlicher die Normen, Regeln und Kulturen in den jeweiligen Regionen sind. Vgl. hierzu auch Skaates/Tikkanen/Alajoutsijärvi (2003), S. 90 ff.

[596] Vgl. Macharzina/Wolf (2005), S. 340.

[597] Vgl. Macharzina/Wolf (2005), S. 353 f.

[598] Vgl. Maister (2003), S. 204.

[599] Vgl. Elfring/van den Bosch/van der Aa (1993), S. 4.

[600] Bürger (2005), S. 135.

nen wirklich wesentlichen Skaleneffekt produzieren.[601] Wenn man bedenkt, dass sich Professionals in der Praxis mitunter bereits auf nationaler Ebene über die Nutzung desselben Power-Point-Foliendesigns bei der Präsentationserstellung uneinig sind, ist die Akzeptanz eines einheitlichen, für ganz Europa zentral entwickelten Foliendesigns in den einzelnen Ländern eher unwahrscheinlich. Somit können Bemühungen zur Realisierung von Skaleneffekten im Gegenteil sogar zu einer Kostenmehrbelastung des Unternehmens führen.[602]

Empirisch unterlegten Einschätzungen zufolge ergeben sich Kosteneinsparpotenziale für Professional Service Firms insofern eher durch die Hebung von Größendegressionsvorteilen aus der Zentralisierung oder Standardisierung der unterstützenden, sekundären Funktionen der Wertschöpfung, z. B. der Back-Office-Tätigkeiten wie Einkauf, Human Resources, Marketing oder IT. Voraussetzung hierfür ist die zumindest teilweise Bündelung[603] oder Auslagerung[604] dieser Tätigkeiten auf internationaler Ebene.

Zusammenfassend sind sowohl die Nutzung von Verbundeffekten als auch Skaleneffekten bei Professional Service Firms eher die Konsequenz ihrer Internationalisierung als deren direkte Treiber.[605] Zum einen bedarf es effizienter Strukturen und Systeme sowie starker Managementfähigkeiten, um sie im People's Business schlussendlich auch realisieren zu können. Zum anderen steht mit der Befriedigung der internationalisierten Nachfrage ein Absatz- und Kundenorientierter Treiber im Vordergrund, wenn es um das prinzipielle Internationalisierungsbestreben von Professional Service Firms geht. Insofern gilt: „Cost obviously affects profitability – but it does not drive profitability".[606]

Durch die Intensivierung der bestehenden Internationalisierung von Professional Service Firms hingegen entstehen zwangsläufig Verbundeffekte als Folge der verstärkten Bemühun-

---

[601] Vgl. Lorsch/Tierney (2002), S. 47.

[602] Vgl. Grewe (2005).

[603] Vgl. Elfring/van den Bosch/van der Aa (1993), S. 2 f. und Mößling (1995), S. 226.

[604] Ein Vorbild könnten hier die Investmentbanken sein, die immer mehr Back Office Tätigkeiten wie z. B. Research, Softwareentwicklung und Transaktionsdesigner nach Indien auslagern oder, wie beispielsweise Goldman Sachs, in ihrem indischen Büro in Bangalore zusammenfassen, das mittlerweile mit 1.200 Mitarbeitern der zweitgrößte Standort weltweit für die Firma ist, um so Kostendegressionsvorteile zu heben und auch Arbeitskosten einzusparen. Vgl. Financial Times (2006c), S. 30. Ob diese Outsourcing-Bemühungen gleichzeitig auch den Kundennutzen erhöhen (oder zumindest nicht negativ beeinflussen), ist allerdings offen.

[605] Das bestätigt auch Nachum (2003): „The major source of advantage of professional service MNEs lies in their ability to benefit from reputation established in one market by serving others" (S. 29). Dies führt aber auch dazu, dass „given these characteristics, the ability to develop competitive advantages in the home country and transfer them to affiliates worldwide might be limited."

[606] Lorsch/Tierney (2002), S. 49.

gen zur Integration oder Verbesserung der Effizienz in der grenzüberschreitenden Zusammenarbeit. So sind aktuell insbesondere die Verbesserung des Informationsflusses, ein weltweit einheitlicheres Human Resource Management und die Implementierung gemeinsamer Anreizsysteme wesentliche Herausforderungen der Internationalisierung. Im Falle ihrer Implementierung verbessern sie den eigentlichen primären Leistungserbringungsprozess, bringen aber indirekt auch wesentliche Verbundeffekte mit sich.

3.2.1.3 Herausforderungen der Internationalisierung

Neben den Chancen, die sich für Professional Service Firms aus ihrer Internationalisierung ergeben, sind allerdings auch die Herausforderungen zu benennen, vor allem „als Schlüsselproblematik das Finden der richtigen Balance zwischen der Notwendigkeit organisatorischer Differenzierung/nationaler Ausrichtung ... und der Notwendigkeit organisatorischer Integration/Koordination der zerstreuten Aktivitäten"[607].

Wie bereits diskutiert nehmen Partner Aufträge mit angemessenen Margen, die sich aus dem internationalen Engagement der Gesamtfirma als „Referred-in-Geschäft"[608] ergeben, gerne an. Originäre Kompetenzen und Kundenkontakte geben sie hingegen ungern ab. Auch die Bereitschaft, übergeordneten internationalen Führungsgremien ein Mitspracherecht bei der von ihnen geleiteten Leistungserbringung einzuräumen, ist wenig ausgeprägt. Somit wird die Legitimation zentral getroffener Entscheidungen häufig dauerhaft in Frage gestellt.[609]

Eine Herausforderung, die den Erfolg der Umsetzung der Internationalisierung von Professional Service Firms ebenso wesentlich beeinflusst, stellt dabei die geeignete Strukturierung der Unternehmensführung[610] dar. Darunter verstehen *Müller-Stewens/Drolshammer/Kriegmeier* die Gestaltung des grundlegenden Führungs- und Organisationsfundaments. Hierbei kommt dem Gegensatz zwischen einer integrierten One-Firm-Kultur auf der einen und einer föderalen Kultur auf der anderen Seite wachsende Bedeutung zu. Die Diskussion dieser Ambivalenz wird in dieser Arbeit vor allem auf die für das operative Geschäft relevanten Aspekte be-

---

[607] Müller-Stewens/Drolshammer/Kriegmeier (1999), S. 32.
[608] Als „Referred-in" wird der Teil des Geschäfts einer internationalen WP-Firma, insbesondere aber der Big 4 bezeichnet, den die Landesgesellschaften durch ihre Mitgliedschaft im internationalen Netzwerk von den anderen Landesgesellschaften „überwiesen" (to refer) bekommen. Beispielsweise übernimmt Deloitte Deutschland die Abschlussprüfung der deutschen Tochtergesellschaft von Microsoft, weil Deloitte USA Abschlussprüfer des US-amerikanischen Mutterkonzerns ist.
[609] Vgl. Lorsch/Tierney (2002), S. 52: „Strategic drift occurs because professionals have their own perspective, independent of what the firm's leaders may think".
[610] Vgl. Müller-Stewens/Drolshammer/Kriegmeier (1999), S. 50.

schränkt und dabei eine abstrakte modellhafte Analyse rechtlicher Fragestellungen hinten angestellt.[611]

Eine dritte wesentliche Herausforderung[612] der Internationalisierung betrifft die Risiken, die sich aus den einzelnen Aktivitäten der Partner und Professionals unter dem gemeinsamen Dach einer internationalen Professional-Service-Organisation ergeben, weil in mehreren Ländern eine Haftungsbeschränkung gesetzlich ausgeschlossen ist.[613] Die einst in den USA begonnenen Schadensersatzklagen gefährden mittlerweile weltweit Wirtschaftsprüfer und Steuerberater, (teilweise aber auch Unternehmensberater,) denen in Bilanzfälschungsfällen (z. B. bei ENRON, Ahold, Parmalat) vorgeworfen wird, in ihrer Kontrollfunktion versagt zu haben, oder die ihre Kunden beim Aufbau illegaler Steuersparmodelle beraten hatten (z. B. Deutsche Bank).[614]

Vor diesem Hintergrund spielt bei der Internationalisierung von WP-Firmen eine entscheidende Rolle, dass über die Ausgestaltung der rechtlichen Organisation ein Haftungsdurchgriff auf die Partner anderer nationaler Mitgliedsfirmen[615] in der internationalen Organisation soweit wie möglich verhindert wird. Im Streben nach Vermeidung einer Haftungsdurchgriffsmöglichkeit ist ein wesentlicher Grund darin zu sehen, dass WP-Firmen bislang keine globalen Partnerschaften implementiert haben, die die Kundenanforderungen nach einem Seamless Global Service unter Umständen besser abdecken könnten als das derzeit praktizierte Partnerschaftsmodell auf nationaler bzw. regionaler Ebene.[616] Aber auch die Regulierungsvorschrif-

---

[611] Vgl. hierzu z. B. die detaillierte Auflistung von Beobachtungen bei Müller-Stewens/Drolshammer/Kriegmeier (1999), S. 51 ff, die für die Strukturierung der rechtlichen Verfassung einer international operierenden Professional Service Firms relevant sein können und alle maßgeblichen Rechtsbereiche wie Gesellschafts-, Kartell-, Berufs- und Steuerrecht abdecken. Die Autoren konstatieren, dass es gegenwärtig „noch kein state-of-the-art-Wissen über die rechtliche Strukturierung multinationaler Dienstleistungsunternehmen gibt" (S. 78), auch weil „die Funktion und die Anforderungen der rechtlichen Verfassung der Organisation von den Unternehmen" unterschätzt werden (S. 78). Allerdings unternehmen auch die Autoren selbst nicht den Versuch, die Ideen zu einem integrativen Ansatz zu bündeln. Da in dieser Arbeit die betriebswirtschaftliche Gestaltung der Internationalisierung im Vordergrund steht, die Funktion des Rechts sicherlich auch nur eine untergeordnete Stellung im Gesamtkontext hat und eine Lösung der Mehrheit der Probleme annahmegemäß nicht an den rechtlichen Strukturen, sondern am mangelnden Willen und strategischen Denken der Unternehmen scheitert, soll auf die tiefergehenden rechtlichen Fragestellungen nur dann verwiesen werden, wenn sie von unbedingter Relevanz für den betriebswirtschaftlichen Zusammenhang sind.
[612] Weitere Problemfelder bzw. Herausforderungen, insbesondere in Bezug auf die Netzwerke von WP-Firmen, diskutieren Lenz/Schmidt (1999), S. 135 ff.
[613] Vgl. Müller-Stewens/Drolshammer/Kriegmeier (1999), S. 69.
[614] Vgl. die Herausforderungen für Professional Service Firms im Kapitel 1.2.4.
[615] Die Big-4-Organisationen sind international derzeit als aus dem Zusammenschluss nationaler (unabhängiger) Mitgliedsfirmen entstandene Netzwerke organisiert. Vgl. Kapitel 3.2.2.3.2.
[616] Vgl. Financial Times Deutschland (2006b), S. 17. „Die großen Wirtschaftsprüfungsgesellschaften diskutieren zunehmend die Möglichkeit einer globalen Partnerschaft." Deloitte-CEO Parrett wird in dem Artikel mit den Worten „das würden wir auch erwägen, wenn die gesetzlichen Vorschriften dies zuließen" zitiert, der sein Ansinnen mit dem wachsenden Kapital- und Innovationsbedarf der Branche begründet, um konkurrenzfähig zu bleiben. Ähnlich äußerte sich bereits der CEO von PwC, Di Piazza.

ten und die damit verbundenen Qualitätsanforderungen[617] sowie der zeitliche und finanzielle Aufwand für die WP-Firmen (Prozesskosten, Versicherungskosten, etc.), die infolge der Skandale um ENRON entstanden sind,[618] stellen bereits eigene Herausforderungen an das internationale Risk Management dar.[619]

Von einem anderen Blickwinkel aus kann die Haftungsproblematik aber auch als politischer Vorwand der Landesgesellschaften und damit implizit als hoher Preis gesehen werden, die internationalen Netzwerke aufgrund des damit für sie verbundenen Autonomieverlusts nicht stärker zu integrieren. Als Konsequenz aus einer stärkeren Integration könnte in einer global einheitlichen Firma ein mögliches Fehlverhalten der jeweiligen Landesgesellschaft durch die zentrale Durchgriffsmöglichkeit des internationalen Managements und durch Entscheidungen über geeignete Kontrollmechanismen und Firewalls reduziert werden.[620] In der Gesamtbetrachtung würden die entstehenden Kontrollkosten (Agency Costs) sinken.

Dagegen spricht, dass gerade der Zusammenbruch der internationalen Arthur-Andersen-Organisation auch dadurch begünstigt wurde, dass eine effektive Steuerung der Gesellschaft infolge des rapiden Wachstums weder durch striktere Kontroll- und Weisungsmechanismen noch durch ein gemeinsames ethisches Wertesystem weiter möglich war. Dies bestätigen *Squires et al.*: „… Size has limits, and the firm's partnership structure was not designed to manage an organization of Andersen's increasing size … Growth fragmented the firm by geographic distance and by service line … Division into smaller units solved some span-off issues but diluted communication, divided the one voice of partnership … By the end of the 1990s, the firm structurally had become more like a giant multinational corporation than a partnership."[621]

Auch ohne die besondere Haftungssituation vor allem bei WP-Firmen steigert das internationale Wachstum einer Professional Service Firm aber die Komplexität ihrer Organisation, sodass auch Unternehmensberatungen bei allen daraus entstehenden Vorteilen vor dem Problem stehen, mit wachsender Größe einheitliche Qualitätsstandards einzuhalten und die Koordinationsaufwendungen zu begrenzen bzw. effizient zu gestalten, denn „scale can be problema-

---

[617]   Vgl. zur Begrifflichkeit von Qualitätssicherung und -kontrolle Marten/Quick/Ruhnke (2003), S. 428 ff.
[618]   Im September 2006 wurden sogar schon die Geschäftsräume von WP-Firmen, z. B. die von E&Y, in London durch die PCAOB im Rahmen von Sarbanes-Oxley-Prüfungen inspiziert, was, wie die Financial Times schreibt, „a new example of its ‚extraterritorial' reach beyond the US" sei. Vgl. Financial Times (2006a), S. 23.
[619]   Vgl. Pfitzer (2006), S. 186.
[620]   Vgl. Interview Stratmann.
[621]   Squires et al. (2003), S. 167.

tic"[622]. Selbst wenn große Unternehmensberatungen, wie die Boston Consulting Group, weiterhin ein hohes Wachstumsziel von 10 % pro Jahr öffentlich kommunizieren,[623] gibt es nur wenige Belege dafür, dass im People's Business ökonomisch oder in Bezug auf die Wettbewerbsfähigkeit der Firmen größer auch wirklich besser ist.[624]

Für *Lowendahl* ist internationales Wachstum für Professional Service Firms daher auch kein kurzfristiger Selbstläufer, sondern muss unter sorgfältiger Beachtung der Profitabilitätsentwicklung und einer effizienten Weiterentwicklung der internen Strukturen geplant werden: „To the extent that global client firms require centralized decisions related to their service providers, and hence also require consistent services world wide, this trend of globalization in professional services represents a real demand. However, it is doubtful that the trend of globalization is as powerful in professional services as in other types of industries ... The most important conclusion regarding the globalization of professional service firms may be that it is important to look carefully at every expected cost and benefit from global operations."[625]

3.2.2 Organisatorische internationale Entwicklungsansätze

3.2.2.1 Hintergrund

Ihre strategische Orientierung tangiert Professional Service Firms fundamental und ganzheitlich in ihrer internationalen Ausrichtung. Nach dem Grundverständnis von Professional Service Firms ergeben sich für sie sowohl Vorteile aus der globalen Integration als auch im Rahmen einer lokalen Differenzierung. Idealerweise sollte sich die tatsächliche Ausgestaltung der internationalen Aktivitäten und dabei zunächst die Form der (Weiter-) Entwicklungsstrategie vom gewünschten bzw. gewählten Strategietyp ableiten lassen.

Professional Service Firms können sich nach *Ringlstetter/Bürger* auf internationaler Ebene grundsätzlich organisationsintern oder organisationsextern entwickeln.[626] Die Autoren sehen dabei zwei organisationsexterne Entwicklungsmöglichkeiten: die über Akquisitionen und die

---

[622] Lorsch/Tierney (2002), S. 46.
[623] Vgl. Süddeutsche Zeitung (2006b), S. 26.
[624] Vgl. Lorsch/Tierney (2002), S. 45.
[625] Vgl. Lowendahl (2005), S. 161 und S. 179.
[626] Bei einer Betrachtung über einen längeren Zeitraum hinweg sind natürlich auch Mischformen möglich, wobei Professional Service Firms in manchen Ländern Kooperationen eingehen und in anderen wiederum alleine Büros aufzubauen versuchen. So unterscheidet von Eitzen (1996) mit Verweis auf Lück/Holzer (1981), S. 2037 ff. beispielsweise für WP-Firmen auch wieder drei Internationalisierungsansätze, die sich allerdings „in vielfältiger Weise variieren lassen" (S. 109) und sich auf die in dieser Arbeit vorgenommene Unterteilung in unternehmensinterne und unternehmensexterne Entwicklung beschränken.

über Kooperationen.[627] *Lenz/Schmidt* führen ihrerseits zwei anders strukturierte Optionen zur Expansion auf: den Alleingang (über die Entsendung eigener Mitarbeiter, den Eigenaufbau von Local Offices oder die Akquisition von Firmen vor Ort) und Formen der Zusammenarbeit (über Kooperations- bzw. Korrespondenzverträge oder als Zusammenschlüsse internationaler Professional-Service-Firm-Netzwerke, die für die Autoren eine Sonderform darstellen).[628]

Im Folgenden sollen die Ansätze von *Ringlstetter/Bürger* und *Lenz/Schmidt* zusammengefasst werden, indem die organisationsinterne Entwicklung über die Entsendung von Mitarbeitern oder den Eigenaufbau von Local Offices von der organisationsexternen Entwicklung abgegrenzt wird. Die organisationsexternen Entwicklung wird anhand von zwei möglichen Optionen diskutiert: der Akquisition (ganzer Teams oder anderer Firmen) und der Kooperation (mit anderen Firmen, im Speziellen anhand der Zusammenführung und Weiterentwicklung internationaler Netzwerke).

3.2.2.2 Organisationsinterne Entwicklung

Die Internationalisierung von Professional Service Firms hat ursprünglich ihre Wurzeln in der organisationsinternen Expansion im Alleingang. Auf diese Weise sind führende Unternehmensberatungen, wie McKinsey & Company,[629] sowie WP-Firmen, wie die ehemalige Arthur-Andersen-Gruppe,[630] ausgehend von ihrem Gründungs- bzw. Heimatmarkt, den USA, aufgebaut worden. Sie sind dabei originär über die Errichtung ausländischer Büros oder Tochtergesellschaften gewachsen. Eigenständig entwickelte Professional Service Firms haben den Vorteil, dass sie in der Regel eine einheitlichere und dadurch stärker prägende Unternehmenskultur sowie homogener gewachsene Strukturen als ihre extern gewachsenen Wettbewerber haben,[631] was ihnen die internationale Harmonisierung ihrer weltweiten Organisation deutlich erleichtert.

In den letzten Jahren ist die organisationsinterne Expansion von Professional Service Firms, insbesondere größerer Firmen in bereits hoch entwickelten Märkten, seltener zu beobachten, da sie an Wachstumsgrenzen stoßen.[632] Dies betrifft zum einen den Kapitalaufwand der vor-

---

[627] Vgl. Ringlstetter/Bürger (2004), S. 293 f. Nikolova/Reihlen/Stoyanov (2001), S. 22 sprechen in diesem Zusammenhang vom Eingehen kooperativer Beziehungen.
[628] Vgl. Ringlstetter/Bürger (2004), S. 294 ff. und Lenz/Schmidt (1999), S. 116 f.
[629] Vgl. Fink/Knoblach (2003), S. 67 ff.
[630] Vgl. Lenz/Schmitt (1999), S. 117 f.
[631] Vgl. Interview Görner.
[632] Sie stoßen insbesondere an Wachstumsgrenzen innerhalb ihrer bestehenden Märkte, da sie entweder alle relevanten Kunden schon akquiriert haben oder nur mehr über die Entwicklung neuer, zusätzlicher Produkte wachsen können. Die Weiterentwicklung kann dann wiederum, sollte sie intern mit dem bestehenden Mit-

handenen Partner, zum anderen die Entwicklungsmöglichkeiten ihrer Mitarbeiter. Trotzdem stehen aktuell Professional Service Firms wieder vor der Frage, wie sie organisatorisch die großen Wachstumsmärkte der Zukunft in Osteuropa und Asien, hierbei vor allem China[633] und Indien, erschließen sollen.[634]

Aufgrund weitestgehend fehlender Branchenstrukturen vor Ort scheint dort ein zumindest teilweiser Eigenaufbau von Local Offices über einen Mitarbeitertransfer geeignet. Dieser Erweiterungsansatz wird auch von extern gewachsenen Netzwerken verfolgt, wie beispielsweise von Deloitte derzeit in Indien.[635] Die Big-4-Firma E&Y erwartet hinsichtlich ihrer Geschäftschancen in China, dass „längerfristig bis etwa 2020 die chinesische Landesgesellschaft die größte innerhalb des weltweiten Verbundes sein und damit das US-Standbein vom Olymp stoßen wird"[636]. Die deutsche Landesgesellschaft hat daher in Hamburg ein China-Kompetenzzentrum mit 50 Mitarbeitern gegründet, um Beratungsleistungen für bilateral tätig werdende Unternehmen anzubieten. Auch McKinsey & Company investiert derzeit, allerdings zu Lasten der heutigen Profitabilität,[637] in China, um nachhaltige Wettbewerbsvorteile zu erschließen. Die Gesellschaft sieht sich selbst bislang als Vorreiter der Branche.[638] Unterstützt werden die Aktivitäten vor Ort beispielsweise durch das 2004 in Frankfurt am Main gegründete „Asia House", das 50 Berater („aware of cross-cultural sensitivities"[639]) beschäftigt und als eigenes McKinsey-Büro den „first point of contact"[640] für Kunden bildet, die Projekte oder Tätigkeiten in Asien anstreben.

---

arbeiterbestand erfolgen, zur Vernachlässigung der bestehenden Kunden- und Produktbasis führen. Interessanterweise hat trotzdem bislang fast keine größere Professional Service Firm versucht, horizontal zu expandieren und dabei in grundlegend neue Geschäftsfelder und Märkte vorzustoßen, in denen höhere Wachstumschancen und niedrigerer Wettbewerbsdruck vermutet werden können. Vgl. abstrakt hierzu auch Kim/Mauborgne (2005), S. 4 ff. Professional Service Firm konzentrieren sich weiterhin eher auf ihr Kerngeschäft, wie die Unternehmensberatung Roland Berger, die ihre kleine, 1972 gegründete Marktforschungstochtergesellschaft aus diesen Gründen erst kürzlich an Synovate verkauft hat. Vgl. Der Platow-Brief (2005b).

[633] Vgl. hierzu die Erfahrungsberichte deutscher Unternehmer in Granier/Brenner (2004), S. 11 ff. sowie zum generellen praxisnahen Verständnis der Bedeutung Chinas für die Weltwirtschaft Kynge (2006).

[634] Für generelle Markteintrittschancen in noch weniger entwickelten Märkten („Bottom of the Pyramid") vgl. z. B. Prahalad (2006), S. 35.

[635] Vgl. Deloitte (2005e).

[636] Vgl. Der Platow-Brief (2005a).

[637] Vgl. Interview Görner.

[638] Die Partner von Roland Berger wollen allerdings auch das Auslandsgeschäft insbesondere in Osteuropa und China weiter ausbauen: „In China ist Berger bisher mit Büros in Peking und Shanghai vertreten, gut die Hälfte der dortigen Kunden sind bereits einheimische Konzerne, die andere Hälfte Töchter ausländischer Unternehmen. Ziel sei es, in dieser Region weiter zweistellig zu wachsen." Vgl. Spiegel Online (2006). Gleichzeitig hat die Firma „auf dem wichtigen US-Markt ... arg zu kämpfen" (vgl. Capital (2007), S.131) und stagniert auch in Deutschland. Vgl. FTD.de (2007).

[639] McKinsey & Company (2006c).

[640] McKinsey & Company (2006c).

Mandler konstatiert allerdings vor allem mit Blick auf die Netzwerke der Big 4, dass „die durch den Netzwerkeffekt bedingten ‚first mover advantages' ausländischer Marktbearbeitung zu einer Verdichtung der Chancen des Pionierverhaltens einerseits und der Risiken eines ausbleibenden ‚Nachziehens' andererseits [führen], was bei dem Eintritt in Zukunftsmärkte zu einem regelrechten ‚Herdenverhalten' führen kann, ein Marktverhalten, das häufig durch das tatsächlich vorhandene Nachfragepotential nicht begründet werden kann"[641].

3.2.2.3   Organisationsexterne Entwicklung

3.2.2.3.1   Expansion über Akquisitionen

Andere Unternehmensberatungen wie Roland Berger Strategy Consultants haben zwar im Alleingang, allerdings vor allem über kleinere Akquisitionen im Ausland expandiert, wie z. B. durch den Erwerb der japanischen Managementberatung Vaubel & Partners.[642] Auch sind sie anders als beispielsweise McKinsey & Company eher bereit, Partner, Teams oder kleinere Gruppen von Wettbewerbern anzuwerben und zu übernehmen, um den Markteintritt oder dessen Entwicklung in einzelnen Ländern voranzutreiben.

Zwei Gründe sind dagegen ausschlaggebend dafür, dass Professional Service Firms nicht im selben Maße wie Industrieunternehmen am M&A-Boom der letzten Jahre selbst aktiv partizipiert haben. Zum einen werden bei Professional Service Firms Akquisitionen auf nationaler wie internationaler Ebene „durch rechtliche Restriktionen und die weit verbreitete Partnerschaftsform"[643] sowie mögliche Finanzierungsprobleme restringiert.[644] Zum anderen kommen erschwerend natürliche Restriktionen im People's Business hinzu, da bei Übernahmen von Professional Service Firms vor allem immaterielles Vermögen, wie das Netzwerk und Wissen von Mitarbeitern, erworben wird. Dies stellt besondere Anforderungen an die Mitarbeiterbindung und Post-Merger-Integration der Professional Service Firms im gesamten Verlauf des Übernahmeprozesses.[645] *Scott* bringt es, auch wenn er monetäre Faktoren unterschlägt, auf den Punkt: „Since each PSF is a bundle of unique people, customs, culture and client relationships held together by a glue of loyalty, predatory acquisitions are not usually that successful."[646]

---

[641]   Mandler (1999), S. 441.
[642]   Vgl. Fink/Knoblach (2003), S. 104.
[643]   Ringlstetter/Bürger (2004), S. 298. Dies gilt entsprechend auch für die organisationsinterne Entwicklung.
[644]   Richter/Schröder (2006), S. 18 bestätigen dies: „... the difficulty in raising capital from the external market and the limited capacity of employees to absorb risk are disadvantages of internal ownership."
[645]   Vgl. hierzu z. B. Greenwood/Hinings/Brown (1994), S. 239 f.
[646]   Scott (2001), S. 44. Vgl. auch das Beispiel zu A.T. Kearney in Kapitel 1.2.4.

So kämpft beispielsweise die deutsche Landesgesellschaft von E&Y auch vier Jahre nach der Übernahme von Arthur Andersen Deutschland noch immer mit einer sehr hohen Fluktuation. Trotz, wie berichtet, 700 Neueinstellungen im Jahr 2006 stieg die Mitarbeiterzahl in diesem Zeitraum absolut nur um 77 Beschäftigte, was sich auch, trotz starken Umsatzzuwachses, in einem halbierten Jahresüberschuss bemerkbar machte.[647] Fraglich bleibt dabei, wie diese Inkonsistenz im Mitarbeiterstamm mittelfristig dem Kunden erklärt werden kann, dem die personellen Veränderungen in den Projektteams auch nicht verborgen bleiben.[648] Nichtsdestotrotz bleiben Akquisitionen, wenn auch auf kleinerer (wiederum nationaler wie internationaler) Ebene, bei den WP-Firmen eine valide Option, um Wachstumspotenziale zu erschließen, die alleine nicht realisiert werden könnten. So wurde im Juli 2006 die französische BDO Landesgesellschaft BDO Marque & Gendrot von Deloitte Frankreich übernommen.[649] Im November 2006 haben die französische MAZARS-Organisation und das internationale Netzwerk Moores Rowland International (MRI) die Bildung einer globalen Allianz angekündigt.[650]

3.2.2.3.2 Expansion über Kooperationen

Seit Mitte der 80er Jahre werden „Kooperationen von Unternehmen vermehrt als Instrument entdeckt, mit dessen Hilfe strategische Wettbewerbsvorteile gegenüber Konkurrenten erzielt werden können".[651] Unter einer Kooperation wird nach *Blohm* „eine auf stillschweigenden oder vertraglichen Vereinbarungen beruhende Zusammenarbeit zwischen rechtlich selbstständigen und in den nicht von der Zusammenarbeit betroffenen Bereichen auch wirtschaftlich nicht voneinander abhängigen Unternehmungen verstanden"[652].

Hess unterscheidet drei Grundtypen zwischenbetrieblicher Kooperationen: strategische Allianzen, Unternehmensnetzwerke und Joint Ventures.[653] Für Professional Service Firms kommt

---

[647] Vgl. Handelsblatt.com (2006b).

[648] Vgl. Interview Rödl. Dies berührt auch direkt die Frage nach der vorherrschenden „Vertriebsstrategie" entweder über die Reputation der Firma oder die Beziehungen des Partners. So schreibt Eckhardt (2002), S. 8 über die strategische Ausrichtung mittelständischer WP-Firmen: „Ein häufiger Grund für Mandatsverluste ist der Wechsel oder das Ausscheiden des verantwortlichen Beraters, der langfristigen Bezugsperson, die das Mandat verantwortlich ‚führt'."

[649] Vgl. Deloitte (2006i).

[650] Vgl. Financial Times Deutschland (2006i), S. 20. Auch das etwas kleinere Netzwerk The Global Alliance und Moore Stephens North America Inc. haben Ende 2005 eine Fusion angekündigt. Vgl. WebCPA (2006). Beide Transaktionen können als Akquisitionen charakterisiert werden, weil jeweils der Initiator den Partner der Transaktion übernommen hat.

[651] Schaper-Rinkel (1998), S. 22.

[652] Blohm (1980), S. XX.

[653] Vgl. Hess (2002), S. 10 ff. Brown et al. (1999), S. 60 ff. argumentieren anders und klassifizieren z. B. die internationalen Big-4-Netzwerke, insbesondere mit Blick auf die Unabhängigkeit der einzelnen Landesgesellschaften, als strategische Allianzen. Da aber die dort aufgeführten Charakteristika im Wesentlichen auch

dabei vor allem die zweite Kooperationsform in Betracht. Eine strategische Allianz ist eine auf bestimmte Bereiche beschränkte längerfristige Kooperation zwischen zwei oder mehreren Organisationen auf Vertragsbasis, bei der die rechtliche und wirtschaftliche Selbstständigkeit der Partner unangetastet bleibt.[654] Netzwerke werden definiert als „komplex-reziproke, eher kooperative denn kompetitive und relativ stabile Beziehungen zwischen rechtlich selbstständigen, wirtschaftlich zumeist unabhängigen Unternehmungen"[655]. Sie stellen damit aus einer institutionenökonomischen Perspektive ein eigenständiges Koordinationskonzept zwischen Markt und Hierarchie dar[656] und sind für interaktive und individualisierte Dienstleistungen wie Professional Services die ideale Kooperationsform.[657] Bei einem Joint Venture handelt es sich hingegen um ein rechtlich eigenständiges Gemeinschaftsunternehmen von zwei oder mehr Partnern, die sich „zur Durchführung gemeinsamer Aktivitäten auf Basis eines Kooperationsvertrags zusammenschließen"[658].

In der Fachliteratur wird die strategische Allianz vor allem durch die zwingend horizontale Kooperationsrichtung gegen das strategische Netzwerk abgegrenzt. Die Zusammenarbeit der Kooperationspartner bezieht sich in den meisten Fällen auf ein ganz bestimmtes Geschäftsfeld.[659] Bei strategischen Allianzen stellt die Projektbezogenheit ein auffälliges Kriterium dar,[660] wohingegen die dauerhafte Zusammenarbeit bei strategischen Netzwerken nicht nur auf ein Projekt oder eine Aufgabe begrenzt ist, sondern sich durch Wiederholungen auszeichnet.[661] Im Gegensatz zu strategischen Allianzen sind so genannte fokale Netzwerke meist vertikaler Art und haben oftmals einen starken, zentralen Partner, der die Führung innehat.[662]

Professional Service Firms, insbesondere die heutigen Big-4-Firmen, haben in der Vergangenheit bevorzugt grenzüberschreitend expandiert, indem sie internationale Kooperationen über strategische Netzwerke eingegangen sind. Im deutschsprachigen Raum haben *Mandler*[663]

---

auf die in dieser Arbeit hervorgehobenen strategischen Netzwerke zutreffen, wird auf eine organisationstheoretisch gegebenenfalls mögliche Differenzierung im Folgenden nicht weiter eingegangen.

[654] Vgl. Sydow (1992), S. 63.
[655] Sydow (1992), S. 82.
[656] Vgl. Scholz (2005), S. 509.
[657] Vgl. Bruhn (2005), S. 1292.
[658] Vgl. Macharzina/Wolf (2005), S. 962.
[659] Vgl. Hess (2002), S. 12.
[660] Bei kleineren Unternehmensberatungen könnte sich eine solche projektbezogene strategische Allianz z. B. auf einen Mitarbeiteraustausch zwischen zwei in unterschiedlichen Ländern tätigen Gesellschaften beziehen, die bislang rein national tätig sind und z. B. zur Steigerung der Attraktivität für Bewerber bei der Rekrutierung oder bei der Weiterentwicklung der eigenen Arbeit eine grenzüberschreitende Kooperation suchen. Vgl. Interview Bobrowski.
[661] So sieht de Man (2004), S. 4 eine Allianz vereinfacht auch als „Building Block" eines Netzwerks: „One alliance can have multiple partners and be a network by itself. Other networks consist of dozens of bilateral alliances between companies."
[662] Vgl. Küpper/Balke S. 1035.
[663] Vgl. Mandler (1994), S. 167 ff.

und *Lenz/Schmidt* in den 90er Jahren erstmals Verbindungen zwischen organisationstheoretischer Fachliteratur und praktischer Umsetzung von Netzwerken bei Professional Service Firms hergestellt. Nach *Lenz/Schmidt* sind strategische Netzwerke beispielsweise bei WP-Firmen entstanden, „weil der Druck des Wettbewerbs einerseits die Spezialisierung auf bestimmte Funktionen begünstigt, und andererseits regulierende Eingriffe die Wahl stärker hierarchischer Unternehmensformen verhindert"[664] haben.[665] Auch dürften zur Bildung länderübergreifender Netzwerke sowohl die steigende Wahrnehmung der Professional Service Firm auf dem Markt als auch die Bedürfnisse des Kunden beigetragen haben.

Eine Sonderform der Kooperation stellen dabei Zusammenschlüsse von Netzwerken der heutigen Big-4-Firmen auf internationaler Ebene dar. Sie werden als eine von Professional Service Firms in der Vergangenheit mehrfach genutzte Möglichkeit angesehen, bestehende internationale Netzwerke weiterzuentwickeln, ohne dabei ihre historisch gewachsene Struktur in Form einer vertraglich fixierten Kooperation unabhängiger national tätiger WP-Firmen zu ändern.

Lenz/Schmidt verweisen darauf, dass der Vorschlag zum Zusammenschluss der internationalen Netzwerke zwar von den strategischen, das heißt internationalen Führungsgremien gemacht wird, die nationalen Partner der Landesgesellschaften diesen Vorschlag jedoch akzeptieren müssen. Geschieht das, erfolgt der Zusammenschluss auf nationaler Ebene über eine Fusion,[666] auf internationaler Ebene hingegen nicht über Verschmelzungen, sondern vertragliche Kooperationsvereinbarungen.[667]

---

[664] Lenz/Schmidt (1999), S. 123. Lenz/James (2007), S. 375 führen dazu ergänzend aus: „Natural and legal barriers lead to separate national audit markets, which are the relevant markets in the audit business and hinder cross-border exchanges of audit services. The existence of international audit firm networks with a cross-border exchange of employees keeps this in effect unchanged because ultimately the activities are controlled by the local partners. Without these restrictions of cross-border competition eventually more integrated audit firm organizations with minor organization and control costs and better funding options would have evolved."

[665] Zumindest ergänzt werden muss dieser sehr firmeninterne Blick auf die Internationalisierungstreiber insbesondere um die sich verändernden (externen) Anforderungen multinationaler Kunden, siehe auch Kapitel 3.2.3.2.1.

[666] In der Praxis sind die Unterschiede zwischen Fusionen und Akquisitionen (M&A) mittlerweile sehr verschwommen. Während bei einer Fusion zweier Unternehmen mindestens eines der beiden im Rahmen der Transaktion seine rechtliche Selbstständigkeit verliert, ist dies bei einer Akquisition (einer Beteiligung eines Unternehmens an einem anderen) keine Notwendigkeit. Vgl. Macharzina/Wolf (2005), S. 697 ff. Für diese Arbeit soll der begriffliche Unterschied daher an der interaktiven Beziehung der beiden Transaktionspartner festgemacht werden. Bei einer Akquisition wird eines der beiden Unternehmen zwingend vom anderen Unternehmen übernommen. Ein partnerschaftlicher Zusammenschluss auf Augenhöhe entsteht damit, anders als möglicherweise im Rahmen einer Fusion, nicht einmal formal.

[667] Vgl. zum technischen Ablauf dieser Zusammenschlüsse detailliert z. B. Lenz/Schmidt (1999), S. 117 ff.

Abbildung 14: Von den Big 8 zu den Big 4 der internationalen WP-Netzwerke[668]

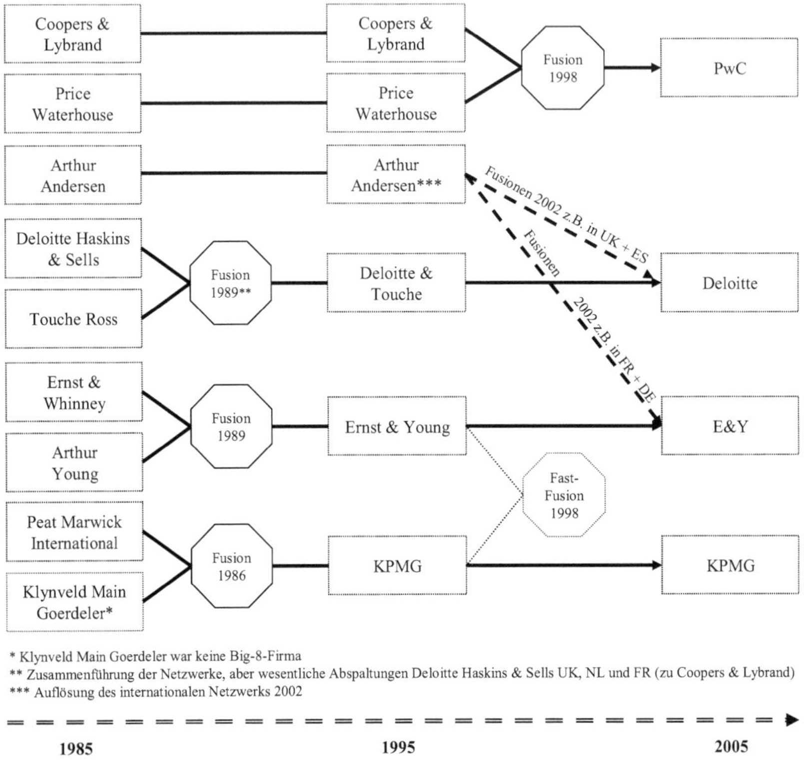

```
Coopers &                    Coopers &
Lybrand                      Lybrand            Fusion
                                                1998         PwC
Price                        Price
Waterhouse                   Waterhouse

Arthur                       Arthur
Andersen                     Andersen***        Fusionen 2002 z.B. in UK + ES

Deloitte Haskins             Fusionen
& Sells            Fusion    Deloitte &         2002 z.B. in FR + DE    Deloitte
                   1989**    Touche
Touche Ross

Ernst &
Whinney            Fusion    Ernst & Young                              E&Y
                   1989                         Fast-
Arthur                                          Fusion
Young                                           1998

Peat Marwick
International       Fusion    KPMG                                       KPMG
                   1986
Klynveld Main
Goerdeler*
```

* Klynveld Main Goerdeler war keine Big-8-Firma
** Zusammenführung der Netzwerke, aber wesentliche Abspaltungen Deloitte Haskins & Sells UK, NL und FR (zu Coopers & Lybrand)
*** Auflösung des internationalen Netzwerks 2002

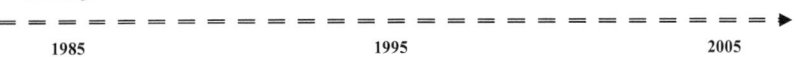

1985   **1995**   **2005**

Quelle: In entfernter Anlehnung an Müller-Stewens/Drolshammer/Kriegmeier (1999), S. 35[669]

Im Falle des Zusammenschlusses von Deloitte Haskins & Sells und Touche Ross 1989 gelang die nationale Zustimmung beispielsweise nicht überall, da die Partner von Deloitte Haskins & Sells z. B. in Großbritannien beschlossen hatten, sich einem anderen Big-4-Netzwerk anzuschließen. Bei der Fusion der Netzwerke von E&Y und Arthur Andersen im Jahr 2002 hingegen haben alle Landesgesellschaften von Arthur Andersen selbst über einen Zusammen-

---

[668]   Vgl. für eine detaillierte Betrachtung eines solchen Zusammenschlusses exemplarisch die Ausführungen von Müller-Stewens/Young (1999), S. 281 ff. zur Fusion von Price Waterhouse und Coopers & Lybrand zur heutigen PwC.

[669]   Für eine Detaildarstellung der historischen Entwicklungen in der Zeit vor 1985 vgl. auch Simons (2005), S. 119 sowie Mandler (1999), S. 435 ff.

schluss mit anderen Big-4-Netzwerken entschieden, sodass Arthur Andersen zwar beispielsweise in Deutschland mit E&Y fusioniert hat, in Großbritannien hingegen mit Deloitte.

Das Wachstum der heutigen Big-4-Firmen resultierte in der Vergangenheit aber nicht ausschließlich über kooperative Zusammenschlüsse ihrer internationalen Netzwerke. Die einzelnen Landesgesellschaften sind ergänzend hierzu historisch durchaus auch durch Fusionen, vor allem aber durch Übernahmen auf ihrem jeweiligen Heimatmarkt gewachsen. So erwähnen *Lenz/Schmidt*, dass „die großen Prüfungsgesellschaften [in Deutschland] teilweise bis zu 60 Tochtergesellschaften besitzen"[670], was für eine intensive Akquisitionstätigkeit in der Vergangenheit spricht.

Alternativ sind auch kleinere WP-Firmen Kooperationen durch deutlich losere Mitgliedschaften in internationalen Netzwerken von WP-Firmen eingegangen. So ist beispielsweise Rödl & Partner Mitglied bei „CPA Associates International", einer internationalen Vereinigung unabhängiger WP-Firmen. Ziel dabei war und ist es, vor allem Prüfungskunden in den Ländern, in denen die jeweilige WP-Firma selbst nicht vertreten ist, unkompliziert einen verlässlichen Partner innerhalb des Netzwerks zu vermitteln.[671] Allerdings gilt die Zusammenarbeit insbesondere für mittelgroße WP-Firmen oft als langfristig nicht zielführend, da Kunden mitunter nicht mit dem bekannten und einheitlichen Qualitätsstandard von Netzwerkpartnern weltweit bedient werden können. Daraus ergibt sich für sie entweder die Option, selbst Schritt für Schritt in allen wesentlichen Ländern aktiv zu werden oder gleich selbst mit der internationalen Vereinigung, in der man Mitglied ist, zu fusionieren, wie der geplante Zusammenschluss von MAZARS MRI zeigt.

3.2.3 Strukturelle Gestaltung internationaler Professional Service Firms

3.2.3.1 Netzwerkstrukturen

3.2.3.1.1 Partnerschaftsmodell

Prinzipiell sind Professional Service Firms aus einem historisch gewachsenen Kontext heraus partnerschaftlich organisiert, das heißt die jeweiligen Partner sind (auch vor dem Hintergrund des Problems der Prinzipal-Agenten-Theorie[672]) erstens Eigentümer und Kontrolleure des Un-

---

[670] Lenz/Schmidt (1999), S. 118.
[671] Vgl. Stimpson (2005).
[672] Vgl. Macharzina/Wolf (2005), S. 63. Richter/Schröder (2006), S. 18 fassen zusammen, dass „the results support the view that internal ownership has efficiency advantages over external ownership to the extent that it facilitates monitoring and thus reduces agency costs", allerdings schränkt sie auch Wachstumsmöglichkeiten ein, da „… the internal allocation of ownership appears to constrain the size of firms. The larger a firm, the greater the governance costs associated with internal ownership."

ternehmens[673] und übernehmen zweitens gleichzeitig Managementaufgaben. Die Aufgaben
können sowohl nach innen als Funktions- oder Geschäftsbereichsleiter als auch nach außen in
Bezug zum Kunden gerichtet sein, beispielsweise in Form eines Client Service Partner.[674]
Selbst bei rechtlich als Kapitalgesellschaft organisierten Professionals Service Firms fühlen
und handeln die leitenden Mitarbeiter als Partner, sodass das Partnerschaftsmodell eher als
Organisations- und Führungsmodell denn zwingend als Partnerschaft im rechtlichen Sinne
gesehen werden muss.[675] Eine Besonderheit partnerschaftlich organisierter Professional Service Firms ergibt sich auch aus der Eigentümerstellung des Partners. So ist ihre Dauer an
Voraussetzungen, wie z. B. die Leistung des Partners, geknüpft. Die Anteile sind in der Regel
nicht vererbbar. Auch ist es nicht die Entscheidung des Partners alleine, ob er Partner und
damit Eigentümer bleibt, sondern die seiner Partnerkollegen, die mehrheitlich Mitarbeiter zu
Partnern ernennen und als solche entlassen können.

Vor dem Hintergrund der Veränderung des Wettbewerbsumfelds[676] befindet sich jedoch das
organisationstheoretische Verständnis des Partnerschaftsmodells im Wandel. So wird in der
Fachliteratur ausgehend von *Greenwood/Hinings/Brown* bei Professional Service Firms vor
allem die Entwicklung vom ursprünglichen, als Professional Partnership (bzw. als P^2) be-
zeichneten, Organisationsmodell[677] zum auch Corporate Partnership[678] genannten Managed
Professional Business (MPB) diskutiert.[679] Im Mittelpunkt der modelltheoretischen Überlegungen der Autoren steht dabei das zentrale Verständnis über Werte und Ideen der Zusammenarbeit in einer Partnerschaft, aus der sich organisatorische Strukturen und Systeme ableiten lassen.[680]

Unterschiede zwischen einer Professional Partnership und einem Managed Professional Business ergeben sich aus einer Reihe idealtypischer Ausprägungen. Die Professional Partnership
ist durch ein Minimum an Hierarchie gekennzeichnet. Im Zentrum der Organisation stehen
der einzelne Partner und sein Team sowie der von ihm verwaltete Kundenstamm. Übergeord-
nete strategische Entscheidungen der Gesellschaft werden repräsentativ-demokratisch gefällt.
Die Unternehmensleitung verfügt dabei nur über wenige Einflussmöglichkeiten auf die ein-

---

[673]   Vgl. zu Partnerschaftsverträgen Aquila (2006), S. 8.
[674]   Vgl. Powell/Brock/Hinings (1999), S. 2 f.
[675]   Vgl. Netzer (2000), S. 48 f.
[676]   Neben dem veränderten Wettbewerbsumfeld spielt hierbei das eigene Wachstum eine Rolle, da kleine, neu
        gegründete Professional-Service-Firm-Sozietäten zu Beginn auch weiterhin klassisch partnerschaftlich or-
        ganisiert sind. Vgl. für einen Überblick über die veränderten strukturellen Anforderungen beim Wachstum
        einer mittelständischen Professional Service Firm z. B. Kaiser/Kampe (2005), S. 13 ff.
[677]   Vgl. Greenwood/Hinings/Brown (1990), S. 725 ff. und Alt/Dungen (2004), S. 10.
[678]   Vgl. Hinings/Greenwood/Cooper (1999), S. 131 ff.
[679]   Ein dritter möglicher, originär 1979 entwickelter Ansatz, Mintzbergs professionelle Bürokratie, vgl. Mintz-
        berg (1996), wird mittlerweile als überholt betrachtet. Vgl. Kühnel (2004), S. 33.
[680]   Vgl. Pinnington/Morris (2003), S. 86.

zelnen Partner und lokalen Büros. Entscheidend für den Karriereweg des Partners ist weniger seine Leistung als viel mehr seine Seniorität.[681]

Beim Managed Professional Business hingegen herrschen deutlich hierarchischere Strukturen vor. Die Unternehmensleitung verfügt über eine zentrale Durchgriffsmöglichkeit auf einzelne Partner, die sich bis auf die Zusammenstellung von Teams auswirkt. Durch die Schaffung ü-bergeordneter Funktionsbereiche wird die Autonomie des einzelnen Partners zusätzlich weiter eingeschränkt und eine strukturelle Integration von Regelungen, Entscheidungen und Abläu-fen gefördert. Gleichzeitig steigen der Druck, aber durch die Implementierung kompatibler Anreizsysteme auch die Motivation für die einzelnen Partner, erfolgreich tätig zu sein.[682]

Trotz aller Prophezeiungen in der Fachliteratur, dass bei Professional Service Firms der Weg von einer Professional Partnership zum Managed Professional Business nicht mehr aufzuhal-ten sei,[683] existieren im organisatorischen Grundverständnis vieler WP-Firmen und Unter-nehmensberatungen bislang Mischformen beider Ausprägungen. Hauptgrund hierfür scheint die allgemeine Schwierigkeit zu sein, demokratisch (anders als hierarchisch) geprägte Struk-turen so zu reformieren, dass ein Common Sense in der Partnerschaft gewahrt werden kann.[684]

Auch sind bereits auf nationaler Ebene größere Professional Service Firms zum Teil so diver-sifiziert und gleichzeitig spezialisiert aufgestellt, dass ein zentraler Durchgriff auf wesentliche, das operative Leistungsgeschäft betreffende Entscheidungen kontraproduktiv wäre. Aber ins-besondere auf internationaler Ebene sind der Informationsbedarf aufgrund der immer kom-plexer werdenden Tätigkeiten vor Ort sowie kulturelle und rechtliche Unterschiede auf Lan-desebene so groß, dass eine zentrale Steuerung trotz all ihrer Vorteile zu bürokratischen Ab-läufen und damit zu einer Orientierung weg vom Kunden führen würde. Aus diesen Gründen dürfte die scharfe modelltheoretische Trennung zwischen Professional Partnership und Mana-ged Professional Business auch mittelfristig in der Praxis keine einheitliche Umsetzung fin-den.

[681] Vgl. Greenwood/Hinings/Brown (1990), S. 729 f.
[682] Vgl. Hinings/Greenwood/Cooper (1999), S. 131 ff.
[683] Vgl. Greenwood/Empson (2003), S. 911.
[684] Erfahrungsgemäß werden große Professional Service Firms daher nicht abrupt, sondern fließend und unter Eingang von Kompromissen innerhalb der Partnerschaft weiterentwickelt. So können mehrheitlich als gut erachtete Dinge am besten gewahrt und andere kontinuierlich verbessert werden.

3.2.3.1.2 Organisationsstrukturen

Die Gestaltung der internationalen Organisationsstruktur ist generell eine Folge der gewählten Internationalisierungsstrategie. International tätige WP-Firmen und Unternehmensberatungen sind (wirtschaftlich und nicht rechtlich betrachtet) fast immer an Netzwerkkonzepten[685] ausgerichtet, die in differenzierte und stärker integrierte Strukturen unterschieden werden.[686]

Im Folgenden werden drei wesentliche Strukturtypen behandelt. Die Big 4 sind international über eine Sonderform des strategischen Netzwerks aufgestellt. Historisch eher dezentral und damit differenziert gewachsen, werden sie in den letzten Jahren von immer stärker werdenden Integrationsbemühungen in Form eines einheitlichen internationalen Managements sowie der Entwicklung gemeinsamer Strategie- und Planungsprozesse geprägt. Die internationalen Netzwerke führender Unternehmensberatungen, wie McKinsey & Company, sind hingegen bereits strukturell wesentlich stärker (als One-Firm) integriert. Kleinere WP-Firmen und Unternehmensberatungen, die von ihrem Heimatmarkt aus eine grenzüberschreitende Expansion starten, sind zunächst eher differenziert strukturiert, indem sie Mitarbeiter und Leistungsangebot „exportieren". Einen starken Einfluss auf die strukturelle Dimension von international tätigen Professional Service Firms scheint dabei die Eigentümerstruktur zu haben.

Während die Big 4 nationale oder regionale Partnerschaften in ihrem internationalen Netzwerk vereinen und durch gemeinsame Leitungselemente matrixartig verknüpfen, sind die stark integrierten Unternehmensberatungen in der Regel bereits im Besitz ihrer weltweit gleichberechtigten Partner. Bei kleineren WP-Firmen und Unternehmensberatungen behalten die ursprünglichen Partner der nationalen Hauptgesellschaft die Mehrheit, sodass die einzelnen Landesgesellschaften im weiteren Sinne konzernähnlich in Form von Tochtergesellschaften als Auslandsholding der Muttergesellschaft fungieren. Eine ähnlich dominante Position einer nationalen Muttergesellschaft lässt sich auch bei größeren Unternehmensberatungen vermuten, die börsennotiert und damit deren Partner nicht mehr die alleinigen Eigentümer sind.

---

[685] Vgl. Macharzina/Wolf (2005), S. 973. Für sie handelt es sich bei Netzwerkkonzepten allgemein „weniger um eine formale Organisationsstruktur als um eine vorwiegend wertebezogene Integration des internationalen Unternehmens".

[686] Vgl. zum Unterschied Kapitel 3.1.3.

Die Organisationsform der Mehrheit der international tätigen großen WP-Firmen kann als eine Sonderform des strategischen Netzwerks bezeichnet werden.[687] Es handelt sich dabei um einen „vertraglichen Zusammenschluss rechtlich und wirtschaftlich selbstständiger nationaler partnerschaftlich organisierter Prüfungs- und Beratungsgesellschaften unter strategischer Führung einer oder mehrerer Mitgliedsgesellschaften zur gemeinsamen Betreuung internationaler Mandate nach gemeinsamen Qualitätsstandards"[688]. Die Wahl der Rechtsform der Netzwerkorganisation wird bei den Big 4 primär steuerlich und haftungsrechtlich beeinflusst. So ist KPMG International eine Genossenschaft schweizerischen Rechts, Deloitte Touche Tohmatsu hat die Rechtsform eines Vereins schweizerischen Rechts, PricewaterhouseCoopers International Limited ist eine Mitgliedsvereinigung in Großbritannien und Ernst & Young Global Limited eine britische Private Company Limited By Guarantee.[689]

Innerhalb des Netzwerks behält jede Landesgesellschaft ihre eigene Rechtspersönlichkeit[690] bei, auch um den regulativen Anforderungen auf Landesebene gerecht zu werden. Ein entscheidender Unterschied zum Konzernkonstrukt ist, dass die einzelnen Landesgesellschaften dem Netzwerk beitreten und aus diesem auch wieder austreten können. Allerdings kann die Zusammenarbeit zudem von der Netzwerkorganisation selbst aufgekündigt werden.[691] Beim Konzernkonstrukt hingegen entscheiden die Inhaber der Hauptgesellschaft, ob ein Verkauf von Landes- oder Tochtergesellschaften durchgeführt wird.

Die Intensität der Zusammenarbeit wird dabei durch die im Zusammenarbeitsvertrag vereinbarten Rahmenbedingungen bestimmt, die vor allem die Einhaltung gemeinsamer Qualitätsstandards, Zielvorgaben und Finanzierungsbeiträge sowie die den einzelnen Mitgliedsgesellschaften eingeräumten Rechte wie die Verwendung des Brands und die Nutzung der gemeinsamen Ressourcen regeln.[692]

---

[687] Ein gutes Beispiel für die Entwicklung der Gestaltung eines solchen Netzwerks bieten die Fallstudien zu BDO und seiner holländischen Landesorganisation in Post (1996). Vgl. weiter ausführend dazu auch die Geschichte der internationalen BDO-Gesellschaft in Otte (2002).

[688] Lenz/Schmidt (1999), S. 124. Siehe auch Mandler (1999), S. 436 und S. 440.

[689] Vgl. KPMG (2005), Deloitte (2005a), PwC (2005) und E&Y (2005) sowie Müller-Stewens/Drolshammer/ Kriegmeier (1999), S. 50 ff.

[690] Eine eigene Rechtspersönlichkeit zu haben, bedeutet aber nicht, dass ein abgegrenzter Rechts- und Handlungsspielraum vorliegt; dieser kann, sowohl gewollt wie ungewollt, überschritten werden.

[691] Vgl. Lenz/Schmidt (1999), S. 124. Durch die Selbstständigkeit und Entscheidungshoheit ist es nicht möglich, „Verstöße gegen internationale Vorgaben mit Sanktionen zu ahnden", allenfalls nur die Mitgliedsgesellschaft mit allen Konsequenzen auszuschließen. Vgl. Müller-Stewens/Drolshammer/Kriegmeier (1999), S. 67 f.

[692] Vgl. Lenz/Schmidt (1999), S. 125 f. Grundsätzlich hängt aber die Intensität der Zusammenarbeit nicht nur vom institutionellen Rahmen ab. Ausschlaggebend ist auch, inwieweit die Systeme genutzt und die Kultur innerhalb des Netzwerks vereinheitlicht werden.

Abbildung 15: Integrationstiefe in strategischen Netzwerken von WP-Firmen

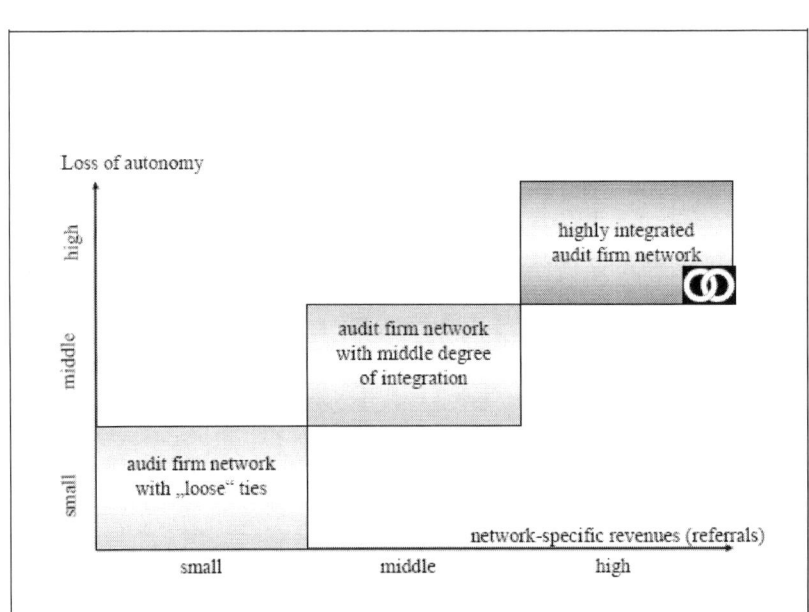

Quelle: Lenz/James (2006), S. 13

Grundsätzlich ist nach *Lenz/Schmidt* „von einer wechselseitigen Abhängigkeit"[693] zwischen Netzwerkorganisation und Landesgesellschaft auszugehen. Einem Verlust der Selbstständigkeit der Landesgesellschaften stehen sich aus der Kooperation ergebende finanzielle Vorteile in Form von Referred-in-Umsätzen entgegen. Auch soll durch einen Gebiets- und Mandantenschutz auf Landesebene die gegenseitige Konkurrenz im Netzwerk verhindert werden.[694]

Es wird vermutet, dass sich den Landesgesellschaften aus dem Zusammenschluss in einer Netzwerkorganisation Vorteile in ihrer Tätigkeit vor Ort ergeben. Sie können durch den Rückgriff auf die Ressourcen der Netzwerkpartner innovativere und qualitativ hochwertigere Dienstleistungen anbieten. Gleichzeitig steigt ihre Reputation durch Verwendung eines gemeinsamen internationalen Brands.[695] Insbesondere bei grenzüberschreitenden Aufträgen er-

---

[693]   Lenz/Schmidt (1999), S. 127.
[694]   Vgl. Havermann (1989), S. 113.
[695]   Vgl. Siebert (1991), S. 300 f.

geben sich für die Netzwerkorganisation (und damit implizit für deren Landesgesellschaften) Wettbewerbsvorteile, weil diese von ihnen schneller, kostengünstiger und nahtloser abgewickelt werden können als von vielen unabhängigen WP-Firmen in unterschiedlichen Ländern.[696]

Ohne dass die Big-4-Firmen Einzelheiten der vertraglichen Ausgestaltung der Regelungen sowie ihrer leistungs- und finanzwirtschaftlichen Verflechtungen in der internen Zusammenarbeit öffentlich machen,[697] wird generell in der Fachliteratur davon ausgegangen, dass ihre internationalen Netzwerke bislang relativ ähnlich aufgebaut sind.[698] Arthur Andersen war nach der Abspaltung der Beratungssparte von Andersen Worldwide und vor ihrem Zusammenbruch im Jahr 2002 die am stärksten global integrierte Partnerschaft unter den damaligen Big-5-Firmen.[699] Das äußerte sich vor allem in Weisungsbefugnissen der internationalen Organisation gegenüber den Landesgesellschaften und in deren finanziellen Abhängigkeiten, da die Gewinnverteilung der Partner nicht auf Landes-, sondern auf globaler Ebene erfolgte.[700] Trotzdem konnten die einzelnen Landesgesellschaften (bzw. Niederlassungen) aus rechtlichen Gründen nach dem Zusammenbruch der US-amerikanischen Gesellschaft aus dem internationalen Arthur-Andersen-Netzwerk AWSC („Andersen Worldwide" Société Coopérative) [701] ausscheiden und sich je nach lokaler Präferenz den anderen vier großen WP-Firmen anschließen, was sie auch taten.[702]

Ebenso wie die Big-4-Firmen ist eine Vielzahl weltweit tätiger Unternehmensberatungen weiterhin als Partnerschaften aufgestellt. Allerdings sind deren internationale Netzwerke deutlich stärker integriert und anders organisiert. So ist beispielsweise bei McKinsey & Company aufgrund „der Größe der Partnerschaft das bottom-up Partnerprinzip mit top-down Hierarchie-Elementen durchsetzt".[703] Bei McKinsey & Company existiert kein klassischer Vorstand, der die internationale Organisation lenkt. Sie befindet sich im Eigentum der weltweiten Partner in Form einer so genannten globalen Partnerschaft mit einem zentralen Profit Pool. *Wilkesmann* zitiert einen McKinsey-Partner mit den Worten: „Bei McKinsey gibt es keine Vorstände und keine strengen Hierarchien, sondern gleichberechtigte Partner, die sich als eigenverantwortli-

---

[696] Vgl. Lenz/Schmidt (1999), S. 136.

[697] Vgl. Lenz/James (2007), S. 378.

[698] Vgl. Lenz/Schmidt (1999), S. 127. Dem widerspricht Dyckerhoff (2004), S. 369, allerdings ohne konkrete Beispiele zu nennen: „Die Dichte ihrer inneren Struktur und ihrer Kohärenz ist nicht einheitlich."

[699] Vgl. Interview Stratmann.

[700] Die zweite Ausnahme war die ehemalige Firma Price Waterhouse, deren internationale Organisation sich vor dem Zusammenschluss mit Coopers & Lybrand aus mehreren regionalen Partnerschaften zusammensetzte. Vgl. Post (1996), S. 101.

[701] Vgl. Fink/Knoblach (2003), S. 145.

[702] Vgl. Handelsblatt (2002), S. 16.

[703] Wilkesmann (2005), S. 68.

che Unternehmer verstehen."[704] Die Kooperation erfolgt dabei über ein gemeinsames Werteverständnis und eine starke Leitkultur, die beispielsweise strukturell mögliche kompetitive
Auseinandersetzungen zwischen den einzelnen Büros oder Partnern verhindern soll. Gleichzeitig hat aber der von den weltweiten Directors (leitenden Partnern) gewählte Managing Di-
rector durchaus etwa das Recht, top-down Personalentscheidungen zu treffen, indem er die
Landeschefs und die Leiter der Practices einsetzt bzw. die Partner „in-charge" indirekt zum
Rücktritt veranlasst.[705] Einen Wechsel der Rechtsform und die Gründung einer später noch
dazu börsennotierten Kapitalgesellschaft schloss für McKinsey & Company deren ehemaliger
Deutschland-Chef Kluge jüngst aus: „Wir haben das einmal kurz geprüft, verworfen und im
Grunde unmöglich gemacht. Beratungsfirmen, die an die Börse gegangen sind, sind geschei-
tert."[706]

Auch andere Strategieberatungsunternehmen suchen den Weg zurück in die globale Partnerschaft. Den nationalen Gesellschaften der partnerschaftlich organisierten ältesten Unternehmensberatung der Welt, Arthur D. Little, war es möglich, einen Management-Buy-out[707]
durchzuführen, nachdem die US-amerikanische Muttergesellschaft aufgrund von Zahlungs-
problemen Gläubigerschutz nach Chapter 11 des Insolvenzgesetzes der USA im Jahr 2002
beantragen musste. Die nicht-amerikanischen Gesellschaften waren von der Insolvenz nicht
betroffen, da sie finanziell eigenständig agierten.[708] Im Januar des Jahres 2006 wiederum haben die Partner von A.T. Kearney mit dem Verweis, das eigene Management sei ihrer Meinung nach „der beste Eigentümer eines Beratungsunternehmens, um den aktuellen Marktan-
forderungen gerecht werden zu können"[709], einen Management-Buy-out von ihrer ehemaligen
börsennotierten Muttergesellschaft EDS, einem Technologie-Dienstleistungsunternehmen,
vollzogen.[710]

Kleinere international expandierende WP-Firmen und Unternehmensberatungen wie Rödl &
Partner, die die Integrationsbemühungen der international tätigen Big-4-Firmen und großen
Unternehmensberatungen noch vor sich haben, behalten die nationale partnerschaftliche Or-

---

[704] Wilkesmann (2005), S. 68.
[705] Vgl. Financial Times Deutschland (2006f), S. 6.
[706] Vgl. Frankfurter Allgemeine Sonntagszeitung (2006a), S. 37.
[707] Bei einem Management-Buy-out wird ein Unternehmen von seinem eigenen bisherigen Management (bzw.
       den leitenden Angestellten) übernommen. Die Partner werden daher wieder zu Eigentümern ihrer Professi-
       onal Service Firm.
[708] Vgl. Pressetext (2002).
[709] Vgl. A.T. Kearney (2006b).
[710] Mögliche Gründe (z. B. Ziel- und Kulturkonflikte), warum eine Börsennotiz für Professional Service Firms,
       in diesem Fall für Unternehmensberatungen, nicht nur Vorteile insbesondere bei der Kapitalbeschaffung
       bringt, finden sich auch im Harvard Businessmanager (2004), S. 86 ff. Generell ist die Meinung hierzu in-
       nerhalb der Branche geteilt. Während McKinsey & Company eine Umwandlung in eine Aktiengesellschaft
       mit anschließendem Börsengang öffentlich ablehnen, hat kürzlich erst Deloitte dies mittelfristig nicht mehr
       ausgeschlossen, sollte es regulatorisch möglich werden. Vgl. Financial Times Deutschland (2006b), S. 17.

ganisation ihres Kernlands in der Regel bei. Daraus ergibt sich eine zunächst sehr differenzierte internationale Organisationsstruktur, die durch die Dominanz und Weisungsbefugnis
der Partner der Muttergesellschaft sehr konzernähnlich ist und ethnozentrische Züge trägt.

Auch sind eine größere Zahl internationaler vor allem in der IT- und Prozessberatung tätiger
Unternehmensberatungen mittlerweile als börsennotierte Aktiengesellschaft organisiert. Sie
unterliegen damit anderen Regelungen als Partnerschaften und im Besonderen den Anforderungen unternehmensexterner Investoren als dritter wesentlicher Interessengruppe neben Mitarbeitern und Kunden. Accenture, die ehemalige Andersen Consulting, ist beispielsweise seit
dem Spin-off von der Arthur-Andersen-Gruppe im Jahr 2001[711] ebenso börsennotiert wie
BearingPoint, ehemals KPMG Consulting, sowie Cap Gemini und IBM, die die früheren Be-
ratungsbereiche von E&Y respektive PwC übernommen haben. Diese haben mit den kleineren WP-Firmen und Unternehmensberatungen die Dominanz einer nationalen Muttergesellschaft gemein, die sich auch in einer differenzierten strukurellen Umsetzung äußert.[712]

Die Beispiele[713] zeigen, dass die Intensität der Zusammenarbeit und teilweise auch die strukturelle globale Integration von international tätigen Professional Service Firms in den letzten
Jahren zugenommen haben.[714] Diese Entwicklung scheint aber bei weitem noch nicht abgeschlossen zu sein. Auch lassen sich kaum branchenweit einheitliche Schlussfolgerungen ziehen, da die Professional Service Firms wie aufgezeigt verschiedene Ansätze bei der Ausgestaltung ihrer Organisationsstrukturen nutzen.

3.2.3.2 Integration von Professional-Service-Firm-Netzwerken zu One-Firms

Die von vielen Professional Service Firms forcierten weiterführenden Integrationsbemühungen ihrer internationalen Netzwerke zu kulturell- und wertebedingten oder auch strukturellen
One-Firms sollen im Folgenden exemplarisch genauer anhand der Veränderungen der Big-4-
Netzwerke betrachtet werden. Verdeutlicht werden soll dabei, dass die internationalen Big-4-
Netzwerke schon heute eigenständige Internationalisierungssubjekte darstellen, auch wenn sie
rechtlich gesehen (noch) keine Einheitsfirmen sind und sich vielleicht auch kundenbedingt
nicht dahin entwickeln (wollen). Der Netzwerkbegriff als strukturelle Organisationsform

---

[711] Vgl. Fink/Knoblach (2003), S. 144 f.
[712] Viele in der IT- und Prozessberatung tätige Professional Service Firms unterscheiden sich in ihrer internationalen Organisationsstruktur auch deshalb von den Strategieberatungsunternehmen, weil die von ihnen angebotenen Dienstleistungen stark umsetzungsorientierten Charakter haben. Für sie ist daher eine Anpassung
an nationale Besonderheiten vor Ort von geringerer Relevanz. Die nationalen Landesgesellschaften sind daher stärker für die Umsetzung zentral entwickelter Strategien zuständig als für deren Entwicklung.
[713] Insbesondere mit Blick auf den öffentlich zugänglichen Kooperationsstand bei den Big-4-Firmen.
[714] Vgl. Interview Röhm.

muss daher in der vorliegenden Arbeit primär wirtschaftlich und nicht rechtlich betrachtet werden, weil nur auf diesem Wege Antworten auf die wesentlichen Forschungsfragen heraus- gearbeitet werden können.

3.2.3.2.1 Konzept der One-Firm

Ursprünglich geprägt wurde der Begriff der „One-Firm Firm" (kurz: One-Firm) von *Mais-ter*[715] und *Maister/Walker*.[716] Er reicht zurück ins Jahr 1985. Die Autoren verstehen darunter eine Strategie von Professional Service Firms, die diesen eine größere Fähigkeit verleihen soll, „to achieve high standards through the consistent application and enforcement of espoused operating rules, philiosophies, values and ideologies"[717]. Der One-Firm-Ansatz basiert auf Elementen des U.S. Marine Corps: „Both are designed to achieve the highest levels of internal collaboration and mutual commitment in pursuing ambitious goals."[718]

Das Konzept der One-Firm ist idealtypisch, wie in folgender Abbildung dargelegt, vor allem durch eine Reihe von Kulturelementen charakterisiert.[719] Gemeinsam bilden diese als System „das Wesen der One-Firm"[720]. Sie können durch prozessuale Managementmaßnahmen entwi- ckelt werden.

---

[715] Vgl. Maister (2003), S. 303 ff.
[716] Vgl. Maister/Walker (2006).
[717] Maister/Walker (2006), S. 4.
[718] Maister/Walker (2006), S. 2.
[719] Vgl. Müller-Stewens/Drolshammer/Kriegmeier (1999), S. 46 ff.
[720] Müller-Stewens/Drolshammer/Kriegmeier (1999), S. 46.

Abbildung 16: Grundzüge des One-Firm-Konzepts

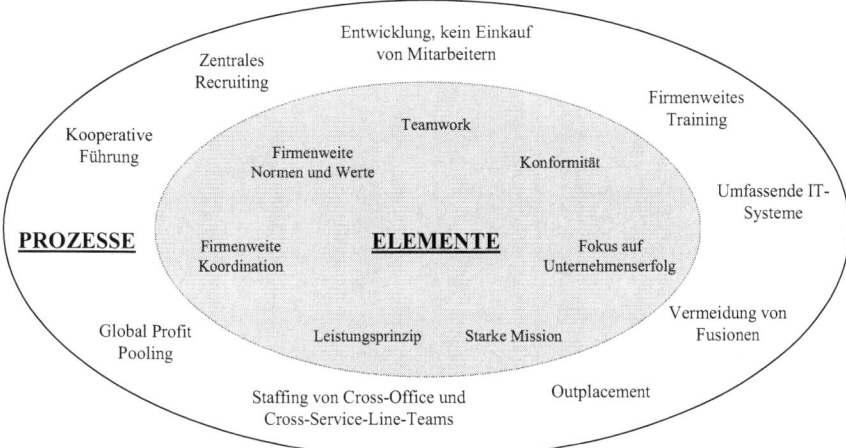

Quelle: In Anlehnung an Müller-Stewens/Drolshammer/Kriegmeier (1999), S. 46

Aufgrund der Vielzahl unterschiedlicher Elemente und Prozesse kann die One-Firm begrifflich sehr weit ausgelegt werden. Sie setzt zuvorderst eine integrative und „weltweit einheitliche Willensbildung"[721] in Professional Service Firms voraus. Vor dem Hintergrund der Herausforderungen im Rahmen der Internationalisierung lässt sich eine One-Firm vor allem aus einer weltweiten Gewinngemeinschaft, einer zentralen Steuerung und der Intensivierung einer interaktiven grenzüberschreitenden Zusammenarbeit auf operativer Ebene ableiten.[722] Sie fungiert damit zusammenfassend „nach innen als Integrationsmechanismus, indem sie sowohl die Identifikation mit der Firma als auch die synergetische Zusammenarbeit (,collaboration') der Professionals zum Ziele hat. Nach außen vermag sie über eine gelungene innere Integration entsprechende Reputation bei ihren Kunden aufzubauen. Vor diesem Hintergrund gilt sie aus Kundensicht als effektives Fundament für die kompetente Erfüllung des immer dominanteren Wunsches nach ,seamless (global) service'."[723]

---

[721] Dyckerhoff (2004), S. 368.
[722] Damit steht sie durchaus in Einklang mit Teilen der skizzierten Charakteristika des Managed Professional Business, insbesondere mit denen, die die globale Partnerschaftsstruktur betreffen. Das One-Firm-Konzept betont allerdings stärker den Gleichheitsgrundsatz, während beim Managed Professional Business konzernähnliche Entscheidungshierarchien hervorgehoben werden.
[723] Müller-Stewens/Drolshammer/Kriegmeier (1999), S. 49.

Wichtig ist, dass der One-Firm-Ansatz unabhängig von der rechtlichen Ausgestaltung der internationalen Organisationsstruktur von Professional Service Firms definiert und gelebt werden kann. Zwar gibt es ihn kennzeichnende Elemente wie die Konformität, die sich nur aus einem globalen Profit Pooling und einer einheitlichen Führung ergibt, die wiederum durch die Schaffung einer globalen Partnerschaft oder konzernähnlicher Konstrukte erleichtern würde. Offen ist aber, inwieweit die strukturelle Angleichung wirklich Bedingung für die Schaffung einer One-Firm-Kultur ist.

So prägnant und überzeugend die Grundidee der One-Firm ist, so wenig fundiert sind allerdings die Erkenntnisse der Autoren, was die generelle Notwendigkeit zu ihrer Anwendung in der Praxis angeht. *Maister/Walker* verweisen in mehreren Praxisbeispielen auf Professional Service Firms wie McKinsey & Company und Goldman Sachs, die in der Vergangenheit überdurchschnittlich erfolgreich waren.[724] Inwieweit diese Leistungen allerdings auf ihre One-Firm-Strategie zurückzuführen ist, bleibt unklar. Ebenso fraglich ist, ob die stark prägende Vereinheitlichung von kulturell dezentral geprägten Professional Service Firms nicht die Gefahr einer höheren Personalfluktuation in den einzelnen Ländern birgt, sollten sich die Mitarbeiter mit der zunehmenden Zentralisierung und Vereinheitlichung nicht abfinden. Ebenso ist die Kundennachfrage mancher Firmen nicht immer einheitlich, sodass den Mitarbeitern vor Ort nicht nur strukturell, sondern auch kulturell die Freiheit gegeben werden muss, über ihre Beziehung zum Kunden selbst zu entscheiden.

Schlussendlich weisen auch die Autoren auf eine Schwäche des Modells hin, die besonders vor den Hintergrund der weiteren Wachstums- und Internationalisierungsabsichten der Professional Service Firms Validität erlangt: „… it is very difficult to sustain the one-firm firm, consensus- based governance system as the firm grows beyond the point where all members know each other"[725].

3.2.3.2.2 Integrative Entwicklung der Big-4-Netzwerke

Der Weg von Professional Service Firms zu als One-Firm aufgestellten internationalen Netzwerken lässt sich im Besonderen anhand der Entwicklung der heutigen Big-4-Organisationen kennzeichnen. *Dyckerhoff* unterscheidet zwei weitere Grundmodelle für große international tätige WP-Firmen: den Zusammenschluss zu „einer Art Föderation"[726] unter Bewahrung der Autonomie der Mitgliedsgesellschaften und die „Bildung einer weltweiten Partnerschaft mit

---

[724] Maister/Walker (2006), S. 1.
[725] Maister/Walker (2006), S. 5.
[726] Dyckerhoff (2004), S. 367.

Gewinnpooling"[727]. Alle Big-4-Firmen haben sich jedoch in den letzten Jahrzehnten von einer eher losen, internationalen Föderation zu einem integrierten internationalen Netzwerk, das heißt zu einer „Business firm"[728] entwickelt, ohne dabei bislang eine weltweite Partnerschaft einzugehen.[729]

Wesentlicher Treiber dieser Entwicklung war die Forderung international tätiger Großkunden – sowohl im Bereich der Abschlussprüfung als auch bei den Beratungsleistungen – nach einem weltweit einheitlichen Servicestandard. Dies führte zu einer unter dem Stichwort „Alignment" zu einer Weiterentwicklung der integrativen Maßnahmen innerhalb der Big-4-Netzwerke:

- Entwicklung einheitlicher Prüfungsmethodologie und Techniken,
- Implementierung einheitlicher Risk-Management- und Unabhängigkeitsrichtlinien,
- Verwendung eines einheitlichen Brands (mit der Folge von Namenswechseln einiger Landesgesellschaften),
- Zusätzliche Kompetenz- und Budgetausstattung der internationalen Führungsgremien und
- Intensivierung der matrixartigen grenzüberschreitenden Zusammenarbeit in den Service Lines.[730]

Dabei wurde der Zusammenhalt des Netzwerks sowohl über persönliche Bindungen der Partner in den verschiedenen Ländern, über politisches (und damit abwägendes) Handeln der Netzwerkorgane und über die Nutzung eines gemeinsamen Brands gesichert und intensiviert. Im Zentrum aller Überlegungen stand neben den eher kulturellen Integrationsbemühungen aber auch die Verankerung der verstärkten Abgabe ehemals nationaler Kompetenzen an die internationale Organisation in den Kooperationsverträgen.[731] Generell lassen sich in der Fachliteratur bislang relativ wenige Details zu diesen Integrationsprozessen, insbesondere auf der Mikroebene, finden.[732] Am exemplarischsten hierfür ist der strategische Wandel einer internationalen Big-4-Firma vom Korrespondentennetzwerk zur „Global Advisory Firm" am Beispiel von KPMG bei *Kewitz/Reihlen* beschrieben.[733]

---

[727] Dyckerhoff (2004), S. 366.
[728] Vgl. Deloitte (2006l).
[729] Mit Ausnahme des damaligen Netzwerks der Big-5-Firma Andersen Worldwide.
[730] Vgl. Deloitte (2006l).
[731] „In the cooperation contract the national audit firms transfer voluntarily specific rights to the international organization to assure an efficient international cooperation." Lenz/James (2006), S. 11.
[732] Vgl. z. B. zur Entwicklung bei PwC Müller-Stewens/Young (1999), S. 282 ff.
[733] Vgl. Kewitz/Reihlen (2007), S. 185 ff.

Auf nationaler Ebene ist die Intensivierung der internationalen Integrationsbemühungen mit wachsendem Autonomieverlust der Big-4-Landesgesellschaften verbunden. Zwar erbringt beispielsweise die deutsche Landesgesellschaft weiterhin durch eigene und gegebenenfalls aus dem Netzwerk hinzugezogene Mitarbeiter Leistungen für eigene Mandante in Deutschland.[734] Dies schließt direkte oder indirekte Referred-in-Tätigkeiten für andere Landesgesellschaften in Deutschland mit ein. Außerhalb Deutschlands können allerdings Leistungen für eigene Mandanten infolge des Gebietsschutzes und der damit verbundenen Verpflichtung zur Beachtung der Territorialrechte nur durch die Landesgesellschaften vor Ort erbracht werden.[735] In beiden Fällen müssen dabei die gemeinsam im Big-4-Netzwerk entwickelten Standards beachtet und umgesetzt werden.[736]

Dies führt dazu, dass eine eigenständige grenzüberschreitende Expansion für eine deutsche Big-4-Landesgesellschaft innerhalb des Netzwerks nicht möglich ist.[737] Im Gegenzug erhält sie dafür Ressourcen aus der internationalen Kooperation, die ihre Wettbewerbsfähigkeit im Kampf um nationale Kunden erhöht oder diese überhaupt erst ermöglicht. Auch führt beispielsweise die Aufgabe einer „eigenen" Identität beim Branding zu einer Steigerung der Bekanntheit auf nationaler Ebene.[738]

Im Hinblick auf die Leistungserbringung ist damit für die nationalen Big-4-Landesgesellschaften eine Internationalisierung in anderen Formen nur möglich durch die Aufgabe der Kooperation und damit durch das Ausscheiden aus dieser. Die mögliche Konsequenz wäre ein Übertritt in andere Big-4-Netzwerke oder der Aufbau einer eigenständigen zunächst nationalen WP-Firma mit anschließender konzernähnlicher grenzüberschreitender Tätigkeit im Ausland. Durch die Intensität der Kooperation und gleichzeitig den hohen Anteil von grenzüberschreitenden Mandaten am Gesamtgeschäft ist die Abhängigkeit vom, aber auch der Nutzen aus dem Netzwerk jedoch so hoch, dass keinerlei Wirtschaftlichkeitsrechnungen über eine solche Lösung bei den Big-4-Landesgesellschaften vorliegen dürften. Die

---

[734] Unternehmen mit Sitz und/oder Tätigkeit in Deutschland.

[735] Bei globalen Partnerschaften wie der von McKinsey & Company existiert zwar kein Gebietsschutz. Allerdings gibt es auch dort klare Kompetenzverteilungen. So ist beispielsweise auf funktionaler Ebene klar definiert, welcher Partner welchen Auftrag verantworten darf, sodass durchaus von einem „Funktionsschutz" gesprochen werden kann.

[736] Sowie Regelungen zur Verantwortlichkeit des Lead Client Service Partner beachtet werden. Vgl. ausführlich Kapitel 3.2.4.

[737] Es lassen sich noch zwei weitere Alternativen finden. Zum einen kann das Netzwerk eine Kooperationsform ohne Ausschließlichkeitsklausel wählen. Dies ist aufgrund der regulativen Bestimmungen im Prüfungsbereich eher unwahrscheinlich. Zum anderen können Landesgesellschaften innerhalb des Netzwerks fusionieren. Vgl. Kapitel 3.2.3.2.3 oder auch Dyckerhoff (2004), S. 367. Diese Entwicklung wird aber maßgeblich von den Führungsgremien der internationalen Organisation selbst beeinflusst.

[738] Vgl. Deloitte (2006l).

Diskussion dreht sich ausschließlich um die Frage, wie weit die Integrationsbemühungen innerhalb des Netzwerks gehen sollen.[739]

Die Landesgesellschaften der heutigen Big 4 haben sich seit der Zusammenführung ihrer Netzwerke von „Big 8 auf Big 5" nur in Existenzfragen verändert. Neben den Übertritten nationaler Andersen-Practices zu Deloitte und E&Y infolge des Zusammenbruchs von Andersen Worldwide trat dies z. B. nach dem im Jahr 2006 von der japanischen Börsenaufsicht erzwungenen Ausschluss der japanischen Landesorganisation PwC Aarata aus dem internationalen PwC-Netzwerk ein, der zu einer büroorientierten Übertragung von Mitarbeitern auf die übrigen Big-4-Firmen führte.[740] Ebenso wenig ist bis heute eine Landesgesellschaft aus einem internationalen Big-4 -Netzwerk ausgetreten, um als eigenständige nationale WP-Firma tätig zu werden und internationales Geschäft erst peu a peu wieder aufzubauen.[741] In einer weltweit expandierenden und verknüpften Leistungsgesellschaft kann Wachstum nicht durch eine Begrenzung der Aktivitäten auf das Inland realisiert werden.

Aus den genannten Gründen kann die Behauptung von *Lenz/James*, „an audit firm network cannot be understood as a single economic entity"[742], auf internationaler Ebene zwar aus rechtlicher, aber nicht aus wirtschaftlicher Sicht geteilt werden.[743] Damit muss in der vorliegenden Arbeit die Internationalisierung unter der Annahme der Fortführung der jeweiligen Landesgesellschaft in ihrem Netzwerk betrachtet werden. Dabei ist das Big-4-Netzwerk Internationalisierungssubjekt und nicht die einzelne Big-4-Landesgesellschaft.[744] Unabhängig da-

---

[739] Auch in globalen Partnerschaften können sich natürlich die in einem Land tätigen Partner zusammenschließen, aus dem Netzwerk austreten und eine eigene Firma gründen. Aufgrund der Besonderheiten des People's Business kann eine Professional Service Firm als Reaktion darauf diese dann nicht einfach durch Partner aus anderen Ländern ersetzen, weil die austretenden Partner in der Regel sowohl Kundenstamm als auch Wissen „mitnehmen".

[740] Vgl. CIMA (2007). Trotz der im Vergleich zu den Big-4-Netzwerken erheblich geringeren Intensität der grenzüberschreitenden Zusammenarbeit bei den größten internationalen Prüfungsnetzwerken unterhalb der Ebene der Big 4 – nach Branchenschätzungen liegen bei diesen Netzwerken die Anteile des Referred-in-Geschäfts im mittleren einstelligen Prozentsatz am Umsatz, während für die Big-4-Netzwerke deutlich zweistellige Prozentsätze anzunehmen sind – kommt es auch dort kaum zu Veränderungen auf Landesebene. So wurde im Mai 2007 ein erst kurz zuvor geplanter Zusammenschluss der kanadischen Landesgesellschaften von BDO und Grant Thornton wieder beendet. Marktgerüchten zufolge wollte keine der beiden Gesellschaften aus ihrem internationalen Netzwerk austreten. Vgl. NeilMcIntyre.ca (2007).

[741] Deloitte (2006l).

[742] Lenz/James (2006), S. 11.

[743] Eine rein rechtliche Betrachtungsweise der Thematik führt dann auch zu wirtschaftlich nicht haltbaren Aussagen wie der des PwC-Deutschland-Partners Borgel. Er sieht keinen Interessenkonflikt darin, dass für eine Sonderuntersuchung der von der IKB Deutsche Industriebank verwalteten US-Zweckgesellschaft Rhineland Funding, die in wirtschaftliche Turbulenzen geraten ist, ausgerechnet PwC Deutschland beauftragt wird, obwohl Rhineland Funding jahrelang von PwC USA geprüft wurde: „Die Ländergesellschaften von PwC agieren alle unabhängig und selbstständig." Vgl. Handelsblatt.com (2007).

[744] Bei einem politischen Vergleich zwischen der Europäischen Union und den USA wäre auch die Europäische Union das Vergleichsobjekt und nicht deren einzelne Mitgliedstaaten. Die Europäische Union als po-

von stellt sich allerdings die wiederum wirtschaftliche Frage, welche dezentralen Entscheidungsbefugnisse die lokal tätigen Partner benötigen, um erfolgreich beim Kunden arbeiten zu
können. Eine sinnvolle Antwort hierauf müssen aber sowohl One-Firms mit globalen Partnerschaften als auch dezentralere Netzwerke mit lokalen Partnerschaften finden. Damit entstehen
bei den Big-4-Organisationen zwei wesentliche Betrachtungsebenen: das internationale
Netzwerk und der individuelle Partner. Das Verhalten des Partners ist zwar durchaus national
bzw. lokal geprägt, auf institutioneller Ebene wird die nationale Betrachtungsebene hingegen
bedeutungsloser.

3.2.3.2.3 Weiterführende strukturelle Integrationstendenzen

Konkrete Informationen über geplante Veränderungen von Professional Service Firms über
strategische Entwicklungen zu einer voll integrierten One-Firm waren bis vor kurzem nicht zu
erhalten.[745] Im Jahr 2006 haben sich in einem wohl ersten Schritt zur stärkeren Integration
einzelne Landesgesellschaften innerhalb der Big-4-Netzwerke auch rechtlich zusammenge-
schlossen. So haben die deutschen und britischen Landesgesellschaften von KPMG eine Fusion unter Gleichen mit Sitz in Frankfurt und Registrierung in London angekündigt.[746] Die britische Landesgesellschaft von Deloitte hat die schweizerische Landesgesellschaft übernommen.[747] E&Y verkündete regionale Kooperationen innerhalb ihres internationalen Netzwerks.[748] Außerhalb der Big-4-Firmen hatte MAZARS bereits im Jahr 2005 als erstes Unternehmen der Branche die Gründung einer Europäischen Gesellschaft (SE) bekannt gegeben,
um dabei 340 Partner aus 39 Ländern in Europa auch rechtlich zu integrieren.[749]

Die als „Startschuss für eine europäische KPMG-Firma"[750] und „historischer Meilenstein"[751]
bezeichnete Fusion zu KPMG Europe LLP wird dabei als Initialzündung für weitere Zusammenschlüsse innerhalb der WP-Branche gesehen.[752] Die deutschen und britischen Partner beider Gesellschaften haben der Fusion inzwischen mit deutlicher Mehrheit zugestimmt, sodass

---

litischer Staatenverbund lässt sich durchaus mit ökonomischen Netzwerken vergleichen. Siehe zur Europäischen Union als „Politik-Netzwerk" z. B. Kohler-Koch (2000).

[745] Vgl. hierzu auch Morgan/Quack (2005), S. 279 ff. und Müller-Stewens (2000), S. 82 ff.

[746] Vgl. Financial Times (2006d), S. 28. Während die Audit-Bereiche der beiden Landesgesellschaften in etwa
gleich groß sind, ist der Beratungsbereich der britischen KPMG fast dreimal so groß wie jener der deutschen KPMG Firma. Vgl. Börsen-Zeitung (2006a), S. 9.

[747] Vgl. CASH (2006), S. 6.

[748] Vgl. Der Platow-Brief (2006). Dabei sollen nach bislang veröffentlichten Informationen alle 140 Landesgesellschaften innerhalb des E&Y-Netzwerks unter einem Dach in sieben Regionen („regional areas") mit eigenem Lenkungsorgan zusammengefasst und finanziell integriert werden.

[749] Vgl. Financial Times Deutschland (2005a), S. 18. Es bleibt allerdings abzuwarten, ob diese Ankündigungen
vor dem Hintergrund des beabsichtigten Zusammenschlusses mit MRI auch in die Tat umgesetzt werden.

[750] Börsen-Zeitung (2006a), S. 9.

[751] So der Deutschland-Chef der KPMG, Nonnenmacher, in: Financial Times Deutschland (2006g), S. 19.

[752] Vgl. Süddeutsche Zeitung (2006c), S. 21.

die neue Gesellschaft plangemäß zum 1. Oktober 2007 ihre Tätigkeit aufnehmen konnte.[753] Eine kurzfristige Ausweitung des Zusammenschlusses auf weitere Landesgesellschaften von KPMG ist allerdings zunächst erst einmal gescheitert. Die geplante Aufnahme der niederländischen Landesgesellschaft von KPMG in die KPMG Europe LLP hat im September 2007 nicht die notwendige Mehrheit unter den dortigen nationalen Partnern gefunden.[754]

Während KPMG Deutschland die Fusion zu KPMG Europe LLP öffentlich mit Kundenwünschen und Effizienzsteigerungspotenzial begründet,[755] wird intern in der Branche spekuliert, ob nicht mit der Verschmelzung die Überdeckung der bestehenden Duopolsituation im deutschen Prüfungsmarkt (durch KPMG Deutschland und PwC Deutschland), vor allem bei Dax-Mandaten, angestrebt wird.[756] Es lassen sich aber auch eine Reihe alternativer Erklärungsansätze finden.

Die großen, international tätigen Prüfungsmandate der KPMG Deutschland, wie die Deutsche Bank oder Allianz, könnten die Firma mit Hinweis auf ihre eigene (mögliche) rechtliche Weiterentwicklung hin zu einer Europäischen Gesellschaft (SE) zu einer grenzüberschreitenden Fusion gedrängt haben. Ebenso könnte das deutsche Beratungsgeschäft nachhaltig unter den Restriktionen durch SOX in seiner Wettbewerbsfähigkeit leiden. Eine Abspaltung des gesamten Beratungsbereichs der fusionierten Gesellschaft unter britischer Führung in einem zweiten Schritt scheint daher nicht ausgeschlossen. Schließlich könnten die Zusammenschlüsse aber auch durch nationale Interessen der Landesgesellschaften vor allem politisch motiviert sein. KPMG Deutschland und UK vermögen so auch ohne die direkte Beteiligung der unter Umständen unliebsamen US-amerikanischen Landesgesellschaft, ihre Machtbefugnisse gegenüber kleineren Netzwerkpartnern auszubauen. Dann entstünde die paradoxe Situation, dass Fusionen von Landesgesellschaften innerhalb des eigenen Big-4-Netzwerks nicht primär zum Wohle der Gesamtfirma (in Form einer Weiterentwicklung zur One-Firm), sondern zur besseren Positionierung gegenüber dem Einfluss einzelner anderer Landesgesellschaften forciert werden. Auch in den übrigen Big-4-Netzwerken könnte durch eine engere Kooperation der Landesgesellschaften in Zentraleuropa und Asien die Dominanz der größten Landesgesellschaften, in der Regel also der US-amerikanischen, zurückgehen.

Allen diesen Überlegungen zum Trotz ist eine empirische Belegung der strategischen Gründe hinter dem Zusammenschluss bislang nicht möglich. Der weitere Verlauf der einzelnen Zu-

---

[753] Vgl. Frankfurter Allgemeine Zeitung (2007b), S. 15.
[754] Vgl. Financial Times (2007d), S. 18.
[755] Vgl. zur so genannten europäischen Aktiengesellschaft auch Amtsblatt der Europäischen Gemeinschaften (2001). Die Allianz AG war die erste große deutsche Aktiengesellschaft, die im Jahr 2006 eine Umwandlung in eine Europäische Gesellschaft (SE) vollzogen hat. Vgl. hierzu auch Allianz (2006).
[756] Vgl. Deloitte (2006q). Vgl. auch Handelsblatt (2006e), S. 14.

sammenschlüsse auf Landesebene dürfte von den Wettbewerbern besonders kritisch verfolgt werden, um eigene strategische Schlüsse daraus zu ziehen. So muss sich nach Ansicht von Brancheninsidern erst noch zeigen, ob sich beispielsweise der Audit-Bereich von KPMG UK im Einzelfall von den deutschen Kollegen, des bislang deutlich größeren Audit-Bereichs von KPMG Deutschland, die Richtung vorgeben lassen wird. Diese für Professional Service Firms allgemein nicht unüblichen „Verteilungskämpfe" sind aber generell nicht auf die Landesebene beschränkt, sondern setzen in der Regel bereits an der eigentlich wesentlichen Schnittstelle der Firma mit dem Kunden auf Büro- oder Teamebene ein. Generell sollte daher für alle Professional Service Firms gelten: „Organizational solutions must be custom-designed for each firm and need to be the result of a comprehensive review, not, as it is so frequently the case, the net result of an accumulation of a series of incremental changes driven by short-run pressures."[757]

Selbst wenn es kurzfristig zu Haftungsbeschränkungen für WP-Firmen auf internationaler E-bene kommen sollte,[758] ist es somit dennoch eher unwahrscheinlich, dass die Rechts- und Organisationsformen der Big-4-Firmen in naher Zukunft grundlegend umgestaltet werden und „konzernähnliche Weisungsbeziehungen"[759] entstehen könnten.[760] Denn die Interessen der einzelnen Mitgliedsfirmen, die bestehenden rechtlichen Unterschiede, vor allem aber auch die Anforderungen der Kunden sind zu unterschiedlich. Dies gilt aber nicht nur für WP-Firmen, sondern für alle Professional Service Firms. Da politisch[761] und ökonomisch zweifelhaft ist, ob Verhalten und Wünsche der Menschen in absehbarer Zeit global vereinheitlicht werden

---

[757] Maister/McKenna (2006), S. 7.

[758] Vgl. die Aussagen des EU-Binnenmarktkommissars McCreevy im Oktober 2006: „Ich denke, wir sollten eine Obergrenze oder andere Art der Deckelung haben." Er begründet seine Ansicht damit, dass er negative Folgen für die Gesamtwirtschaft befürchtet, sollte eine weitere Big-4-Firma infolge eines Haftungsfalls kollabieren. Vgl. Financial Times Deutschland (2006h), S. 19. Ein Schritt zur EU-weiten Haftungsbegrenzung wird von den WP-Firmen selbst begrüßt. Vgl. Financial Times (2007b), S. 12. Kritisch hierzu Frankfurter Allgemeine Zeitung (2007e), S. 19.

[759] Hachmeister (2001), S. 319.

[760] Selbst wenn Müller-Stewens/Drolshammer/Kriegmeier (1999), S. 179 noch einmal, von einem rechtlichen Standpunkt aus gesehen, argumentieren, „das Haftpflichtrecht beeinflusst das rechtliche Gestalten eines multinationalen Dienstleistungsunternehmens und übt einen dominanten Einfluss auf die rechtliche Verfassung mindestens im Bereich der ‚Big Five' aus", was den Schluss zulässt, dass beim Wegfall des Haftpflichtrechts sich die Integrationsbemühungen innerhalb der Netzwerke weiter verstärken dürften.

[761] Beispielsweise machen sich selbst in den europäischen Ländern, die historisch als Treiber einer Intensivierung der politischen Union gelten können, deutliche Dezentralisierungstendenzen breit. So ging die französische Präsidentschaftskandidatin Royal mit dem Schlagwort der „Dezentralen Demokratie" in den Wahlkampf 2007 (vgl. Der Spiegel (2006), S. 140 ff), während bei den letzten Wahlen in den Niederlanden die EU-skeptischen Parteien deutlich im Aufwind waren. Vgl. EurActiv.com (2006). Beides kann als deutliches Zeichen dafür interpretiert werden, dass viele Menschen bei allen Vorteilen, die ihnen aus der Globalisierung entstehen, ihrer Verfremdung durch eine Stärkung ihrer lokalen Identität entgegenzutreten versuchen, was eben indirekt auch Auswirkung auf die Kommunikation und Arbeit mit diesen Menschen im People's Business hat.

können, wenn es bereits auf Länderebene wieder stärkere Regionalisierungstendenzen gibt,[762] müssen Professional Service Firms ihre Internationalisierungsstrategien an der Strategie des Kunden ausrichten. Der wiederum passt sein Geschäftsmodell an den Individualisierungsgrad seiner Endkunden an.[763] Der McKinsey-Kunde Wal-Mart hat beispielsweise kürzlich seine verfehlte Internationalisierungsstrategie in Deutschland mit massiven Verlusten und einem Rückzug aus dem deutschen Markt bezahlen müssen, nachdem er erfolglos versucht hatte, seine globale Strategie 1 zu 1 auf dem deutschen Markt umzusetzen.[764] Das Beispiel zeigt, dass selbst die Entwicklung international einheitlicher Strategien auf Unternehmensebene von global tätigen Konzernen nicht zwangsläufig zum Erfolg führt. Darauf müssen sich auch die Unternehmensberater einstellen.

Lowendahl merkt in diesem Zusammenhang daher zu Recht an, dass die Internationalisierungsstrategie einer Professional Service Firm immer auch eine Reaktion auf die organisatorisch-strategische Aufstellung ihrer Kunden sein muss. „When a buyer is a firm, the buyer may be global, local, or multidomestic ..., and hence, even though the characteristics of the services and underlying technologies may be local in nature, the buying firm may want to deal with a single professional service firm world wide. Many client firms demand consistent and common service globally ... even though ... local expertise is critical, and production cannot be ,centralized' in one country."[765] Daraus ist aber trotz allem keine zwingende Notwendigkeit abzuleiten, dass Professional Service Firms in jedem Fall international wachsen oder, auf WP-Firmen und Unternehmensberatungen bezogen, ihre internationalen Netzwerke zu global einheitlich auftretenden One-Firms entwickeln müssen: „... it is not obvious that global clients require global professional service firms, nor that the increased reputation effect from global operations adds more value than the costs involved in operations"[766].

Strategisch stellt sich vielmehr die Frage, ob eine Professional Service Firm überhaupt einheitlich gegenüber ihren Kunden auftreten sollte, wenn diese selbst heterogen strukturiert sind. So könnte eines Tages durchaus für viele große WP-Firmen und Unternehmensberatungen die

---

[762] In der französischen Provinz beispielsweise wächst der Widerstand gegen den Pariser Zentralismus in Frankreich. Vgl. Börsen-Zeitung (2006b), S. 28.

[763] Der ist natürlich sehr branchenabhängig, was auch Auswirkungen auf die Arbeit der Professional Service Firm hat. Eine globale Implementierung des SAP-Betriebssystems dürfte einfacher, da einheitlicher von Accenture oder IBM Consulting durchzuführen sein als beispielsweise eine globale Vertriebsstrategie.

[764] Vgl. Handelsblatt.com (2006a) und Knorr/Arndt (2003), S. 19 ff.

[765] Lowendahl (2005), S. 168. Theoretisch ist es allerdings nicht unmöglich, dass in Zukunft für einen Teil der Unternehmensberatungen, die sich derzeit klar spezialisiert haben, ein Produkt oder eine Methode der Wachstumstreiber wird, die überall auf der Welt wie eine Commodity gebaut, danach in die jeweiligen Kundenländer exportiert und je nach Bedarf lokal angepasst werden kann. Dies hätte zur Folge, dass durchaus, ähnlich wie bei Industrieunternehmen, nicht der gesamte Wertschöpfungsprozess im Land des Kunden vor Ort erstellt werden müsste und damit auch völlig andere Optionen bei der internationalen Positionierung entstünden.

[766] Lowendahl (2005), S. 178.

Option entstehen, sich aufzuteilen: in eine Gesellschaft, die die 500 größten international täti-gen Kunden betreut, und in eine, die als Zweitmarke für den lokalen Mittelstand tätig ist. Un-klar wäre jedoch, ob dies auch immer mit einem Erhalt ihrer bisherigen Reputation vereinbar wäre. Da aber große, global tätige Kunden selbst oft weltweit uneinheitlich, da multinational organisiert sind, könnte eine strategische Option für Professional Service Firms auch darin liegen, nicht mehr alle Kunden, sondern nur noch ausgewählte Kunden zu betreuen. Diese müssten dann als Gruppe in sich allerdings so homogen wie möglich sein und ähnliche Erwar-tungen an Leistungen und Service von Professional Service Firms haben, damit sich diese strukturell ähnlichen Herausforderungen stellen könnten.[767]

Auch *Barett/Cooper/Jamal* verweisen auf diese Problematik, indem sie die Frage aufwerfen, ob von der Netzwerkintegration überhaupt nicht nur alle Länder, sondern auch alle Landesbü-ros profitieren: „In a similar manner, many smaller offices of the Big Four, located away from the headquarters of multinational corporations, are highly profitable, and the source of many work innovations. While they contribute significantly to the overall firm, they often resent the status of the large, metropolitan offices, serving global clients. The concerns of smaller and peripheral offices, about smaller clients, not for profit organizations, and relations with the local education and business community, are often not reflected in the globalizing and distant agendas of the larger offices, who are more concerned about international trade rules, foreign direct investment, harmonizing and standardizing accounting and auditing standards, and managing large contacts. The costs of belonging to a global professional service firm are often a source of considerable resentment for peripheral offices ... Whether large professional ser-vice firms can sustain both sets of offices is an issue that worries many senior managers of such firms."[768]

Insofern kann das verallgemeinernde Fazit von *Mandler* für Professional Service Firms – „Ei-ne internationale Unternehmung (One-Firm) entsteht durch Internalisierung. Nur so kann die erforderliche grenzüberschreitende Allokation personeller und finanzieller Ressourcen trans-aktionskostensparend gewährleistet werden."[769] – derzeit noch nicht genügend belegt werden und muss deshalb kritisch hinterfragt werden. Es bleibt auch unklar, wie weit die strukturelle Integration der internationalen Professional-Service-Firm-Netzwerke und damit auch der er-wähnte Wandel im Partnerschaftsmodellverständnis in der Realität bereits vorangeschritten ist.

---

[767] In einem zweiten Schritt ist dann natürlich auch eine Anpassung des Service-Portfolios an die homogeni-sierten Kundensegmente zu diskutieren.
[768] Barett/Cooper/Jamal (2005), S. 21.
[769] Mandler (1999), S. 449. Er teilt die Internationalisierungsbemühungen der WP-Firmen daher auch in drei Phasen ein: in eine Entstehungsphase bis in die 60er Jahre, eine Expansionsphase bis in die 90er Jahre und in eine, derzeit aktuelle, Phase der Reorganisation und verstärkten Integration der bestehenden Netzwerk-strukturen.

Zwar wird von *Malhotra/Morris/Hinings* behauptet, „global clients expected firms to be as highly integrated as their own organizations. Hence, global firms adopted elaborate integrative mechanisms ... For example, traditionally, control of the client portfolio is in the hands of individual partners, but the international firms increasingly sought to establish central authority over the client portfolio, thereby challenging the authority of individual partners"[770], allerdings steht diese Aussage im Widerspruch zu den bislang in dieser Arbeit herausgearbeiteten Beispielen, die einen noch erheblich geringeren Integrationsstand, insbesondere in der operativen Umsetzung, vermuten lassen.

Vor diesem Hintergrund sollte bei der transnationalen Entwicklung von Professional Service Firms auch der Frage größere Aufmerksamkeit gewidmet werden, wie gegebene Strukturen mit Leben gefüllt, effizient genutzt und kontinuierlich verbessert werden können. Dies lenkt den Blick auf die Aufbau- und Leitungsorganisation sowie die Systeme international positionierter Professional Service Firms, die es erlauben, ein strategisches Netzwerk so integriert wie möglich zu führen und gleichzeitig den Partnern und Professionals ihren notwendigen Freiraum in der Interaktion mit dem Kunden zu lassen. Damit wird auch „die grenzüberschreitende Organisation von Service Lines ... und nicht die übergreifende gesellschaftsrechtliche Unternehmensorganisation"[771] in den Vordergrund gestellt, um somit implizit den Kundennutzen und nicht die internen Koordinationsbemühungen zu steigern. Denn die rechtliche Schaffung einer One-Firm ist noch lange keine Garantie dafür, dass die Zusammenarbeit zwischen den einzelnen Ländern, Büros oder Partnern am Ende des Tages auch effizient und reibungslos funktioniert. Ob sie eine Grundvoraussetzung für die One-Firm-Gestaltung einer international tätigen Professional Service Firm sein muss, ist in Ermangelung aussagekräftiger öffentlich zugänglicher wissenschaftlicher wie praktischer Informationen bislang nicht zu beantworten.

3.2.4 Operationalisierung internationaler Organisationsstrukturen

Wie schon im Rahmen des in *Kapitel 2.4.2.5* beschriebenen allgemeinen Strategieentwicklungsprozesses stehen Professional Service Firms auch bei internationalen Strategiefragen vor der Entscheidung, ob die Gestaltung ihrer Systeme und Prozesse eine interne Antwort auf erwartetes Effizienzsteigerungspotenzial, organisatorische Verbesserungsmöglichkeiten und

---

[770] Malhotra/Morris/Hinings (2006), S. 183.
[771] Vgl. Deloitte (2006q). Diese vom KPMG-Konkurrent Deloitte Deutschland stammende Argumentation kann natürlich sowohl aus einem Interesse, national so eigenständig wie möglich bleiben zu wollen, als auch aus der Not heraus geboren sein, dass der Marktführer in Deutschland (KPMG) mit der Ankündigung seiner Fusion mit KPMG UK den First-Mover-Advantage für sich in Anspruch nimmt und nicht der deutlich kleinere Herausforderer (Deloitte).

klarere Macht- und Entscheidungsstrukturen darstellt oder extern vom Markt verlangt wird. Denn Kunden haben meist klare Vorstellungen von den Leistungen einer Professional Service Firm oder sollten solche zumindest haben. Sie können ihren Auftrag beispielsweise davon abhängig machen, inwieweit die Professional Service Firm gleichzeitig international vertreten ist, lokal vor Ort ansprechbar bleibt und ein internationales (kooperierendes) Projektteam aufstellen kann.

Die Herausforderungen für Professional Service Firms bei der Operationalisierung ihrer internationalen Strukturen können dabei anhand der Besonderheiten ihrer internationalen strategischen Netzwerke, einem „Paradebeispiel hybrider Überwachungsstrukturen zwischen Markt und Hierarchie"[772], im Vergleich zu Konzernstrukturen abgeleitet werden. Die internationale Zusammenarbeit, insbesondere dabei die Entwicklung und Umsetzung von grenzüberschreitenden Prozessen und Systemen erfolgt bei Professional Service Firms allgemein auf Basis der „unternehmenstypischen kooperativen Merkmale Vertrauen, das den auf Weisungen beruhenden Koordinationsmechanismus ergänzt, und Informationsintegration"[773]. Die Relevanz dieser drei Merkmale lässt sich anhand einiger wesentlicher Operationalisierungsfragen aus der Praxis verdeutlichen:

- Vertrauen: Wie können Anreiz- und Vergütungssysteme auf internationaler Ebene geschaffen werden, die Professionals, aber insbesondere auch die Partner in Einklang mit den Gesamtinteressen der Professional Service Firm handeln lassen? Ein Beispiel aus der Unternehmenspraxis: Wie kann in einem partnerschaftlichen Netzwerk sichergestellt werden, dass lokale Partner nicht alleine ihr Performance-Kriterium, z. B. den Deckungsbeitrag ihres Teams, im Blick haben, sondern z. B. für internationale Marketingaktivitäten zur Verfügung stehen?[774]

- Weisungen: Wer soll letztendlich in einer internationalen Firma darüber entscheiden, welche Aufträge angenommen und mit welchen Mitarbeitern aus wessen Budgets besetzt werden sollen? Ein Beispiel aus der Unternehmenspraxis: Eine große WP-Firma

---

[772] Hachmeister (2001), S. 319.
[773] Lenz/Schmidt (1999), S. 123.
[774] Es gibt unterschiedliche Untersuchungen darüber, inwieweit monetäre Anreize des einzelnen Mitarbeiters oder Partners von Professional Service Firms ihn im Einklang mit den übergeordneten Unternehmenszielen handeln lassen. Müller-Stewens (2001), S. 133 behauptet z. B., dass „in einer offenen und teamorientierten Kultur monetäre Zahlungen eher von geringer Bedeutung sind … Deshalb ist es von zentraler Bedeutung, dass in stark wachsenden und internationalisierenden PSF innerhalb des ‚One-Firm'-Ansatzes auch auf die Herausbildung gemeinsamer Kulturelemente geachtet wird." Im Gegensatz dazu haben aber sämtliche im Rahmen dieser Arbeit befragten Personen bestätigt, dass Anreiz- und Vergütungssysteme als wesentliche Systemfaktoren innerhalb einer internationalen One-Firm gelten, unabhängig davon, wie homogen, stark, offen und teamorientiert die Unternehmenskultur ist.

kann ein multinationales Audit-Mandat gewinnen, muss dafür aber im Gegenzug sämtliche Beratungsleistungen in allen Ländern für diesen Kunden mehr oder weniger einstellen. Wer entscheidet über die Annahme des Auftrags?

- Informationsintegration: Wie kann der grenzüberschreitende Austausch von Wissen sichergestellt werden, damit der Kunde immer (unabhängig von den internen Strukturen der Professional Service Firms) den besten Service erhält?[775] Ein Beispiel aus der Unternehmenspraxis: Wie können interne Leistungsverrechnungssysteme geschaffen werden, um lokales Wissen auf internationaler Ebene[776] verfügbar zu machen? Eine Mitarbeiterin in England hat Kenntnisse in Marketingstrategien virtueller Unternehmen – ein Mitarbeiter in Deutschland sucht für ein Projekt dieses Wissen. Wie findet der deutsche Mitarbeiter das Know-how der Kollegin? Und welche Anreize könnte diese haben, ihn zu unterstützen?

Aus den Beispielen wird ersichtlich, dass international positionierte Professional Service Firms zunächst über ihre Leitungs- und Aufbauorganisation einen organisatorischen Rahmen entwickeln müssen, der die Leitlinien für die operative Koordination vorgibt. In Anbetracht der wachsenden Größe und damit höheren Komplexität internationaler Firmen muss berücksichtigt werden, dass auf internationaler Ebene[777] nicht mehr alle Entscheidungen von allen Partnern demokratisch und zeitintensiv gefällt werden können, sondern Entscheidungskompetenzen an das internationale strategische Management abgetreten werden müssen.[778] Der Umfang dieser Entscheidungsdelegation auf die internationale Ebene hängt nun vom Stand des Integrationsprozesses sowie dessen operativer Umsetzung ab. „Ein CEO einer globalen PSF hat seine Einflussmöglichkeiten einmal treffend mit dem Begriff der ‚Reisediplomatie' umschrieben"[779], was eher auf eine weiterhin dezentrale Entscheidungskultur bei manchen Professional Service Firms hinweist. Bei stärker integrierten und zentraler organisierten Unternehmensberatungen werden hingegen mehr Entscheidungen an die internationalen Führungsorgane delegiert.

---

[775] Für WP-Firmen bedeutet Wissensaustausch in diesem Zusammenhang eben auch, einen eigenen Beitrag zur Etablierung einer weltweit einheitlichen Prüfungsqualität zu leisten (vgl. Lück/Bungartz/Henke (2002), S. 1088) und diese Aufgabe nicht allein beim Gesetzgeber im Rahmen der Liberalisierung der Abschlussprüfertätigkeit und der internationalen Harmonisierung der Rechnungslegungsvorschriften einzufordern. Vgl. zu Großfeld (2001), S. 131 ff.

[776] Zur grundsätzlichen technischen Problematik des Wissensmanagements siehe Reihlen/Ringberg (2006), S. 332 sowie Becker (2005), S. 217 ff.

[777] Auf nationaler Ebene findet man weiterhin durchaus noch traditionell demokratische, das heißt konsensgetriebene Partnerschaftsstrukturen, auch wenn das internationale Netzwerk hierarchischer konstruiert ist.

[778] Vgl. Müller-Stewens/Drolshammer/Kriegmeier (1999), S. 81 f.

[779] Müller-Stewens/Drolshammer/Kriegmeier (1999), S. 81.

Ein allgemein für alle international tätigen Professional Service Firms gültiges Modell zur Entwicklung eines organisatorischen Netzwerkrahmens existiert in der Fachliteratur bislang nicht.[780] Beispielhaft soll daher im Folgenden auf die Leitung der internationalen Big-4-Netzwerke eingegangen werden.[781] Sie erfolgt organisatorisch in der Regel zunächst über Komiteestrukturen.[782] Dabei wählen entweder die leitenden internationalen Partner selbst die Mitglieder des Legislativorgans, in diesem Fall ein Board of Partners. Oder die Mitgliedsfirmen entsenden Vertreter, die das Legislativorgan bilden. Das Board of Partners ernennt und kontrolliert das Führungs- bzw. Exekutivorgan der internationalen Professional Service Firm, in diesem Fall eine Executive Group.[783] Deren personelle Zusammensetzung ist beispielsweise bei den Big-4-Firmen je nach den im Integrationsvertrag determinierten Strukturen der Landesgesellschaften festgelegt und national quotiert, sodass aus führenden, in der Regel der US-amerikanischen[784] oder britischen Landesgesellschaft stammende Mitglieder dort eine dominante Stellung einnehmen.[785] Allerdings setzt sich das internationale Führungspersonal der Professional Service Firms in letzter Zeit verstärkt aus Partnern verschiedener Länder zusammen.[786] Die Executive Group einschließlich des CEO ist für die operative Leitung und Koordination des Netzwerks zuständig.[787]

Eine Ebene unter der Leitungsorganisation sind Professional Service Firms mittlerweile überwiegen matrixförmig aufgebaut[788] und dabei einerseits nach Ländern oder zunehmend auch nach Regionen zusammengefasst sowie andererseits nach Service Lines aufgeteilt.[789] Im

---

[780] Eine detaillierte Beschreibung des organisatorischen Rahmens erfolgt in Kapitel 4.2.4.2 (Abbildung 20) im Rahmen der Fallstudiendiskussion zu Deloitte.

[781] Ein wesentlicher Unterschied z. B. zu als globalen Partnerschaften aufgestellten Unternehmensberatungen entsteht dadurch, dass bei diesen die internationalen Führungsorgane durch die weltweit tätigen Partner und nicht durch Vertreter der Landesgesellschaften gewählt werden.

[782] Vgl. Lenz/Schmidt (1999), S. 129.

[783] Vgl. Maister (2003), S. 293 f.

[784] Sowohl der weltweite Markt für WP-Firmen als auch der für Unternehmensberatungen ist angelsächsisch geprägt. Zum einen, weil der US-Markt selbst den größten Weltmarktanteil hat, zum anderen weil die größten Firmen zumindest historisch gesehen einen anglo-amerikanischen Kern haben. Vgl. zu Unternehmensberatungen auch Rassam (2001), S. 33 ff.

[785] In der Praxis ist dies einer der Hauptstreitpunkte, da die strategische Führung im Netzwerk proportional an die Landesgesellschaften verteilt wird und diese zunächst einmal ihre eigenen Interessen im Auge hat, sodass es statt vorher zwei (internationale und nationale) in dieser Konstruktion nun drei Interessensgruppen gibt.

[786] Vgl. Handelsblatt (2007b), S. C2. Die Autorin führt auf, dass beispielsweise deutsche Berater immer stärker in den Führungsgremien ihrer internationalen Organisationen gefragt sind, und verweist auf die international einflussreichen Rollen von Otmar Thömmes bei Deloitte, Hans-Paul Bürkner bei der Boston Consulting Group und Karl Heinz Flöther bei Accenture. Nöcker aber beispielsweise bezweifelt, dass sich Deutsche oder Europäer in den großen Unternehmensberatungen angelsächsischen Ursprungs entfalten können, da in einer globalen Führungsstruktur die dortige Spitze die Strategie vorgibt, die in der Regel mehrheitlich mit US-Amerikanern besetzt ist. Vgl. Frankfurter Allgemeine Zeitung (2007a), S. C5.

[787] Vgl. Lenz/Schmidt (1999), S. 129.

[788] Vgl. Grewe (2004), S. 237 ff.

[789] Vgl. Müller-Stewens/Drolshammer/Kriegmeier (1999), S. 85.

von der Executive Group ernannten Global Management Committee sitzen die international verantwortlichen Partner („Managing Partner") für die Regionen, für die Client Service Lines und häufig auch für die Branchen sowie die administrativen Funktionen, z. B. der Chief Operating Officer. In welchem Umfang die internationalen Managing Partner Entscheidungsvollmachten oder auch Ergebnisverantwortung haben, hängt wiederum von der Intensität der Integration auf internationaler Ebene ab.

Eine wesentliche Rolle bei der internationalen Verbindung der Landesgesellschaften sowohl auf Projekt- als auch auf institutioneller, das heißt struktureller Ebene nehmen gemeinhin die internationalen Lead Client Service Partner (LCSP) ein, die als Leiter der Key Accounts innerhalb des gesamten Firmennetzwerks Verantwortung für einen bestimmten Kunden tragen und damit als integrative Kraft auf internationaler Ebene wirken. Welche Entscheidungsbefugnisse ein LCSP hat, hängt wiederum sehr stark vom jeweiligen internationalen Integrationsgrad der Professional Service Firm ab. Welche operative Rolle[790] er beim Kunden spielt, wird in großem Maße von dessen Wünschen und dessen eigener internationaler Aufstellung beeinflusst.

Neben den strukturellen Anforderungen, die an die Leitungs- und Aufbauorganisation eines internationalen Netzwerks gestellt werden, kommt bei der operativen Umsetzung des Netzwerks den weichen Faktoren Vertrauen und Informationsintegration eine wesentliche Bedeutung zu. Professional Service Firms müssen dabei grenzüberschreitende Informations- und Anreizsysteme (oder auch Human-Resource-Systeme) so implementieren und mit Leben füllen, dass durch die internationale Zusammenarbeit Verbundeffekte genutzt werden können. Diese systemseitigen Anforderungen werden mit zunehmender Größe und wachsender regionaler Ausbreitung der Gesellschaft komplexer und heikler. Parallel dazu wird aber auch die Entwicklung und Pflege dieser Systeme für den Zusammenhalt der Strukturen und damit für den Geschäftserfolg immer wichtiger. Die Lösung dieser Herausforderung verschärft sich auf internationaler Ebene durch das bereits eingangs dargestellte Dilemma des People's Business: Der nicht-operative Teil der Arbeit an den Systemen kostet den Partner einer Professional Service Firm Zeit. Auch kann die Teilung von Informationen und Wissen mitunter negativ auf ihn zurückfallen, wenn keine firmenweite Kultur des gegenseitigen Vertrauens herrscht, und er im Gegenzug davon weder finanziell noch anderweitig profitieren kann. Die Überwindung

---

[790] Generell werden in der Unternehmenspraxis zwei Möglichkeiten zur Umsetzung diskutiert: eine eher flexible Lösung, bei der ein LCSP im Hintergrund agiert und damit mehr interne Aufgaben übernimmt, da der Kunde selbst eher dezentral und damit individuell Aufträge vergibt. Oder eine zentrale Lösung, z. B. über die Bildung eines „single point of contact" innerhalb der Professional Service Firm, der sämtliche Kundenbeziehungen weltweit koordiniert und steuert.

dieses Dilemmas kann nur durch gemeinsame internationale Führunganstrengungen auf allen Ebenen erreicht werden.

3.2.5   Ausgewählte ressourcenorientierte strategische Entwicklungsoptionen

Zusammenfassend lässt sich konstatieren, dass die meisten international tätigen Professional Service Firms als strategische Netzwerke mit unterschiedlichen Ausprägungen organisiert sind. Aufgrund der besonderen internen Notwendigkeit für Professional Service Firms zur grenzüberschreitenden internen Interaktion muss dabei ein strategisches Netzwerk begrifflich bei wirtschaftlicher Betrachtungsweise in dieser Arbeit auch solche Unternehmenskonstrukte umfassen, die rechtlich eher konzernähnlich sind. Die Professional-Service-Firm-Netzwerke befinden sich im Wandel, um den wachsenden Anforderungen an ihre Effizienz aufgrund der steigenden Komplexität und Größe infolge anhaltenden Wachstums gerecht zu werden. Dieser Wandel betrifft vor allem die Entscheidung über die Intensität einer globalen Integration der Netzwerke, die trotzdem gleichzeitig den beim Kunden aktiven Partnern die lokal nötige Eigenständigkeit bzw. Möglichkeit zur Differenzierung überlässt.

Eine strategische Dimension erhält die Thematik durch die Frage, welche strategische Orientierung des Netzwerks sinnvoll erscheint und welche organisatorischen Anforderungen und Konsequenzen die Wahl des Partnerschaftsmodells hat. Darauf aufbauend lassen sich wie in *Kapitel 2.4.2.3.2* diskutiert strategische Entwicklungspotenziale für international tätige Professional Service Firms auf Ressourcenbasis ableiten und in den Bezugsrahmen des Intellectual-Capital-Konzepts[791] mit den drei Elementen Human Capital, Structural Capital und Relationship Capital übertragen.

---

[791]   Vgl. allgemein auch noch einmal Sveiby (1998) und Teece (2000).

Abbildung 17: Ressourcenorientierte strategische Entwicklungsoptionen

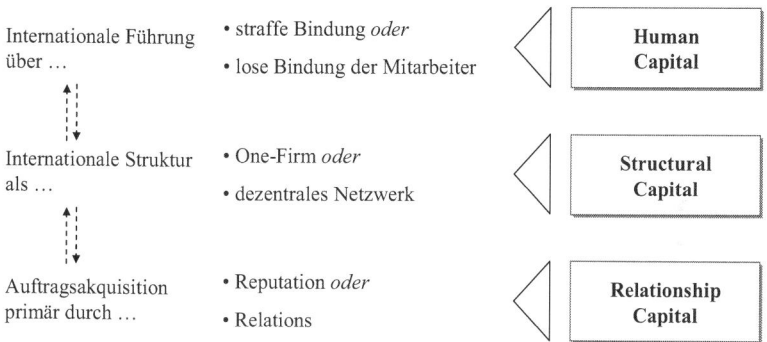

Im Human-Capital-Element des Rahmenkonzepts stellt ein Merkmal dabei die strategische Entscheidung für Professional Service Firms dar, eine straffe oder lose Bindung ihrer Mitarbeiter an zentral entwickelte Leitlinien anzustreben, um ihnen so entweder viel oder wenig individuellen Gestaltungsfreiraum im operativen Geschäft zu geben. Die gewählte Form der Mitarbeiterführung und -entwicklung kann dabei sowohl von der Unternehmenskultur als auch beispielsweise von Anreiz- und Vergütungssystemen beeinflusst werden. Im Rahmen des Structural-Capital-Elements kann entweder das strategische Konzept der One-Firm oder das eines dezentraleren Netzwerks realisiert werden. Ziel ist es, das vorhandene immaterielle Vermögen der Professional Service Firms durch die Schaffung eines strukturellen Rahmens für den Unternehmenserfolg gewinnbringend einzusetzen. Im Element des Relationship Capital entsteht eine weitere mögliche strategische Differenzierungsmöglichkeit anhand der Akquisition von Kundenaufträgen. Dabei kann die Professional Service Firm entweder verstärkt über ihre Reputation oder die persönlichen Beziehungen („Relations") ihrer Mitarbeiter auf dem Markt bzw. beim Kunden versuchen, Aufträge zu generieren.

Zwischen allen Merkmalen der drei Elemente bestehen Interdependenzen. So müssen international tätige Professional Service Firms, die als One-Firm positioniert sind, ihre Mitarbeiter eng führen und dementsprechend über die Entwicklung eines starken Brands auf dem Markt Erfolg haben. Firmen, die keine starke einheitliche Kultur haben und damit einen hohen Freiheitsgrad bei der Mitarbeiterführung walten lassen, müssen dezentral strukturiert sein und sich bei der Auftragsgewinnung auf die Stärke der individuellen persönlichen Beziehungen der Mitarbeiter vor Ort verlassen. Treiber der jeweiligen strategischen Positionierung ist dabei immer der marktorientierte Teil des Geschäftsmodells von Professional Service Firms.[792] Diese bilden die ressourcenorientierten Elemente als ihre strategische Antwort auf ihre Kundenstruktur und internationale Positionierung. Entscheidend für den Erfolg bei der Umsetzung ist dabei die Konsistenz der einzelnen sowohl markt- als auch ressourcenorientierten Elemente, sodass zumindest kein strategischer Widerspruch in sich entsteht.

3.3   Zwischenfazit

In Kapitel 3 wurden zunächst der Begriff der Internationalisierung abgegrenzt und mögliche Formen der strategischen Orientierung von Industrie- und Dienstleistungsunternehmen im Kontext der Internationalisierung diskutiert. Dabei wurden Stand, Treiber und Herausforderungen der Internationalisierung von Professional Service Firms betrachtet und die verschiedenen Internationalisierungsansätze der Branche analysiert. Darauf aufbauend wurden die internationalen Netzwerkstrategien von Professional Service Firms voneinander abgegrenzt. Besonderes Augenmerk galt dabei der spezifischen Ausgestaltung der internationalen Organisationsstrukturen und der für den Zusammenhalt ihrer internationalen Netzwerke notwendigen Systeme.

Aus den dabei gewonnenen theoriegeleiteten und exemplarischen Erkenntnissen lassen sich zusätzlich zu den beiden eingangs formulierten Forschungsfragen

- „Warum erfordert die Globalisierung der Weltwirtschaft international aufgestellte Professional Service Firms?" und

- „Wie sollten Geschäftsmodell, Strategie und Organisation von Professional Service Firms gestaltet sein, um Ausrichtung und Zielen ihrer Internationalisierungsbestrebungen ge-recht zu werden?"

drei weitere Fragenkomplexe ableiten, die in der nun folgenden empirischen Fallstudienanalyse einer genaueren Untersuchung bedürfen:

- „Wie wirken systematische Maßnahmen, wie die Schaffung einer einheitlichen Unternehmenskultur und einheitlicher Anreiz- und Vergütungssysteme, als Bindeglieder

---

[792]   Vgl. Kapitel 2.4.1.3 und 2.4.2.3.1.

zwischen Strategie, Organisation und deren Operationalisierung bei international tätigen Professional Service Firms?"

- „Warum steigen die Bemühungen zur Vereinheitlichung der internationalen Professional-Service-Firm-Organisationen? Für welche Firmen ist das Modell einer One-Firm dauerhaft erstrebenswert?"

- „Wie gehen Professional Service Firms mit Herausforderungen um, die aus ihrem Wachstum entstehen?"

Sie bilden die Grundlage für die explorative Fallstudienanalyse, für die drei international positionierte Professional Service Firms ausgewählt wurden: das historisch dezentral gewachsene Big-4-Netzwerk Deloitte, die kleinere „Non-Big-4"-Prüfungs- und Beratungsgesellschaft Rödl & Partner und das stark integrierte Strategieberatungsunternehmen McKinsey & Company.

4 Explorative Fallstudienuntersuchung

4.1 Untersuchungsschema

Wie in *Kapitel 1.4* beschrieben werden nun im empirischen Teil der Arbeit drei Fallstudien unter Verwendung qualitativer Methoden der Datenerhebung und Datenanalyse durchgeführt. Fallstudien sind eine „Technik der empirischen Sozialforschung"[793]. Ziel ihres Einsatzes ist es, multidimensional-komplexe, noch nicht oder wenig erfasste, oft subjektive Sachverhalte zu erforschen und Zusammenhänge ganzheitlich aufzuzeigen.[794] Sie unterscheiden sich somit als Forschungsfallstudien von solchen Fallstudien, die in der Präsentation oder für Lehrzwecke zum Einsatz kommen.[795]

Wie in der folgenden Abbildung zusammengefasst eignen sich Fallstudien nach *Yin* besonders dann als Werkzeug für die qualitative Forschung, wenn Forschungsfragen nach dem „Wie" und „Warum" beantwortet werden sollen, der Sachverhalt vom Forscher weder gesteuert noch kontrolliert werden kann und der Fokus der Analyse auf aktuellen anstatt auf historischen Sachverhalten liegt.[796] Da alle drei Kriterien auf die vorliegende Arbeit zutreffen, verbleibt die Fallstudientechnik als das einzige geeignete Verfahren.[797]

---

[793] Meyer (2003), S. 475. Vgl. zur wachsenden Bedeutung der Fallstudientechnik in der qualitativen (wie quantitativen) Sozialforschung auch Kittel-Wegner/Meyer (2002), S. 9 f.
[794] Vgl. Kittel-Wegner/Meyer (2002), S. 13.
[795] Vgl. zu Lehrfallstudien auch Kittel-Wegner/Meyer (2002), S. 18 ff.
[796] Vgl. Yin (2003a), S. 1.
[797] Experimente als können als alternative Möglichkeit ausgeschlossen werden, da das Forschungsthema nicht über Experimente erfasst werden kann, unabhängig davon, ob Professional Service Firms überhaupt für vom Forscher kontrollierte Experimente zur Verfügung stehen würden, was angezweifelt werden kann.

Abbildung 18: Forschungsstrategie in Abhängigkeit relevanter Kriterien

Strategie	Forschungsfragen	Steuerungsmöglichkeit des Sachverhalts?	Fokus auf aktuellem Sachverhalt?
Experimente	Wie? Warum?	Ja	Ja
Umfrage	Wer? Was? Wo? Wie viel?	Nein	Ja
Archivanalyse	Wer? Was? Wo? Wie viel?	Nein	Ja und Nein
Geschichte	Wie? Warum?	Nein	Nein
Fallstudie	Wie? Warum?	Nein	Ja

Quelle: In Anlehnung an Yin (2003), S. 5

Innerhalb der Fallstudientechnik können explorative und konfirmatorische Forschungsfallstudien unterschieden werden.[798] Im Rahmen von explorativen Forschungsfallstudien werden zunächst Informationen über einen Untersuchungsgegenstand gesammelt, bevor auf dieser Grundlage die Formulierung von Hypothesen und Theorien vorbereitet werden kann.[799] Die empirisch-qualitative Exploration trägt besonders durch „Darstellung und Aufbereitung von qualitativen Daten dazu bei, bislang vernachlässigte Phänomene, Wirkungszusammenhänge, Verläufe etc. erkennbar zu machen."[800] Damit hat die vorliegende Studie explorativen Charakter. Konfirmatorische Fallstudien hingegen dienen „der Überprüfung vorab aufgestellter Hypothesen und ganzer Theorien, um sie zu bestätigen oder zu falsifizieren"[801]. Allerdings müssen sie eine Reihe von Gütekriterien erfüllen, um den Anforderungen zur Nomologisierung der Erkenntnisse (also der Generalisierbarkeit von Gesetzen)[802] zu genügen, was dem explorativen Charakter der Analyse entgegenläuft. Auch ist die quantitative komparative Forschung von der qualitativen Forschung abzugrenzen, weil dort anhand mehrerer oder einer großen Anzahl von Fällen im Rahmen vor allem Unterschiede und Korrelationen untersucht werden. Bei der qualitativen Forschung soll hingegen ein möglichst typisches und umfassen-

---

[798] Vgl. Meyer (2003), S. 476 f.
[799] Vgl. Bortz/Döring (2002), S. 358.
[800] Bortz/Döring (2002), S. 386.
[801] Meyer (2003), S. 476.
[802] Vgl. Meyer (2003), S. 477.

des Bild des Untersuchungsgegenstands erfasst werden.[803] Je weniger Fälle analysiert werden, „desto eher kann man auf die Besonderheiten des Falles eingehen, desto genauer kann die Analyse sein"[804].

Darüber hinaus wird in der Fallstudientechnik zwischen der Einzelfall- (single case study) und der Mehrfachfallstudie (multiple case study) differenziert.[805] Während in einer Einzelfallstudie nur ein Fall oder einzelne Fälle (hier einzelne Professional Service Firms) unabhängig voneinander untersucht werden, kommt die in der vorliegenden Arbeit ebenfalls angewandte Mehrfachfallstudie dann zur Anwendung, wenn mehrere Fälle (Professional Service Firms) zu denselben Forschungsfragen untersucht werden und ihre Grobstruktur (wenn auch nicht zwangsläufig der Inhalt)[806] dieselbe ist. „Eine derartige Mehrfachfallstudie entspricht einer Aneinanderreihung mehrerer Einzelfallstudien."[807] Das bestätigt auch *Brüsemeister*: „Auch wenn qualitative Forschungen mehrere Fälle untersuchen, ist ihnen ein … einzelfallanalytisches oder fallkonstruktives Vorgehen vielfach gemeinsam."[808] Strukturell basieren die Fallstudien in dieser Arbeit auf dem bereits dargestellten gedanklichen Unterbau[809]:

1. Hintergrund
2. Geschäftsmodell
3. Stand der Internationalisierung
4. Management der Internationalisierung
5. Zukünftige Herausforderungen

Konkrete Betrachtungsobjekte im Rahmen der Fallstudien sind drei unterschiedliche Professional Service Firms innerhalb des für diese Arbeit auf WP-Firmen und Unternehmensberatungen eingegrenzten Kreises: Deloitte, Rödl & Partner und McKinsey & Company. Die bewusste Auswahl dieser Firmen erfolgte danach, dass sie zum einen in einer Reihe von Merkmalen stark divergieren, obwohl sie teilweise miteinander im Wettbewerb stehen. So sind im Rahmen eines Vergleichs Unterscheidungen möglich.[810] Zum anderen war dabei bedeutsam, dass es sich um typische Repräsentanten einer Subgruppe von Professional Service Firms (das heißt der Forschungsobjekte) handelt: Deloitte steht für eine international tätige, multidiszi-

---

[803] Vgl. Ragin (1994), S. 47 ff.
[804] Mayring (2002), S. 42.
[805] Vgl. Yin (2003a), S. 39 ff.
[806] Vgl. zur Struktur von Fallstudien z. B. Scholz/Tietje (2002), S. 13.
[807] Gillmann (2002), S. 164.
[808] Brüsemeister (2000), S. 22.
[809] Damit wird der Ansicht von Yin (2003a), S. 13 ff. Rechnung getragen, für den der Aufbau von Fallstudien zumindest partiell immer auch theoriegeleitet ist.
[810] „Multiple cases should be selected so that they replicate each other – either predicting similar results or contrasting results for predictable reasons." Yin (2003b), S. 5.

plinäre Big-4-Firma, Rödl & Partner für eine vom (deutschen) Heimatmarkt aus grenzüberschreitend stark gewachsene, mittelständisch geprägte „Non-Big-4"-Prüfungs- und Beratungsgesellschaft und McKinsey & Company für ein global führendes Strategieberatungsunternehmen.

Die Datenerhebung und Datenanalyse erfolgten primär auf der Grundlage von Befragungen in Form von nur wenig strukturierten (und auf qualitativen Methoden basierenden)[811] persönlichen Experteninterviews[812] mit leitenden Mitarbeitern der ausgewählten Firmen.[813] Ziel dieser Interviews war es, den komplexen, noch wenig erforschten Phänomenen anhand der Erfahrungen und Interpretationen des Interviewpartners näher zu kommen und damit auch die Ausprägungen subjektiver Verhaltensweisen im People's Business besser zu erfassen. Da die Fallstudientechnik „prinzipiell offen für alle Methoden und Techniken der empirischen Sozialforschung"[814] ist, fanden zusätzlich (neu in den Kontext gebrachte) konvergent ausgewertete Sekundärdaten, wie Geschäftsberichte, Pressemitteilungen, Zeitungsartikel, Fachaufsätze und -literatur sowie Lehrfallstudien führender Business Schools, Berücksichtigung.[815] Für die Fallstudie zu Deloitte wurden zusätzlich vom Unternehmen interne, für diese Arbeit anonymisierte und damit wissenschaftlich als Primärdatenäquivalent einzustufende Dokumente, wie Strategiepapiere und Konkurrenzanalysen, zur Verfügung gestellt, auf die teilweise in den Fallstudien verwiesen wird.[816] Flankiert wurde diese Datenerhebung durch Hintergrundgespräche mit jüngeren (aktuellen und ehemaligen) Mitarbeitern der drei Firmen, insbesondere um ein besseres Verständnis über den Status quo und die Herausforderungen in der täglichen operativen Praxis zu erlangen.[817]

Auch wenn einige Details aus Gründen der Vertraulichkeit nicht erfasst wurden, erlaubte die Technik und Tiefe der Datenerhebung im Ganzen die Erstellung valider Fallstudien,[818] insbesondere durch die umfassenden und reflektierenden Interviews mit führenden Unternehmensvertretern. Ebenso konnte trotz der Tatsache, dass die Interviews im Rahmen aller drei Fallstudien ausschließlich mit deutschen Mitarbeitern geführt wurden, einheitlich sichergestellt

---

[811]   Vgl. Borchardt/Göthlich (2006), S. 42 ff. Die Interviews waren leitfadengestützt und wurden protokolliert.
[812]   Vgl. Brüsemeister (2000), S. 16.
[813]   Eine Übersicht der Interviews findet sich im Anhang A.
[814]   Kittel-Wegner/Meyer (2002), S. 15.
[815]   Die Verwendung einer Reihe aktueller, nicht wissenschaftlicher Publikationen als Quellen im Rahmen der Fallstudienanalyse ist auch Folge der hier besonderen Notwendigkeit, einen Transfer zum Ist-Zustand der Firmen auf diesem noch wenig untersuchten und sich stark verändernden Gebiet zu ermöglichen.
[816]   Aus diesem Grund ist die Einzelfallstudie zu Deloitte die umfangreichste.
[817]   Eine zweite (bzw. dritte) Form der Primärdatenerhebung, die Beobachtung, vgl. hierzu Borchardt/Göthlich (2006), S. 45 f, konnte im Rahmen dieser Arbeit nicht durchgeführt werden, weil sie zum einen sehr zweitaufwendig ist, zum anderen Professional Service Firms „externe" Personen in der Regel aus Vertraulichkeitsgründen nicht an Mandantenterminen oder internen Strategietreffen teilnehmen lassen wollen.
[818]   Vgl. zu den Qualitätsanforderungen an das Design von Fallstudien z. B. Yin (2003a), S. 33 ff. oder Borchardt/Göthlich (2006), S. 49 ff.

werden, dass zwischen internationaler Unternehmenssicht und nationaler (oder individueller) Ansicht dort unterschieden wurde, wo beide Standpunkte divergierten.[819] Erschwert wurde die Datenerhebung im Rahmen der Fallstudie zu McKinsey & Company allerdings durch die (bereits mehrfach erwähnte) vorherrschende Philosophie bei Strategieberatungsunternehmen zur Intransparenz hinsichtlich der Offenlegung interner Strukturen und Abläufe für Außenstehende. Mitarbeiter dieses Unternehmens waren deshalb zum Teil nur anonymisiert, zum Teil auch gar nicht zu einem Interview bereit.[820] Daher wurden für diese Fallstudie zusätzlich Interviews mit noch bis vor kurzem bei McKinsey & Company tätigen Mitarbeitern (Alumnis) sowie mit Mitarbeitern und Alumnis des Hauptkonkurrenten Boston Consulting Group geführt, um ein hinreichend zuverlässiges und belastbares Bild über das Forschungsobjekt zu erhalten.[821]

In den folgenden Kapiteln werden nun die drei Fallstudien beschrieben, fallübergreifende Schlussfolgerungen gezogen, die Forschungsfragen beantwortet und weiterführende Hypothesen[822] entwickelt. Zusammenfassend ist der Erstellungsprozess der drei explorativen Fallstudien innerhalb der Mehrfachfallstudie wie folgt strukturiert:

---

[819]   Dies wird aber auch deshalb ermöglicht, weil Rödl & Partner ein deutsches Unternehmen ist, von Deloitte internationale Dokumente zur Verfügung gestellt wurden und McKinsey & Company sich generell als „global einheitliches Unternehmen" charakterisiert und äußert. Vgl. Interview Görner.

[820]   Ein Mitarbeiter von McKinsey & Company zitiert dabei die Kommunikationsabteilung wie folgt: „Interviews über unsere interne Arbeitsweise mit Nennung von McKinsey geben wir grundsätzlich nicht." Vgl. zur „rätselhaften" Verschwiegenheit des Unternehmens nach außen auch die Hintergrundberichte in Süddeutsche Zeitung (2004a), S. W-III und Süddeutsche Zeitung (2004b), S. 3.

[821]   Ziel ist es dabei, den Typus von McKinsey & Company als Strategieberatungsunternehmen durch Details ihres größten und ähnlichen Konkurrenten Boston Consulting Group zu untermauern. Alumnis wurden befragt, weil angenommen wurde, dass ehemalige Mitarbeiter sich tendenziell offener über Interna äußern können und so nicht nur Informationen über den „Soll-Zustand", sondern auch über den „realen Ist-Zustand" in den Firmen im Rahmen der Interviews generiert werden konnten.

[822]   Auf einen bisweilen, z. B. von Eisenhardt (1989), S. 544 f, geforderten expliziten Abgleich der entwickelten Hypothesen mit bestehender Fachliteratur kann in dieser Arbeit verzichtet werden, da die Fallstudienanalyse trotz ihres explorativen Charakters auf einer theoriegeleiteten Abhandlung der Thematik fußt. Zudem entstehen vor dem Hintergrund des anwendungsorientierten Forschungsverständnisses dieser Arbeit Probleme und damit Hypothesen in der Praxis und nicht in der Wissenschaft, müssen also als solche nicht erst noch theoretisch validiert werden, um in einer wissenschaftlichen Arbeit als solche bestehen zu können.

Abbildung 19: Erstellungsprozess der explorativen Fallstudien

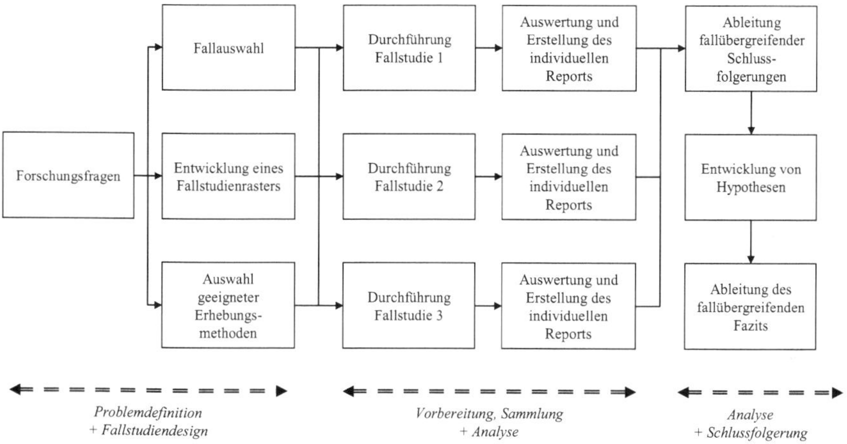

Quelle: In Anlehnung an Kittel-Wagner/Meyer (2002), S. 22

4.2 Fallstudie: Big-4-Firma Deloitte

4.2.1 Hintergrund

Deloitte ist ein internationales Prüfungs- und Beratungsnetzwerk, das aus der Zusammenarbeit von US-amerikanischen, britischen und Firmen anderer Länder über Kooperationsverträge und aus der gemeinsamen Mitgliedschaft im Schweizer Verein Deloitte Touche Tohmatsu entstanden ist (im Folgenden „Deloitte Global"). Diese sichert das Recht nationaler Mitgliedsfirmen auf die alleinige operative Tätigkeit beim Kunden in ihrem jeweiligen Land. Seit 1952 ist die Dr. Wollert - Dr. Elmendorff KG, heute Wollert-Elmendorff GmbH[823] mit Sitz in Düsseldorf, deutsche Mitgliedsfirma des Deloitte Netzwerks, deren 100%ige Tochtergesellschaft die Deloitte & Touche GmbH in Deutschland ist (im Folgenden „Deloitte Deutschland").[824] Die Gruppe tritt unter dem Brand „Deloitte" auf dem deutschen Markt auf.[825]

---

[823] Im Jahr 2000 wurde die KG in eine GmbH umgewandelt.
[824] Vgl. zur Geschichte von Deloitte Deutschland und auch zur Entwicklung der mittlerweile engen Bindung der Gesellschaft an das internationale Deloitte-Global-Netzwerk Reder/Roeseling/Prüfer (2007).
[825] Vgl. Deloitte (2005b).

Im Geschäftsjahr 2006 wuchs der weltweit von 70 Mitgliedsfirmen in 136 Ländern[826] gene-
rierte Gesamtumsatz von Deloitte Global um 10 % auf 20,0 Mrd. USD, wovon 52 % auf die
Region Americas (Nord- und Südamerika), 39 % auf die Region EMEA (Europa und Afrika)
und 9 % auf die Region Asia Pacific (Asien und Australien) entfielen.[827] Innerhalb der multidisziplinären Organisation fiel in Bezug auf die verschiedenen Funktionen der Umsatzanteil
des Prüfungsbereichs (Audit) in diesem Zeitraum mit 48 % erstmals unter die 50 % Marke.
Deloitte Global erzielt mittlerweile 23 % ihres Umsatzes mit der Unternehmensberatung
(Consulting), 22 % im Bereich Steuerberatung (Tax), und 7 % mit Financial Advisory Services. Als derzeit zweitgrößte Big-4-Organisation nach PwC beschäftigt Deloitte Global weltweit 132.400 Mitarbeiter, davon 107.900 fachliche Mitarbeiter und Partner.[828]

4.2.2 Geschäftsmodell

Leitbild von Deloitte ist es, als das Prüfungs- und Beratungsunternehmen erster Wahl anerkannt zu werden. Um dies umsetzen zu können, hat Deloitte ihr Wachstum und die multidisziplinäre Weiterentwicklung des Dienstleistungsprogramms in den Fokus ihres Geschäftsmodells gestellt: „[Wir wachsen] stetig und entwickeln unsere globalen innovativen Dienstleistungen kontinuierlich weiter … Unser Ziel ist, zum Erfolg unserer Mandanten und unserer
Mitarbeiter beizutragen. Um diesem Ziel gerecht zu werden, setzen wir auf unsere Größe, unsere Marktposition und unsere Mitarbeiter."[829] Vor allem sollen dabei die Beratungstätigkeiten ausgeweitet werden.[830] Für das Geschäftsmodell lassen sich daraus zwei zentrale Strate-
gieansätze ableiten.

Zum einen führt nach Auffassung von Deloitte Firmengröße und ein hoher Marktanteil, insbesondere im oligopolistisch[831] geprägten Audit-Bereich,[832] zur Verbesserung der Wettbewerbsposition und erhöhter Profitabilität, weil nur so – auf nationaler wie internationaler Ebene – eine hohe Auslastung der Mitarbeiter sichergestellt, Synergien und Skaleneffekte (z. B.

---

[826]   Vgl. Deloitte (2006m), S. 12 f.
[827]   Organisatorisch gibt es innerhalb von Deloitte Global allerdings fünf Regionen, wobei Nord- und Latein-
       amerika und Japan sowie das restliche Asia Pacific getrennt werden und nur EMEA in derselben Form ver-
       bleibt.
[828]   Vgl. Deloitte (2006m), S. 50 ff.
[829]   Vgl. Deloitte (2007b).
[830]   Vgl. Börsen-Zeitung (2007), S. 11.
[831]   Das Oligopol wird nach Ansicht von Deloitte auch weiterhin genährt von einem gewissen „Momen-
       tum" beim Kundendenken: „Wenn fast alle die Big 4 wählen, kann man mir bei einem Fehlschlag keine
       Vorwürfe machen."
[832]   Aber auch im Consulting-Bereich. Stratmann verweist darauf, dass für Deloitte Consulting Wachstum es-
       sentiell für die Mitarbeitermotivation sei und als Alternative nur die Positionierung als „lokaler Berater" in
       Frage käme, da auch die Wettbewerber konsequent in neue Märkte expandieren würden, McKinsey &
       Company so z. B. in Execution Strategy und Post-Merger-Integration. Vgl. Interview Stratmann.

Effizienzsteigerungen durch „Best Practices") gehoben und auch der Brand und damit die Reputation im Markt übergreifend verbessert werden können. Die strategischen Gründe, die hinter der Steigerung des Wachstums stehen, differieren allerdings von Land zu Land erheblich, da die nationalen Landesgesellschaften von Deloitte weiterhin sehr unterschiedlich auf dem Markt positioniert sind.[833] Auch können sie selbst darüber entscheiden, welchen Kunden sie welche Dienstleistungen anzubieten versuchen.[834] Aus diesem Grund bietet Deloitte in den einzelnen Ländern zum Teil unterschiedliche Dienstleistungen an[835] und hat als Konsequenz daraus auch divergierende Wettbewerber. Daher ist für den Erfolg des Netzwerks von Deloitte Global von zentralem strategischen Belang, dass eine grenzüberschreitende Kundenbetreuung sichergestellt wird. Deloitte Global muss aber interne Strukturen schaffen, die zulassen, dass ein einmal in einem Land akquirierter Kunde in alle Länder transferiert und somit das gesamte Kundenpotenzial über die Maximierung des Referred-in-Geschäfts genutzt werden kann.[836]

Der zweite zentrale strategische Ansatz betrifft die – wiederum auch das Wachstum stützende – Marktausschöpfung, was insbesondere auf eine Verbesserung des Cross-Sellings auf nationaler und internationaler Ebene zurückzuführen ist. In einem Marktumfeld, in dem sich Professional Service Firms offensichtlich schwer tun, greifbare Unterscheidungen zu Wettbewerbern zu identifizieren und zu entwickeln,[837] ist die Verbesserung des multidisziplinären Potenzials innerhalb des Deloitte-Geschäftsmodells ein Kernpunkt zur Abgrenzung von Wettbewerbern. Deloitte hat im Gegensatz zu den anderen Big-4-Firmen, die ihre Consulting-Bereiche einst abgespalten hatten, Beratungsdienstleistungen durch Deloitte Consulting in ihr Leistungsprogramm reintegriert. Unterschiede bestehen auch gegenüber Investmentbanken,

---

[833] Deloitte Deutschland ist mit deutlichem Abstand zu den deutschen Landesgesellschaften von KPMG und PwC nur die Nummer 4 im Wettbewerb mit sehr geringem Marktanteil in der Abschlussprüfung börsennotierter Konzerne und keinem Dax-Mandat im Audit-Bereich, während z. B. in Spanien Deloitte selbst Marktführer unter den Big 4 im Audit-Bereich ist. Gleichzeitig findet seit einigen Jahren in Deutschland auf dem Prüfungsmarkt ein deutlicher Preiswettbewerb statt, während in den USA ein akuter Prüfermangel infolge der SOX-Anforderungen besteht, der die Preise dadurch eher steigen lässt. Gleichzeitig ist in den USA auch die Bereitschaft, Teile der Wertschöpfungskette auf Kundenseite auszulagern, wesentlich höher als in Europa, was implizit zu mehr Beratungsaufträgen dort führt. Vgl. Interview Röhm.

[834] Dies lässt sich auch noch weiter auf die einzelne Partnerebene herunterbrechen, an die in vielen Landesgesellschaften die Investmententscheidung, z. B. zu Akquisitionen und Personal, delegiert worden ist. Vgl. Interview Röhm. Damit stellt sich de facto in diesem Punkt bei jeder Unternehmensentscheidung die Frage für den einzelnen Partner nach deren Einhaltung oder Umsetzung: „What's in it for me?", wenn ein Kunde ein bestimmtes Produkt nachfragt, das aber nicht offiziell im Dienstleistungsportfolio der gesamten Firma enthalten ist.

[835] Das bedeutet, dass die einzelnen Deloitte-Landesgesellschaften ein dem jeweiligen Landesmarkt angepasstes Produkt- und Dienstleistungsportfolio anbieten. Darunter sind in einzelnen Ländern auch Dienstleistungen, die nicht gleichzeitig weltweit offeriert werden, z. B. Headhunter Services und Rechtsberatungsleistungen.

[836] Vgl. Deloitte (2006f).

[837] Vgl. Deloitte (2006a).

denen das spezifische Wissen über Accounting und Tax Fragen im Rahmen von Transaktionen fehlt.[838]

Um all diesen SOX-Restriktionen der letzten Jahre zum Trotz bestehenden Wettbewerbsvorteil auch nutzen zu können, muss Deloitte ihre „Ent-SILO-isierung"[839] weiter vorantreiben.
Voraussetzung hierfür ist der erfolgreiche Transfer von Informationen, Problemlösungskom-
petenzen, Produkten und Mitarbeitern sowohl national als auch über Grenzen hinweg und die
Nutzung der Kompetenzen und Kontakte aller Landesgesellschaften und Funktionen innerhalb von Deloitte Global. Dies zeigen beispielsweise die erfolgreiche Akquisition mehrerer
Mandate im Bereich Post-Merger-Integration bei deutschen Dax-Unternehmen in letzter Zeit,
z. B. eines Prozessinnovationsprojekts durch Financial Advisory Services, Human Resource
Consulting und Tax oder eines Transfer-Pricing-Projekts durch Tax und Consulting. Für beide
erhielten internationale Projektteams von Deloitte vor allem aufgrund der Breite ihres Ange-
bots den Zuschlag.[840]

4.2.3   Stand der Internationalisierung

Die Entwicklung von Deloitte Global bis zum heutigen Tag lässt sich grob in zwei zeitweise
parallel verlaufende Stränge zusammenfassen: den der Expansion und den der Integration.
Die heutige Deloitte-Organisation hat ihren Ursprung im Zusammenschluss der internationalen Netzwerke der damaligen Big-8-Firmen Deloitte Haskins & Sells und Touche Ross zur
globalen Kooperation Deloitte & Touche im Jahr 1989.[841] Ergänzt um einige weitere Fusionen auf Landesebene in den USA und Kanada setzte diese Fusion zunächst den Schlusspunkt
der ersten Expansionsphase. Nach dem Zusammenbruch der weltweiten Arthur-Andersen-
Gruppe kam es in den Jahren 2002/2003 im Rahmen der zweiten Expansionsphase zur Übernahme zahlreicher Landesgesellschaften von Arthur Andersen durch Deloitte in aller Welt (in
Europa z. B. in Großbritannien, den Niederlanden, Italien und Spanien), nachdem die lokalen
Andersen-Partnerschaften der Empfehlung ihrer globalen Organisation, mit E&Y zusammen-
zugehen, auf nationaler Ebene nicht gefolgt waren. Die lokale Verantwortung dieser Übernahmen lag dabei jeweils vor Ort bei den Deloitte-Partnern in den jeweiligen Ländern.[842]

---

[838]   Stratmann sieht in der Nutzung dieses Wettbewerbsvorteils eine der Top-Prioritäten für Deloitte Consulting
        in Deutschland: „Position the firm and explore market opportunities as part of a broader firm", um infolge
        dieser Synergien notwendige Wachstumschancen zu nutzen. Vgl. Deloitte (2006s).
[839]   Mitarbeiter von Deloitte nutzten den Begriff Ent-SILO-isierung in Hintergrundgesprächen für diese Arbeit,
        um auf das teilweise noch in der Organisation vorherrschende „Grüppchendenken" mancher Partner ver-
        schiedener Funktionen und Länder hinzuweisen.
[840]   Vgl. Interview Röhm.
[841]   In einzelnen Ländern fusionierte Deloitte mit anderen Firmen (z. B. in Großbritannien Deloitte mit Coo-
        pers), in anderen Ländern, wie z. B. in Deutschland, Touche Ross nicht mit Deloitte, sondern mit KPMG.
[842]   Vgl. Deloitte (2005c).

Zunächst ist die Expansion eine notwendige Folge der strategischen Positionierung des Audit-Bereichs von Deloitte. *Können* Unternehmensberatungen internationalisieren, so *müssen* WP-Firmen dies tun, wenn sie die Abschlussprüfung international tätiger Großkonzerne übernehmen wollen. Kundenseitig verlangt der Mandant, international ein und denselben Konzernabschlussprüfer beauftragen zu können, der eine einheitliche konsistente Kundenbetreuung sicherstellt.[843] Unternehmensintern müssen folglich als Konsequenz die Durchsetzung gleicher Richtlinien und die reibungslose Delegation der Abschlussprüfung auf Schwestergesellschaften im Ausland möglich sein, soweit nationale WP-Firmen aus regulativen Gründen nur in dem Land Jahresabschlüsse testieren dürfen, in dem ihre Mitarbeiter als Abschlussprüfer zugelassen sind.[844] Gleichzeitig erhalten die einzelnen Landesgesellschaften über die Mitgliedschaft bei Deloitte Global Zugang zur Größe der anderen Mitgliedsfirmen und damit dem Können, den Kontakten und der Reputation, was als Folge zu hohem Referred-in-Geschäft und einer stärkeren Bekanntheit auf dem nationalen Markt führt.[845]

Ist damit die Notwendigkeit begründet, warum Deloitte Global flächendeckend international aufgestellt sein muss, liegt der Grund für die weitere Expansion in den einzelnen Ländern primär auf der Gewinnung von Marktanteilen und Skaleneffekten. Deloitte Deutschland geht davon aus, dass im Preiswettbewerb der WP-Firmen ein hoher Marktanteil und eine hohe Auslastung der Mitarbeiter zu wesentlichen Vorteilen im Wettbewerb führen. Damit dient die Marktanteilsgewinnung oder -verteidigung über Wachstum oder Zukäufe indirekt immer auch der Abwehr anderer Big-4-Netzwerke bei neuen oder vorhandenen Kunden und erklärt so das Expansionsstreben von Deloitte Global auch auf nationaler Ebene in den letzten 20 Jahren. Die Stärkung der einzelnen Landesgesellschaft soll bei diesem Denkansatz immer auch zur Stärkung der Gesamtfirma führen.[846]

Parallel zur Expansion kam es bei Deloitte ab Mitte der 90er Jahre dann unter dem Schlagwort „Alignment" zu verstärkten – teilweise auch heute noch andauernden – Bemühungen zur Institutionalisierung und Integration der internationalen Kooperation. Rechtlich blieben die Landesgesellschaften wie Deloitte Deutschland unabhängige Mitglieder der weltweiten Orga-

---

[843] Dazu gehören die heute als Basis für eine Mandatierung geltenden Wünsche nach der Durchsetzung einheitlicher Methoden, einer nachgewiesenen Effizienz und der Sicherung einer kostengünstigen, da kongruenten Abwicklung.

[844] Wie bereits dargestellt dürfen bislang in einzelnen Ländern, wie z. B. in Deutschland, auch letztlich nur „Berufsträger" an einer WP-Firma beteiligt sowie Geschäftsführer sein. Treuhandverhältnisse sind dort nicht zugelassen. Aus Sicht von Deloitte Deutschland wird der allgemeine Trend zur innereuropäischen Harmonisierung und Deregulierung der Märkte, z. B. über Entwicklungen hin zur Europäischen AG, mittelfristig Eigentumsfragen an nationalen WP-Firmen klären, sodass auch bei ihnen berufs- und gesellschaftsrechtlich hundertprozentige Fusionen zu (bislang nur eingeschränkt konstruierbaren) „globalen Firmen" ermöglicht werden sollten.

[845] Vgl. Deloitte (2006f).

[846] Vgl. Deloitte (2006g).

nisation von Deloitte Global. Wirtschaftlich betrachtet wurde auf der Basis zahlreicher zusätzlicher vertraglicher Vereinbarungen („Integration Memo") eine engere internationale Zusammenarbeit vereinbart und gleichzeitig die Autonomie der Landesgesellschaften eingeschränkt. Zusätzlich versuchte Deloitte Global über die Implementierung zusätzlicher Gewinnverrechnungsmodelle im Rahmen einer holländischen Stiftung, auch ohne die Schaffung einer eigenen globalen Partnerschaft im Audit-Bereich infolge der Haftungssituation eine globale Integration des Netzwerks zu simulieren und einen vorher definierten Gewinnanteil der einzelnen Landesgesellschaften an die globale Organisation abzugeben. Einen Sonderfall in dieser Konstruktion stellte mit Deloitte Consulting der Beratungsbereich der Organisation dar, der auch rechtlich zu einer globalen Partnerschaft (und damit Einheitsfirma) verschmolzen wurde. Nachdem alle nationalen Deloitte-Consulting-Firmen mit der US-amerikanischen Deloitte-Consulting-Gesellschaft auf die neu gegründete Deloitte Consulting Global mit Sitz in den USA übertragen worden waren, wurde diese Einzelmitglied bei Deloitte Global.[847]

Im Jahr 2004 wurden jedoch alle weiteren Ansätze, auch bei Deloitte Global die Schaffung einer globalen Partnerschaft vorzubereiten, als Reaktion auf den Zusammenbruch von Arthur Andersen beendet und infolge der Konsequenzen aus SOX ein Management-Buy-out oder Verkauf von Deloitte Consulting Global („Soon to be Braxton") geprüft. Als sich dies aber (wohl auch aufgrund von unterschiedlichen Preisvorstellungen) zerschlägt, wird Deloitte Consulting Global aufgespalten; deren nationale Practices werden wieder Teil der Deloitte-Landesgesellschaften. Während die übrigen Big-4-Gesellschaften ihre Consulting-Bereiche abgespalten bzw. verkauft hatten,[848] blieb Consulting Teil des Kerngeschäfts von Deloitte. Die Consulting-Partner wurden somit rechtlich wieder Partner der bestehenden nationalen Deloitte-Partnerschaften.[849] Alle internationalen Verrechnungsfirmen und die holländische Stiftung bei Deloitte Global wurden im selben Jahr auch zur Vermeidung des etwaigen Anscheins einer globalen Partnerschaft nicht mehr verwandt, sodass seitdem vertraglich geregelte Profitverteilungen auf globaler Ebene ausgesetzt sind.

Damit handelte Deloitte in struktureller Übereinstimmung mit den anderen Big-4-Firmen. Die ehemalige Arthur Andersen (Andersen Worldwide) bleibt bis zum heutigen Tage die einzige große international tätige WP-Firma, die als One-Firm positioniert war und in deren Netzwerk die einzelnen Landesgesellschaften nur mehr einen für die Erbringung von Dienstleistungen notwendigen rechtlichen Rahmen darstellten. Erreicht wurde die One-Firm über eine anhand

---

[847] Vgl. Deloitte (2005d).
[848] Wie erwähnt wurden PwC Consulting an IBM und E&Y Consulting an Capgemini verkauft. Aus KPMG Consulting wurde (größtenteils) Bearing Point.
[849] Technisch erhielten die Partner ihre Kapitaleinlagen von Deloitte Consulting Global zurück, die (neu bewertet) als neue Partnereinlage in die nationalen Partnerschaften eingebracht wurden, und erhielten so neue Anteile an den Deloitte-Landesgesellschaften zurück, so z. B. von Deloitte Deutschland.

von Gewinnabführungsverträgen der Landesgesellschaften an Andersen Worldwide strukturierte globale Gewinnverteilung, eine international einheitliche Performance-Messung, z. B.
unter Bezugnahme von Referred-in- und Referred-out-Messungen, sowie eine weltweit einheitliche, starke Kultur und ein gemeinsames Wertemodell. Auf diesem Weg konnten nach
innen „global visibility"[850] und nach außen globale Konsistenz bei Marktauftritt und Service
sichergestellt werden.[851]

Seit dem Jahr 2005 wird die Zusammenarbeit auf internationaler Ebene innerhalb des internationalen Netzwerks wieder verstärkt. So werden den Führungsorganen[852] von Deloitte Global
ein direktes Mitspracherecht bei Zusammenschlüssen oder ähnlichen Entwicklungen auf nationaler bzw. regionaler Ebene („Latin America") eingeräumt. Daneben schließen sich zur Erreichung der notwendigen Größe, beispielsweise um die Risk-Management-Anforderungen
und Standards erfüllen zu können, einzelne Landesgesellschaften grenzüberschreitend rechtlich, finanziell und führungstechnisch zusammen (beispielsweise alle lateinamerikanischen
Firmen mit Ausnahme Brasiliens; oder UK und die Schweiz) und schaffen damit gemeinsame
Landesgesellschaften innerhalb von Deloitte Global, um Führung, Qualitätskontrolle und
Kundenakquisition gemeinsam betreiben zu können.[853] Trotzdem bleibt es derzeit dabei, dass
Deloitte Global alle lokalen Partnerschaften zusammenbringt und führt, es aber weder ein
gemeinsames Profit Sharing noch eine globale Partnerschaft gibt.[854] Inhaltlicher Art soll das
zunehmende „Alignment" vor allem zu Verbesserungen und Vereinfachungen der Abschlussprüfung und zu Effizienzsteigerungen infolge einheitlicher Prüfungsmethoden führen sowie
die stärkere Nutzung der netzwerkinternen Insiderkenntnisse (wie z. B. induktives Wissen,
Regeln, Bilanzierungsstandards) anregen und die grenzüberschreitende Zusammenarbeit bei
der Auftragsakquisition verbessern.[855]

---

[850] Interview Stratmann.
[851] Vgl. Interview Stratmann.
[852] Vgl. ausführlich Kapitel 4.2.4.2.
[853] Deloitte spricht dabei von einem „Cluster" der Regionen, z. B. bei Deloitte Caribbean/Bermuda, Deloitte
       ASEAN (Association of South-East Asian Nations) und Deloitte LATCO (Latin American Countries Orga-
       nization). Dabei bleiben die Mitgliedsfirmen rechtlich unabhängig, aber „are getting closer together in terms
       of sharing resources and they're going to the market together as if [they are part of] a combined practice.
       „The idea here is really to build large combined practices which can then better respond to the needs of our
       clients. By clustering practices ... we are in a better position to respond to the demands of the marketplace.
       We gain scale, can afford a higher degree of specialisation and also invest better in local markets." Vgl.
       World Accounting Intelligence (2006).
[854] Als Grund für die Vermeidung globaler Partnerschaften kann die Vermeidung eines Haftungsübergriffs von
       einem Land in das nächste, wie z. B. im Fall der Insolvenz von Parmalat im Jahr 2003, gesehen werden, in
       dessen Rahmen Schadensersatzforderungen und Sammelklagen sowohl gegen Deloitte Italien und Deloitte
       US als auch gegen Deloitte Global gestellt wurden.
[855] Treiber des Alignments ist das von Deloitte Global initiierte Projekt „Cross Border Execution". Vgl. Deloit-
       te (2006k).

Einige Deloitte-Landesgesellschaften, wie z. B. die österreichische, sind zwar Mitglieder des internationalen Netzwerks, bislang aber nicht über das weitgehende Integration Memo, sondern nur über losere Vereinbarungen an die globale Organisation gebunden, sodass die Einflussnahme von Deloitte Global auf lokale Maßnahmen in diesen Ländern auf eine Beratung begrenzt ist. Kleinere Landesgesellschaften, insbesondere in den Emerging Markets, besitzen als „correspondent firms" innerhalb des Netzwerks nicht das Recht, den Brand Deloitte zu führen. Zudem führt als einzige große Landesgesellschaft Japan ihre eigene Organisation innerhalb von Deloitte Global („Japanese Service Group"). Deren Partner arbeiten in verschiedensten Ländern vor Ort und sind dabei formell Teil der jeweiligen Deloitte-Landesgesellschaft. Sie bleiben aber Partner der japanischen Organisation und betreuen für sie japanische Mandanten vor Ort.[856]

4.2.4   Management der Internationalisierung

4.2.4.1   Ausgangslage

Das Internationalisierungsmanagement von Deloitte Global wird wie das der übrigen Big-4-Gesellschaften seit mehreren Jahren durch ein zentrales Richtungsdilemma geprägt: Wie sollte und kann sich eine weltweit tätige multidisziplinäre Professional Service Firm zugleich global und lokal, das heißt zentral und dezentral, aufstellen? Hierzu werden zwei Lösungsansätze diskutiert.

Einerseits kann Deloitte Global versuchen, das auf internationaler Ebene erst bottom-up zu koordinieren und dann zu forcieren, was die nationalen Landesgesellschaften selbst bereits auf lokaler Ebene besonders gut machen.[857] Ziel wäre es, bei weiterhin hoher dezentraler Entscheidungsautonomie der Partner vor Ort (bzw. der einzelnen Landesgesellschaften) die kulturelle Einheit der internationalen Organisation und das gemeinsame Handeln in der grenzüberschreitenden Zusammenarbeit zu stärken. Ohne die gleichzeitige Schaffung umfassender Weisungsbefugnisse für Deloitte Global in die Landesgesellschaften hinein und die Implementierung eines globalen Profit Pools scheint es aber schwierig, in einer dezentral gewachsenen Organisation ohne die Ergreifung institutioneller Maßnahmen weiche One-Firm-Merkmale zu entwickeln.

---

[856]   Vgl. Deloitte (2006b).
[857]   Vgl. hierzu auch Birkinshaw/Bouquet/Ambos (2007), S. 39 ff. Die Autoren haben in einer aktuellen Studie bestätigt, dass Manager mehr Zeit darauf verwenden sollten, versteckte Perlen innerhalb des internationalen Unternehmens zu entdecken, somit lokale Champions zu identifizieren und deren Lösungsideen als Best Practices für die gesamte Firma zu nutzen.

Andererseits könnte Deloitte Global auch selbst versuchen, top-down Strukturen zu schaffen, die es ermöglichen, auf internationaler Ebene Kundengruppen zu definieren, Dienstleistungen zu entwickeln und Entscheidungen zentral vorzugeben, die weltweit in den Landesgesellschaften nur noch umgesetzt würden. Davon nicht betroffene Kompetenzen verblieben dann für die nationalen Firmen auf lokaler Ebene, weil sie dort effizienter und kundenorientierter gehandhabt werden könnten.

Aus diesem Dilemma folgen implizit weiterführende Überlegungen zu strategischen Optionen. Alternativ zu den derzeit bei den internationalen Big-4-Netzwerken vorherrschenden Bemühungen, über die Zusammenführung und Fusion ihrer Landesgesellschaften eine weitere Integration der firmenweiten internationalen Strukturen bei gleichzeitiger Ausrichtung auf alle Kunden und Dienstleistungen zu erreichen, wäre eine strategische Alternative, die Kunden horizontal ihrer Größe nach in verschiedene Kundengruppen zu clustern.[858] Damit einhergehen würde die Abspaltung der weltweit tätigen Großkunden und der dazugehörigen, diese Kunden betreuenden Partner sowie deren Überführung in eine eigene globale Organisation[859] mit One-Firm-Charakter und einem Profit Pool, einheitlicher Infra- und Leitungsstruktur sowie gemeinsamer Projektsteuerung.[860] Somit wäre die Entwicklung zu einer Einheitsfirma für die Großkunden, wie einst bei Andersen Worldwide und Deloitte Consulting Global oder bei der heutigen Accenture[861] vorgezeichnet.[862] Die (verbliebenen) Landesgesellschaften von Deloitte könnten sich dann schwerpunktmäßig der Betreuung der lokalen Kundschaft widmen.[863] Als Grundlage dieser Überlegungen werden international erhobene „Kundenmeinungen"[864] über die Stärken und Schwächen von Deloitte Global im Vergleich zu Wettbewerbern angeführt. Jedoch konnte kein abschließendes einheitliches und quantifizierbares Urteil daraus abgeleitet werden, ob Kunden lokale Kompetenz in Form von individueller Kreativität und regi-

---

[858] Eine dritte Möglichkeit, die Aufteilung nach Dienstleistungen bzw. Functions (de facto in Audit und Beratung) und damit implizit die Trennung in eine reine Prüfungs- und eine reine Beratungsgesellschaft, scheint dagegen für die Big-4-Firmen mit Verweis auf die Synergien zwischen den einzelnen Bereichen – zumindest strategisch – im Moment noch weniger attraktiv zu sein als bereits vor einigen Jahren, und wäre somit nur als quasi erzwungener Schritt als Folge etwaiger weiterer Forderungen der Regulierungsbehörden vorstellbar.

[859] Wie auch immer diese ausgestaltet ist, als echte, z. B. als Aktiengesellschaft oder Joint Venture mit Partnern, oder „virtuelle" Organisation.

[860] Theoretisch könnte dies auch ein Management-Outsourcing von Teilen der Wertschöpfungskette zur Konsequenz haben. Zum Beispiel könnte die Akquisition und Steuerung der Kunden von einer globalen Organisation durchgeführt werden, während die Betreuung der Kunden weiterhin den einzelnen Landesgesellschaften obliegen würde.

[861] Vgl. Interview Stratmann. Stratmann sieht die Wandlung des ehemaligen Beratungsbereichs von Arthur Andersen vom Outsourcing- und SAP-Implementierungsspezialisten zum breit aufgestellten „Global Player" als exemplarisches Erfolgsmodell für Deloitte Consulting an.

[862] Vgl. Deloitte (2006s).

[863] Zu sichern wäre jedoch, dass eine in eine globale Partnerschaft für Großkunden und eine Reihe von (regionalen) Firmen mit lokaler Ausrichtung aufgespaltene Deloitte-Firma noch „Standard of Excellence" auf allen Gebieten und für alle Kunden sein könnte.

[864] Vgl. Deloitte (2006n).

onalen Ansprechpartnern oder globale Kompetenz in Form von Wissenssynergien und Seamless Global Service höher schätzen oder in welchem Maße sie beides von einer internationalen Big-4-Organisation erwarten. Neben den somit nicht hinreichend verallgemeinerbaren Kundenbedürfnissen und der, bereits mehrfach erwähnten, Haftungssituation[865] handelt es sich beim dritten ungelösten Aspekt des Richtungsdilemmas um eine abschließende Festlegung darauf, wie eine dezentral gewachsene Organisation wie Deloitte (macht-) politisch[866] und kulturell zu einer Einheit werden kann. Dies führt zu der weiteren Frage, ob die interne Arbeit an der (Weiter-) Entwicklung internationaler Strukturen und deren Operationalisierung in der Gesamtorganisation nicht Allokationsprobleme aufwirft, die zu Abstrichen am eigentlichen Kerngeschäft, der Arbeit mit dem Kunden, führen müssen.[867]

Die Ausgangsfrage, ob das Management der Internationalisierung bei Deloitte Global eher top-down über die Entwicklung global gültiger Strategien oder bottom-up als Reaktion auf die Bedürfnisse von Mandanten und Mitarbeitern vor Ort im Rahmen seiner Umsetzung im operativen Geschäft getrieben werden sollte, kann somit nicht eindeutig beantwortet werden.

Da sich das Geschäftsmodell von Deloitte Global weiterhin auf den Erfolg der einzelnen Landesgesellschaft und vor allem, eine Ebene darunter, auf den Erfolg des jeweiligen Partners stützt, der für sein Umsatzwachstum verantwortlich ist, muss dieser auch letztendlich darüber entscheiden, was Deloitte Global dazu beiträgt, seine eigenen Fähigkeiten zu verbessern und seinen Verantwortungsbereich im täglichen Geschäft erfolgreicher voranzubringen.[868] Hierbei besteht nach Einschätzung von Deloitte wohl ein zentraler Unterschied zwischen solchen Partnern, die große, überregionale Mandanten betreuen, und Partnern, die für kleine und mittlere Unternehmen zuständig sind. Je lokaler die Mandate sind, die von den Partnern betreut werden, desto eher werden Partner bei der Umsetzung von auf internationaler Ebene getroffenen Entscheidungen nach deren Relevanz für ihren Arbeitsbereich fragen: „What's in it for me?!".

Zudem besteht zwischen den einzelnen Funktionen ein Unterschied im Geschäftsmodell und daraus resultierend auch in ihren Anforderungen. So können nach Ansicht von *Stratmann* bei

---

[865] Deloitte will ein länderübergreifendes Haftungsrisiko und damit den Anschein einer globalen Partnerschaft unbedingt vermeiden.

[866] Sowohl strategisch innerhalb der Netzwerkgremien als auch im operativen Tagesgeschäft bei der Gewinnung von Kundenaufträgen.

[867] Vgl. Deloitte (2006t).

[868] Eine mögliche Alternative, diese Problematik zu überwinden, wäre eine wie auch immer gestaltete zunehmende Trennung von Partnern: in solche Partner, die als Eigentümer und Profit-Center-Leiter fungieren, und solche Partner, die in wechselnden „Managementaufgaben" (für die Gesamtfirma, Kunden und Mitarbeiter) tätig sind, z. B. in Form eines bei Deloitte derzeit angedachten Client Service Management Partner.

einer internationalen Big-4-Gesellschaft „GuV-Landes- und Partnerinteressen"[869] dazu führen, dass die kulturelle Konsensorientierung und die Positionierung als „National Champions"
statt als "Global Champions" sich nachteilig für den weltweiten Consulting-Bereich auswirkt.
Dieser steht zwar auf der einen Seite in vielen Bereichen in direktem Wettbewerb mit globalen One-Firms, wie z. B. McKinsey & Company. Er ist aber kleiner, weniger profitabel (Honorare, Auslastung, Gesamtvolumen)[870] und droht gegenüber den Konkurrenten dann weiter
ins Hintertreffen zu geraten, wenn er die notwendige reibungslose grenzüberschreitende Steuerung seiner Aktivitäten nicht garantieren könnte.[871]

Der Rahmen des Internationalisierungsmanagements von Deloitte Global wird somit von einer Reihe verschiedener Faktoren und Interessen bestimmt: den globalen Vorgaben der internationalen Organisation, den Interessen der internationalen Funktionsleiter, der Länderchefs
und der Partner vor Ort sowie nicht zuletzt von den operativen (partiell heterogenen) Kundenbedürfnisse bzw. den Vorstellungen, die Deloitte über die Bedürfnisse der Kunden hat.[872]

4.2.4.2 Struktur

Deloitte ist derzeit als Matrixorganisation strukturiert, nach außen zum Kunden hin horizontal
nach Branchengruppen („Industries") und vertikal nach Leistungsgruppen („Functions" wie
Financial Advisory Services bzw. den Functions untergeordnete „Service Lines" wie Transaction Services).

---

[869] Interview Stratmann. Vgl. auch Jehle (2007), S. 217 ff. zu Praxisbeispielen für diese Interessenskonflikte in
WP-Firmen.
[870] Vgl. Interview Stratmann. Beispielsweise führen der Brand und die Corporate Identity von McKinsey &
Company dazu, dass sie mit jedem Turnaround-Projekt bei einem großen US-amerikanischen Automobil-
hersteller beauftragt werden, allerdings nur in diesem speziellen Bereich. Vgl. Interview Röhm.
[871] Aktuelle grenzüberschreitende Projekterfolge zeigen aber, dass Deloitte Consulting wettbewerbsfähig ist.
[872] Abstrakte Darstellung basierend auf einem Beispiel bei Deloitte (2006n).

Abbildung 20: Leitungs- und Aufbauorganisation von Deloitte Global

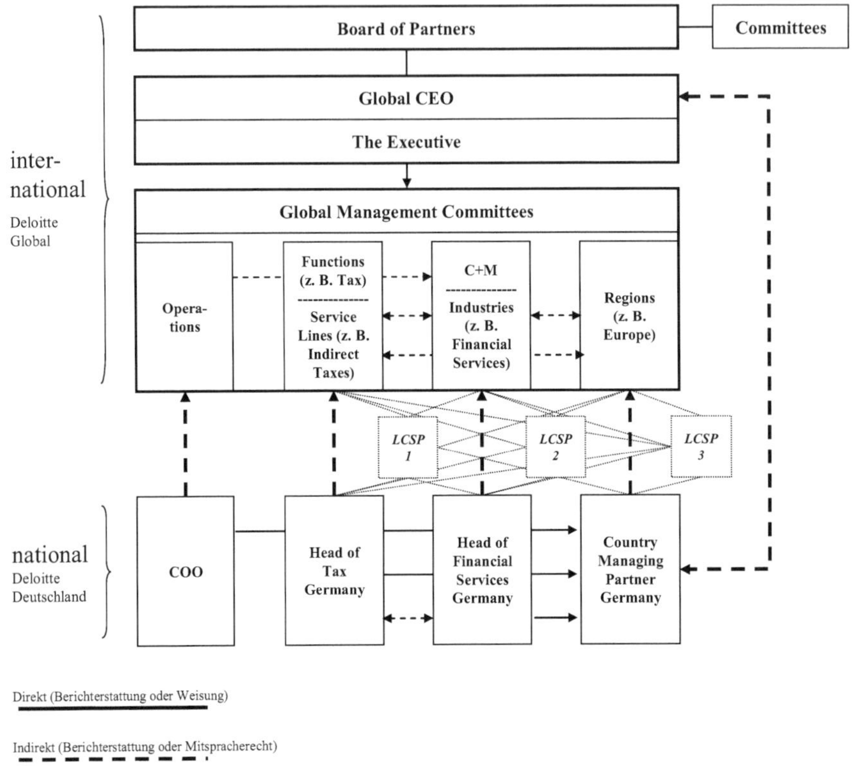

Board of Partners — Committees

Global CEO

The Executive

inter-national
Deloitte Global

Global Management Committees

Operations

Functions (z. B. Tax)

Service Lines (z. B. Indirect Taxes)

C+M

Industries (z. B. Financial Services)

Regions (z. B. Europe)

LCSP 1 — LCSP 2 — LCSP 3

national
Deloitte Deutschland

COO

Head of Tax Germany

Head of Financial Services Germany

Country Managing Partner Germany

Direkt (Berichterstattung oder Weisung)

Indirekt (Berichterstattung oder Mitspracherecht)

Intern sind seit 2002 alle Kundenbetreuungs- und marktrelevanten Leistungen[873] zur Verbesserung der internen Koordination innerhalb des Aufgabenbereichs „Clients & Markets" („C+M") zusammengefasst worden, sodass organisatorisch zwischen Functions und C+M unterschieden wird. Dabei halten gegenwärtig die Industries die Führungsfunktion sowie die „Bottom-Line"-Ergebnisverantwortung innerhalb der Matrix, während die C+M-Leiter nur eine „Top-Line"-Umsatzmitverantwortung übernehmen.[874] Die Führung und Verantwortung

---

[873] Dazu gehören die Industries, aber auch die Lead Client Service Partner sowie die Supportfunktionen Kommunikation, Marketing und Business Development, deren Leiter jeweils an die C+M Leiter berichten.

[874] Derzeit gibt es bei Deloitte Global intern Überlegungen, alternativ entweder die Functions für jeden Industry- bzw. C+M-Bereich (zunächst auf nationaler Ebene) in einem Profit Center zusammenzuführen und so z. B. im Financial-Services-Bereich alle Dienstleistungen für Kreditinstitute zu bündeln und damit implizit auch die Industry bzw. C+M Lines komplett für die Umsatzentwicklung verantwortlich zu machen. Grund hierfür ist die notwendige Richtungsentscheidung, sich bei ausgewählten Kunden entweder als multidisziplinärer Dienstleister zu positionieren oder als funktionaler Spezialist für den gesamten Markt.

eines Auftrags (bzw. Projekts) liegt wiederum bei den jeweiligen Lead Client Service Part-nern, die für jeden Kunden einzeln von den internationalen Führungsgremien benannt werden. Innerhalb von Deloitte Global besteht noch eine dritte – entscheidende – geografische Dimen-sion („Regions"). Das jeweilige Management der Landesgesellschaft ist für das Bottom-Line-Ergebnis auf lokaler Ebene und die Gewinnverteilung an die Partner verantwortlich.[875] Inner-halb der geografischen Dimension erfolgt unterhalb der internationalen Ebene von Deloitte Global damit eine örtliche Unterteilung, die hierarchisch zunächst in regionale Gruppen („Re-gions" wie EMEA) und dann weiter in nationale Landesgesellschaften („Countries" wie Deutschland) geclustert ist.[876]

Die im Integration Memo vereinbarten grundsätzlichen Managementstrukturen auf internatio-naler Ebene regeln zunächst die Rolle des von den Partnern gewählten Global CEO und der derzeit paritätisch nach Kernländern besetzten (inklusive des Global CEO) neunköpfigen E-xecutive Group (The Executive). Daneben besteht ein Global Management Committee als weiteres nachgelagertes Führungsorgan, das sich aus Regional Leaders und Functional Lea-ders sowie Managing Partnern der Kernunternehmensfunktionen (HR, CIO, CFO und General Counsel) und den Risk & Reputation Leaders der internationalen Organisation zusammen-setzt. Die Führungsorgane werden von einem Board of Partners sowie den (Governance) Committees kontrolliert. Die Mitarbeiter der globalen Führungsteams sind auf Voll- oder Teilzeitbasis für internationale Aufgaben abgestellt und erhalten Bezüge aus dem globalen Budget in Form von Aufwandsverrechnungen mit den Landesgesellschaften. Die Weisungs-möglichkeiten des Global CEO reichen in die Länderorganisationen hinein und werden durch seine Budgetverantwortung gestärkt.[877] Das globale Budget wird einnahmeseitig durch Ab-führung eines bestimmten Anteils vom nationalen Umsatz durch die Landesgesellschaften realisiert und durch The Executive verabschiedet.[878]

Auf internationaler Ebene sind eine Reihe von Support-Bereichen verankert, die im Wesentli-chen die Funktionen Personal (kleines Global Office, Koordination mit Landesgesellschaf-

---

[875] Vgl. Deloitte (2005d).
[876] Dies impliziert, dass innerhalb der internationalen Matrixorganisation ein Country Managing Partner bzw. „Landes-CEO" an einen Regional Managing Partner und an den Global CEO berichtet bzw. ein nationaler LCSP an einen globalen und der dann wiederum an einen Global Managing Partner C+M. Ein nationaler Function Head berichtet analog an einen regionalen, und der dann weiter an den Global Managing Partner der jeweiligen Function.
[877] Der Global CEO hat z. B. ein Mitspracherecht bei der Benennung oder Abberufung der Country Managing Partner durch die Landesorganisationen. Vgl. Deloitte (2005d).
[878] Die Ausgabenseite des Global Budgets setzt sich zusammen aus laufenden Kosten (für Global Office, Client and Markets, Risk and Quality, Functions, Regions), direkten Personalkosten (Global CIO, Global HR Ma-nager, Global Communications Manager) und globalen – vor allem strategischen – Investments (z. B. Un-terstützung bei Arthur-Andersen-Übernahmen, Unterstützung der Reintegration von Deloitte Consulting, Auslandsexpansion nach China und Indien sowie Partnerentwicklung).

ten), Kommunikation (Deloitte Global für globale Kommunikation, Landesgesellschaften für nationale Belange), IT (Entwicklung von Software für Prüfung, Praxismanagement und Marketing; Umsetzung und Einführung erfolgt auf Länderbasis, nur im Einzelfall partizipiert ein Land daran nicht), Marketing (Global Office nur für Rahmenrichtlinien, aber einheitliches Branding) sowie Controlling und Revision (nur für globale Firma auf globaler Ebene, aber detailliertes Reporting der Landesgesellschaften an Deloitte Global, z. B. monatliche Gewinn- und Verlustrechnung inkl. aller Kosten) betreffen.

Auch versucht Deloitte Global zunehmend, die Bedeutung der globalen Support-Funktionen über Zusammenführungen der Landesressourcen in ausgewählten Fällen zu erhöhen, um Synergien zu heben und nationale Best Practices zu nutzen. So gibt es Testläufe, einen bestehenden (Regional) Shared Service Center im IT-Bereich (Buchhaltung) zu erweitern oder international einheitliche Verträge im Einkauf, z. B. von Flugtickets, Hotelkontingenten oder Computern, zu entwickeln.[879] Die Abstimmung erfolgt dabei eng über internationale Komitees, z. B. stimmt sich der Global CIO mit den CIOs der Länder ab. Das Potential dieser Maßnahmen kann aber nur annäherungsweise quantifiziert werden. Bei Deloitte Global hat die internationale Integration kundennaher Funktionen Priorität vor Kosteneinsparungsmaßnahmen.[880]

4.2.4.3 Führung

Neben den internationalen Strukturen sind zentrale Fragen nach den strategischen Entscheidungs- und damit Führungskompetenzen auf internationaler Ebene relevant. Es werden hierzu zunächst internationale Gruppenprozesse vom Board of Partners, The Executive sowie zusätzlichen Führungsberatungsgremien von Deloitte Global, wie der Young Partners Advisory Group, Representative Advisory Group oder Strategy Group, initiiert. Über Strategien wird dann jeweils mit Zustimmung des Boards of Directors von The Executive entschieden. Konsequenz aus den Entscheidungen dieser Gremien ist eine Roll-out-Strategie, die auf einer vertraglichen Verpflichtung der einzelnen Landesgesellschaften basiert, die lokale Strategie an die globale Strategie anzupassen.[881]

Zugleich werden jährlich Business-Pläne und Budgets von den Führungsgremien von Deloitte Global erstellt, die den Strategieentwicklungsprozess unterstützen. Dabei erfolgte im Jahr 2006 eine Geschäftsplanung auf Länderebene bis 2010 sowie eine detaillierte Finanzplanung bis 2007, die auf internationaler Ebene diskutiert und danach aggregiert sowie durch wesentli-

---

[879] Vgl. Deloitte (2006t).
[880] Vgl. Deloitte (2006c).
[881] Vgl. Deloitte (2006e).

che qualitative und quantitative Ziele in den Ländern gestützt wurde. Business-Pläne und Budgets werden analog zur Matrixorganisation durch die Landesgesellschaften mit der Führung von Deloitte Global diskutiert, die sich dann wiederum mit den internationalen Funktionsleitungen abstimmt. Die Überwachung der Planerreichung erfolgt bei Deloitte sowohl strategisch auf internationaler Ebene als auch auf operativer Landesebene, sodass z. B. der Regional Managing Partner Europe mit dem Country Managing Partner für Italien bzw. der Tax Leader Europe mit dem Head of Tax in Deutschland im Rahmen der jeweiligen Verantwortlichkeiten Ergebnis und Abweichungen und etwaige Maßnahmen erörtert. Direkte Eingriffe in Form von Weisungsbefugnissen bei Abweichungen von Business-Plänen oder strategischen Zielen in den Landesgesellschaften gibt es auf globaler Ebene bei Deloitte bislang nicht.[882]

4.2.4.4   Operationalisierung

Wesentlich für die Arbeit mit dem Kunden ist im dritten Schritt der operative Teil der internationalen Zusammenarbeit innerhalb von Deloitte Global. Dabei gibt es durchaus unterschiedliche Blickweisen zwischen Deloitte Global, den großen, insbesondere den angelsächsischen und den übrigen kontinentaleuropäischen Landesgesellschaften sowie zwischen den einzelnen Functions, welche Intensität die operative grenzüberscheitende Zusammenarbeit haben und wie zentral diese international von Deloitte Global gesteuert werden soll.

In den letzten Jahren kann eine zunehmende Tendenz konstatiert werden, operative, d. h. den Kunden direkt betreffende Entscheidungen bei Deloitte Global zu zentralisieren.[883] Dies hat zunächst kulturelle Gründe. Als Folge der stärkeren Ausrichtung der Firma auf die Beratung, auch durch den Verbleib des historisch zentralistischer geprägten Consulting-Bereichs, ist ein einheitlicher Marktauftritt und ein einheitliches Kundenmanagement von Deloitte Global international forciert worden. Zudem führt auf internationaler Ebene die Marktbedeutung der US-Firma als der größten Deloitte-Landesgesellschaft zu einer Dominanz der US-Firma bei der Steuerung der Gesellschaft. Dies drückt sich auch in der Zunahme der in den Führungsgremien von Deloitte Global tätigen Mitarbeiter der US-Firma sowie in der derzeit mit einem Partner der US-Firma besetzten Position des Global CEO und dem Sitz des Global Office in New York aus.

Der zweite Grund für die zunehmende Bündelung von Entscheidungsmacht bei Deloitte Global (und in den USA), die bis vor einigen Jahren noch bei den Landesgesellschaften vor Ort

---

[882]   Vgl. Deloitte (2006e).
[883]   Vgl. Deloitte (2005d).

lag, ist die stark von der Abschlussprüfung getriebene Tendenz, Entscheidungen zu großen Klienten zu zentralisieren bzw. zentralisieren zu müssen, weil die SEC ihren Sitz in den USA hat. Die SEC verlangt von Unternehmen, die in ihren Kontrollbereich fallen, u. a. eine global einheitliche Sicherung der Auslegung von US-GAAP- bzw. IFRS-spezifischen Fragen und eigene Prüfungsmöglichkeiten (von Arbeitspapieren etc.) auch im Fall einer weltweiten Prüfung.[884] Aus diesem Druck heraus sind die Großkunden verstärkt dazu übergegangen, ihre Anforderungen an die WP-Firmen zu verändern, indem sie SEC-Beschlüssen einen erheblich höheren Stellenwert einräumen als früher und Mandatsdruck auf ihren Abschlussprüfer entwickeln, erste Ansprechpartner für die SEC zur Verfügung zu stellen. Dies sind in der Regel dann Partner der US-Firma vor Ort. Hinzu kommt, dass Führungskräfte auf Kundenseite generell dazu neigen, direkt mit dem Global CEO der WP-Firma sprechen zu wollen. Durch Fokussierung auf Deloitte Global umgehen sie so auch die Problematik, dass Entscheidungswege in einer internationalen Big-4-Organisation zu lang und zu zahlreich werden, wenn z. B. die Konzernmutter nicht in den USA, sondern in Frankreich oder Deutschland sitzt und sich die Kunden erst über den nationalen und regionalen zum Ansprechpartner auf globaler Ebene vortasten müssten.[885]

Um der Umsetzung der Internationalisierungsbemühungen einen Rahmen zu geben, sind eine Reihe von systematischen Maßnahmen ergriffen und intensiviert worden, die im Folgenden diskutiert werden.

4.2.4.4.1 Global Risk Management

Die Entwicklung eines zentralen, effizienten und eigenständigen Risk-Management-Systems, das insbesondere die weltweite Auftragsannahme regelt, ist infolge der Haftungsfälle in den USA und Europa ein wesentlicher Bestandteil für jede Big-4-Gesellschaft geworden. Bei Deloitte Global wird es vom Global Managing Partner Risk und seiner Risk-Management-Organisation verantwortet und weiterentwickelt. Sie bedienen sich länderübergreifender IT-Systeme zur Sicherung der Unabhängigkeit (Independence) von Deloitte Global und aller Mitarbeiter der internationalen Organisation bei der Auftragsannahme und veröffentlichen z. B. aktuelle und vollständige Kundenlisten über Restricted Entities, bei denen Deloitte nicht oder nur eingeschränkt Beratungsleistungen zusätzlich zu Prüfungstätigkeiten übernehmen kann.

---

[884] Mit der Möglichkeit, dass SEC-Beauftragte für die (Nach-) Prüfung einer deutschen Tochtergesellschaft eines Dow-Jones-Index-Wertes Akteneinsicht vor Ort verlangen können und von diesem Recht auch in der Praxis wiederholt Gebrauch machen.

[885] Vgl. Deloitte (2006k).

Das größte operative Problem besteht dabei in der Vermeidung oder Lösung von möglichen Interessenskonflikten zwischen den einzelnen Landesgesellschaften oder Funktionen, wenn eine Entscheidung darüber notwendig wird, welcher Auftrag angenommen und welcher abgelehnt wird, um die Unabhängigkeit des Abschlussprüfers zu wahren. Verstößt eine Landesgesellschaft gegen die von Deloitte Global verabschiedete Global Independence Rule, gibt es de facto eine Weisungsmöglichkeit durch die Risk-Management-Organisation von Deloitte Global an die Landesgesellschaften, die Independence-Regeln bei der Auftragsannahme und die der einzelnen Partner und Mitarbeiter zu beachten, z. B. das Verbot, Aktien bestimmter Restricted Entities im Privatvermögen zu halten. Etwaige Verstöße können und werden mit Verweis auf die vertragliche Verpflichtung im Integration Memo geahndet und zweckgebundene Sanktionen auf Länderebene erteilt.[886]

In der Praxis entscheidet im Zweifelsfall allerdings der Mandant schlussendlich selbst darüber, mit welcher Tätigkeit er Deloitte beauftragen will. Zwei Praxisbeispiele hierzu:

Ein großer deutscher Konzern hat weltweit eine Reihe von Steuergestaltungsaufgaben an Deloitte vergeben. Gleichzeitig beschließt dessen Aufsichtsrat, die Abschlussprüfung neu auszuschreiben. Die Unabhängigkeitsprüfung von Deloitte Global nach SEC-Regelungen ergibt, dass diese Steuerberatung nicht weiter betrieben werden kann, wenn Deloitte Deutschland das Prüfungsmandat erhält. Der Vorstand des Kunden bringt folglich in der Regel zunächst in einer Empfehlung an seinen Aufsichtsrat zum Ausdruck, für welche Tätigkeit von Deloitte aus seiner Sicht eine Präferenz besteht. Wenn der Kunde selbst keine Entscheidung treffen möchte oder innerhalb von Deloitte Global eine vorgelagerte Absprache getroffen werden soll, entscheidet in solchen Konfliktfällen The Executive in Absprache mit den Function Leaders oder Country Managing Partnern über eine mögliche Auftragsannahme. Der Konflikt innerhalb von Deloitte Global entsteht dadurch, dass es zwischen den Landesgesellschaften und den einzelnen Functions zu Erlöseinbußen oder Erlösverschiebungen kommen kann, weil entweder das Prüfungsmandat oder das Beratungsmandat aufgegeben werden muss.[887]

In Russland geht ein weiterer großer deutscher Konzern bei einem Mandanten von Deloitte Russland eine Minderheitsbeteiligung ein. Deloitte Global muss nun prüfen, ob Deloitte Deutschland weiterhin bestimmte Consulting-Tätigkeiten für den deutschen Konzern ausführen kann, sollte der russische Mandant SEC gelistet werden. Die Frage kann über mangelnde „materiality" gelöst werden, wenn sie für die SEC nicht von „materieller" Bedeutung ist. Das Beispiel zeigt allerdings die absolute Notwendigkeit, aufgrund der Komplexität dieser Thema-

---

[886] Vgl. Deloitte (2005d).
[887] Vgl. Deloitte (2006k).

tik ein grenzüberschreitendes Auftragsmanagement sicherzustellen und die Risk-Management-Organisation von Deloitte Global mit entsprechenden Kompetenzen auszustatten.[888]

4.2.4.4.2 Zentrales Key Account Management

Kernelement des zentralen Key Account Managements von Deloitte ist das Global Lead Client Service Partner System, in dessen Rahmen grundsätzlich jedem Mandanten ein Lead Client Service Partner zugeordnet wird, der für alle abgegebenen Angebote, Preisverhandlungen und Leistungen die Letztverantwortung trägt. Ziel der Ernennung von Lead Client Service Partnern ist es, eine weltweit einheitliche Kundensteuerung sicherzustellen und einen schnelleren und konsistenteren Kundenservice zu bieten.

Grundsätzlich hat der LCSP sein Büro im Land des Hauptsitzes des Mandanten und ist erster Ansprechpartner sowohl für den Kunden als auch für die Mitarbeiter von Deloitte Global selbst. Auf Basis eines IT-basierten Kundeninformationssystems steuert er die internationale Betreuung seines Kunden und übernimmt Kompetenzen in der Operationalisierung des Systems[889] und in der Preissetzung. Zentral vom LCSP gesteuerte Honorarvereinbarungen, z. B. über eine weltweit verbindlich gültige Preisliste ohne Möglichkeit zur Unterverhandlung,[890] sind allerdings erst kürzlich von The Executive durch Aufnahme in das vertraglich verpflichtende Regelungen enthaltende, internationale Policy Manual von Deloitte Global für alle Mitarbeiter verbindlich geworden. Der Erfolg in der Durch- und Umsetzung der Honorarvereinbarungen als verbindliche Grundlage zur Angebotserstellung durch den Partner vor Ort kann daher noch nicht abschließend beurteilt werden.[891]

Da aufgrund des nationalen bzw. regionalen Partnerschaftssystems innerhalb von Deloitte Global auch der LCSP nur eingeschränkte Weisungskompetenzen hat, ist seine Budgetkompetenz stark eingeschränkt.[892] Seine Aufgabe ist es beispielsweise vielmehr, im Rahmen seiner Führungsqualitäten sicherzustellen, dass operativ ein Kunde nicht von mehreren Deloitte Mitarbeitern aus verschiedenen Functions betreut wird, die gegenseitig nicht miteinander kommunizieren (oder nicht miteinander kommunizieren wollen). Zwar gibt es immer noch

---

[888] Vgl. Deloitte (2006k).
[889] Dazu gehören auch regelmäßig genutzte und weiterentwickelte Systeme wie ein Client Assessment Center, das Conflict Management oder Partner Assessments.
[890] So etwas wäre z. B. über eine „Global Rate Card" möglich. Vgl. Deloitte (2006u).
[891] In Konfliktfällen soll sowohl auf die Kundenbeziehung als auch auf die Landesinteressen und -gepflogenheiten Rücksicht genommen werden.
[892] Das schließt ein, dass er keine Möglichkeiten besitzt, selbst ein internationales Projekt mit Mitarbeitern (anderer Länder oder Bereiche) zu besetzen oder Honorare zu verrechnen. Vgl. Interview Röhm.

vereinzelt Undiszipliniertheiten,[893] allerdings konnte die Vorgehensweise in den letzten Jahren bereits deutlich vereinheitlicht werden, auch da die Transparenz über die Kundenbeziehungen infolge global einheitlicher Informationssysteme zugenommen hat. Letztendlich ist allerdings eine völlige Kontrolle aller Partner weltweit ohne Sanktionierungsrechte schwer vorstellbar und im People's Business bei Deloitte auch nicht gewünscht.[894] *Röhm* sagt dazu, „ein LCSP bei Deloitte stärkt Wahrnehmung und Teamgeist und implementiert Mechanismen. Er hat aber bislang außerhalb seiner Landesgesellschaft wenig konkreten Einfluss auf Entscheidungen"[895]. Aber, so *Röhm*, auch auf nationaler Ebene, insbesondere bei Deloitte Deutschland, wo ein deutlich weniger ausgeprägtes Hierarchiedenken, sondern ein vergleichsweise stärkeres Sozietätsgefühl vorherrsche, würden im Zweifelsfall Konflikte nicht hierarchisch gelöst, sondern im Konsens, obwohl es technisch anders möglich wäre.[896] Somit muss ein LCSP das richtige Maß an zentraler Kundensteuerung und Autonomiegewährung für die Partner vor Ort finden.

4.2.4.4.3 Länderübergreifende IT- und Verrechnungssysteme

Für ein zentrales Key Account Management und ein globales Risk Management sind harmonisierte, d. h. einheitliche und inhaltlich konsistente IT-Systeme auf globaler Ebene unerlässlich. Deloitte hat daher den Aufbau solcher globalen Systeme in den letzten Jahren konsequent vorangetrieben. Mit dem Global Information Reporting System (GIRS), einem weltweit in mehr als 40 Landesgesellschaften schrittweise eingeführten oder mit nationalen Tools verlinkten Customer Relationship Management (CRM) Tool, soll die Datenerfassung und Informationslage über internationale Klienten auch vor dem Hintergrund wesentlicher Unabhängigkeits- und Risikovermeidungsbestrebungen verbessert werden.[897]

Bei Deloitte Deutschland existiert seit dem Jahr 2006 eine Schnittstelle zwischen GIRS und dem nationalen CRM Tool MAMIS („Marketing- und Mandanten-Informations-System"). Landesweit besteht ein Zwang für Partner und Manager zur Auftragsanlegung in MAMIS

---

[893] Vgl. Deloitte (2006n). Allerdings können durch eine zunehmende Einigung der Matrixverantwortlichen auf eine einheitlichere und transparentere Soll-Vorgehensweise Abweichungen im Ist-Zustand auch deutlicher erkennbar und somit die Zugriffsmöglichkeiten durch die Führungsgremien von Deloitte Global erleichtert werden.

[894] Denn weitere Vereinheitlichungen erfordern Anweisungsrechte und Kompetenzen, also „Macht", wenn ein abweichendes Verhalten des einzelnen Partners beim Kunden zentral überstimmt werden soll.

[895] Interview Röhm.

[896] Vgl. Interview Röhm.

[897] Die Ziele im Einzelnen sind: „Facilitate global collaboration and help to enhance our firm's ability to operate more seamlessly on a global basis. Provide global visibility of fees and billings for clients that are served by multiple Deloitte member firms. Broaden the client service teams' view of the services that are provided to their strategic clients and enhance proposal and targeting activities within their teams. Provide the ability to collaborate and share information among team members from different Deloitte Member Firms, which is critical to effectively delivering work and winning in the global marketplace." Vgl. Deloitte (2004).

(und damit auch die Verpflichtung zur Nutzung des Systems), weil alle anderen IT-Systeme, z. B. nationale SAP- und andere Buchführungssysteme auf nationaler Ebene, ihre Daten aus MAMIS beziehen. Nach Anlage des Auftrags wird er vom jeweiligen LCSP online „genehmigt" und damit zur Buchung in SAP freigegeben.[898] Nachteilig wirkt sich aus, dass keine Verpflichtung zur Nutzung anderer Systemoptionen, wie Akquisitionsdaten und Klienteninformationen, besteht.

Hierbei zeigen sich zwei grundlegende Probleme für alle Professional Service Firms beim Aufbau von Informationssystemen auf nationaler wie internationaler Ebene. Diese schaffen nur einen Mehrwert, wenn sie von allen Mitarbeitern effektiv und dauerhaft genutzt und gepflegt werden, auch wenn diese Zeit dann später für die Kundenarbeit fehlt.[899] Allerdings ist unstrittig, dass effizient aufgebaute Systeme auch deren Nutzung fördern. Damit ein Partner aber seinen Kollegen Informationen, über die er selbst verfügt, auch weitergibt, darf er nicht nur an seinem eigenen Erfolg gemessen werden, sondern muss zusätzlich extrinsische Anreize erhalten, im Interesse der internationalen Organisation zu handeln. Andernfalls würden durch das „Staat im Staat"-Denken Interessenskonflikte noch begünstigt. Bei Deloitte Global wird daher beispielsweise – bislang allerdings überwiegend auf nationaler Ebene der Landesgesellschaften[900] – die Vergütung des LCSP an seinen Beitrag bei der Erzielung von Mehrumsatz innerhalb seines Kundenaccounts gekoppelt. Die Vergütung des einzelnen Partners wird teilweise an seiner Involvierung und Mitarbeit bei zusätzlichen Akquisitionen durch andere Partner gemessen, z. B. an der Bereitstellung von Informationen.[901]

Zusätzlich zu GIRS sind derzeit Deloitte-weit länderübergreifende Verrechnungssysteme für Preis- und Haftungsverabredungen in Planung.[902]

---

[898] Vgl. Interview Horn.
[899] Vgl. Interview Horn.
[900] Derzeit werden Testläufe zur Einführung (vorerst geringer) landesübergreifender finanzieller Anreize bei Deloitte durchgeführt.
[901] Vgl. Deloitte (2006d).
[902] Vgl. Deloitte (2006n).

4.2.4.4.4 Globales Wissens- und Mitarbeitertransfersystem

Die Erweiterung der Wissensbasis und deren weltweiter Austausch ist ein strategischer Ansatz von Deloitte Global, um gemeinsam innerhalb des Netzwerks mehr Wissen zu schaffen und dessen vermehrte Nutzung durch andere zu fördern. Damit ist auch die Umsetzung des weltweiten Knowledge Managements eine operative Aufgabe. Fraglich ist allerdings, ob grenzüberschreitend ein echter, regelmäßiger, dauerhafter und effizienter Wissenstransfer im Netzwerk sichergestellt werden kann, wenn er den Mitarbeitern nicht angemessen monetär vergütet wird. Somit könnten Anreize für sie fehlen, einen Teil ihrer Tätigkeit dafür abzustellen.[903] Daher gehören der Aufbau und die Entwicklung von Wissen über die Landesebenen hinaus überwiegend zum Aufgabenbereich der Industry Teams bzw. Functions, insbesondere punktuell im Vorfeld von Ausschreibungen oder Projekten. Ein Beispiel für eine solche Zusammenarbeit, zunächst auf Partnerebene, ist das „Finance Transformation Center of Excellence"[904].

Ein Mitarbeitertransfersystem existiert bei Deloitte Global für jüngere Mitarbeiter, aber auch auf Partnerebene als „Secondments". Dabei werden nationale Partner im Rahmen des „Global Partner Rotation Program" an andere Landesgesellschaften „ausgeliehen" oder für Tätigkeiten in den Führungsgremien der globalen Organisation bereitgestellt.[905] Die Landesgesellschaften müssen wie die jeweiligen Partner selbst auch diesem Transfer zustimmen, da Deloitte Global bislang in diesem Fall kein ultimatives Weisungsrecht besitzt. Somit findet insbesondere für rein nationale Projekte kaum grenzüberschreitender Mitarbeitertransfer statt, da die Auslastung der nationalen Practices und damit die Profitabilität der Landesgesellschaften Vorrang vor der internationalen Mitarbeiterbesetzung der Projekte hat.[906]

4.2.4.4.5 Zwischenfazit

Zusammengefasst arbeitet Deloitte an der kontinuierlichen Umsetzung einer Reihe von länderübergreifenden Systemen, die im Rahmen der Internationalisierungsstrategie den Integrationsprozess innerhalb des Netzwerks fördern und die Konsistenz des Kundenservices erhöhen sollen. Dieser Prozess wird von zwei Faktoren gehemmt. Auf kultureller Seite existiert ein historisch dezentral gewachsenes Selbstverständnis der Partner und Mitarbeiter auf nationaler

---

[903] Vgl. Deloitte (2006h). Damit ist unklar, ob die (hier beispielhaft aufgeführten) bestehenden Systeme die gewollte optimale Ressourcen- und Gewinnallokation im Hinblick auf die Kunden und die Partner sowie Mitarbeiter auch stützen.
[904] Vgl. Deloitte (2006p).
[905] Vgl. Deloitte (2006j).
[906] Vgl. Deloitte (2006k).

und funktionaler Ebene, sodass ein Common Sense über die Ziele innerhalb von Deloitte Global und deren Umsetzung mitunter schwierig zu finden ist. Auf institutioneller Seite erschwert die Organisationsstruktur über nationale Partnerschaften eine einheitliche Vorgehensweise. Deloitte Global wollte bislang eine globale Partnerschaft vermeiden. Deshalb werden keine globalen Profit Center etabliert. Dies hat wiederum zur Folge, dass auch keine monetären Anreiz- und Vergütungssysteme implementiert wurden, die auf dem Ergebnis von Deloitte Global fußen.[907] Auf den Management-Ebenen von Deloitte Global und den Landesgesellschaften erhöht sich der Zeitaufwand bei der gegenseitigen Abstimmung des Geschäfts, weil die institutionalisierten Maßnahmen noch nicht stark genug ausgeprägt sind.

Deloitte Global ist heute im Bereich Audit in der Lage, zentral organisierte Weltkonzerne genauso wie dezentral oder lokal organisierte Großkunden und mittelständische Unternehmen zu betreuen. Im Bereich Tax ergibt sich trotz international noch nicht harmonisierter Steuergesetze[908] und der daraus im besonderen Maße resultierenden Anpassungserfordernis an lokale Besonderheiten eine zunehmend harmonisierte Zusammenarbeit auf grenzüberschreitender Ebene für den (Groß-) Mandanten, auch wenn eine weitere Intensivierung dieser weltweiten Koordination nötig ist und kommen wird.

Für den Beratungsbereich (Consulting und Financial Advisory Services), in dem kulturelle wie strukturelle Unterschiede zu Audit und Tax erkennbar sind, verlangt *Stratmann* insbesondere die Weiterentwicklung von Deloitte Global zu einer „dem professionalisierten Kundenwunsch entsprechenden globalen Aufstellung"[909], die eine Stärkung von Reputation, Image und Brand sowie die Schaffung weltweit einheitlicher Kompetenz, Möglichkeiten und völlige Qualitätskonsistenz zur Folge hat.[910]

---

[907] Es gibt bei Deloitte Global aber Anreizsysteme („Award Systems") finanzieller Art, die aus dem globalen Budget heraus finanziert werden und weltweit besondere Leistungen von Mitarbeitern honorieren sollen.
[908] Vgl. Kupsch (2004), S. 190 f.
[909] Interview Stratmann.
[910] Hier lassen sich zwei Arten von Beratungsaufträgen unterscheiden, die eine differenzierte Positionierung verlangen. Grundsätzliche Voraussetzung für strategische oder firmenumfassende Aufträge (bei „International Corporates") ist die Akzeptanz von Deloitte beim zuständigen Vorstand, sodass z. B. für ein Großprojekt in England der Vorstand eines deutschen Konzerns sowohl den CEO von Deloitte Deutschland als auch den von Deloitte UK zum Vorgespräch bittet und damit eine exzellente Kooperation zwischen beiden Landesgesellschaften voraussetzt. Auf der anderen Seite erfordern Aufträge, die auf Kundenseite vom Einkauf oder von der jeweiligen Fachabteilung mandatiert werden und weiterhin die Mehrheit des Umsatzvolumens von Deloitte Global darstellen, eine viel stärkere lokale Anpassung an die jeweiligen individuellen Wünsche des Kunden vor Ort.

4.2.5 Zukünftige Herausforderungen

Die weitere Intensivierung der grenzüberschreitenden Zusammenarbeit steht für Deloitte Global im Mittelpunkt ihrer Überlegungen zu den entscheidenden zukünftigen Entwicklungen innerhalb ihrer Organisation. Dabei sind zunächst Maßnahmen innerhalb des bestehenden organisatorischen Rahmens angedacht. Ziel dieser systemtechnischen und kulturellen Initiativen ist es, die (in jedem Big-4-Netzwerk existierenden) Blockaden, das heißt das Silodenken zwischen Partnern, Büros, Ländern und Functions, Service Lines sowie Industries zu überwinden, ohne dabei völlig integrierte oder hierarchische Organisationsstrukturen schaffen zu müssen.

Deloitte Global hat eine „Value Initiative" gestartet, deren Ziel es ist, den Kundenstamm, insbesondere in Europa, zu erweitern und damit zentral den Marktanteilsgewinn im Großprüfungsmarkt zu forcieren. Unter den Maßnahmen befinden sich dabei neben der Verbesserung der Beziehungen zu den wichtigen Großkunden auch die weitere Intensivierung und Unterstützung der internationalen Kooperation[911] zwischen national leitenden Partnern und LCSP, die Sicherung von Best Practices (das bedeutet, dass der international „Beste" die Aufgabe übernimmt und nicht der, der sie immer gemacht hat) und die Sicherung der diese Aktivitäten unterstützenden Finanzierung durch den Ausbau globaler und regionaler Budgets.

Darüber hinaus definiert Deloitte mit Blick auf die Auswirkungen des SOX auf operative Entscheidungen in einem interaktiven konsultativen Prozess vorab, welche Firmen Audit Clients und Audit Targets sein und welche Kunden stärker im Tax- und/oder Beratungsbereich betreut werden sollen. Auch wenn letztendlich der Mandant darüber entscheidet, ob er im Konfliktfall Prüfung oder Beratung von Deloitte beziehen will, sind ein Organisationswunsch auf der einen Seite (z. B. bei Deloitte Global von The Executive oder den Function Leaders) und ein Partnerwunsch auf der anderen Seite (zur Betreuung seines Kunden) evident. Um die Zahl dieser Konfliktfälle zu reduzieren, müssen klare und einheitliche Regeln definiert und gelebt werden, die von der breiten Mehrheit der Deloitte-Partner akzeptiert werden, um Sonderwege zu unterbinden und auch kulturell zu ächten.

Damit die einzelnen Partner die Entwicklung der Übertragung von Entscheidungskompetenzen weg von ihnen auf die Deloitte Global auch mittragen, müssen sie in deren Findungsprozess miteinbezogen werden. Sie müssen verstehen, in welche Bereiche ihr Geld investiert wird, wer über solche Investitionen, wer über Partner Assessments, Karriereentwicklungen

---

[911] Dazu gehören auch zuletzt verstärkt forcierte grenzüberschreitende Aktivitäten („Country Services"), wie die Einrichtung eines Turkish Desk oder einer Chinese Service Group, durch Deloitte Deutschland für solche Kunden, die in beiden Ländern aktiv sind und Ansprechpartner suchen. Vgl. Deloitte (2007a).

und Arbeitsplätze entscheidet, und wie etwaige Sanktionsmöglichkeiten bei möglichem Fehl-verhalten ausgestaltet sind. Insofern bestünde parallel dazu ein weiterer notwendiger Schritt darin, Partnern und Mitarbeitern Anreize zu bieten, damit sie ihr persönliches Wohl und den Erfolg nicht über den der Gesamtorganisation stellen. So sollten sie z. B. durchaus die Mitar-beiter ihres Teams an andere Länder ausleihen oder für fachliche Fragen von Kollegen zur Verfügung stehen,[912] ohne dass sie Nachteile erleiden, weil sie dadurch ihren eigenen Aufga-ben weniger Zeit widmen. Denn selbst der fachlich kompetenteste und am stärksten im Ge-samtinteresse der Firma agierende Partner muss letztendlich auch Leistungen beim Kunden vertreiben, da zumindest mittelfristig kein Erfolg für ihn ohne entsprechende eigene Umsätze möglich sein wird.

Diese Überlegungen werden angestellt vor dem Hintergrund einer Besonderheit des People's Business, die auch für Deloitte Global gilt: Es gibt keine gesicherten, quantitativ belegbaren Erkenntnisse darüber, ob eine Professional Service Firm in der Zukunft eine schlechtere Leis-tung im Hinblick auf die Entwicklung der Partner und des Partnernachwuchses, der Klienten, der Profitabilität und der Kultur zu erwarten hat, wenn Unklarheiten darüber bestehen, ob ein eingeschlagener Weg von allen Partnern und Mitarbeitern getragen wird. Ebenso wenig ist eine verlässliche Prognose darüber möglich, was passiert, wenn Teile der Partnerschaft diesen Weg nicht mitgehen wollen.[913] Dies zeigt sich bereits auf nationaler Ebene an den Cross-Selling-Problemen in einer interdisziplinären Firma wie Deloitte Deutschland, wenn Partner ihren Verantwortungsbereich oder ihre Funktion zuerst sehen, obwohl national zumindest theoretisch bereits ein Weisungsrecht der Geschäftsleitung besteht. Es ist fraglich, inwiefern globale Integrationsmaßnahmen die individuellen Interessen und Verhaltensweisen des ein-zelnen Partners wirklich beeinflussen, und zwar entweder stärker, weil die globale Organisa-tion weniger vom einzelnen Partner abhängt,[914] oder schwächer, weil die Missbrauchsmög-lichkeiten infolge höherer Kontrolldefizite zunehmen, wie dies nicht zuletzt das Beispiel EN-RON gezeigt hat. Eine starke Führung und wirksame Kontrollmechanismen sind daher in je-dem Fall unabdingbar, um die bisherigen hohen Freiheitsgrade der einzelnen Partner an eine international einheitliche Struktur und Kultur anzupassen.[915]

Auch wenn es daher zwar wahrscheinlich ist, dass eine stark integrierte One-Professional Ser-vice Firm mit mehr als 130.000 Mitarbeitern weltweit erfolgreicher wäre als ein dezentral aufgestelltes Netzwerk,[916] kann diese Annahme nicht ohne weiteres zuverlässig gesichert und

---

[912]   Derzeit besteht noch wenig messbare Unterstützung für Hilfestellung in „fremden Mandaten".
[913]   Vgl. Interview Röhm.
[914]   Vgl. Interview Stratmann.
[915]   Vgl. Interview Röhm.
[916]   Kundenbefragungen bei Großkunden unterstützen dies. Vgl. Deloitte (2006n).

quantifiziert werden. Dennoch wurden bei Deloitte Global mehrheitlich organisationsstrukturelle Entscheidungen getroffen, um ihr internationales Netzwerk zu harmonisieren: „Some regulators question whether the current federation-style structure of audit firms is the most appropriate to deliver consistent high quality audit work across geographies. As part of their strategy development, Deloitte member firms recently reviewed this and reaffirmed the appropriateness of their current structure as a Verein. At the same time, however, they recognized that, in a changing world, they need to be open-minded and flexible, two important prerequisites for achieving sustainability. Any change to the current structure, including a global partnership, would require regulatory change affecting ownership restrictions, professional requirements, and liability regimes. Only then could such a change even be considered by Deloitte member firms. If this happened, Deloitte member firm partners would then have to agree to a global partnership arrangement and the terms relevant to it. This would be a significant cultural change for the member firms united for certain common goals and committed to client service excellence, but legally independent."[917]

Damit ist evident, dass die globale Partnerschaft mit einheitlicher Vergütung und globaler Erfolgsmessung – in welcher Form auch immer – bei Deloitte umgesetzt würde, wenn weitere Haftungsbegrenzungen auf internationaler Ebene, insbesondere in der EU und den USA vom Gesetzgeber eingeführt werden. Für *Stratmann* ist die Haftungsproblematik aber nur Vorwand für nationale Interessen innerhalb der Big-4-Netzwerke und ein zu hoher Preis, keine One-Firm zu schaffen, da seiner Einschätzung nach das Recht der Einflußnahme zu Risikominimierung und Begrenzung von Reibungsverlusten und Haftungsfällen führt, wenn die implementierten Strukturen und Firewalls effizient arbeiten.[918] Trotzdem führt bis zur Lösung der Haftungsfrage der Weg bei Deloitte Global wie bei den anderen internationalen Big-4-Organisationen auch zunächst über die Intensivierung der nationalen Zusammenarbeit. Dies geschieht z. B. durch nationale Fusionen von Deloitte-Landesgesellschaften (wie der von Deloitte UK mit Deloitte Schweiz oder der einzelner Landesgesellschaften in Lateinamerika und in Asien), über die Schaffung von eng verflochtenen Regionen[919] oder durch das Outsourcing[920] der Führung einzelner Länder-Functions an andere Deloitte-Landesgesellschaften.[921]

---

[917] Vgl. Deloitte (2006m), S. 17.

[918] Vgl. Interview Stratmann. Stratmann hält es auch für wesentlich, dass zunächst die Strukturen harmonisiert und in einem zweiten Schritt Systeme und Kultur angeglichen werden, weil nur in dieser Reihenfolge das Firmeninteresse bei Partnern und Mitarbeitern durchgesetzt werden könne.

[919] Beim Konkurrenten E&Y wurden beispielsweise Regionen geschaffen, bei denen die Service Lines dem „Regional Leader" direkt unterstellt wurden, um somit kurzfristig eine höhere Betriebsgröße vor Ort zu erhalten.

[920] Zum Beispiel könnte der Leiter einer Service Line in einer Landesgesellschaft auch der Leiter derselben Service Line in einem zweiten Land werden, ohne dass es zwingend auch zu Kapitalverflechtungen beider gesamter Gesellschaften kommen müsste. Vgl. Deloitte (2005e).

[921] Schon heute hat dieser Trend in den letzten Jahren dazu geführt, dass von den 70 Mitgliedsfirmen innerhalb von Deloitte Global nur mehr etwa 40 selbstständig sind.

Ziel der Landesgesellschaften von Deloitte ist es hierbei zunächst, eine Betriebsgrößenopti-
mierung zu erreichen, um die Stellung innerhalb von Deloitte Global zu stärken und die eigene Profitabilität zu sichern. Insbesondere kleinere Landesgesellschaften innerhalb des internationalen Netzwerks stehen vor dem Dilemma, entweder die ihnen im Rahmen der internationalen Integration noch gebliebene Entscheidungsfreiheit und Eigenständigkeit zu behalten
oder aber eine Antwort auf eine potenzielle Existenzgefährdung zu finden, sollten die eigenen
Netzwerk-Partner auf dem nationalen Markt zu ihnen in Konkurrenz treten. Lassen die rechtlichen Bestimmungen in vielen Ländern noch nicht zu, dass ausländische Berufsträger im Au-
dit-Markt aktiv werden, so ist es durchaus möglich, dass Deloitte Consulting Partner aus UK
bei deutschen Klienten vorstellig werden, die bislang von Deloitte Deutschland betreut wurden und auch dort umsatztechnisch zu Buche schlugen. Auf diese Weise droht den einzelnen
Landesgesellschaften der Verlust ihrer Territorialhoheit innerhalb des internationalen Deloit-
te-Netzwerks[922], obwohl diese in den gemeinsamen Vertragswerken verankert ist.[923]

Diese potenzielle Entwicklung zeigt, dass nicht ausschließlich Kundenwünsche nach Vereinheitlichung der internen Organisation Deloitte Global für die Integrationsbemühungen verantwortlich sind. Im Gegenteil, ein großer Kraftakt im Rahmen dieser strukturellen Integrati-
onsintensivierungen besteht darin, „Layers" zu vermeiden, das heißt Aufwendungen für interne, nicht-mandantennahe Tätigkeiten so gering wie möglich zu halten, damit der Erfolg für
den Kunden zumindest gesichert werden kann und kein Wechsel zur Konkurrenz stattfin-
det.[924]

Als Reaktion auf die Zusammenführungen von Deloitte-Landesgesellschaften kommt demnach eine zweite strategische Option für Deloitte Global in Betracht, die deutlich kundenge-

---

[922] Deloitte selbst hält sich zu diesem Punkt sehr bedeckt. Allerdings zeigen die Hintergrundgespräche mit Big-
4-Mitarbeitern und -Alumnis, dass die Konkurrenzsituation zwischen den einzelnen Landesgesellschaften
innerhalb des Netzwerks um Kundenaufträge, unabhängig von den vertraglichen Pflichten und Rechten, bereits in letzter Zeit eher zu- als abgenommen hat. Dabei scheint es sich nicht nur um reine „Anecdotal Evidence" zu handeln. Dies könnte zumindest teilweise auch erklären, warum Informationen und Kundende-
tails weiterhin so ungern über Landesgrenzen hinweg unter den Mitarbeitern ausgetauscht werden.
[923] Vgl. Deloitte (2006v).
[924] Wie schwierig es ist, eine dezentral gewachsene Professional Service Firm von der Größe von Deloitte international integrierter handeln zu lassen und zu verändern, zeigen, für alle Big-4-Netzwerke exemplarisch,
die Bemühungen von The Executive im Rahmen ihrer Strategieentwicklung zu „Deloitte 2010". Vgl. Deloitte (2006n). Zunächst muss dafür eine Task Force bestehend aus 20 Senior Partnern aus allen Kontinenten und Functions ins Leben gerufen werden, die „the new vision … and a better, smarter way to do business" mit Deloitte Global finden soll. Dann werden über einen Zeitraum von einem Jahr bottom-up weltweit
ausgewählte Kunden und Mitarbeiter über den Status quo befragt, unterschiedlichste Problemfelder identifiziert und Lösungsvorschläge erarbeitet sowie priorisiert. Diese Lösungsvorschläge werden dann an The E-
xecutive berichtet, die dieses in den weiteren globalen Führungsgremien diskutiert und danach verabschiedet.
Allerdings haben die globalen Leitungsorgane kein Weisungsrecht, sodass die Herausforderung am Ende
wiederum darin besteht, die Entschlüsse in jedem Mitgliedsland und bei jedem Partner und Mitarbeiter auch
umzusetzen. Diese müssen sie ja dann beim Kunden selbst leben, damit der „way of doing business with
Deloitte" auch nachhaltig weiter verbessert wird.

triebener wäre:[925] eine Aufspaltung in zwei Firmen, eine für internationale (von den globalen Kapitalmärkten abhängende)[926] Großkunden und eine für eher mittelständisch geprägte Kunden. Ziel einer solchen Aufspaltung wäre es, die internationalen Großkunden in eine global aufgestellte Organisation mit einem global einheitlichen Serviceansatz zu überführen und die eher lokalen Kunden, die von weiteren internationalen Integrationsbemühungen weniger profitieren würden, wie bisher von den Partnern vor Ort betreuen zu lassen. Zwar fallen die Margen im Mittelstand im Schnitt geringer aus als bei den Großkunden, allerdings ist der Anbietermarkt deutlich fragmentierter und weniger umkämpft als bei den Großkunden, die z. B. im Audit-Bereich fast vollständig auf die Big-4-Gesellschaften verteilt sind. Auch aus diesem Grund soll in Zukunft bei Deloitte Global „ein größerer Anteil des Geschäfts im Mittelstand generiert werden"[927].

Im Mittelstandsbereich konnten sich in den letzten Jahren aber in manchen Ländern zunehmend kleinere Wettbewerber im Markt positionieren, die sich klar vom Geschäftsmodell der Big-4-Gesellschaften abgrenzen und auf ihr lokales Know-how setzen. Deloitte Global muss deshalb unabhängig von einer möglichen Aufspaltung einen Weg finden, zentrale und dezentrale Elemente so zu verbinden, dass alle Kunden sich bei der Gesellschaft gut aufgehoben fühlen. Gerade für diese Kunden müssen Partnern organisationsintern auch in besonderem Maße individuelle Freiheiten zugestanden werden, weil hier noch keine „Entpersonalisierung des Verkaufserfolgs"[928] stattgefunden hat, wie ihn *Stratmann* beispielsweise für den Bereich Business Consulting bei internationalen Großkunden konstatiert hat.[929] Deloitte will diesen Bereich ebenfalls stärker in Zukunft ausbauen.[930]

Inwieweit die genauen Strukturen und das quantitative Potenzial eines solchen Aufspaltungsschritts bereits von Deloitte Global intern analysiert wurden, ist nicht bekannt. Sollte jedoch

---

[925] Diese Option würde aber nicht die Forderungen von einigen (externen) Seiten, z. B. Regulatoren wie der EU-Kommission, erfüllen, die eine Aufweichung des Oligopols der Big 4 gerade bei den großen, börsennotierten Kunden unterstützen würden, entweder durch Aufbrechung der Big-4-Gesellschaften selbst oder durch Zusammenschluss von Second-Tier-Firmen zu wettbewerbsfähigen „Big 5" oder „Big 6". In diesem Bereich haben die Big 4 in Europa einen Marktanteil von durchschnittlich über 80 %, in einzelnen Ländern sogar von deutlich über 90 %. Vgl. London Economics (2006), S. 19 ff.

[926] Deloitte Global CEO Quigley betont diesen Aspekt zum Beispiel, wenn es um die Beantwortung der Frage geht, ob nicht kulturelle Unterschiede in den Ländern der Angleichung internationaler Bilanzierungsstandards entgegenstehen: „... Wir haben globale Finanzmärkte. Es geht immer darum, Anleger zu schätzen. Da darf es keinen Unterschied machen, in welchem Land sie sitzen." Vgl. Süddeutsche Zeitung (2007), S. 19.

[927] Börsen-Zeitung (2007), S. 11.

[928] Interview Stratmann.

[929] Röhm argumentiert hingegen, dass zwar Brand und Referenzen zu einer Legitimation „up front" beim Kunden führen, allerdings ab einer gewissen Ebene das persönliche Vertrauen in den Berater, ein konkretes Problem zu lösen, entscheidend für die Beauftragung durch den Kunden ist. Vgl. Interview Röhm. Damit kann für Deloitte Global keine eindeutige Ableitung gegeben werden, ob „Relations" oder „Brand" der wichtigere Treiber für den Vertriebserfolg sind.

[930] Vgl. Börsen-Zeitung (2007), S. 11.

eine globale Partnerschaft geschaffen und die LCSP mit Ressourcen und Entscheidungskompetenzen ausgestattet werden, um ein zentrales Angebot für die Top Clients steuern zu können, dürfte sich angesichts zunehmender Koordinationsprobleme, Wachstumsgrenzen und der
Entfernung vom „kleineren" Kunden der Druck auf Deloitte Global und andere Big-4-
Organisationen erhöhen, über eine Aufspaltung in zwei unterschiedlich organisierte Gesellschaften konkret nachzudenken.[931] Werden zusätzlich noch die öffentlichen Diskussionen um
eine mittelfristige Zusammenführung des regionalen Geschäfts, beispielsweise in Europa mit
der möglichen Einschaltung einer Europa AG, sowie der bei anderen Big-4-Firmen bereits
erfolgte und jetzt ebenso bei Deloitte Global wieder diskutierte Börsengang der Beratungssparte,[932] berücksichtigt, wäre de facto am Ende eine Aufteilung nicht in zwei, sondern drei
internationale Leistungseinheiten die Folge: in eine partnerschaftlich gehaltenene Prüfungsfirma für Großkunden, in eine börsennotierte Beratungsfirma für Großkunden und in eine
wiederum partnerschaftlich organisierte Beratungs- und Prüfungsfirma für den Mittelstand.[933]
Eine solche Aufspaltung hätte mit großer Wahrscheinlichkeit Reibungs- und Synergieverluste
zur Folge, die gegenüber den anderen Optionen genauer abzuwägen sind.

4.2.6   Zusammenfassende Würdigung

Zusammenfassend befindet sich Deloitte Global in einem Wandlungsprozess von einem ehemals dezentral organisierten und strategisch multinational orientierten Netzwerk mit polyzentrischen Kulturelementen zu einer transnational geprägten und zentraler gesteuerten One-Firm.
Die schon heute in allen wesentlichen Ländern weltweit vertretene multidisziplinäre Prü-
fungs- und Beratungsfirma gibt bislang ihren einzelnen Landesgesellschaften und damit ihren
Mitarbeitern noch relativ große Entscheidungsfreiräume bei der Geschäftsgestaltung. Grund
hierfür sind vor allem die auf lokaler Gewinnverteilung basierenden Partnerschaftsmodelle
der Landesgesellschaften. Allerdings fordern internationale Großkunden insbesondere für die
Abschlussprüfung und Strategieberatungsprojekte einen Seamless Global Service, der nur
durch ein einheitliches Vorgehen und eine hohe Reputation hierfür von Deloitte Global garantiert werden kann. Daher wurden bei Deloitte Global Bemühungen, Kompetenzen und Befugnisse zentraler zusammenzufassen, verstärkt und Strukturen sowie Systeme operativ angeglichen. Allerdings erzielt Deloitte Global weiterhin einen hohen Anteil ihres Umsatzes mit

---

[931]   Vgl. Interview Röhm. Dies kann aus den Überlegungen dort abgeleitet werden.
[932]   Vgl. Börsen-Zeitung (2007), S. 11.
[933]   Zwischen den Audit- und Consulting-Bereichen ist eine Reihe von Gemeinsamkeiten zu konstatieren, so-
        bald von ihnen international tätige Großkunden in grenzüberschreitenden Projekten (inkl. Abschlussprüfung)
        betreut werden müssen. Die Projektdauer ist bei beiden überdurchschnittlich lang, Ansprechpartner auf
        Kundenseite ist in der Regel das Upper Management und die Bereitstellung eines Seamless Global Service
        (mit gewissen lokalen Anpassungen) wird vorausgesetzt. Somit scheint eine Aufteilung der Big-4-
        Organisation einzig nach Kundengruppen strategisch sinnvoller als eine Aufspaltung in drei Firmen mit der
        damit implizit verbundenen Trennung der Audit- und Consulting-Bereiche.

kleineren und mittleren Betrieben sowie Privatpersonen vor Ort, die eine lokale Betreuung schätzen. Die zentrale Herausforderung für Deloitte Global besteht daher darin, für beide Kundengruppen internationale Strukturen zu schaffen, die konsistent mit dem Geschäftsmodell sind. Für internationale Großkunden muss Deloitte Global die Entwicklungen zur One-Firm weiter intensivieren und mittelfristig eine globale Gewinnverrechnung anstreben. Für mittelständische Kunden sollte aber den Mitarbeitern vor Ort weiterhin ein hoher Freiheitsgrad in der Gestaltung der Kundenbeziehungen gewährt werden. Ein Resultat dieses Prozesses kann eigentlich nur die Aufspaltung von Deloitte Global in zwei nach Kundengruppen segmentierte Firmen zur Folge haben.

4.3 Fallstudie: „Non-Big 4"-WP-Firma Rödl & Partner

4.3.1 Hintergrund

Rödl & Partner ist eine 1977 von Dr. Bernd Rödl (als Ein-Mann-Unternehmen) gegründete mittelständische Wirtschaftsprüfungs-, Steuerberatungs- und Rechtsanwaltskanzlei sowie Unternehmensberatung deutschen Ursprungs, die mit heute etwa 2.500 Mitarbeitern ihre Kunden weltweit an 71 Standorten in 31 Ländern betreut.[934] Mit einem Inlandsumsatz von 108,4 Mio. EUR im Jahr 2005 (Ausland: 55,1 Mio. Euro)[935] steht die Rödl & Partner GbR hinter den deutschen Big-4-Firmen und BDO Deutschland auf dem sechsten Platz auf dem deutschen Markt. Sie ist damit die mit Abstand größte vollständig eigenständig organisierte und aus eigener Kraft expandierende[936] deutsche WP-Firma.[937]

Die auch heute noch vom Gründer (mit-)geleitete multidisziplinäre Professional Service Firm versteht sich als dienstleistungsorientierte Prüfungs- und Beratungsgesellschaft, die „unter Einbringung ausgeprägten Fachwissens und der Erfahrung hoch qualifizierter Mitarbeiter in enger Zusammenarbeit mit den Mandanten individuell zugeschnittene Dienstleistungen erarbeitet"[938]. Der eigenen Unternehmensphilosophie zufolge hängt die wirtschaftliche Entwicklung der Gesellschaft „maßgeblich vom Erfolg [ihrer] Mandanten und vom Engagement und der Motivation [ihrer] Mitarbeiter ab"[939]. Damit stehen Menschen, sprich deren Qualifikation,

---

[934]	Vgl. Rödl & Partner (2006c).

[935]	Davon entfallen etwa je 30 % auf die Wirtschaftsprüfung, Steuerberatung und Rechtsberatung und 10 % auf die Unternehmensberatung. Im Jahr 2008 soll der Auslandsanteil auf 50 % steigen. Vgl. Rödl & Partner (2006a), S. 26 ff. und Financial Times Deutschland (2006a), S. 20.

[936]	Rödl & Partner sieht sich deshalb auch als „einzige internationale Anwaltschaft" und spricht in diesem Zusammenhang auch regelmäßig von Mandanten, dem Sozius und sich als (Wirtschafts-) Kanzlei. Vgl. Interview Rödl.

[937]	Vgl. Lünendonk (2006).

[938]	Rödl & Partner (2007a).

[939]	Rödl & Partner (2007a).

Einsatz und Beziehungskompetenz im Mittelpunkt der unternehmerischen Tätigkeit von Rödl & Partner.

4.3.2 Geschäftsmodell

Rödl & Partner hat sich auf dem internationalen WP-Markt als „multidisziplinäre deutsche Kanzlei"[940] positioniert, die entweder ihre deutschen Kunden bei deren Expansion ins Ausland begleitet oder die Prüfung und Beratung im Ausland akquirierter deutscher Kunden auch auf deren deutsche Muttergesellschaft ausdehnt und damit ihr eigenes Referred-in-Geschäft betreibt.[941] Zielkunden sind dabei in der Regel mittelständische, nicht börsennotierte Familienunternehmen mit einem Jahresumsatz von über 100 Mio. Euro, die entweder bereits internationalisiert haben oder in Zukunft verstärkt internationalisieren wollen. Auch wenn Rödl & Partner zurzeit einige Prüfungsmandate bei kleineren börsennotierten Gesellschaften innehat, so hat doch, im Gegensatz zu den Big-4-Firmen, die Tätigkeit bei großen Dax-Firmen oder „SEC Clients"[942] nicht die höchste Priorität.[943] Deshalb sieht sich die Gesellschaft auch einer geringeren Haftungsproblematik gegenüber als die Big-4-Firmen. Trotzdem ist derzeit vor allem aufgrund regulativer Anforderungen in Europa, z. B. hinsichtlich der Trennung von Prüfung und Beratung, laut *Wambach* bei Rödl & Partner die Auslagerung der börsennotierten Kunden in eine eigene Tochtergesellschaft in der Diskussion.[944] Auch konnte Rödl & Partner in der Vergangenheit bei börsennotierten Kunden von Zusatzaufträgen profitieren, da die Big-4-Firmen seit SOX häufig „conflicted" sind, weil sie nicht gleichzeitig Prüfungs- und Beratungstätigkeiten für denselben Kunden erbringen dürfen, und deshalb Aufträge an andere, kleinere Gesellschaften abgeben müssen.[945] Damit steht Rödl & Partner mit Ausnahme von bei im Rahmen der Jahresabschlussprüfung erbrachten Leistungen in direkter Konkurrenz zu

---

[940] Interview Rödl.
[941] Die Leiterin des Auslandsgeschäfts von Rödl & Partner, Kastl, bestätigt auch, dass die Gesellschaft einen großen Teil ihrer neuen Mandate in Deutschland über das Auslandsgeschäft gewinnt. Vgl. Rödl & Partner (2006b).
[942] SEC Clients sind Kunden, die der Kontrolle der U.S. Securities & Exchange Commission unterliegen, z. B. weil sie dort gelistet sind oder dort notierte Anleihen emittiert haben.
[943] Dies liegt auch an Kapazitätsproblemen, die entstünden, wenn ein großer internationaler Auftrag mit einem Schlag eine hohe Anzahl von Mitarbeitern binden würde, die dann an anderer Stelle für das Kerngeschäft fehlten. Wambach legt aber Wert auf die Feststellung, dass Rödl & Partner durchaus in der Lage wäre, die Abschlussprüfung einer Dax-Firma qualitativ und quantitativ zu erbringen, wie positive Rückmeldungen in einem Ausschreibungsprozess kürzlich gezeigt hätten. Vgl. Interview Wambach.
[944] Rödl & Partner ist ausschließlich Abschlussprüfer der Funkwerk AG im TecDax und der Zapf Creation AG im SDax (Stand 2005) – auch ein Beweis für die Konzentration auf den deutschen WP-Markt. Vgl. Handelsblatt (2006b), S. 15.
[945] Vgl. Financial Times Deutschland (2004), S. 18. Die Konzentration auf kleinere Unternehmen hat dennoch zur Folge, dass der durchschnittliche Umsatz pro Mitarbeiter auf Basis öffentlich verfügbarer Unternehmenszahlen mit etwa 65.000 EUR nur etwa halb so hoch wie der der Big-4-Firmen und noch niedriger im Vergleich zu den führenden Strategieberatungsunternehmen ist.

den Big-4-Gesellschaften, was ähnliche Herausforderungen hinsichtlich der Kapazitäten und Produktpalette mit sich bringt.

Um erfolgreich auf dem ausgewählten Zielkundenmarkt für mittelständische Unternehmen, die persönliche Kontaktpflege und ganzheitliche Betreuung besonders schätzen, und damit implizit dort auch erfolgreicher als andere WP-Firmen wie die, laut *Rödl*, „angloamerikanischen Big 4"[946] aufgestellt zu sein, muss Rödl & Partner ihre Geschäftsphilosophie an die Kundenwünsche anpassen. Die Firma tut dies, indem sie zum einen die Beziehungskompetenz ihrer Mitarbeiter, also ihre Relations in den Vordergrund stellt. Zugutekommt Rödl & Partner dabei ihr großes Netzwerk an ausgeprägten persönlichen Verbindungen, das sie sich in der (insbesondere bayerischen Lokal-) Politik über Jahre aufgebaut hat,[947] ihre Verwurzelung mit dem „Stammhaus" in Nürnberg als einem der größten Arbeitgeber in der mittelfränkischen Region sowie ihr soziales Engagement, das sich nicht zuletzt in Stiftungs- und Partnerschaftsprojekten ausdrückt.[948] Auch steht die Bindung der Mitarbeiter an das Unternehmen im Mittelpunkt, da diese über das Wissen und die Kundenbeziehungen verfügen und somit Wettbewerbsvorteile selbst personifizieren. Bezogen auf die jüngst hohe Mitarbeiterfluktuation bei den Big-4-Firmen[949] stellt *Rödl* daher auch fest, „wir könnten das unseren Kunden nicht erklären, wenn wir ständig unsere Mitarbeiter vor Ort auswechseln müssten"[950].

Ergänzend versucht sich Rödl & Partner als eine Professional Service Firm mit einem tendenziell generalistischeren Dienstleistungsansatz von der Konkurrenz abzugrenzen. *Rödls* Aussage von 2003, „eine zu große Spezialisierung kann von Nachteil sein, Generalisten sind nach wie vor gefragt"[951] gilt heute weiterhin, auch wenn sich die Gesellschaft im Jahr 2005 aus unprofitablen Randgeschäftsbereichen (E-Commerce, Facility Management, Vermögensverwaltung) zurückgezogen hat und sich nur noch auf die drei genannten Kernkompetenzen konzentriert.[952] Es kann konstatiert werden, dass die Stärke von Rödl & Partner darin liegt, bestehende Kunden eng und lange an sich zu binden, was nur gelingt, wenn der Fokus auf die Beziehung ausgewählter Kunden oder auch Kundengruppen gesetzt wird, denen gleichzeitig ein möglichst breites Leistungsspektrum angeboten werden kann. *Wambach* glaubt, dass, sobald der Kunde einer Professional Service Firm wie Rödl & Partner eine gewisse Grundkompetenz

---

[946] Vgl. Rödl & Partner (2004). Laut Rödl beklagen viele Kunden „Arroganz und Gleichmacherei" der von angelsächsischen Traditionen geprägten Big-4-Firmen. Vgl. Handelsblatt (2006a), S. 15.

[947] Was sich auch in der Verleihung des Bundesverdienstkreuzes an Dr. Bernd Rödl im Oktober 2006 durch den damals stellvertretenden und heutigen bayerischen Ministerpräsidenten Dr. Günther Beckstein ausdrückt. Vgl. Wirtschaft in Mittelfranken (2006), S. 77.

[948] Vgl. Rödl & Partner (2007b).

[949] Vgl. Kapitel 3.2.1.

[950] Interview Rödl.

[951] Handelsblatt (2003), S. b08.

[952] Vgl. Handelsblatt.com (2005).

auf einem Themengebiet zutraut, die persönliche Beziehung den Ausschlag für eine Mandatierung gibt und nicht unbedingt die fachliche Reputation,[953] die im Übrigen schwer messbar
ist.

Im Ergebnis konzentriert sich Rödl & Partner zwar auf ein Kundensegment und spezialisiert
sich somit in einer Marktnische, bietet aber hierin eine fast ebenso breite Produktpalette wie
die Big-4-Gesellschaften an. In Verbindung mit den Kompetenzen der großen Rechtsanwaltskanzlei kann in einzelnen Bereichen sogar ein breiteres Leistungsspektrum zur Verfügung gestellt werden. Gerade um Neukunden zu gewinnen, aber auch um Wachstumsnischen in einem sich schnell ändernden Marktumfeld zu besetzen und dem durch die Big-4-Firmen auf
dem deutschen WP-Markt ausgelösten Preiskampf zu entgehen, ist eine fachliche Abgrenzung
von der Konkurrenz notwendig. Rödl & Partner setzt dabei einen Schwerpunkt im Kundenmanagement, auf ihre so genannten Speerspitzen[954]. Das sind unterschiedlich große Einheiten
(Teams) auf Projektbasis, die sich bestimmter Spezialthemen annehmen, diese weitestgehend
eigenständig weiterentwickeln und entsprechende Lösungen auf dem Markt anbieten. Dies
beinhaltet z. B. den Bereich Corporate Tax oder die Erstellung von Comfort Letters im Rahmen der Transaktionsberatung.[955]

Bei dieser Positionierung steht das strategische Management von Rödl & Partner vor dem Dilemma, einerseits die nötige, vor allem fachliche, Flexibilität und Weiterentwicklungsmög-
lichkeit der Mitarbeiter zu sichern, andererseits den insbesondere bei mittelständischen Kunden immanenten Wunsch nach Konstanz der Ansprechpartner in den Kundenbeziehungen sicherzustellen.[956] Deshalb hat der einzelne Partner die Aufgabe, seine Arbeitseinteilung im
Rahmen der Auftragsabwicklung so zu gestalten, dass weder seine Mitarbeiter noch strategische Fragestellungen und insbesondere nicht die Projektarbeit beim Kunden zu kurz kommen.
Dies hat zur Folge, dass die Partner sich nicht nur auf die Neuakquisition von Kunden, sondern besonders auf die Pflege der bestehenden Kundenbeziehungen konzentrieren müssen, da
der Kunde verlangt, dass die leitenden Mitarbeiter im Rahmen der Projektarbeit bei ihm Präsenz zeigen.

---

[953] Vgl. Interview Wambach. Dies impliziert, dass der Bestandskunde hierbei zunächst Rödl & Partner fragt,
ob die Firma einen bestimmten Auftrag annehmen und damit seine Nachfrage befriedigen kann. Damit trifft
er seine Vorauswahl nicht, wie häufig in der Fachliteratur mit Blick auf vollkommen rationales Kundenver-
halten angenommen, auf Basis der höchsten Reputation der Marktteilnehmer für jedes einzelne Fachprob-
lem neu, sondern er gewährt dem Anbieter mehr oder weniger ein Vorgriffsrecht, den er bereits kennen und
schätzen gelernt hat. Rödl & Partner muss, um weitere Anschlussaufträge zu erhalten, dieses Vertrauen natürlich bestätigen, indem sie eine qualitativ zufrieden stellende fachliche Dienstleistung erbringt. Allerdings
obliegt sie auf diesem Weg nicht dem Druck, vor der eigentlichen Mandatierung erst noch eine Reputation
auf dem Markt aufbauen zu müssen.
[954] Vgl. Interview Wambach.
[955] Vgl. Interview Wambach.
[956] Vgl. Interview Wambach.

4.3.3 Stand der Internationalisierung

Die internationale Expansion von Rödl & Partner geht zurück auf das Jahr 1989, als die Geschäftsleitung als Reaktion auf Wettbewerber und Kundenwünsche die strategische Entscheidung traf, den Eintritt in ausländische Märkte zu suchen[957]. Die Strategie[958] bestand darin, deutsche Kunden in das Ausland zu begleiten („Going Global") und sich dort vor Ort als deutsche Wirtschaftsprüfungs-, Steuerberatungs- und Rechtsanwaltskanzlei gegenüber den Wettbewerbern zu positionieren. Zuvor wurden nationale Kunden von Rödl & Partner außerhalb Deutschlands vor allem durch Partnerkanzleien im Verbund des Netzwerks CPA Associates International betreut, dem Rödl & Partner heute noch in den Ländern angehört, in denen die Gesellschaft nicht eigenständig präsent ist.[959] Allerdings war und ist für *Rödl* eine zu große Abhängigkeit von einer solchen Kooperation nicht unproblematisch, da Rödl & Partner letztendlich keinen Einfluss auf die Servicequalität und -konsistenz des jeweiligen, in dieser Form vergleichsweise losen, Netzwerkpartners hat[960] und somit seinen Kunden nicht den gewohnten Qualitätsstandard in diesen Ländern garantieren kann.

Der Start der Internationalisierung im Jahr 1989 gelang Rödl & Partner mit der Gründung eines Joint Ventures im heutigen Tschechien zusammen mit einer lokalen Kanzlei. Tschechien wurde deshalb als erster Standort ausgewählt, weil viele Mandanten aus der Oberpfalz dort tätig waren, sodass der Markteintritt im „Windschatten"[961] der ins Ausland expandierenden Kunden leichter möglich war. Kurz darauf löste sich der dortige Sozius aus dem Joint Venture heraus[962] und gründete erfolgreich eine 100%ige Tochtergesellschaft von Rödl & Partner.

Es folgten weitere Expansionen in osteuropäische Länder. Sie wurden dabei getrieben durch den Einsatz und die „Nullstart-Mentalität"[963] der jeweiligen Mitarbeiter vor Ort in den Regionen und begünstigt durch die guten Kontakte sowie ein systematisches Networking der Muttergesellschaft mit der (bayerischen Landes-) Politik.[964] Primäre Zielmärkte im Rahmen der Auslandsexpansion von Rödl & Partner waren infolge der geografischen Nähe zum Kunden zunächst vor allem die Emerging Markets in Osteuropa, aber auch im Baltikum. Dort wurden

---

[957] „Wir müssen ins Ausland" (Interview Rödl).
[958] Rödl spricht zunächst auch von einer „Vision", vgl. Interview Rödl.
[959] Vgl. Rödl & Partner (2007c).
[960] Vgl. Interview Rödl.
[961] Interview Rödl.
[962] Die dabei aufgetretenen Probleme haben Rödl & Partner veranlasst, seither Joint-Venture-Konstruktionen im Rahmen ihrer Internationalisierung wenn möglich zu vermeiden.
[963] Damit beschreibt Rödl die Gründermentalität seiner Mitarbeiter vor Ort.
[964] So erwähnt Rödl, dass der bayerische Ministerpräsident Stoiber Mitte der 90er Jahre die Expansion von Rödl & Partner nach China unterstützt habe, weil er ein „Interesse habe, ein bayerisches Unternehmen in China aktiv tätig zu haben" (Interview Rödl).

insbesondere die von Mitarbeitern von Rödl & Partner in Deutschland aufgebauten Fachkompetenzen nachgefragt, z. B. Dienstleistungen im Rahmen der Privatisierungsberatung.

Heute ist Rödl & Partner auch in Westeuropa, Asien, den USA und in Südamerika selbstständig vertreten, wobei das Unternehmen organisatorisch bei einem Eintritt in den noch begrenzt wettbewerbsintensiven Emerging Markets zunächst eigene Mitarbeiter entsendet, eine Niederlassung gründet und den Aufbau einer Infrastruktur vorantreibt.[965] Erst nach einem positiven Startverlauf werden dann verstärkt sukzessive lokale Mitarbeiter eingestellt. In einigen saturierten Märkten hingegen erfolgte der Markteinstieg überwiegend nicht originär, sondern über den Erwerb von oder einer Beteiligung an lokal tätigen Kanzleien vor Ort, wie z. B. in Brasilien, wo mittlerweile 50 Mitarbeiter beschäftigt sind, in den USA oder jüngst in den Vereinten Arabischen Emiraten.[966]

Auch wenn Rödl & Partner keine Details zu genauen gesellschaftsrechtlichen Konstruktionen ihres internationalen Netzwerks offenlegen,[967] können doch die einzelnen Landesorganisationen als Tochtergesellschaften der deutschen Muttergesellschaft qualifiziert werden. Damit besteht gesellschaftsrechtlich für sie eine Durchgriffsmöglichkeit.[968] Die Expansion von Rödl & Partner wurde sicherlich auch dadurch begünstigt, dass die Gesellschaft einen im Vergleich zu den Big-4-Firmen kleinen und etablierten Gesellschafterkreis hatte und erst allmählich eine größere Zahl ihrer „Partner" zu Teilhabern aufsteigen ließ, um so das Unternehmertum und eine starke Ausrichtung der Partner am Unternehmensinteresse auch bei steigender Größe und Komplexität der Gesamtorganisation zu fördern.[969] Es ist angemessen, die ursprüngliche Eigentümerstruktur als Garant für die Bereitschaft anzusehen, trotz steten Investitionsbedarfs und damit verbundener Kosten die Expansion dauerhaft weiterzuverfolgen, auch wenn diese in der Regel zumindest zu Beginn zu Lasten der Profitabilität gehen kann, sodass Interessens-

---

[965]   Vgl. Interview Rödl.

[966]   Laut Wambach sind die Reibungsverluste, anders als man vermuten würde, allerdings beim Alleingang stärker als beim Erwerb kleinerer Kanzleien. Weniger das Anwerben als das Halten von lokal erfahrenen Mitarbeitern oder Partnern ist gerade in den Kanzleien in den Emerging Markets mitunter relativ problematisch, die Fluktuation unter dieser Mitarbeitergruppe ist dort vergleichsweise hoch. Sie hängt davon ab, wie lukrativ ein mögliches Zurückgehen in die Selbstständigkeit für diese Führungskräfte ist, was wiederum vom Marktwachstum und von der Marktdurchdringung der größten Wettbewerber beeinflusst wird. Vgl. Interview Wambach.

[967]   Dies gilt nicht nur für die Konstruktion des internationalen Netzwerks, sondern auch für die Gesellschafterstruktur als solche: „Das Beratungsunternehmen Rödl & Partner setzt sich aus verschiedenen rechtlich selbstständigen in- und ausländischen Personen- und Kapitalgesellschaften zusammen. Die Bezeichnung Geschäftsleitung, Partner und Associate Partner hat nichts mit einer Gesellschafterstellung bei Rödl & Partner gemein." Vgl. Rödl & Partner (2007d). Wambach sagt aber, dass zum Teil durchaus komplexe gesellschaftsrechtliche Strukturen hinter den einzelnen Landesgesellschaften stehen, beispielsweise über Treuhandschaften, um so eine effiziente Tätigkeit vor dem Hintergrund unterschiedlicher Landesgesetze sicherzustellen. Vgl. Interview Wambach.

[968]   Und nicht nur vertraglich wie bei den globalen Netzwerken der Big-4-Gesellschaften.

[969]   Vgl. Interview Rödl.

konflikte bei einer Eigentümergemeinschaft häufig nicht auszuschließen sind. Deshalb sind wie bei allen unternehmerischen Aktivitäten zur Sicherung der langfristigen Rentabilität eine genaue Beobachtung der Marktentwicklung und eine angemessene Reaktion auf gelegentlich erkannte Korrekturerfordernisse notwendig. In den USA wurde beispielsweise die Expansion erst dann zum nachhaltigen Erfolg, als Rödl & Partner ihren dortigen Sitz von der New Yorker Gegend in die Region um Atlanta in Georgia verlegte, wo auch die meisten bestehenden Kunden ansässig waren und sind.[970]

Zur Absicherung ihrer über die Jahre erlangten eigenständigen Wettbewerbsposition verfolgt die Internationalisierungsstrategie von Rödl & Partner auch heute weiterhin einen dualen Ansatz, um den Kunden eine Betreuungsmöglichkeit ihrer Geschäftsaktivitäten „vor Ort" zu gewährleisten und zusätzlich eine Nische als deutsche, das heißt ethnozentrisch geprägte WP-Firma im Ausland zu sichern. Interne Analysen ergaben, dass die Kunden der Gesellschaft keine „europäische" Positionierung wünschten. Durchschnittlich werden dabei bis heute 95 % des Umsatzes im Ausland mit deutschen Unternehmen erzielt.[971] *Wambach* betrachtet die Expansion ins Ausland nicht nur deshalb als Erfolg, weil Rödl & Partner heute bereits 35 % ihres Umsatzes außerhalb Deutschlands erzielt und diesen Anteil in den letzten Jahren deutlich steigern konnte,[972] sondern vor allem auch, weil die meisten Konkurrenten[973] es nicht gewagt haben, originär oder über Akquisitionen im Ausland zu wachsen und sich daher heute schwer tun, ihre Wettbewerbsstellung auf dem deutschen Markt ohne grenzüberschreitende Projekte und Aufträge zu halten.[974]

4.3.4 Management der Internationalisierung

Rödl & Partner sieht sich selbst als internationale One-Firm[975]. Die Gesellschaft leitet diese Einschätzung begrifflich vor allem aus der Eigentümerstruktur und eines aufgrund des originären Wachstums gemeinsam entwickelten weltweiten Kulturverständnisses ab, das Grundsätze, z. B. hinsichtlich der Einhaltung allgemeiner Qualitätsstandards, enthält, aber unternehmerische Freiheiten der Partner und Mitarbeiter vor Ort zulässt. Keinen Widerspruch sieht

---

[970] Vgl. Interview Rödl.
[971] Vgl. Interview Wambach.
[972] Rödl & Partner veröffentlicht keine Ertragszahlen, somit kann auch nicht eingeschätzt werden, inwieweit sich die Investitionen in die Auslandsexpansionen bereits amortisiert haben. Laut Rödl ist das Auslandsgeschäft von Rödl & Partner aber profitabel.
[973] Insbesondere unter den eher mittelständisch geprägten WP-Firmen, auch wenn diese sich von der Theorie her tun sollten, ihre Kunden ins Ausland zu begleiten als beispielsweise Unternehmensberatungen, für die ein Markteintritt im Ausland oft einem völligen Neustart gleichkommt, weil sie kein eigenes „exportfähiges Produkt" haben.
[974] Vgl. Interview Wambach.
[975] Vgl. Rödl & Partner (2007a).

Rödl dabei zwischen einer One-Firm und dem Unternehmertum der Mitarbeiter, dessen Förderung er als wichtig erachtet. Dies liegt auch daran, dass seiner Meinung nach insbesondere
das Wachstum von Rödl & Partner zu einer Reduzierung der Abhängigkeit vom einzelnen
Partner und nicht etwa umgekehrt zu steigenden Kontrollaufwendungen und höheren Agency
Costs für die Firma führt.[976] Während die institutionelle Internationalisierungsstrategie bei
den Big-4-Gesellschaften stark durch die Haftungsrisiken beeinflusst wird, stellen diese bei
Rödl & Partner aus Sicht der Gesellschaft ein deutlich geringeres Problem dar, weil Rödl &
Partner so gut wie keine SEC Clients prüft oder berät und auch insgesamt das Prüfungsge-
schäft einen geringeren Anteil am Gesamtumsatz ausmacht. Damit unterliegt Rödl & Partner
mit ihren internationalen Aktivitäten keinen existenziellen, sondern eher operativen Risiken,
die wie bei Industrieunternehmen auch im Rahmen der Unternehmensführung beherrscht
werden müssen.

Um das gemeinsame Kulturverständnis und die hohe Corporate Identity von Rödl & Partner
auch im Ausland, insbesondere bei den übernommenen Kanzleien, sicherzustellen, sodass eine einheitliche Firmenkultur Kontrollmechanismen ersetzen kann, sind etwa 10 % der Mitarbeiter immer Deutsche, insbesondere auch die Niederlassungsleiter vor Ort. Diese sind häufig
in einer Doppelspitze mit einem Inländer tätig, da das lokale Wissen und das kulturelle Verständnis wichtig für den Unternehmenserfolg sind. Neue Mitarbeiter im Ausland werden über
den „Rödl & Partner Campus", einer einheitlichen E-Learning-Plattform,[977] geschult, und
verpflichten sich darüber hinaus, die deutsche Sprache zu erlernen.

Gleichzeitig versucht Rödl & Partner auch strukturell, ihre weltweite Organisation im Spannungsfeld zwischen „zu unorganisiert und zu bürokratisch"[978] zu gestalten. Dabei ist Rödl &
Partner trotz ihres Wachstums der letzten Jahre noch in der Lage, die Koordination ihres Geschäfts national wie international nicht zwingend über IT-Systeme, sondern überwiegend per-
sonell zu gestalten. Den einzelnen Landesgesellschaften stehen im Stammhaus in Nürnberg
beispielsweise Mitarbeiter zur Seite. Zwar sind über international kompatible Access-
Datenbanken aktuelle Übersichten über Auslastungszahlen und Accounting-Informationen
abrufbar (und damit eine Kontrolle durch das Stammhaus möglich), die Steuerung des Geschäfts erfolgt aber weitestgehend über persönliche Kommunikation, auch im Konfliktfall.
Auf der anderen Seite sind aber strukturell auch (verschiedene) Entlohnungsmodelle für die
Partner konzipiert worden, die eine Kombination aus globalen, lokalen und funktionalen Pro-

---

[976]   Vgl. Interview Rödl. Seiner Einschätzung zufolge lohnt es sich erst ab einer Größe von etwa 3 Mio. EUR
        Umsatz je Auslandsgesellschaft Firmenkulturen einheitlich in einer internationalen Professional-Service-
        Organisation umzusetzen.
[977]   Vgl. Rödl & Partner (2006a).
[978]   Interview Wambach.

fit Pools abbilden.[979] Sie können und sollen damit durchaus ein Anreizelement darstellen, die gesamten Firmeninteressen ohne Beschränkung der eigenen Motivation zu verfolgen.

Zusammengefasst steht bei Rödl & Partner damit die systematische Umsetzung einheitlicher One-Firm-Elemente nicht im Mittelpunkt ihrer Internationalisierungsbemühungen. Die One-Firm-Gestaltung wird bereits dadurch erleichtert, dass die deutsche Muttergesellschaft von Rödl & Partner eine formale Durchgriffsmöglichkeit auf die Landesgesellschaften hat und der letzte Kundenkontakt auch weiterhin infolge des Geschäftsmodells überwiegend in Deutschland gehalten wird. *Wambach* sieht prinzipiell Hierarchien in Professional Service Firms als heikel und die bei vielen Gesellschaften international (zur Verbesserung der Effizienz internationaler Zusammenarbeit) vorherrschende Matrixorganisationsform als schwer lebbar an.[980] Kompatibler seien im People's Business flache und dezentrale Strukturen, selbst in einer One-Firm, weil sie den Mitarbeitern vor Ort den nötigen Freiraum bei der Kundenarbeit ließen.[981]

Diffiziler wird die Steuerung der internationalen Organisation, wenn es um die operative Nutzung der Strukturen im Tagesgeschäft geht. Rödl & Partner behauptet, „Grundlage unseres Erfolges ist die enge Vernetzung unserer Kernkompetenzen durch interdisziplinäre Teamarbeit"[982], andererseits erfordere die interdisziplinäre Kooperation auf internationaler Ebene ein noch höheres Maß an Koordinationsfähigkeit und Aufwand als im Inland. Dort nimmt aber laut *Wambach* das effektive Management der Arbeitsteilung bereits sehr viel Zeit in Anspruch, die zwar notwendig sei, aber später in der Kundenarbeit fehle.[983] Das internationale Kunden- und Projektmanagement erfolgt bislang fast ausschließlich auf informeller Ebene, da sich die leitenden Mitarbeiter bei Rödl & Partner untereinander gut kennen und regelmäßig austauschen.[984] IT-basierte-Customer-Relationship-Systeme stellen zwar (teilweise bereits auf internationaler Ebene) Kundeninformationen zur Verfügung, spielen aber bislang eine eher geringe Rolle bei der Transparenzverbesserung auf internationaler Ebene.[985] Auch hat Rödl &

---

[979] Generell liegt der Schwerpunkt bei der Bewertung der Partner wie auch der einzelnen Landesgesellschaften aber nicht ausschließlich auf ihrer jeweiligen „Profitabilität". Hierbei sieht Rödl eine deutliche Unterscheidung zu den seiner Meinung nach stark gewinnorientierten Big-4-Firmen. Vgl. Interview Rödl.

[980] Vgl. Interview Wambach. Er verweist beispielhaft auch auf Aussagen von Big-4-Partnern, dass bei den Big-4-Firmen häufig zwischen einer formalen und einer gelebten Struktur unterschieden werden muss.

[981] Rödl & Partner sieht in diesen ihren Strukturen einen Wettbewerbsvorteil, können sich diese aber vor allem wegen ihrer eher geringen Größe (derzeit noch) leisten.

[982] Rödl & Partner (2007a).

[983] Wambach glaubt, dass bereits Teams mit sechs bis acht Mitarbeitern das Maximum darstellen, das ein leitender Mitarbeiter eines Professional Service Teams effizient führen kann. Vgl. Interview Wambach.

[984] Die Nutzung von IT-Systemen zur Sicherung der Unabhängigkeit fällt bei Rödl & Partner noch nicht in gleichem Maße wie bei den Big-4-Gesellschaften an, dürfte aber beispielsweise auch bei Beratungsleistungen im Rahmen von M&A-Transaktionen an Bedeutung zunehmen.

[985] Rödl & Partner wird derzeit von acht Geschäftsleitern geführt. Vgl. Rödl & Partner (2007d).

Partner keine (grenzübergreifende wie nationale) Auslastungsverbesserung über Mitarbeiter-transfers institutionalisiert, sie erfolgt im Einzelfall höchstens individuell auf Projektbasis.[986]

Mit welcher Intensität eine Professional Service Firm kulturelle und strukturelle Voraussetzungen für einen einheitlichen Servicestandard schaffen muss, sollte nach Ansicht von Rödl & Partner grundsätzlich am besten der Kunde selbst entscheiden können. *Wambach* bestätigt, dass die interne Organisation der Professional Service Firm (bei Rödl & Partner geprägt durch ihr Geschäftsmodell und die persönliche Zusammenarbeit) immer eine Reaktion auf die Bedürfnisse und die organisatorische Aufstellung des Kunden selbst sein sollte.[987] Mancher Kunde mandatiert Rödl & Partner bei internationalen Projekten gerade deshalb, weil er davon überzeugt ist, dass die Gesellschaft einen, weltweit so einheitlich wie möglichen, Servicestandard an allen Standorten garantieren und damit das Projekt qualitativ besser bearbeiten kann als die Konkurrenz. Es gibt aber auch Kunden, die selbst so dezentral organisiert sind, dass die einzelnen Landesorganisationen sich ihre Berater eigenständig aussuchen können, sogar müssen. Für die Berater kommt dann auch insbesondere die Philosphie von Rödl & Partner zum Tragen, die die persönlichen Beziehungen zum Kunden in den Mittelpunkt ihrer Geschäftstätigkeit stellt.

4.3.5   Zukünftige Herausforderungen

Nach der langjährigen Expansion ins Ausland ist Rödl & Partner heute in fast allen wesentlichen Märkten mit einer oder mehreren eigenen Landesgesellschaften flächendeckend vertreten.[988] *Rödl* sieht daher nun auch die Notwendigkeit für eine intensivere Strategie-Diskussion darüber gekommen, ob der derzeitige Status quo des Geschäftsmodells noch valide ist oder einer Weiterentwicklung bedarf. Insbesondere betrifft das die Frage, ob Rödl & Partner sich für ausländische Mandanten (mit Sitz des Firmenzentrale außerhalb Deutschlands) öffnen und das Inbound-Geschäft forcieren soll, bei dem in den Landesgesellschaften vor Ort akquirierte ausländische Unternehmen von Rödl & Partner nach Deutschland begleitet werden, wie die Gesellschaft einst deutsche Kunden ins Ausland begleitet hat. Die Niederlassungen, vor allem

---

[986]   Vgl. Interview Wambach.

[987]   Vgl. Interview Wambach. Natürlich sind aber in der Realität die Kundengruppen von Professional Service Firms meistens nicht homogen, sodass der Flexibilität des Geschäftsmodells besondere Bedeutung zukommt, damit als Folge alle Kunden genau den Service erhalten, den sie nachfragen und der ihrer eigenen Aufstellung entspricht.

[988]   Interessanterweise aber muss Rödl & Partner noch an einer wirklich starken Präsenz in Norddeutschland arbeiten. Die Gesellschaft geht dieses Thema aber weiterhin zielstrebig an. Vgl. Financial Times Deutschland (2005b), S. 20.

in China und Russland, berichten von hoher Nachfrage potenzieller Kunden für diese Dienstleistung.[989]

Die Weiterentwicklung des Geschäftsmodells hätte dann auch Auswirkungen auf die bisherige Internationalisierungsstrategie, da Rödl & Partner vermutlich gezwungen würde, der jeweiligen Landesgesellschaft anders als bisher auch die Verantwortung für den finalen Kundenkontakt zu übertragen. Dies würde eine Verschiebung der Kompetenz- und auch Machtverhältnisse weg von der deutschen Zentrale auf die Landesgesellschaften mit sich bringen. Auch
eine Internationalisierung der Mentalität und der Unternehmenskultur wäre nötig. Aber selbst
wenn Rödl & Partner, wie viele andere Professional Service Firms auch, bereits ein „Global
thinking, local acting" betreibt, zumindest dies von sich behauptet, und die der angelsächsischen Geschäftskultur deutlich zugeneigtere Nachfolgegeneration – Rödls Sohn sitzt bereits
in der Geschäftsleitung[990] – in absehbarer Zeit das Ruder übernimmt, dürfte doch die bislang
klare Positionierung als deutsche Professional Service Firm für mittelständische Kunden ver-
schwimmen; und mit ihr auch die Abgrenzung im Wettbewerb zu den Big-4-Firmen. Eine Fusion mit einem internationalen Netzwerk kommt für Rödl & Partner nicht in Frage. Eher sind
Fusionen auf nationaler Ebene, vor allem in Deutschland, denkbar, von denen Rödl & Partner
auch im Ausland profitieren könnte, da die meisten mittelständischen Wettbewerber zwar einen international tätigen Kundenstamm, aber kein eigenes Auslandsgeschäft mitbringen würden. Dies würde sich dann auf solche Weise entwickeln lassen und zur Erzielung von Synergieeffekten führen.[991]

Sollte sich das Wachstum von Rödl & Partner international noch weiter verstärken, wird die
Gesellschaft auch nicht darum herumkommen, ihre Eigentümerbasis unter den Partnern zu
verbreitern. Dies hätte zur Folge, dass das bislang eher an der langfristigen Wertschaffung
ausgerichtete Investitionsverhalten wahrscheinlich einem tendenziell kurzfristigeren Ge-
winnstreben weichen müsste und der Druck auf das Management der Auslandsgesellschaften
sowie der gesamten internationalen Organisation zunehmen würde, so effizient und profitabel
wie möglich zu arbeiten. Ansatzpunkte zur Verbesserung der internen Effizienz könnte der
systematische Aufbau eines, zumindest überregionalen, Mitarbeiter-Staffing-Programms oder
die effektive Pflege und Nutzung eines CRM-Systems darstellen. Der Versuch, verstärkt in
profitablere Dienstleistungsnischen vorzustoßen, um den Umsatz pro Kopf mittelfristig deutlich zu steigern, stellt eine strategische Möglichkeit zur Weiterentwicklung des Geschäftsmodells dar.

---

[989] Vgl. Interview Rödl.
[990] Vgl. Rödl & Partner (2007d).
[991] Vgl. Interview Rödl.

Allerdings ist sich Rödl & Partner bewusst, dass bei einem zu starken Wachstum ihrer Organisation und einer Änderung des Geschäftsmodells ihre derzeitigen Wettbewerbsvorteile, die Positionierung als Partner mittelständischer, überwiegend deutscher Kunden, die die persönliche Kontaktpflege schätzen, und die starke, einheitliche Kultur der internationalen Organisation zumindest gefährdet sind. Somit steht die Gesellschaft vor allem vor der Entscheidung, ob sich im Zuge einer Änderung oder Erweiterung des Geschäftsmodells nicht auch die internationalen Strukturen ändern müssten und die bislang eher informelle Koordination einer deutlich formelleren Zusammenarbeit weichen müsste. Eine Konsequenz daraus wäre, dass die Partner dem strategischen und/oder nicht projektbezogenen Management einen deutlich höheren Anteil an ihren gesamten Tätigkeiten geben müssten als bisher, um so die weiterentwickelten formellen Strukturen auch effektiv zu nutzen und sie in Einklang mir ihrer Unternehmenskultur zu bringen.[992]

4.3.6   Zusammenfassende Würdigung

Zusammenfassend ist Rödl & Partner eine strategisch international orientierte, multidisziplinäre Professional Service Firm, die Prüfungs- und Beratungsprojekte für einen klar abgegrenzten Kundenstamm – überwiegend deutsche, mittelständische Kunden – in vielen Ländern durchführt. Trotzdem kann Rödl & Partner als ethnozentrisch, das heißt von der deutschen Muttergesellschaft geprägte One-Firm bezeichnet werden, die sich strukturell durch ein zentrales Profit Pooling der deutschen Partnerschaft mit Tochtergesellschaften im Ausland von den Wettbewerbern insbesondere den Big-4-Netzwerken, abgrenzt. Zwar erlaubt diese Struktur eine eher straffe Bindung der Mitarbeiter der Auslandsgesellschaften an die zentral entwickelten Strategien, allerdings sind die persönlichen Relations der Partner vor Ort ein wesentlicher strategischer Erfolgsfaktor im Geschäftsmodell von Rödl & Partner. Entsprechend müssen den Partnern Freiräume bei der Gestaltung ihres Geschäfts und ihrer Kundenbeziehungen eingeräumt werden. Zurzeit bestehen für Rödl & Partner zwei wesentliche Herausforderungen. Zum einen steigt in Folge ihres internationales Wachstums die Notwendigkeit, die internationale Zusammenarbeit in der Firma zu institutionalisieren und Systeme zu implementieren, die eine effiziente Steuerung ermöglichen, ohne den nötigen Freiraum der Partner vor Ort zu beschränken. Zum anderen wird die intern bei Rödl & Partner diskutierte Option, ihren Kundenstamm im Geschäftsmodell um „nicht-deutsche" Unternehmen zu erweitern, auch zu einer Verlagerung der Verantwortung des letzten Kundenkontakts in die Landesgesellschaften führen. Dies hätte als Konsequenz Auswirkungen auf die bislang klar abgrenzbare Internationalisierungsstrategie der Firma.

---

[992]   Damit beispielsweise die Konsequenz daraus keine Mitarbeitersteuerung über ein „Billable-Hours"-System wie bei den Big 4 ist. Vgl. Interview Wambach.

4.4   Fallstudie: Strategische Unternehmensberatung McKinsey & Company

4.4.1   Hintergrund

McKinsey & Company Inc. ist eine Unternehmensberatungsgesellschaft US-amerikanischen Rechts mit Sitz in New York. Sie unterhält derzeit 85 lokale Büros in 44 Ländern auf allen fünf Kontinenten.[993] Sieben davon befinden sich in Deutschland. McKinsey & Company beschäftigt insgesamt weltweit fast 13.000 Mitarbeiter. Davon sind mehr als die Hälfte als Berater tätig.[994] McKinsey & Company ist als globale Partnerschaft organisiert und im Besitz ihrer fast 1.000 aktiven Partner.[995]

Forbes Magazine schätzt den weltweiten Umsatz von McKinsey & Company im Jahr 2005 auf 3,8 Mrd. USD (knapp 3,0 Mrd. EUR).[996] In Deutschland, ihrer größten Landesorganisation innerhalb der globalen Organisation, erzielte die Firma im Jahr 2005 mit 1.900 Mitarbeitern einen Umsatz von 560 Mio. EUR, den sie im Jahr 2006 auf knapp 600 Mio. EUR steigern wollte.[997]

Die Wurzeln von McKinsey & Company gehen zurück ins Jahr 1926, als James O. McKinsey in Chicago beschloss, ein neuartiges Unternehmen mit dem Ziel zu gründen, Kunden bei der Lösung vielfältiger Managementprobleme zu unterstützen. Das Wachstum und der Erfolg von McKinsey & Company in den nächsten Dekaden sind dabei eng verbunden mit dem Wirtschaftsanwalt Marvin Bower, der 1933 in die Firma eintrat und über Jahrzehnte einen wesentlichen Beitrag dazu leistete, die Managementberatung als eigenen Berufsstand und McKinsey & Company als dessen Vorreiter zu etablieren.[998] Viele der noch heute gültigen Leit- und Führungsgrundsätze der Firma, wie z. B. der Fokus auf die Beratung des Topmanagements, das Modell der Partnerschaft sowie das One-Firm-Denken, stammen aus seiner Amtszeit.[999]

---

[993]   Über die Rechtsformen der Büros bzw. Gesellschaften in den einzelnen Ländern werden keine Angaben gemacht.
[994]   Vgl. McKinsey & Company (2007a).
[995]   Die Teilhaberschaft ist nicht vererbbar. Scheidet ein Partner bei McKinsey & Company aus, muss er seine Anteile zurückverkaufen.
[996]   Vgl. Forbes (2006). McKinsey & Company selbst nennt keine weltweiten Umsatzzahlen.
[997]   Vgl. McKinsey & Company (2006d). Der Anteil Deutschlands am weltweiten Gruppenumsatz lag sogar vor einigen Jahren noch bei fast 40 %. Vgl. Interview Stratmann.
[998]   Vgl. zur Historie von McKinsey & Company und ihren Auswirkungen auf die heutige Organisation ausführlich Edersheim (2004) sowie zur organisatorischen Veränderung und Weiterentwicklung in den vergangenen zwei Jahrzehnten („McKinsey & Company managing knowledge and learning") Bartlett/Ghoshal/Beamish (2007), S. 501 ff.
[999]   Vgl. McKinsey & Company (2006b).

4.4.2   Geschäftsmodell

McKinsey & Company hat sich demzufolge auch als Top-Managementberatung positioniert, die nach eigener Aussage (fast ausschließlich) Beratungsprojekte annimmt, die das obere Management von international tätigen Unternehmen oder öffentlichen Institutionen betreffen.[1000] In diesem Bereich ist die Gesellschaft weltweit Marktführer vor der Boston Consulting Group[1001], mit der sich „in Deutschland 80 Prozent [ihres] Wettbewerbs ... sowohl auf [Mitarbeiter-] Rekrutierungs- als auch auf Kundenseite"[1002] abspielt. McKinsey & Company fungiert als „Generalist unter den Beratern"[1003] und bietet ihren Kunden neben den häufig im Rahmen von Restrukturierungen genutzten klassischen Beratungsfeldern Strategie, Operations, Organisation und Marketing auch verstärkt ein maßgeschneidertes, die Wertschöpfungsketten kombinierendes[1004] Problemlösungsportfolio[1005] aus Innovations-, Wachstums- und Gründungsberatungsleistungen an. Ziel ist es dabei, vom Image des Kostensenkers und Rationalisierers, das McKinsey & Company unverändert anhaftet, ihnen aber auch zu einer dominanten Reputationsposition[1006] verholfen hat, wegzukommen und sich verstärkt in neuartigen Bereichen der nur knapp ein Drittel so großen[1007] Boston Consulting Group zu nähern, die „weiterhin als die Beratung mit den innovativsten und kreativsten Ideen"[1008] gilt. Auch sollen der Umsatz mit bestehenden Kunden durch die Erweiterung des Dienstleistungsportfolios vergrößert und somit Aufwendungen bei Neuakquisitionen vermindert werden.

Das Produktportfolio wurde zudem in den letzten Jahren durch den Aufbau einer Corporate-Finance- und einer Informationstechnologie-Praxisgruppe (hier „Practice"), dem 1997 gegründeten „Business Technology Office",[1009] horizontal erweitert, in denen die funktionale

---

[1000] Vgl. McKinsey & Company (2007b). Allerdings hatte McKinsey & Company vor einigen Jahren angekündigt, nicht mehr nur für die Top-Etagen von Großunternehmen arbeiten zu wollen, sondern sich auch verstärkt dem Mittelstand oder öffentlichen Institutionen zu widmen. Vgl. manager magazin (2002a), S. 52 ff. Im Jahr 2002 hat McKinsey & Company von den 50 größten deutschen Unternehmen 38, von den nächsten 50 jedoch nur noch zehn beraten. Vgl. DIE ZEIT (2002), S. 26.

[1001] Vgl. z. B. Kennedy Information (2006a), S. 60 oder Wohlgemuth (2006), S. 15.

[1002] Frankfurter Allgemeine Zeitung (2007c), S. 16.

[1003] Vgl. McKinsey & Company (2006b).

[1004] Beispiele hiefür sind Dienstleistungen wie Execution Strategy oder Post-Merger-Integration. Vgl. Interview Stratmann.

[1005] Vgl. Wohlgemuth (2006), S. 215. Schiemann spricht eher von „Studien", die McKinsey & Company beim Kunden durchführen, da die Firma in erster Linie für seine Prozessanalysen bekannt ist. Vgl. Interview Schiemann.

[1006] Vgl. Fink/Knoblach (2003), S. 308.

[1007] Vgl. Kennedy Information (2006a), S. 167.

[1008] Vgl. Fink/Knoblach (2003), S. 312. Fink/Knobloch (2003), S. 309 f. argumentieren, dass McKinsey & Company „vor allem in solchen Geschäftsfeldern stark aufgestellt ist, die einen positiven Cash-Flow versprechen", und das seien vor allem solche, die einen hohen Reifegrad und damit lange Tradition haben.

[1009] Ziel des Business Technology Office ist es aber nicht, Software zu implementieren, sondern Strategien zu entwickeln, wie Unternehmen Software nützen können, um erfolgreicher zu sein und Marktanteile zu gewinnen. Vgl. WebFeet (2006), S. 24.

Expertise zu diesen Themen gebündelt wird. Im Ganzen entfallen bei McKinsey & Company etwa 40 % des Umsatzes auf die (höchst profitable) Strategieberatung, 40 % auf die operative Beratung und 20 % auf das Business Technology Office.[1010] Auch wenn McKinsey & Company wie die gesamte Beratungsindustrie nach dem Geschäftsrückgang in den Jahren 2001 bis 2003[1011] wieder einen Wachstumskurs eingeschlagen hat, so kann doch ein tendenziell strikterer Umgang von Kunden mit ihren Beratungsausgaben beobachtet werden, sodass die Projekte jetzt kürzer, fokussierter und oft eher operational als strategisch sind.[1012]

Ziel von McKinsey & Company im Rahmen ihrer Geschäftstätigkeit ist es, dem Kunden eine „globale Value Proposition"[1013] im Rahmen strategischer oder bereichsübergreifender Beratungsprojekte zu verkaufen, deren „langfristiger Economic Impact"[1014] sichtbar und messbar ist, und ihn so dauerhaft an die Firma zu binden. Dabei bestehen nach Ansicht *Görners* keine wesentlichen inhaltlichen lokalen oder funktionalen, höchstens kulturelle Unterschiede im Kundenwunsch. McKinsey & Company wird beauftragt, weil die Gesellschaft einen „weltweit einheitlichen, ganzheitlichen"[1015] Service liefern soll und kann. Sie unterscheidet sich so von vielen eher dezentral ausgerichteten Wettbewerbern, die häufig eher kurzfristig ausgerichtete lokale Projekte verkaufen.[1016] Trotz dieses formulierten Anspruchs gibt es in der praktischen Umsetzung innerhalb von McKinsey & Company durchaus größere regionale Unterschiede. Während beispielsweise die Projektdauer in Deutschland nicht selten 18 Monate und mehr beträgt, ist sie in den USA häufig nachfragebedingt nur einige Wochen lang, sodass als Konsequenz auch das Geschäftsmodell in beiden Ländern voneinander abweichen muss. Somit sind auch die Akquisitionstätigkeiten der Partner in den USA deutlich wichtiger als die der deutschen Partner.[1017]

Zur Produktion des globalen Wissens verknüpft McKinsey & Company orthogonal und büroübergreifend ihre Industrie- bzw. Branchenexpertise mit dem funktionalen Wissen der Firma

---

[1010] Vgl. Kennedy Information (2006a), S. 175.

[1011] Insbesondere in den USA haben Reputation, Finanzen und Größe von McKinsey & Company stark unter der geplatzten New-Economy-Blase und dem Zusammenbruch von ENRON gelitten. McKinsey & Company verbuchte mit dem von einem ihrer ehemaligen Mitarbeiter geführten Unternehmen in den Jahren vor dessen Pleite regelmäßig Honorare von 10 Mio. USD jährlich. Vgl. manager magazin (2002b), S. 56.

[1012] Vgl. WebFeet (2006), S. 8. Dort wird ein Insider zu einem Projektbeispiel zitiert: „We went through a company's invoices one by one looking for ways to cut costs." Dies hat zur Folge, dass auch die durchschnittlichen Tagessätze der Berater nicht mehr so hoch wie noch vor einigen Jahren sind.

[1013] Interview Görner.

[1014] Interview Görner.

[1015] Interview Görner.

[1016] Dieser global einheitliche Beratungsansatz kann aber dann zu Problemen führen, wenn der Kunde nicht global, sondern multinational aufgestellt ist und gerade für jeden nationalen Markt einen differenzierten strategischen Ansatz entwickeln muss, um dort erfolgreich zu sein, z. B. der McKinsey & Company Kunde Wal Mart im Retailgeschäft.

[1017] Vgl. Interview Schiemann.

in einer Matrix[1018], wofür sie auf dem Markt hohes Ansehen genießt: „McKinsey & Company ist Treiber der Weiterentwicklung globaler Funktionsteams und dabei dauerhaft Generator von ‚Intellectual Property'"[1019]. Sah man bei McKinsey & Company bis weit in die 70er Jahre hinein noch die konsequente Nähe zum Kunden und dessen individuelle Betreuung als entscheidenden Wettbewerbsvorteil an, so entscheidet heute über den Kundenerfolg ein professionelles, practice-übergreifendes Wissensmanagement, das aus Wissensentwicklung und dessen Transfer besteht. Nach außen fördert dies die personenunabhängige Reputation der Beratungsgesellschaft[1020] und nach innen erhöht es die Qualität der einzelnen Beratungsprojekte.[1021] Hierzu wurde in den 90er Jahren von McKinsey & Company stark in die Entwicklung interner, IT-basierter, universell verfügbarer und gepflegter Wissensplattformen[1022] investiert, um die Zugriffsmöglichkeiten auf das vorhandene firmeninterne Know-how und dessen Austausch zu fördern.[1023] Dabei wurden die einzelnen Practices zu Kompetenzzentren ausgebaut, „die sich auf eine Fachrichtung konzentrieren, untereinander vernetzt sind und ihre Expertise weltweit austauschen"[1024].

Neben dem Wissenstransfer stellt das weltweite Human Resource Management einen zweiten wesentlichen Erfolgsfaktor in der Wertschöpfungskette von McKinsey & Company dar. Nach eigener Aussage vereint McKinsey & Company „herausragende Persönlichkeiten unterschiedlicher Studienfächer und zahlreicher Nationen"[1025], die gemeinsam nach Spitzenleistungen streben. Unterstützt wird das Elitestreben[1026] durch die überaus anspruchsvolle und selektive Mitarbeiterrekrutierung. Der „Mangel an qualifiziertem Nachwuchs"[1027] gilt für McKinsey & Company dann bisweilen auch „als größtes Hemmnis für weiteres Wachstum"[1028], weil die pyramidenähnliche Mitarbeiterstruktur,[1029] gepaart mit einem konsequenten „Up or out"-Denken, einen steten Mitarbeiternachschub erfordert. Gemeinsame globale Werte der transna-

---

[1018]   Vgl. McKinsey & Company (2007c).

[1019]   Interview Stratmann.

[1020]   McKinsey & Company ist sehr aktiv hinsichtlich der Veröffentlichung externer Publikationen, z. B. des Magazins „The McKinsey Quarterly", Büchern ihrer Mitarbeiter sowie Studien ihres eigenen volkswirtschaftlichen „Think Tanks", des „The McKinsey Global Institute". McKinsey & Company (2007d).

[1021]   Vgl. Fink/Knoblach (2003), S. 86.

[1022]   Teilweise werden die verfügbaren Daten anonymisiert, um den Chinese Walls zu entsprechen, die bei sensiblen Kunden- und Marktinformationen (freiwillig) aufgebaut werden, um auch Wettbewerber unabhängig voneinander beraten zu können.

[1023]   Vgl. Fink/Knoblach (2003), S. 87.

[1024]   McKinsey & Company (2007a).

[1025]   McKinsey & Company (2007e).

[1026]   WebFeet beschreibt McKinsey & Company dann auch als „a firm that is constantly telling its people that they are the best, that the clients it serves are the best and that, well, everything about the firm is the best". Vgl. WebFeet (2006), S. 53.

[1027]   McKinsey & Company (2006d).

[1028]   McKinsey & Company (2006d).

[1029]   Damit ist gemeint, dass vielen jüngeren, „günstigeren" Mitarbeitern in unteren Hierarchieebenen wenige erfahrene Mitarbeiter in Führungspositionen gegenüberstehen; alle anderen Mitarbeiter verlassen im Rahmen von „Up or out" die Gesellschaft.

tionalen One-Firm gewährleisten dabei den Zusammenhalt der Mitarbeiter: „At any McKinsey office in the world, the culture is very similar. A McKinsey person is a McKinsey person, no matter where they are".[1030]

Auch wenn jüngere Mitarbeiter von der bisweilen auch nur „The Firm"[1031] genannten McKinsey & Company den Zweck dieser sehr starken und einheitlichen Unternehmenskultur[1032] etwas geringer wertschätzen als erfahrene Mitarbeiter,[1033] so ist er doch ein entscheidender Differenzierungsfaktor im Wettbewerb für den nachhaltigen Erfolg von McKinsey & Company. Die Unternehmenskultur stellt im Innenverhältnis der Gesellschaft sicher, dass der auf dem Markt über die Reputation versprochene weltweit einheitliche Qualitätsstandard eingehalten werden kann. Auch ehemalige Mitarbeiter identifizieren sich so noch als Alumnis mit McKinsey & Company und halten den Kontakt von ihrer neuen Position aus, die oft bei ehemaligen Kunden angesiedelt ist.[1034] Diese langfristige Bindung an McKinsey & Company wird dann auch systematisch als strategischer Vorteil im Networking um Neumandate von der Gesellschaft gefördert.[1035]

4.4.3 Stand der Internationalisierung

Die Führung von McKinsey & Company wird heute von 280 Directors (unter den 1.000 Partnern, die restlichen (Junior) Partner sind Principals)[1036] bestimmt. Sie wählen jeweils für drei Jahre einen Managing Director, der die internationale Organisation vom Head Office in New York aus zusammen mit den drei Regional Managing Partnern leitet und Entscheidungen über

---

[1030] WetFeet (2006), S. 10, einen „Insider" zitierend.

[1031] WetFeet (2006), S. 6. Die Bezeichnung geht indirekt noch auf Marvin Bower zurück: „Er erfand die so genannten guiding principles (Führungsregeln), eine Ansammlung von Geboten mit fast schon religiösem Duktus. Die wichtigste Maxime: erst der Kunde, dann die Firma, als Letztes ich. Monatelang werden die Neueinsteiger auf die Bower-Gesetze gedrillt. ... Die sollen vor allem eines sichern: eine einheitliche McKinsey-Qualität, ob in Frankfurt oder San Francisco. Ein Corpsgeist wie in kaum einer zweiten Firma verbindet die ‚Mackies', wie die McKinsey-Truppen in der Branche genannt werden. Alle fühlen sich als Mitglieder einer großen Familie ..." manager magazin (2002a), S. 53.

[1032] Diese beinhaltet auf der einen Seite eine rigide und leistungsorientierte „Up or out"-Mentalität, auf der anderen Seite aber auch intellektuelle Stimulation, ausgeprägtes Teamwork und finanziell angemessene Entlohnung. Vgl. Wohlgemuth (2006), S. 213.

[1033] Vgl. Interview Görner.

[1034] Vgl. Financial Times Deutschland (2007b), S. A4 auch zu möglichen, unter Umständen auch arbeitsrechtlich relevanten, Interessensverquickungen, die daraus entstehen können: "McKinsey [will sich] nicht zum firmeneigenen Alumni-Netzwerk äußern, obwohl es Insidern zufolge zu den größten und am besten organisierten der Branche gehört. ... Viele Firmen und ehemalige Berater wollen nicht öffentlich über diese Vernetzung sprechen."

[1035] Ein – anonymer – Autor schreibt dazu: „Former McKinsey consultants speak of their experience at McKinsey in favorable terms. Those that do not, prefer not to talk." Vgl. Wikipedia (2007).

[1036] Vgl. zum Partnerschaftsmodell von McKinsey & Company z. B. Harvard Business School Case (2000), S. 12 ff.

Markt- und Produktentwicklungen sowie Investitionen vorantreibt.[1037] Dabei sind die Partner gleichberechtigt tätig und fungieren als eine Art eigenverantwortlicher Unternehmer,[1038] die ihre Verwirklichung in der inhaltlichen und fachlichen Differenzierung von ihren Kollegen und damit in der Weiterentwicklung der Gesamtfirma finden.[1039] Die formell ebenso gleichberechtigten 85 Büros werden jeweils von einem Director geleitet und in strategischen Fragen von den Partnern vor Ort unterstützt. Den Partnern unterliegt letztendlich in ihrer Funktion als wesentlichste formale organisatorische Einheit die disziplinarische Personalverantwortung für die ihnen zugeordneten Mitarbeiter. Das operative Geschäft wird gelenkt[1040] von den Leitern („Heads") der jeweiligen Practices für die Branchen und Funktionen sowie vom Managing Partner[1041] für den jeweiligen Key Account.[1042] Strukturell besteht auf internationaler Ebene eine globale Partnerschaft mit einem Profit Pool.[1043]

McKinsey & Company ist nach einem 1959 mit der Gründung des ersten Auslandsbüros in London gestarteten[1044] und in den 90er Jahren intensivierten Wachstumskurs[1045] heute in fast allen wichtigen Ländern vor Ort präsent.[1046] Der Markteintritt in neuen Ländern und der Aufbau neuer Büros erfolgten in der Vergangenheit ausschließlich originär und auf Kundennach-

---

[1037] Gleichzeitig treffen die Directors auch bei ihren regelmäßigen Zusammenkünften strategische Entscheidungen, z. B. zu Fragen wie „Welche Segmente bearbeiten wir?" oder „Welche Investitionen tätigen wir?". Heydorn beschreibt diesen bei der Boston Consulting Group ähnlichen Prozess dort mit „one man, one vote". Vgl. Interview Heydorn.

[1038] Vgl. McKinsey & Company (2007a).

[1039] Vgl. Interview Schiemann. Die Partner besetzen Kompetenzfelder und entwickeln diese weiter. Dadurch unterscheiden sie sich von ihren Kollegen und bringen gleichzeitig die Gesamtfirma voran.

[1040] Auch wenn die Landesgesellschaften und Büros formal gleichberechtigt sind und das operative Geschäft global von den Practices getrieben wird, so scheint, zumindest öffentlich, doch ein Konkurrenzkampf unter den Landesgesellschaften zu bestehen. Ex-Deutschland-Chef Kluge sagt über die Rolle der deutschen Büros: „Unsere Expertise ist weltweit gefragt. ... Der verstärkte Auslandseinsatz von Beratern, der sich nicht in den deutschen Zahlen niederschlägt, werde kennzeichnend sein auch für die weitere Entwicklung des deutschen Office. ... Der Aufbruch ins Ausland [ist] ein Spiegelbild unserer Leistungsfähigkeit in der internationalen McKinsey-Organisation." McKinsey & Company (2006d).

[1041] Sowohl bei McKinsey & Company als auch bei der Boston Consulting Group sind in der Regel allerdings die Mehrzahl der Positionen mit Doppelspitzen besetzt. Rasiel (1999), S. 57 schreibt auch: „Everything at the Firm happens in teams."

[1042] Das manager magazin spricht dann auch von einem komplexen, basisdemokratischen Führungsmodell: „Die Partner steuern die Firma über Dutzende von Gremien, Räten und Ausschüssen; zusätzlich werden noch Task Forces gebildet." Vgl. manager magazin (2002a), S. 54.

[1043] Vgl. Interview Görner.

[1044] Vgl. ausführlich zur Internationalisierung von McKinsey & Company zwischen 1959 und den 70er Jahren Harvard Business School Case (2006), S. 4 ff.

[1045] Sweeney schreibt über diese Zeit am Ende der 90er Jahre: „It was the best of times, it was the worst of times, it was the age of dot-com wisdom, it was the age of irrational exuberance, it was the season of plentiful stock options, it was the season of sparse MBAs, it was e-consulting's spring of hope, it was management consulting's winter of despair, they were partners marching behind an influential leader, they were entrepreneurs with no leader at all, they were were one firm for all, they were every consultant for him- or herself." Consulting Magazine (2002).

[1046] Vgl. McKinsey & Company (2007a).

frage.[1047] „Zunächst folgen wir globalen Marktführern in neue Märkte und eignen uns dabei lokales Know-how an. In einem zweiten Schritt bauen wir eine kritische Masse vor Ort auf,[1048] was aber durchaus ein bis zwei Jahre dauern kann"[1049], damit die globale Kultur von McKinsey & Company in jedem Land gewahrt werden kann: „McKinsey strives to uphold a ‚one firm' image, so that every office and consultant will look and behave consistently, regardless of location. One insider says that Japanese documents from the Tokyo office look exactly like documents from the New York office and the Singapore office."[1050]

Görner erklärt am Beispiel der Notwendigkeit hoher Investitionen in den Aufbau einer strategischen Marktposition in China, dass das Ziel der Expansion von McKinsey & Company immer der langfristige ökonomische Erfolg in den neuen Ländern sei. Möglich sei ein solcher nur, wenn Einigkeit unter den Partnern darüber bestehe, dass nicht die kurzfristige Profitabilität der Expansion auf Ein- bis Fünfjahressicht entscheidend sei, sondern das dauerhafte Wachstum.[1051] Da aber nicht alle Büros weltweit dauerhaft profitabel sind bzw. McKinsey & Company in den einzelnen Ländern unterschiedlich gut positioniert ist, könne eine solche Quersubventionierung durchaus bei den Partnern in „erfolgreichen" Ländern zu Unzufriedenheit führen, sollte ihr Einfluss auf globaler Ebene in den Gremien (oder ihre partnerschaftliche Beteiligungshöhe) nicht in gleichem Maße zunehmen wie ihre Ausgleichszahlungen.[1052]

Einen anderen Weg des internationalen Business Development geht McKinsey & Company mit dem 2004 in Frankfurt gegründeten, mittlerweile 50 Mitarbeiter umfassenden Asia House, das als eigenes separates Büro fungiert und ursprünglich die deutsch-chinesische Zusammenarbeit stärken sollte. Es versteht sich heute als „Kompetenzzentrum für europäische Unternehmen, die sich in Asien positionieren wollen, aber auch für Unternehmen aus Asien, die

---

[1047] Für die Boston Consulting Group sind eindeutig auch die Wünsche der Kunden für diese Entwicklung ausschlaggebend, die von der Gesellschaft verlangen, Beratungsleistungen im Ausland anzubieten und auch dort Präsenz zu zeigen. Dies erfolgt vor dem Hintergrund, dass immer mehr Kunden, insbesondere Großkonzerne, versuchen, je nach ihrer organisatorischen Aufstellung mehr oder weniger stark, Konzernsynergien auf internationaler Ebene zu heben. Vgl. Interview Heydorn.

[1048] Allerdings stellen eigene Niederlassungen mit lokalem Personal weiterhin die Ausnahme dar, da es selbst den großen Beratungen nur selten gelingt, lokales Personal einzustellen, das in Einklang mit der globalen Firmenkultur arbeiten kann oder will. Vgl. Financial Times Deutschland (2007a), S. A3.

[1049] Interview Görner. Für Heydorn ist daher auch die Konsequenz aus der Begleitung bestehender Kunden ins Ausland die Erlangung eines eingehenden Verständnisses über unterschiedliche Märkte und Kunden. Somit kann die jeweilige Unternehmensberatung ihre eigenen Strukturen denen der Kunden sowie deren Aktivitäten anpassen und indirekt auch lernen, wie die Kunden Innovationen und Prozesse gestalten sowie Nutzen aus Veränderungen ziehen. Vgl. Interview Heydorn.

[1050] WebFeet (2006), S. 34.

[1051] Vgl. Interview Görner.

[1052] Vgl. Interview Schiemann. Die Gleichbehandlung der Büros, unabhängig von ihrer Rentabilität, führt dann beispielsweise auch dazu, dass auf internationaler Ebene Vorgaben gemacht werden, wie hoch die maximale Büromiete je Quadratmeter sein darf, sodass mitunter ein hoch profitables Büro in Deutschland nicht das Gebäude wechseln kann, aber gleichzeitig für ähnlich teure Mieten eines unprofitablen Büros indirekt aufkommen muss.

ihre Märkte in Europa suchen"[1053]. Allerdings bleibt die Notwendigkeit zur lokalen Präsenz vor Ort im Strategieberatungsmarkt eine „Conditio sine qua non"[1054].

Insgesamt steht im Rahmen der Internationalisierung von McKinsey & Company damit über die Gewinnung von (profitablen) Neuumsätzen die Erlösseite im Vordergrund ihrer Bemühungen. Es wird zwar versucht, auf der Kostenseite über Vereinheitlichungen, beispielsweise über die Zusammenlegung der Back-Office-Aktivitäten in einzelnen Ländern oder Regionen, Skaleneffekte zu erreichen. Haupttreiber der internationalen (Weiter-) Entwicklung bleibt aber das strategische Ziel der Gesellschaft, neuen Kunden neue Projekte zu verkaufen.[1055]

4.4.4 Management der Internationalisierung

Umgesetzt wird der Internationalisierungsprozess bei McKinsey & Company, wie bei ihren größten Konkurrenten auch, vor allem über den Einsatz von grenzübergreifenden Systemen, die den Informationsfluss, das Kundenmanagement und die Mitarbeitersteuerung betreffen. Nach Auffassung der führenden Managementberatungsunternehmen sind weltweit die Implementierung einheitlicher Strukturen und Systeme mittlerweile Grundvoraussetzung für den unternehmerischen Erfolg beim Kunden.[1056]

Görner unterscheidet dabei zunächst drei Arten von systematisiertem Handeln und Informationsflüssen auf internationaler Ebene, die bei McKinsey & Company umgesetzt und damit gelebt werden müssen. Auf der Wissensebene muss jeder Mitarbeiter weltweit jedem Kollegen sein Wissen zur Verfügung stellen, um so Mehrwert für die gesamte Organisation zu schaffen. Hierfür sind u. a. IT-Systeme, die der regelmäßigen Pflege durch alle Nutzer bedürfen, implementiert und ein gemeinsames Verständnis dafür geschaffen worden, dass der Austausch von Informationen weltweit zwischen den Mitarbeitern schnell und transparent zu erfolgen hat. Auf der Kundenebene hat innerhalb der Practices der jeweilige Managing Partner für den Key Account Entscheidungsbefugnis bei seinen Kunden und ist damit innerhalb der Organisation über Practices letztverantwortlich für alle Projekte weltweit. Auf der Unternehmensebene wiederum müssen alle Büros nach gleichen und transparenten Maßstäben innerhalb der Gesamtorganisation behandelt werden, damit der globale One-Firm-Ansatz von McKinsey & Company auch von allen Mitarbeitern akzeptiert wird.[1057] Für *Schiemann* bilden diese welt-

---

[1053] McKinsey & Company (2004).
[1054] Interview Heydorn.
[1055] Vgl. Interview Görner.
[1056] Vgl. Interview Bobrowski.
[1057] Vgl. Interview Görner.

weit einheitlichen und transparenten Prozesse die Grundlage für ein partnerschaftliches Miteinander.[1058]

Auf Unternehmensebene steht im Mittelpunkt der weltweiten Mitarbeitersteuerung ein aktives „Cross-National Staffing"[1059]. Partner versuchen Projekte so mit Mitarbeitern zu besetzen, dass der größte Kundenwert geschaffen wird, unabhängig davon, welcher Landesgesellschaft und welchem Büro die Mitarbeiter formell angehören. Vor der Ausgangsfrage „Wie bringe ich das beste verfügbare Wissen in meiner Organisation zum Kunden?"[1060] muss und wird sich bei McKinsey & Company der jeweilige Office Manager im Zweifelsfall gegen den eigenen nicht genügend ausgelasteten Mitarbeiter entscheiden.[1061] Zweiter wesentlicher Aspekt der Mitarbeitersteuerung ist die für die großen Strategieberatungen übliche, gezielte internationale Personalrotation durch so genannte Secondments. Bei der Boston Consulting Group wurde beispielsweise im Rahmen ihres „Ambassador-Programms" im Jahr 2006 rund 50 jungen Beratern ein einjähriger Wechsel in ein Büro außerhalb ihres Heimatlands ermöglicht.[1062] *Görner* konstatiert, dass dieser nationale „Vermischungsprozess" innerhalb der internationalen Organisation von McKinsey & Company noch nicht abgeschlossen sei. So seien in Deutschland beispielsweise noch verhältnismäßig viele deutsche Mitarbeiter in den deutschen Büros der Firma tätig.[1063] Für *Schiemann* ist diese Entwicklung aber auch die Konsequenz aus dem Wachstum von McKinsey & Company in den bereits stark saturierten Märkten Deutschlands oder der USA. Als Folge streben viele Mitarbeiter von dort aus den Transfer ins Ausland schon deshalb an, weil die lokalen Entwicklungsmöglichkeiten begrenzt sind, da bereits alle „Themen", das heißt Kunden oder Funktionen, von Kollegen besetzt worden sind.[1064] Unterstützt wird die Personalrotation durch eine große Anzahl internationaler Projekte, überregionale Weiterbildungsmaßnahmen und internationale, globale wie regionale, Mitarbeit in den Practices.

Als entscheidendes strukturelles Merkmal, um Interessenskonflikte zu vermeiden und die Umsetzung der Systeme weltweit zu garantieren, sieht *Görner* bei McKinsey & Company neben der globalen Partnerschaft mit globaler Gewinnverteilung die Implementierung eines einheitlichen Anreiz- und Vergütungssystems, das, anders als bei Wettbewerbern, ausschließlich

---

[1058] Vgl. Interview Schiemann.
[1059] Interview Görner.
[1060] Interview Görner.
[1061] Vgl. Interview Görner. Schiemann hingegen betont, dass bei McKinsey & Company das Staffing immer Sache des projektverantwortlichen Partners ist. Vgl. Interview Schiemann.
[1062] Vgl. Interview Heydorn.
[1063] Vgl. Interview Görner.
[1064] Vgl. Interview Schiemann.

und nicht nur zum Teil am globalen Erfolg der Gesamtfirma ansetzt.[1065] Mit einem so ausges-
talteten Mechanismus, dem ein detailliertes Beurteilungssystem nach dem „Scorecard"-
Prinzip zugrunde liegt, soll „dem Wesen des Menschen"[1066] Rechnung getragen werden, der
im Zweifelsfall zwar häufig im Einklang mit der McKinsey & Company-Vorgabe entscheidet,
aber immer auch eigene Interessen verfolgen wird. Über eine Incentivierung auf Grundlage
des Gesamterfolgs der Firma kann so erreicht werden, dass ein Partner Mitarbeiter abstellt,
Informationen weitergibt und Kollegen aus anderen Ländern unterstützt, wo er sonst vielleicht
eigenen Akquisitionsvorhaben nachgehen würde.

Auf der anderen Seite werden die lokalen Büros aber durchaus nach Profitabilität gerankt.
Auch nehmen die internationalen Führungsgremien durchaus Einfluss auf die schwächeren
Büros. Nur werden die dort vor Ort verantwortlichen Partner nicht nach ihrer Büroleistung
bezahlt. Somit muss offenbleiben, ob ein global einheitliches Anreiz- und Vergütungssystem
bei McKinsey & Company letztendlich wirklich im Zweifelsfall die Individualinteressen mit
den Firmeninteressen vereinen kann. Bei der Boston Consulting Group hingegen sieht *Heydorn* die Aufgabe des Anreiz- und Vergütungssystems darin, sowohl die Leistung des einzelnen Partners als auch die von Partnerteams zu messen und dementsprechend zu incentivieren.
Der Vergütungsregelung liegt dabei ein global einheitlich systematisiertes Bewertungsschema
zugrunde.[1067] Für *Bobrowski* ist die Incentivierung das wichtigste Umsetzungselement von
globalen Strukturen. Allerdings muss auch nach seinem Dafürhalten die Motivation des einzelnen Partners über die Erhaltung individueller Gestaltungsspielräume für ihn selbst und damit die Möglichkeit zum Unternehmertum auch im Beurteilungssystem sichergestellt werden.
Die Ausrichtung an rein globalen Erfolgskennzahlen wäre somit kontraproduktiv, da die eigene Leistung des Partners sich in der Entlohnung und Karriereentwicklung widerspiegeln muss:
„Nur so hat ein junger deutscher Director Interesse, beispielsweise für drei Jahre nach Asien
zu gehen"[1068].

4.4.5 Zukünftige Herausforderungen

Nachdem McKinsey & Company mittlerweile in fast allen wesentlichen Ländern mit eigenen
lokalen Büros vertreten ist[1069] und ihre originär gewachsenen Strukturen und Systeme der

---

[1065]   Vgl. Interview Görner.
[1066]   Interview Görner.
[1067]   Vgl. Interview Heydorn. Insgesamt scheint bei der Boston Consulting Group aber auch das gemeinsame
        Werte- und Geschäftsverständnis, z. B. der innere Antrieb des Partners, Dinge zu verändern und den Kun-
        den weiterzubringen, ein mindestens ebenso dominantes Mittel zur Vermeidung von Interessenskonflikten
        und zur einheitlichen Vorgehensweise im täglichen Geschäft zu sein.
[1068]   Interview Bobrowski.
[1069]   Vgl. FTD.de (2006).

globalen Marktpositionierung bislang nach eigener Einschätzung angemessen sind, gilt ihr Fokus der internen Weiterentwicklung ihrer globalen Organisation. Da die Internationalisierung der Kunden weiter voranschreitet, müssen die führenden Managementberatungen daran arbeiten, ihre eigene Internationalisierung weiter zu intensivieren, beispielsweise über einen noch stärkeren Mitarbeiter- und Wissenstransfer Themen und Expertisen zu entwickeln, auf dem Markt zu besetzen und den Kunden zu verkaufen.[1070] *Görner* glaubt, dass sich McKinsey & Company in einer globalisierten Welt lokal global aufstellen und eine global einheitliche lokale Kultur schaffen muss.[1071] Allerdings haben einzelne Büros zum Teil immer noch unterschiedliche Kulturen[1072] und Qualitätsstandards,[1073] sodass dieser Prozess noch nicht abgeschlossen ist. Auch ist bei McKinsey & Company das eigene Wachstumspotenzial noch nicht ausgeschöpft. Der Gesellschaft ergeben sich Entwicklungschancen sowohl aus der möglichen Intensivierung der Zusammenarbeit mit bestehenden Kunden auf bestehenden Märkten als auch aus der Gewinnung der Marktführerschaft in einzelnen Bereichen.[1074]

Für *Wohlgemuth* birgt diese weiter zunehmende „Multispezialisierung" bei den führenden Managementberatungen implizit auch den Zwang zum Wachstum und die Entstehung von Auslastungslücken.[1075] Diese setzen folglich die Profitabilität der Gesellschaften unter Druck. Die zunehmende Größe stellt die Managementberatungen auch vor das Problem, dass ab einem gewissen Zeitpunkt alle interessanten und lukrativen Key Accounts von Partnern belegt sind, Wachstum somit nur mehr über Auslandsmärkte oder Produktentwicklungen möglich ist und als Folge davon die Motivation der nachrückenden Mitarbeiter sinkt.[1076] Entwicklungsmöglichkeiten sind aber essentiell für die Rekrutierung von geeignetem Nachwuchs, auch weil die Gesellschaft profitables Arbeiten über die pyramidenähnliche Mitarbeiterstruktur sicherstellen muss. Für *Schiemann* ist in diesem Zusammenhang auch nicht gesichert, wie lange der Kunde noch bereit ist, für junge Berater viel Geld auszugeben, sodass auch das „Pyrami-

---

[1070] Vgl. Interview Heydorn.

[1071] Daher ist auch die Frage, inwieweit die bottom-up entwickelte, dezentral-demokratische Organisationsstruktur von McKinsey & Company wirklich global einheitliche und lokale Bürokulturen schaffen kann: „The fact is, McKinsey is a very localized firm, and often a partner's influence is very much confined to a region or particular industry and they don't have the big picture." Vgl. Consulting Magazine (2002), einen ehemaligen Partner der Firma zitierend.

[1072] Vgl. Interview Görner. Balzer schreibt dazu: „McKinseys Welt ist die globale Welt. McKinseys Welt ist aber auch die regionale Community, in der die Berater der Organisation tätig sind. Deshalb ist die Maxime „global denken und lokal handeln" McKinsey nicht nur auf den Leib geschneidert, sondern entspricht auch ... der Unternehmensphilosophie." Balzer (2000), S. 187 f.

[1073] Vgl. Interview Schiemann.

[1074] Eine Gefahr birgt dabei das so genannte Klumpenrisiko im Kundenportfolio, wenn die Abhängigkeit von den einzelnen Kunden hoch ist und auch deren Penetrationsmöglichkeit bereits weitestgehend ausgeschöpft zu sein scheint. Die Boston Consulting Group macht z. B. in Deutschland mit ihren 15 größten Kunden mehr als 60 % ihres Umsatzes. Vgl. Frankfurter Allgemeine Zeitung (2007c), S. 15.

[1075] Wohlgemuth (2006), S. 216.

[1076] Vgl. Interview Bobrowski.

denmodell" der Unternehmensberatungen mittelfristig in Gefahr gerät[1077] und auch McKinsey & Company gezwungen sein könnte, mehr erfahrenere Mitarbeiter als Experten zu behalten oder neu einzustellen. Das würde sich dann aber wiederum sowohl auf die Rentabilität als auch die einheitliche Unternehmenskultur der One-Firm auswirken, sind doch ältere Mitarbeiter teurer und weniger „formbar" als noch junge.

In weiterer Konsequenz verschwimmt auch durch die zunehmende Multispezialisierung die eigene klare Wettbewerbsposition. Insbesondere im Wettbewerb gegen kleinere, „stark spezialisierte" Beratungsfirmen können so dauerhaft Marktanteile verloren gehen.[1078] Auch könnte es für McKinsey & Company schwer werden, ihre hohen Tagessätze zu verteidigen, die Kunden ihnen aufgrund ihrer Reputation für herausragende Kompetenzen in abgrenzbaren Leistungsbereichen zu zahlen bereit sind.[1079] Schon jetzt leidet die Flexibilität der internationalen Organisation infolge der Größe: „McKinsey's size and traditions make the firm less entrepreneurial than some of its elite competitors"[1080] bzw. „McKinsey is struggling with its size"[1081]. *Heydorn* verweist in diesem Zusammenhang am Beispiel der Boston Consulting Group darauf, dass die Gesellschaft seit Gründung fast immer zweistellig pro Jahr gewachsen ist und fortlaufend die lokalen und globalen Steuerungsprozesse und -strukturen überprüft und anpasst.[1082] Allerdings stößt der Wachstumskurs „in der Belegschaft nicht mehr nur auf Begeisterung. ... Denn starkes Wachstum kann ... zu Lasten der Qualität, der Marke oder zumindest der Kultur gehen."[1083] Auch werden insgesamt wenig konkrete Gründe von den Managementberatungen genannt, wie sie sich profitables Wachstum in Zukunft konkret vorstellen und wie sie intern damit umgehen werden[1084].

[1077] Vgl. Interview Schiemann. In diesem Zusammenhang scheint dann auch für McKinsey & Company weniger ein Problem zu sein, dass die hohe Fluktuation zu Herausforderungen bei der firmeninternen Wissensbewahrung, z. B. in Form der Kodifizierung führt. Entweder gelingt es McKinsey & Company, das Wissen in der Firma zu halten, oder aber der Kunde bewertet Erfahrungswissen gar nicht einmal als wesentliches Qualitätsmerkmal einer Professional Service Firm.

[1078] Vgl. manager magazin (2006b), S. 26 ff.

[1079] Schiemann verweist darauf, dass schon heute McKinsey & Company besonders in den Ländern führend ist, in denen die Kunden eher konservativ sind und die Frage „Wen beauftragen die anderen?" über die Frage „Welcher Berater ist der Beste?" stellen, was es den Marktführern erleichtert, ihre Position gegenüber kleineren spezialisierten Beratern zumindest zu halten. Vgl. Interview Schiemann.

[1080] WebFeet (2006), S. 52, einen Insider zitierend.

[1081] WebFeet (2006), S. 35, einen Insider zitierend.

[1082] Vgl. Interview Heydorn. Jones/Lefort zitieren einen Artikel in der New York Times aus dem Jahre 1971, in dem sich ein Alumni von McKinsey & Company über die Probleme der Firma äußert, die denen von heute nicht unähnlich sind: „A premium on pleasing the client, an uneven quality to its work as the staff expands, and its tendency to send squads of high-priced young business graduates on consulting assignments." Harvard Business School Case (2006), S. 9. Dies stützt die Vermutung, dass die Herausforderungen für die führenden Unternehmensberatungen in den letzten 30 Jahren nicht grundsätzlich andere, sondern nur größer geworden sind.

[1083] Frankfurter Allgemeine Zeitung (2007c), S. 15.

[1084] Unter die weniger konkreten und in diesem Fall auch unglaubwürdigen Aussagen fallen auch die vom ehemaligen Managing Director von McKinsey & Company, Gupta, den Lorsch im Jahr 2001 zitiert: „People [at McKinsey] are highly motivated, extremely capable, and very well intentioned. You don't need to control

Denn die strukturellen Weiterentwicklungsmöglichkeiten ihres internationalen Netzwerks sind gering. Ein Börsengang ist weder für McKinsey & Company[1085] noch für die Boston Consulting Group[1086] eine Option. Damit bleiben die leitenden Mitarbeiter selbst Eigentümer ihrer Gesellschaft und müssen sich bei stetigem Wachstum in Zukunft nur der Herausforderung bürokratischerer Entscheidungsprozesse stellen. Die Koordination der internationalen Organisation wird infolge wachsender Größe schwieriger, zusätzliche Gremien sind notwendig, noch mehr Entscheidungskompetenzen müssen delegiert werden, um nahe genug am Kunden zu bleiben. *Tierney* sagt dazu: „It's an open question as to what extent such large, complex, multicountry institutions will be able to retain their partnership principles and operate efficiently."[1087] Da externes Wachstum über Zukäufe größerer Mitarbeiterteams oder anderer Beratungsgesellschaften in der Vergangenheit nicht erfolgreich war[1088] und auch heute keine valide Option darstellt,[1089] muss zudem das Wachstum über originäres Business Development generiert werden, was meistens auf Kosten der eigentlichen Kundenarbeit geht.[1090]

Eine weitere, nicht zu vernachlässigende, Herausforderung, die das internationale Wachstum und die steigende Größe für Managementberatungen mit sich bringen werden, ist der effiziente Umgang mit Kontrollaufwendungen[1091] innerhalb der globalen Organisation. Dies wird deshalb besonders relevant, da für McKinsey & Company und die größten Wettbewerber ihre Reputation (und nicht etwa die handelnden Personen) ihr wichtigstes Argument im Wettbewerb um attraktive Mandate ist.[1092] Auch wenn öffentlich kritisch diskutierte Beratungsengagements von McKinsey & Company (wie das bei ENRON) und die, in den letzten Jahren auf-

them, and you don't need to watch them. You just have to create an environment and let them do what they think is best, and they invariably do fantastic things." Harvard Business School Case (2001), S. 18.

[1085] Vgl. Frankfurter Allgemeine Sonntagszeitung (2006a), S. 37.

[1086] Heydorn hält einen Börsengang eines partnergeführten Beratungsunternehmens wie der Boston Consulting Group für nicht zielführend. Vgl. Interview Heydorn.

[1087] Consulting Magazine (2002).

[1088] M&A-Transaktionen führen bei Managementberatungen in der Regel nicht zum Erfolg, weil sich die übernommenen Mitarbeiter nur schwer in die eigene dominante Kultur einfügen lassen, deshalb führen McKinsey & Company erst gar keine durch. Bobrowski verweist in diesem Zusammenhang auf eine aus diesen Gründen nicht erfolgreiche Akquisition von der Boston Consulting Group in Hongkong. Vgl. Interview Bobrowski.

[1089] Der Deutschland-Chef der Boston Consulting Group, Veith, sagt: „[Eine Beratung] muss weltweit den gleichen Qualitätsstandard sicherstellen, und das mit Beratern, die zugleich in ihren nationalen Märkten verankert sind ... Ein solches Beraternetzwerk lässt sich nur über Jahrzehnte aufbauen, auf keinen Fall aber durch Fusionen oder Einstellen von Quereinsteigern aus dem Boden stampfen." WirtschaftsWoche (2007b), S. 17.

[1090] Vgl. zu einer kontroversen Diskussion unter Partnern von McKinsey & Company zu diesem Punkt Harvard Business School Case (2000), S. 13 f.

[1091] Solche sollen das einheitliche Denken und Handeln innerhalb der gesamten Organisation sicherstellen.

[1092] Für die Boston Consulting Group ist neben ihrer Reputation vor allem nachgewiesene und für den Kunden im Projekt „erlebbare" Expertise bei den handelnden Personen (dem Beratungsteam) ein wesentlicher Erfolgsfaktor. Vgl. Interview Heydorn. Die Reputation, in einem für das Topmanagement wichtigen Bereich die notwendige Erfahrung zu haben, machte schon einst für den Gründer von McKinsey & Company einen wichtigen Faktor aus, der einen Top-Berater auszeichnet. Vgl. Niederreicholz/Niedereichholz (2006), S. 272.

fällig zunehmende, Publikation von einschlägiger, McKinsey-kritischer „Enthüllungslitera-tur"[1093] scheinbar noch keine direkten Folgen für die Auftragslage haben, so bleibt abzuwar-ten, ob es nicht Wachstumsgrenzen für eine kulturell wie strukturell global einheitliche und Stewardship-ähnlich partnerschaftlich organisierte Managementberatung gibt.

Grenzen könnten entstehen, an denen der Aufwand, die lokal unterschiedlichen Interessen al-ler Stakeholder und Individualinteressen der Mitarbeiter unter den Mantel einer nach innen rigiden Kultur[1094] und eines nach außen gezielt intransparenten und gesteuerten[1095] Images zu pressen, vom Grenzmehrwert des weiteren Wachstums nicht mehr aufgefangen wird,[1096] weil entweder die Honorarstruktur[1097] nicht mehr aufrechterhalten werden kann oder die Kosten für die Kontrolle der wachsenden Gesamtorganisation steigen.

4.4.6   Zusammenfassende Würdigung

Zusammenfassend ist McKinsey & Company weltweit in allen wesentlichen Ländern mit Bü-ros vor Ort vertreten. In aufstrebenden Emerging Markets wie China wird ein Markteintritt derzeit entwickelt. McKinsey & Company verfolgt eine globale strategische Orientierung mit geozentrischen Kulturelementen. Die globale One-Firm fokussiert sich dabei auf bereichs-übergreifende beratungsintensive Dienstleistungen für das Topmanagement von internationa-len Großkonzernen. Die Konsistenz zwischen strategischer Orientierung und Geschäftsmodell wird über eine relativ straffe Bindung ihrer Mitarbeiter an die Firma über eine starke Kultur und einheitliche Anreizsysteme geschaffen, die auf einem globalen Profit Pooling basieren. Diese Einheitlichkeit unterstützt die hohe Reputation der Firma, die wesentliches Verkaufsar-gument von McKinsey & Company im Wettbewerb für Strategieberatungsleistungen ist. We-sentliche Herausforderungen entstehen der Firma aus ihrem Wachstum, weil zum einen Er-weiterungen des Kundenstamms oder der Produktpalette stärkere lokale Anpassungen vor Ort erfordern, zum anderen weil die steigende internationale Größe eine einheitliche Steuerung der Firma erschweren dürfte.

[1093] Vgl. zu Berichten über McKinsey & Company z. B. Leif (2006), S. 67 ff, O'Shea/Madigan (1999), S. 254 ff. und Kihn (2005), S. 30 ff. sowie allgemein über die Branche Craig (2005).

[1094] Rasiel beschreibt diese Kultur auch als „to Outsiders: monolithic and forbidding" Rasiel (2001), S. xiv.

[1095] Vgl. Leif (2006), S. 14.

[1096] Schon in den letzten Jahren wurde der Zusammenhang zwischen Wachstum und Kultur kritisch hinterfragt: „The question is … whether … the firm [expanded] at the cost of the culture and values that made McKin-sey tower above its peers." Vgl. BusinessWeek (2002).

[1097] Vgl. Balzer (2001), S. 20. Er schreibt hierzu: „Von sich selbst sagt das Unternehmen, dass es die teuersten Honorare unter den Beraterfirmen kassiert."

4.5 Fallstudienübergreifende Erkenntnisse

4.5.1 Vorgehensweise

Im Folgenden werden nun die aus den drei Fallstudien gewonnenen Ergebnisse vergleichend zusammengefasst und auf Grundlage der Forschungsfragen im Einzelnen systematisiert. Da die explorative Fallstudienanalyse neben den in den Einzelfällen gewonnenen Detailerkenntnissen auch die Gewinnung grundlegender Schlussfolgerungen ermöglicht, werden Hypothesen[1098] als Quintessenz dieser Arbeit formuliert, die für die gesamte Subgruppe der WP-Firmen und Unternehmensberatungen gelten sollen und in weiteren Forschungsuntersuchungen auf ihre Generalisierbarkeit hin für diese Subgruppe sowie die ganze Branche der Professional Service Firms getestet werden können.

4.5.2 „Warum erfordert die Globalisierung der Weltwirtschaft international aufgestellte Professional Service Firms?"

Die Fallstudienanalyse hat die im theoriegeleiteten Teil dieser Arbeit generierten Erkenntnisse[1099] bestätigt, dass Professional Service Firms vor allem als Reaktion auf die Anforderungen ihrer Kunden in unterschiedlicher Form international, das heißt grenzüberschreitend, tätig geworden sind. Sie folgen damit der „Nachfrage" ins Ausland. Damit rückt hauptsächlich die Erlösseite, dabei insbesondere die Erschließung neuer Märkte oder der Ausbau existierender Kunden- und Projektbeziehungen, und nicht ihre Kostenseite über die Erzielung von Rationalisierungs- oder Substitutionseffekten in den Mittelpunkt ihrer Internationalisierungsbestrebungen, wie dies mehrheitlich für Industrieunternehmen charakteristisch ist.

Beratungsleistungen für das Topmanagement von internationalen Großkonzernen, wie sie z. B. von McKinsey & Company erbracht werden, sowie Leistungen im Rahmen von Jahresabschlussprüfungen internationaler Großkonzerne, wie Deloitte sie durchführt, erfordern notwendigerweise eine flächendeckend internationale Präsenz der Professional Service Firms auf Anbieterseite. Andere Beratungs- oder Prüfungsleistungen[1100] für diese Großkonzerne oder auch für kleinere mittelständische Kunden können, müssen aber nicht zwangsläufig von den Professional Service Firms auf internationaler Basis, das heißt beispielsweise unter Einsatz eines internationalen Projektteams, erfolgen. Somit können Professional Service Firms für die

---

[1098] Ein zusammenfassender Überblick über die Hypothesen findet sich im Anhang B.
[1099] Vgl. Kapitel 3.2.1.2.
[1100] Dazu können z. B. ein Restrukturierungsberatungsprojekt für eine Callcenter betreibende Tochtergesellschaft eines internationalen Telekommunikationskonzerns oder die Bewertung einer kleinen Leasinggesellschaft eines großen Versicherungskonzerns gehören.

Erbringung solcher Dienstleistungen optional international tätig sein, müssen es aber nicht (siehe auch Abbildung 21).

Abbildung 21: Internationale Positionierung abhängig von Produkt- und Kundengruppen

Kunde \ Produkt	Abschlussprüfung	Prüfungsnahe / Operative Beratung	Strategieberatung
Internationale Großkonzerne	notwendig	optional	notwendig
Mittelstand	notwendig / optional	optional	optional

Diese Unterscheidung hat zur Folge, dass die internationale Expansion von Professional Service Firms keinen pauschalen Selbstzweck erfüllt, sondern immer auch die Rentabilität der Gesellschaft verbessern oder zumindest nachhaltig sichern soll.[1101] Die drei in dieser Arbeit im Detail untersuchten Gesellschaften sind alle bereits, im Gegensatz zu vielen anderen Professional Service Firms, die sich noch am Anfang ihrer Internationalisierung befinden, in fast allen wesentlichen Märkten weltweit präsent.[1102] Für sie kommt es darauf an, die weitere grenzüberschreitende Präsenz bei der Annahme neuer Projekte oder dem Auf- und Ausbau weiterer Büros auf Basis der erwarteten Rentabilität im Einzelfall jeweils neu zu entscheiden.

Gleichzeitig scheint allerdings bislang die flächendeckende internationale Präsenz für Professional Service Firms häufig eher zur Gewinnung einer guten Reputation, zur Sicherung von Marktanteilen im nationalen Markt oder zur Positionierung in einem in Zukunft stark von der Globalisierung tangierten Markt zu gehören.[1103] Eine gezielte, institutionalisierte top-down Steuerung des Umfangs und der Profitabilität der internationalen Aktivitäten, beispielsweise kriterienbasiert über (Länder-) Portfoliomodelle oder Messungen der Internationalisierungseffekte für das bestehende (Inlands-) Geschäft, scheint eher selten zu erfolgen.[1104]

[1101] Vgl. Lowendahl (2005), S. 180.

[1102] Einer aktuellen Gemeinschaftsstudie der Universität Oldenburg, der Universität Göttingen und der TU Chemnitz zufolge sind etwa zwei Drittel der kleineren und mittleren Unternehmensberatungen deutschen Ursprungs nach eigenen Angaben bereits im Ausland aktiv, weitere 20 % wollen spätestens in den kommenden drei Jahren folgen. Vgl. Financial Times Deutschland (2007a), S. A3.

[1103] Aktuellen Studien zufolge sollen die Exporte und Importe von Dienstleistungen in den Bereichen „Beratung, Werbung, freie Berufe und Unternehmensdienstleister" in Deutschland bis zum Jahr 2030 um bis zu 700 % wachsen. Vgl. Handelsblatt Agenda (2007), S. 20.

[1104] Vgl. z. B. Kapitel 4.2.5. Keiner der für diese Arbeit interviewten Vertreter von Professional Service Firms konnte darüber Auskunft geben. Zur Thematik der Steuerung der grenzüberschreitenden Zusammenarbeit innerhalb von Professional Service Firms anhand quantifizierbarer Kriterien besteht folglich weiterer For-

Es kann damit zusammenfassend in *Hypothese 1* festgehalten werden, dass bei der internationalen Aufstellung von Professional Service Firms die Erlösseite Priorität gegenüber der Kostenseite besitzt. Professional Service Firms haben entweder internationalisiert, um den Anforderungen ihrer global tätigen Großkunden zu entsprechen oder um sich ihrerseits neue Nachfragemärkte für ihre Dienstleistungen zu erschließen:

Hypothese 1: „Die Internationalisierung von Professional Service Firms ist die Konsequenz aus den Anforderungen ihrer global tätigen Kunden und den erlösseitigen Potenzialen, die sich für sie aus der grenzüberschreitenden Marktentwicklung ergeben. "

4.5.3   „Wie sollten Geschäftsmodell, Strategie und Organisation von Professional Service Firms gestaltet sein, um Ausrichtung und Zielen ihrer Internationalisierungsbestrebungen gerecht zu werden?"

Die drei Betrachtungsobjekte dieser Arbeit weisen wesentliche Unterschiede hinsichtlich ihres Geschäftsmodells, ihrer Strategie und Organisation auf. Während McKinsey & Company als Strategieberatungsunternehmen und Rödl & Partner als „Non-Big-4"-Prüfungs- und Beratungsgesellschaft eine relativ klar abgrenzbare und homogene Geschäftsstrategie verfolgen,[1105] ist Deloitte auf nationaler und internationaler Ebene als multidisziplinäre Big-4-Firma intern wie auch nach außen zum Kunden hin sehr uneinheitlich aufgestellt.[1106] Wesentliche Gründe hierfür sind erstens die absolute Größe – Deloitte beschäftigt weltweit etwa zehnmal so viele Mitarbeiter wie McKinsey & Company, die selbst fünfmal so groß wie Rödl & Partner ist –, zweitens ihre auch infolge der haftungsrechtlichen Restriktionen dezentral gewachsene Netzwerk-Organisation und drittens die weiterhin unterschiedlichen Kulturen der Funktionsbereiche Audit und Consulting.

McKinsey & Company fokussiert sein Geschäftsmodell auf bereichsübergreifende beratungsintensive Dienstleistungen für das Topmanagement internationaler Großkonzerne. Gesteuert wird die historisch originär gewachsene Organisation über eine globale Partnerschaftskonstruktion, die sicherstellt, dass strategisch die Einheitlichkeit des „McKinsey-Produkts" an allen Standorten weltweit forciert werden kann. Kern der operativen Umsetzung der Strategie ist dabei vor allem der institutionalisierte (und incentivierte) Wissens- und Mitarbeitertransfer innerhalb der globalen Organisation.

---

schungsbedarf. Es kann aber gleichzeitig auch erheblicher Optimierungsbedarf hierbei auf Seiten der Firmen selbst vermutet werden.
[1105] Vgl. Kapitel 4.3.6 und 4.4.6.
[1106] Vgl. Kapitel 4.2.6.

Das Geschäftsmodell von Rödl & Partner fußt wiederum auf einer Positionierung als deutsche Prüfungs- und Beratungsfirma, die entweder deutsche, überwiegend mittelständische, Kunden ins Ausland begleitet oder Tochtergesellschaften deutscher Unternehmen im Ausland als Kunden gewinnt, deren Muttergesellschaften in einem zweiten Schritt auch auf dem Heimatmarkt zu Kunden von Rödl & Partner werden. Wirtschaftlich organisiert ist Rödl & Partner als deutsche Partnerschaft mit Tochtergesellschaften im Ausland.

Deloitte hingegen hat sich international als multidisziplinäre Prüfungs- und Beratungsfirma auf dem Markt positioniert, deren Leistungsbereich sich von der Erbringung von Abschlussprüfungen sowie grenz- und funktionsübergreifenden Großberatungsprojekten für internationale Firmen bis hin zur Erstellung von Steuererklärungen für kleine Betriebe (und Privatpersonen) vor Ort erstreckt. Strategisch soll dabei mittelfristig die Marktführerschaft unter den internationalen Big-4-Netzwerken erobert werden. Bislang haben die einzelnen Gesellschaften in den Ländern oder Regionen im internationalen Deloitte-Netzwerk noch relativ große Entscheidungsfreiräume. Allerdings wurden die Bestrebungen, Kompetenzen und Befugnisse zentral zu bündeln, in den letzten Jahren verstärkt und operative Angleichungen von Strukturen und Systemen durchgeführt.

Während McKinsey & Company und Rödl & Partner vor der Aufgabe stehen, ihr eigenes Geschäftsmodell und die strategische Positionierung weiterzuentwickeln – McKinsey & Company beispielsweise hinsichtlich ihrer weiteren Wachstumsstrategie, Rödl & Partner hinsichtlich der Öffnung für ausländische Mandanten –, muss Deloitte die Strukturen und Systeme ihrer eigenen internationalen Organisation ihrem Geschäftsmodell und ihrer Strategie anpassen. Sollte sich im Rahmen dieses Anpassungsprozesses herausstellen, dass keine Organisationsform strukturell die gesamte Breite des bisherigen Geschäftsmodells von Deloitte optimal unterstützen kann, müsste dies in letzter Konsequenz zur Hinterfragung ihres bisherigen Geschäftsmodells und ihrer bisherigen Internationalisierungsstrategie führen.

Alle drei in dieser Arbeit untersuchten Firmen können als relativ typisch für ihre jeweiligen Subgruppen der Professional Service Firms eingestuft werden. Das liegt daran, dass sich Deloitte nur unwesentlich, beispielsweise durch die explizite Beibehaltung des Consulting-Bereichs im Leistungsprogramm, von den anderen multidisziplinären Big-4-Firmen unterscheidet. McKinsey & Company lässt sich kaum von den Wettbewerbern im Bereich der Strategieberatungsunternehmen unterscheiden. Für Firmenvertreter von McKinsey & Company ist die Gesellschaft höchstens noch etwas globaler aufgestellt als beispielsweise der direkte Wettbewerber Boston Consulting Group. Rödl & Partner zählt zur Gruppe national geprägter, mittelständischer „Non-Big-4"-Prüfungsgesellschaften, die allerdings im Unterschied zu anderen Wettbewerbern systematisch ins Ausland expandiert und diese Aufgabe erfolgreich bewältigt haben.

Der Wettbewerb der drei Firmen findet zunächst primär innerhalb ihrer eigenen Subgruppen statt. Die Schnittmenge und damit die Konkurrenz untereinander wachsen jedoch, da genügend Aufträge auf dem Markt ausgeschrieben werden, bei denen sich entweder Deloitte explizit gegen McKinsey & Company um die Mandatierung für ein Strategieberatungsprojekt oder Rödl & Partner gegen Deloitte um die Mandatierung für ein Prüfungs- oder Steuerberatungsprojekt durch den Kunden bewerben. Folglich scheint sich daraus der Druck auf diese Firmen zu erhöhen, ihre Organisationen einander anzugleichen.[1107] Damit sollen die strukturellen und systematischen Voraussetzungen geschaffen werden, um Aufträge qualitativ gleichwertig oder höherwertiger als die Konkurrenz bearbeiten zu können, aber auch um beim Kunden als Marktteilnehmer im jeweiligen Geschäftsfeld wahrgenommen und anerkannt zu werden.

Auffällig ist auch, dass im Rahmen der Fallstudienanalyse keine wesentlichen organisationsstrukturellen Unterschiede bei Professional Service Firms konstatiert werden können, wenn diese ähnliche marktorientierte Elemente im Geschäftsmodell besitzen, also denselben Kunden in denselben Ländern dieselben Dienstleistungen anbieten. Die Differenzierung auf dem Markt erfolgt dabei zwischen ihnen einzig ressourcenseitig[1108] über die unterschiedliche Reputation der Firma (für hohe fachliche „Problemlösungskompetenz") oder die persönlichen Kundenbeziehungen der Mitarbeiter. Schwieriger wird es für international tätige Professional Service Firms wie Deloitte, die an vielen verschiedenen Märkten gleichzeitig teilhaben wollen und eine Organisationsstruktur finden müssen, die die gesamte Breite ihres Geschäftsmodells hinreichend trägt.[1109]

[1107] Ob dieser Angleichungsprozess zwangsläufig bei Professional Service Firms stattfinden muss oder ob sich nicht theoretisch auch Möglichkeiten zur größeren strategischen und strukturellen Differenzierung untereinander finden ließen, kann im Rahmen dieser Arbeit nicht beantwortet werden. Diese Fragestellung sollte aber in möglichen weiterführenden Forschungsarbeiten adäquat berücksichtigt werden.

[1108] Vgl. zum Relationship Capital den in dieser Arbeit verwendeten Bezugsrahmen des Intellectual-Capital-Konzepts in Kapitel 3.2.5.

[1109] Vgl. Kapitel 4.2.4.1.

Abbildung 22: Grundsätzliche internationale Positionierung der Betrachtungsobjekte

Markt \ Firma	McKinsey & Company	Deloitte Global	Rödl & Partner
Geschäftsmodell: Kunden (Fokus)	Internationale Großkonzerne	Internationale Großkonzerne Mittelstand	(Deutscher) Mittelstand
Geschäftsmodell: Produkte (Fokus)	Strategieberatung	Abschlussprüfung Operative Beratung Strategieberatung	Abschlussprüfung Operative Beratung

⬍ ⬍ ⬍

Strategie Organisation	global orientiert One-Firm	multinational orientiert Dezentrales Netzwerk	international orientiert Konzernähnliche Struktur

⬍ ⬍ ⬍

Subgruppe	Globale Strategieberatungs- unternehmen	Big-4-Netzwerke	„Non-Big-4"- Prüfungsgesellschaften

Zusammenfassend lässt sich damit zunächst in *Hypothese 2a* ableiten, dass die internationalen Strukturen von im People's Business tätigen Firmen genauso wie ihr Geschäftsmodell und ihre Strategien einander ähnlicher werden, sobald sie marktseitig im direkten Wettbewerb, vor allem innerhalb ihrer Subgruppen, stehen:

Hypothese 2a: „Je direkter Professional Service Firms miteinander im internationalen Wettbewerb stehen, desto stärker nähern sich ihre institutionalisierten Internationalisierungsentwicklungen einander an und desto weniger Unterscheidungsmöglichkeiten hinsichtlich ihres Geschäftsmodells und ihrer Strategien gibt es."

Im Rahmen der Fallstudienanalyse können für den Erfolg der internationalen Tätigkeit von Professional Service Firms vor allem die besondere Relevanz der Operationalisierung ihrer Internationalisierungsstrategien und die Ausgestaltung der dazu notwendigen Systeme sowie der Unternehmenskultur identifiziert werden.

Aus der Ableitung des signifikanten Unterschieds von Professional Service Firms zu Industrieunternehmen – dass ihre Mitarbeiter ihr Kapital sind und ihre Existenz auf, größtenteils sehr instabilen, Kundenbeziehungen beruht – lässt sich schlussfolgern, dass die rechtliche Struktur von Professional Service Firms immer nur das Mittel zu dem Zweck sein kann, die ökonomische Strategie der internationalen Firma so geeignet wie möglich zu unterstützen.

Unabhängig von der rechtlichen Gestaltung der internationalen Eigentumsverhältnisse über globale Partnerschaften (wie bei McKinsey & Company), über internationale Netzwerke mit nationalen oder regionalen Partnerschaften (wie bei Deloitte) oder über grenzüberschreitende Unternehmensbeteiligungen und damit konzernähnliche Strukturen mit nationalen Partnerschaften und Tochtergesellschaften im Ausland (wie bei Rödl & Partner) verliert die Professional Service Firm ihr gesamtes Geschäft in einem Land, wenn die vor Ort tätigen Partner die Firma verlassen. Dies ist ein fundamentaler Unterschied gegenüber Industrieunternehmen, die ihre nachhaltige Existenz vor allem über langfristige Kundenverträge, über Inhaberrechte an gewerblichen Schutzrechten oder über Sacheigentum wie Maschinen sichern.[1110]

Entscheidend für den Geschäftserfolg von international tätigen Professional Service Firms ist daher in besonderem Maße, dass bei ihnen zwischen der Ausgestaltung und Operationalisierung von Geschäftsmodell, Strategie und Strukturen Konsistenz und damit Widerspruchsfreiheit besteht, um ihren Mitarbeitern den geeigneten Rahmen zum Handeln beim Kunden geben zu können. Die Bedeutung einer solchen Konsistenz[1111] besteht darin, dass durch sie der Zusammenhalt zwischen den beiden wesentlichen Ebenen der international tätigen Professional Service Firm – der individuellen Partnerebene vor Ort und der Ebene der internationalen Organisation – und damit eine gemeinsame Ziele verfolgende Tätigkeit im erfolgreichen Einklang garantiert werden kann.

Bei den Professional Service Firms McKinsey & Company und Rödl & Partner kann ein relativ hoher Grad an Konsistenz konstatiert werden. Bei McKinsey & Company werden Aufträge für klar abgegrenzte Dienstleistungen und Kundengruppen über ihre Reputation akquiriert. Dazu bedarf es einer straffen Bindung der Mitarbeiter an die globale One-Firm. Diese tritt einheitlich und nur mit begrenzter lokaler Anpassung am Markt auf und verfügt intern über effiziente grenzüberschreitende Prozesse, z. B. im Rahmen ihres globalen Wissensmanagements. Bei Rödl & Partner sind Dienstleistungen und Kundengruppen zwar anders, aber ähnlich klar abgegrenzt. Die Gesellschaft kann ihren (internationalen) Mitarbeitern allerdings deutlich mehr individuellen Gestaltungsfreiraum im operativen Geschäft einräumen, da sie ihre Aufträge überwiegend über deren Kundenbeziehungen akquiriert. Der strategische Einfluß der deutschen Muttergesellschaft auf die nationalen Tochtergesellschaften bleibt jedoch groß, um die klare marktseitige Positionierung der Gesamtfirma zu gewährleisten.

[1110] Dies ist auch unabhängig davon zu sehen, ob die Professionals selbst Anteilseigner ihrer Firma sind oder die Firma für externe Anteilseigner geöffnet wird.

[1111] In Kapitel 3.2.5 wurde Konsistenz als die Übereinstimmung der Merkmale markt- und ressourcenorientierter Elemente des Geschäftsmodells von Professional Service Firms definiert.

Deloitte steht hingegen aufgrund ihres in hohem Maße multidisziplinären und alle Märkte ab-
deckenden Geschäftsmodells vor der Herausforderung, die Struktur ihrer internationalen Organisation adäquat weiterentwickeln oder aber ihr Geschäftsmodell modifizieren zu müssen.[1112] Die bislang noch relativ großen Entscheidungsfreiräume der einzelnen Gesellschaften
und Functions in den Ländern oder Regionen innerhalb des internationalen Deloitte-
Netzwerks kommen zwar dem Teil des Geschäfts zugute, der von den Kundenbeziehungen
der Partner abhängig ist, z. B. dem mit Mittelstandskunden. Sie stehen aber offensichtlich im
Widerspruch zu den Anforderungen internationaler Großkunden bei Abschlussprüfungen und
Großberatungsprojekten. Auch werden aufgrund der großen Entscheidungsfreiräume der einzelnen Gesellschaften grenz- und funktionsübergreifende Potenziale bei Deloitte noch nicht
ausreichend genutzt.

Die Annahme, dass die institutionalisierten Internationalisierungsentwicklungen bei Professional Service Firms widerspruchsfrei gestaltet werden müssen und damit vor allem Konsistenz
zwischen Strategie, Geschäftsmodell und grenzüberschreitender Organisation bestehen muss,
führt zur *Hypothese 2b*:

**Hypothese 2b: „Die Widerspruchsfreiheit zwischen der Ausgestaltung von Geschäftsmodell,
Strategie und Organisationsform ist bei international tätigen Professional Service Firms
das entscheidende Kriterium für ihren Erfolg im Wettbewerb."**

4.5.4   „Wie wirken systematische Maßnahmen, wie die Schaffung einer einheitlichen
           Unternehmenskultur und einheitlicher Anreiz- und Vergütungssysteme, als
           Bindeglieder zwischen Strategie, Organisation und deren Operationalisierung bei
           international tätigen Professional Service Firms?"

Hungenberg/Meffert plädieren bei Unternehmen generell für die unbedingte Vorrangigkeit
einer Strategie, die planvoll und sensibel die Bahnen für das sich verändernde Geschäft vorgibt.[1113] Bei Professional Service Firms scheint besonders die Umsetzung der Strategien es-
sentieller Erfolgsfaktor zu sein, um so durch gewonnene Flexibilität und Schnelligkeit erfolgreicher als die Konkurrenz auf Kundenbedürfnisse reagieren zu können. Dabei kommt es
nicht nur darauf an, dass aus bottom-up beim Kunden gewonnenen Erkenntnissen strategische
Ziele geformt werden, die über ein gemeinsames Werteverständnis und Denken der Partner
und Mitarbeiter von allen grundsätzlich geteilt werden,[1114] sondern auch darauf, dass diese

---

[1112] Vgl. Kapitel 4.2.6.
[1113] Vgl. Hungenberg/Meffert (2005), S. 3. Für Raynor (2007), S. 15 kommt es darauf an, die nicht vermeidbare
         Unsicherheit zukünftiger Veränderungen als Teil strategischer Entscheidungen schlichtweg zu akzeptieren.
[1114] McKenna/Maister (2002), S. 131 schreiben dazu auch: „Shared objectives must be group goal for success."

Ziele im täglichen Geschäft von allen getragen werden,[1115] ohne dabei die Notwendigkeit im People's Business zum Unternehmertum des Einzelnen zu verkennen und ihm die Möglichkeiten hierzu einzuschränken.

Alle drei in dieser Arbeit untersuchten Professional Service Firms haben jedoch die beiden Dilemmas erkannt, die aus den Vorteilen einer von den strategischen Vorgaben der internationalen Organisation geleiteten Tätigkeit ihrer Partner direkt resultieren. Zum einen kostet das Management von strategischen oder zur Strategieumsetzung notwendigen administrativen Arbeiten, z. B. Datenbankpflege oder Reporting, Zeit, die für das operative Geschäft beim Kunden nicht zur Verfügung steht. Zum anderen schränkt die Umsetzung strategischer Vorgaben den persönlichen Einfluss des Partners auf die Gestaltungsmöglichkeiten des operativen Geschäfts und die Befriedigung der Kundenbedürfnisse ein.

Die untersuchten Professional Service Firms begegnen diesen Dilemmas unterschiedlich. Während überraschenderweise der Verlust der für die Kundenarbeit zur Verfügung stehenden Zeit in allen Interviews zu den Fallstudien als eher unterdurchschnittlich wichtig angesehen wurde (vielleicht auch deshalb, weil die Auslastungsraten der Mitarbeiter theoretisch beide Tätigkeiten zulassen), stehen Anstrengungen zur Kopplung von Firmen- und Mitarbeiterinteresse im Mittelpunkt des strategischen Interesses. Dabei zeigt sich, dass es bei einer kleineren Firma wie Rödl & Partner noch ausreicht, wenn sich auf internationaler Ebene die Partner und Niederlassungsleiter vor Ort in diesen Fragen mündlich abstimmen und zu einer Einigung kommen. Bereits McKinsey & Company hat hingegen eine Größe erreicht, bei der Entscheidungsprozesse institutionalisiert,[1116] Systeme strukturiert und Kompetenzen delegiert werden müssen. Damit beinhaltet die Umsetzung von Strategien der Professional Service Firms immer auch eine Operationalisierung ihrer Organisationsstrukturen.[1117]

Eine starke und einheitliche Unternehmenskultur[1118] der Firma stellt zumindest nach außen das Bindeglied zwischen Individual- und Firmeninteressen dar. Sie schafft dabei über die Landesgrenzen hinweg firmenweit gemeinsame Werte und Rituale, von denen das Handeln der gesamten internationalen Organisation einheitlich geprägt wird. Diese werden auch nicht von nationalen oder funktionalen Subkulturen untergraben. Allerdings zeigen die Fallstudien, dass bei Konfliktfällen innerhalb der Partnerschaften das soziologisch-kulturell bedingte Ste-

---

[1115] Dies bedeutet implizit, dass Professionals, nur weil sie gemeinsame Werte teilen, diese nicht auch im täglichen Geschäft, in dem es um den Erfolg ihrer Karriere und die Höhe ihrer Bezahlung geht, grundsätzlich immer tragen oder leben.

[1116] Dazu gehören beispielsweise Management, Steuerung und Überwachung von Mitarbeitern und Aufträgen.

[1117] Vgl. Kapitel 2.4.2.4.1 und 3.2.4.

[1118] Vgl. Kapitel 2.4.2.4.1 und 3.2.3.2.1.

wardship-Verhalten[1119] der einzelnen Partner (mitunter) aufgegeben wird. Daher sind klare und verbindliche Beurteilungs- wie Anreiz- und Vergütungssysteme erforderlich, um den Partner in Einklang mit den strategischen Interessen seiner Firma handeln zu lassen und somit die Agency Costs[1120] bei der grenzüberschreitenden Zusammenarbeit zu reduzieren. In Ermangelung formaler hierarchischer Weisungsmöglichkeiten kommt der Gestaltung international einheitlicher, die Unternehmensstrategie abbildender Anreiz- und Vergütungssysteme[1121] eine entscheidende Rolle für die Lösung dieser Dilemmas zu (siehe Abbildung 23).

Abbildung 23: Systematische Maßnahmen in Abhängigkeit von Größe und Internationalität

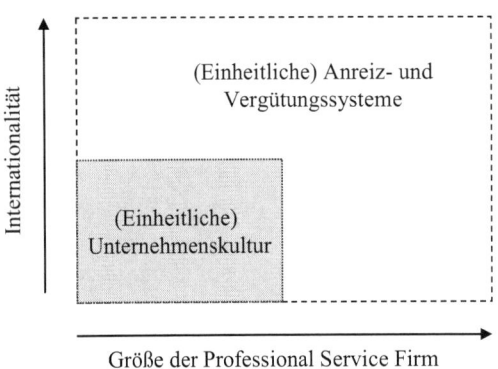

Die Professional Service Firms geben sich sehr bedeckt, wenn es um Informationen über die Gestaltung ihrer Anreiz- und Vergütungssysteme geht.[1122] Grundsätzlich kann aber analog zum Aufbau partnerschaftlicher Organisationsstrukturen[1123] zunächst zwischen nationaler (Deloitte), internationaler (Rödl & Partner) bzw. globaler Gewinnverteilung (McKinsey & Company) für die Partner unterschieden werden. Auf Basis dieser Gewinnverteilung werden Anreiz- und Vergütungssysteme geschaffen, die einen fixen und einen variablen Vergütungsanteil für die Partner vorsehen. Die Höhe des variablen Vergütungsanteils und damit die Erfolgskomponente des Systems sind dabei an die individuelle Zielerreichung des Partners und die funktions- bzw. grenzübergreifende Performance der Gesamtfirma gekoppelt. So müssen

---

[1119] Vgl. Kapitel 2.4.1.2.
[1120] Vgl. Kapitel 2.4.1.2 und 3.2.1.3.
[1121] Vgl. Kapitel 2.4.2.6.
[1122] Vgl. Kapitel 4.2.4.4.3 und 4.4.4.
[1123] Vgl. Kapitel 3.2.3.1.2.

beispielsweise Professional Service Firms, die ihre Aufträge vorwiegend aufgrund der Kundenbeziehungen ihrer Partner und weniger durch ihre Reputation auf dem Markt akquirieren, ihre Partner dann auch zu hohem Maße an den von ihnen generierten Auftragsvolumina messen und entsprechend variabel vergüten.

Die nähere Ausgestaltung der Anreiz- und Vergütungssysteme bei Professional Service Firms muss Ziel weiterer Forschungsarbeiten sein. Grundsätzlich besteht kein Zweifel daran, dass insbesondere bei wachsender Größe und Komplexität der internationalen Organisation die Bedeutung von grenzüberschreitenden und in Einklang mit Geschäftsmodell und Strategie geschaffenen, einheitlichen Anreiz- und Vergütungssystemen wächst, weil Partner in Ermanglung klarer Weisungsrechte im People's Business einen persönlichen finanziellen Anreiz haben müssen, wenn sie die Gesamtfirmeninteressen in ihrer täglichen Arbeit berücksichtigen sollen.

Wenn eine Professional Service Firm anstrebt, dass Partner ihr Wissen und ihre Informationen grenzübergreifend zur Verfügung stellen, Mitarbeiter an andere Teams abgeben und selbst für Akquisitionsprojekte zur Verfügung stehen, dann müssen die Beteiligten hierfür incentiviert werden. Solange Erfolg und Vergütung des einzelnen Partners nur von dem von ihm erzielten Umsatzvolumen (oder dem seiner nationalen Partnerschaft) abhängen, wird dieser im Zweifelsfall tendenziell sein eigenes Interesse über die strategischen Ziele der Firma stellen.[1124] Aufbauend auf dieser Konsequenz lässt sich somit *Hypothese 3* aufstellen:

Hypothese 3: „Je größer, internationaler und komplexer Professional Service Firms werden, desto höhere Relevanz für den Unternehmenserfolg hat die Implementierung eines an den Unternehmenszielen ausgerichteten Anreiz- und Vergütungssystems zur Koppelung der Mitarbeiter- an die Firmeninteressen."

[1124] Dies gilt unabhängig von der rechtlichen Ausgestaltung der internationalen Professional-Service-Firm-Netzwerke. Sowohl auf nationaler wie auf internationaler Ebene müssen Partnerschaftsmodelle so ausgestaltet sein, dass sich die Entlohnung eines Partners zumindest partiell immer auch am Erfolg der Gesamtfirma bemisst.

4.5.5   „Warum steigen die Bemühungen zur Vereinheitlichung der internationalen
Professional-Service-Firm-Organisationen? Für welche Firmen ist das Modell
einer One-Firm dauerhaft erstrebenswert?"

Nach den Ausführungen von *Maister* zur One-Firm[1125] kann bei Professional Service Firms
ein klarer Trend zur internen Vereinheitlichung ihrer internationalen Organisationen, das heißt
zur integrativen und international einheitlichen Willensbildung, konstatiert werden.[1126] Versteht Rödl & Partner unter einer „One-Firm" zunächst einmal ein gemeinsames Zielverständ-
nis aller Mitarbeiter und eine organisch gewachsene Eigentümerstruktur, hat McKinsey &
Company das Konzept der Einheitsfirma aus seiner Historie heraus zur allumfassenden Basis
seiner strategischen Aufstellung innerhalb des Geschäftsmodells gemacht – vom Design des
Dienstleistungsprozesses über den Marktauftritt bis hin zu einheitlichen Systemen und ein-
heitlichem Personalmanagement, unabhängig davon, dass immer lokale Unterschiede auf den
Märkten bestehen werden.[1127]

Die unorganisch, das heißt über Akquisitonen und Fusionen gewachsene Deloitte-
Organisation muss hingegen einen anderen Weg gehen. Sie verstärkt die Bemühungen, ihre
einst dezentralen Netzwerkstrukturen zunächst wirtschaftlich zu vereinheitlichen. Zudem wird
neben der Installierung internationaler Führungsgremien und umfangreicher Systemangleich-
ungen der Weg über nationale Zusammenschlüsse oder die stärkere regionale Verbindung
von Landesgesellschaften intensiviert. Dies führt zu einer zunehmenden Integration und damit
zu einem Autonomieverlust der Deloitte Landesgesellschaften.[1128] Auch bei den übrigen Big-
4-Firmen ist der Trend zur sukzessiven, zunächst vor allem rechtlichen Ausgestaltung ihrer
Netzwerke als One-Firms zu konstatieren, wie die Fusion zwischen der deutschen und der
englischen Landesgesellschaft innerhalb des KPMG-Netzwerks sowie die regionalen Zusammenschlüsse im Netzwerk von E&Y zeigen. Diese Entwicklung dürfte sich noch weiter verstärken, sollten die gesetzlichen Haftungsbeschränkungen für Wirtschaftsprüfer in Europa und
den USA weiter ausgebaut werden.

[1125] Vgl. Maister/Walker (2006), S. 1 ff.
[1126] Vgl. Kapitel 3.2.3.2.1.
[1127] Schiemann erwähnt in diesem Zusammenhang exemplarisch den für McKinsey & Company schwer zu er-
obernden französischen Markt. Zunächst seien französische Manager auf Kundenseite überdurchschnittlich
beraterkritisch eingestellt, da die Beauftragung eines Beraters in der Regel mit einem Eingeständnis des eigenen Scheiterns gleichgesetzt würde. Wenn der Manager schlussendlich doch einen Berater beauftragen
würde, dann sicherlich primär eine französische Professional Service Firm und keine, wie McKinsey &
Company, mit Sitz in New York, und erst recht keine, die auch noch aus Wissenstransfer- oder Mitarbeiter-
entwicklungsgründen ein internationales Team inklusive eines oder mehrerer Deutscher für das Projekt
schicken würde. Vgl. Interview Schiemann.
[1128] Vgl. Kapitel 3.2.3.1.2.

Begründet wird das Streben nach Einheitlichkeit mit einem (noch) institutionalisierteren Wissenstransfer,[1129] einer effizienteren Zusammenarbeit, klareren Durchgriffsmöglichkeiten und einem verbesserten Kundenservice. Bei den Big-4-Firmen ist eindeutig, dass die Gesellschaften selbst zentraler agieren wollen, indem sie durch eine Zentralisierung ihrer internationalen Organisation weiterreichende Entscheidungsbefugnisse und Kontrollmöglichkeiten auf ihre internationalen Führungsorgane übertragen und diese dort bündeln.[1130] In Ermangelung einer starken und einheitlichen Kultur oder eines weltweit einheitlichen Incentivierungssystems wie bei McKinsey & Company sind zentralere Entscheidungsstrukturen daraus eine zwangsläufige Folge, um die Vereinheitlichung des internationalen Netzwerks top-down voranzutreiben.[1131]

Angesichts des Fehlschlags des „One-Firm"-Modells der ehemaligen Andersen Worldwide, die trotz einer (stark) integrierten und einheitlichen Organisation den Lead Client Service Partner bei ENRON nicht ausreichend kontrollieren konnte (oder wollte),[1132] oder des Misserfolgs der ehemaligen Deloitte Consulting Global[1133] scheint jedoch fraglich, ob die strukturelle Vereinheitlichung der internationalen Organisation allein die Chancen auf anhaltenden wirtschaftlichen Erfolg erhöht. Viel mehr erscheint erst die geeignete Steuerung und damit die Operationalisierung der strukturell vereinheitlichten internationalen Organisation über deren Erfolg und Misserfolg zu entscheiden. Im Übrigen dürften aber auch Professional Service Firms bei der Wahl geeigneter Strukturen nicht völlig immun gegen den ökonomischen Zeitgeist der Märkte sein, so dass sich der derzeit festzustellende Trend hin zur stärkeren Zentralisierung über die Jahre wiederum mit einem Trend hin zur stärkeren Dezentralisierung abwechseln könnte. Diese Schwankungen sind in anderen Wirtschaftszweigen regelmäßig festzustellen.[1134] Daher ist es auch für Professional Service Firms nicht ausgeschlossen, dass die Wahl der zu entwickelnden Strukturen nicht nur von fundamentalen Überzeugungen, sondern eben vielmehr auch von kurzfristigen Management-Modezyklen abhängig ist.

Unabhängig davon, inwieweit bei den nationalen Fusionen der Big 4 auch (macht-) politische Gründe innerhalb der und zwischen den Landesgesellschaften eine nicht unwesentliche Rolle spielen,[1135] ist letztlich die Positionierung auf dem Markt ausschlaggebend dafür, welche Or-

---

[1129] Vgl. zur Bedeutung der Gestaltung interner Netzwerke im Rahmen des Wissensmanagements auch Parise/Cross/Davenport (2006), S. 146 und Reinmoeller/van Baardwijk (2005), S. 96.

[1130] Vgl. Kapitel 4.2.4.2.

[1131] Vgl. zur begrifflichen Abgrenzung Kapitel 3.1.1.1.

[1132] Ein ausführlicher und detaillierter Bericht zu den Organisationsstrukturen und Anreizsystemen bei Arthur Andersen sowie den möglichen Auswirkungen auf den Zusammenbruch der Firma findet sich bei Alt (2006), S. 205 ff.

[1133] Vgl. Kapitel 4.2.3.

[1134] Vgl. Handelsblatt (2007a), S. 18.

[1135] Vgl. manager magazin (2007a), S. 69 ff.

ganisationsform die geeignetste ist (siehe Abbildung 24). Die Fallstudien zeigen, dass in diesem Zusammenhang zwei Fragen von entscheidender Bedeutung sind. Wie gewinnt eine Professional Service Firm vor allem ihre Aufträge – über die Kundenbeziehungen (Relations) ihrer Mitarbeiter oder über die Reputation ihrer Firma? Und verlangt der Kunde von der Professional Service Firm bevorzugt einen global einheitlichen Service oder lokales Know-how vor Ort? Während McKinsey & Company bezogen auf die Auftragsakquisition eine relativ eindeutige Reputationsstrategie verfolgt, haben sowohl Rödl & Partner als auch Deloitte zwar eine Grundreputation aufgebaut, gewinnen letztendlich aber vor allem Aufträge über die individuellen persönlichen Akquisitionsbemühungen ihrer weltweiten Mitarbeiter. Da sich tendenziell dezentral starke Freiheiten des einzelnen Mitarbeiters sowie die Anpassung auf die Verhältnisse beim Kunden vor Ort auf der einen Seite und ein global einheitlicher Reputationsaufbau auf der anderen Seite ausschließen, ist die Kombination aus Reputations- und Relationsstrategie für eine Professional Service Firm dauerhaft nicht zielführend.

Abbildung 24: Verbindung von Nachfrage, Auftragsakquisition und Organisation

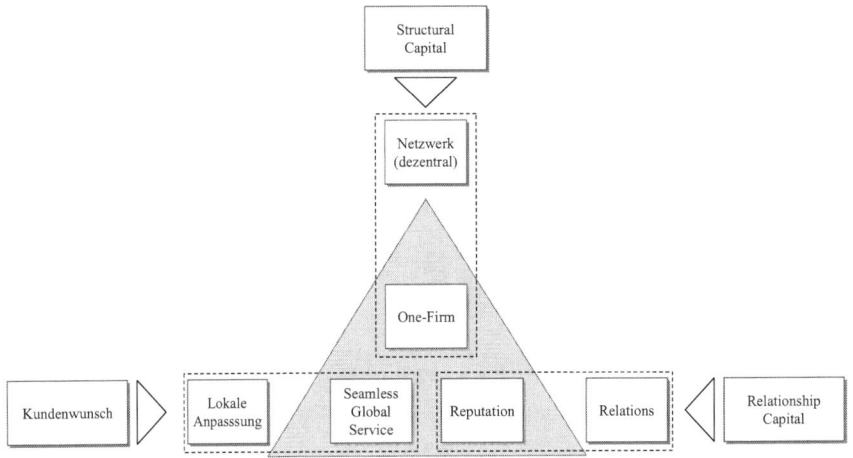

Wie die Fallstudien zeigen, hängt die (zweite) Frage nach dem vom Kunden letztendlich nachgefragten global einheitlichen oder lokal angepassten Service mit persönlicher Betreuung des Partners vor Ort von zwei Dingen ab: zum einen vom Geschäftsmodell und von der Organisationsstruktur des Kunden selbst, zum anderen von den Spezifikationen der nachgefragten Dienstleistung. Zentral und global aufgestellte Finanzdienstleistungskonzerne werden eine international nahtlose und einheitliche Dienstleistung erwarten, während eher dezentral agierende Handelsunternehmen oder mittelständische Unternehmen relativ unabhängig von der Globalisierung durchaus eine lokale Anpassung der Problemlösungen an nationale Marktbesonderheiten erwarten und eine persönliche Betreuung durch die Mitarbeiter der Professional Service Firms vor Ort schätzen.

Des Weiteren ist die Nachfrage nach einer Dienstleistung, die vom Topmanagement des Kunden in Auftrag gegeben wird, immer stärker an ganzheitlichen, firmenweit einheitlichen Lösungen ausgerichtet als beispielsweise die Nachfrage nach einer Prozessoptimierung einer Tochtergesellschaft in einem nationalen Markt, deren Ausgestaltung zudem von den Vorstellungen des unteren und mittleren Managements auf Kundenseite abhängt. Wie die Unternehmenspraxis zeigt, können Professional Service Firms die meisten Kundenwünsche sowohl mit als auch ohne One-Firm-Gestaltung erfüllen. Aber nur eine klare strategische Positionierung innerhalb des Dreiecks aus Kundenwunsch, Structural Capital und Relationship Capital dürfte mittelfristig zu keinen Nachteilen im internationalen Wettbewerb führen. Dieser Zusammenhang kann in *Hypothese 4* verdeutlicht werden:

Hypothese 4: „Die Notwendigkeit, sich als globale One-Firm zu organisieren, besteht primär für Professional Service Firms, die überwiegend Aufträge über ihre Reputation und nicht über die Kundenbeziehungen ihrer Mitarbeiter akquirieren (wollen) und für deren Kunden ein global einheitlicher Service höhere Priorität besitzt als dessen lokale Anpassung vor Ort."

4.5.6 „Wie gehen Professional Service Firms mit Herausforderungen um, die aus ihrem Wachstum entstehen?"

Wie der Gesamtmarkt sind auch Deloitte, Rödl & Partner und McKinsey & Company in den letzten Jahren international stark gewachsen. Dies ist nach den Fallstudien zwar nicht um jeden Preis, aber auch nicht unbedingt mit einem Fokus auf wachsende Rentabilität geschehen. Begründet wird die verschiedentlich angezweifelte Notwendigkeit[1136] zum Wachstum entweder mit dem Ziel der Gewinnung von Marktanteilen oder zusätzlichem Geschäftsvolumen oder mit der strukturellen Weiterentwicklung der Gesamtorganisation und deren Anpassung an die sich verändernden Marktgegebenheiten, insbesondere an die Wünsche der Mitarbeiter hinsichtlich ihrer Karrieremöglichkeiten.

Mit wachsender Größe steigt der Kapitalaufwand einer international tätigen Professional Service Firm. McKinsey & Company und Rödl & Partner sind jedoch davon überzeugt, dass ihre

---

[1136] Vgl. Diskussion zu Wachstum in Kapitel 2.4.2.3.1.

internationalen Organisationen am besten im Eigentum der eigenen Partner aufgehoben sind. Bei Deloitte wird hingegen die Aufnahme externer Gesellschafter, z. B. über einen Börsengang, mittel- bis langfristig nicht mehr ausgeschlossen.

Auch die Herausforderungen bei der strukturellen Weiterentwicklung der internationalen Organisation wachsen. Diese ist für Professional Service Firms deshalb wichtig, da das Stewardship-Verhalten der Partner umso brüchiger werden dürfte, je größer und anonymer die Organisation wird und desto geringer deren Zusammenhalt ist. Daher gewinnt die Installation von institutionell effizienten Kontroll- und Steuerungsmechanismen zur Reduktion der Agency Costs gegenüber einer ausschließlichen Koordination auf internationaler Ebene an Bedeutung. Grundsätzlich sinkt zwar in einer großen Organisation die positive finanzielle Abhängigkeit vom einzelnen Partner, weil dessen Anteil am Gesamtumsatz verhältnismäßig klein ist. Gleichzeitig wächst aber durch geografische Ausbreitung, steigende Komplexität und erhöhte Anonymität der Großfirma deren negative Abhängigkeit vom einzelnen Partner und damit das Risiko, dass durch den Fehler eines Einzelnen die gesamte Gesellschaft getroffen wird, wie die Folgen der Insolvenz von Kunden anhand der Imageschäden (ENRON für McKinsey & Company) oder der finanziellen Bedrohung (Parmalat für Deloitte) zeigen.

Die Konsequenzen für Professional Service Firms, die sich aus ihrem Wachstum ergeben, sind immer bürokratischer werdende interne Abläufe, die zu Rentabilitätsproblemen führen dürften; auch, weil die Partner weniger Zeit für ihre Kunden haben, wenn sie sich verstärkt um organisationsinterne, kundenfremde Prozesse kümmern müssen. Eine Option zur Lösung dieses Problems wären die Konzentration einer Reihe von Partnern auf rein strategische oder administrative Tätigkeiten in den Gremien oder alternativ auch der zunehmende Einsatz erfahrenerer Experten zur fachlichen Unterstützung der jeweiligen Projektteams. Diesem Konzept kann der mehrheitliche Wille der Partner entgegenstehen, selbst über ihre Geschicke entscheiden zu wollen, ohne gleich die internen Stabs- und Linienorganisationsmodelle ihrer Industriekunden zu übernehmen. Zusammengefasst zeigen die Fallstudien auf, dass sich Professional Service Firms mit den Folgen des Wachstums für ihre interne Organisation bislang eher unterdurchschnittlich beschäftigt haben, obwohl diese zur zentralen Herausforderung in den kommenden Jahren werden dürften.

Für Deloitte, Rödl & Partner und McKinsey & Company konnte schließlich eine neue Entwicklung hinsichtlich der Konsequenzen des Wachstums für den Marktauftritt festgestellt werden. Standen bislang für Professional Service Firms neben ihrer geografischen Expansion („Seamless Global Service")[1137] vor allem die Erweiterung ihres Dienstleistungsportfolios

---

[1137] Dazu gehört implizit auch ihre weitere geografische Penetration.

(„One-Stop-Shopping") im Mittelpunkt der Bemühungen zur Geschäftsentwicklung, haben sie nunmehr Entscheidungen über die Restrukturierung, Beibehaltung oder Erweiterung ihres Kundenstamms als wesentliche strategische Herausforderung identifiziert. Damit wird derzeit bei der Professional Service Firms Überlegungen darüber, wie die unterschiedlichen Anforderungen der einzelnen Kundengruppen besser erfüllt werden können, größere strategische Relevanz zugemessen als der Koordination unterschiedlicher Kulturen und Strategien der einzelnen Funktionsbereiche bzw. Produktgruppen, die erst in einem zweiten Schritt wieder in den Mittelpunkt der Strategieentwicklung rücken dürften.

Rödl & Partner steht aktuell vor der Frage, ob die Gesellschaft ihr Geschäftsmodell auf die Kundengruppe „Nicht-deutsche Kunden" ausweiten soll (siehe auch „Erweiterung" in Abbildung 25). McKinsey & Company muss entscheiden, ob sie sich weiterhin bzw. wieder verstärkt auf die Topmanagementebene konzentrieren (siehe auch „Beibehaltung" in Abbildung 25) oder sich beispielsweise auch dem Mittelstand zuwenden will (siehe auch „Erweiterung" in Abbildung 25). Wie in der Fallstudie dargelegt,[1138] ist für Deloitte die Aufspaltung ihres Netzwerks in zwei Firmen, eine „globale One-Firm" für internationale Großkunden und eine lokal geprägte, multinational orientierte Gesellschaft für mittelständische Unternehmen, eine denkbare Option, um die Heterogenität und die kulturellen Unterschiede ihrer großen, internationalen und dezentral gewachsenen Organisation kundengerecht in den Griff zu bekommen (siehe auch „Restrukturierung" in Abbildung 25). Durch eine Aufspaltung entstünde aber die Gefahr, dass der bisherige Qualitätsstandard der Gesamtfirma aufgrund des Verlusts eines Teiles der Mitarbeiter erst wieder neu erarbeitet werden müsste und sich Teile der Mitarbeiterschaft als Professionals „zweiter Klasse" fühlen könnten. Diese beispielhaften Überlegungen zeigen, dass Professional Service Firms die Herausforderung annehmen müssen, internationale Strukturen zu schaffen, die ihr Geschäftsmodell zum Nutzen des Kunden und der Mitarbeiter unterstützen und auch weiteres Wachstum tragen können.

[1138] Vgl. Kapitel 4.2.5.

Abbildung 25: Entwicklungsmöglichkeiten für Kunden- und Produktgruppen[1139]

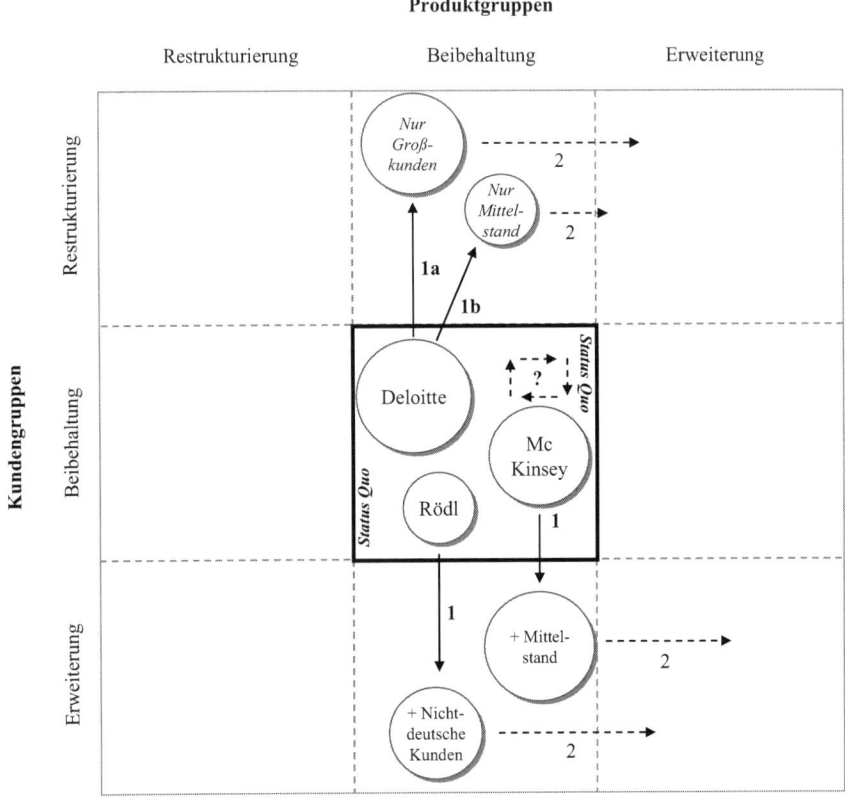

Als *Hypothese 5* kann somit abgeleitet werden, dass für bereits internationalisierte Professional Service Firms strategische Entscheidungen über ihr weiteres Wachstum und damit verbundene Herausforderungen für Geschäftsmodell und Organisation ihren Ursprung in der Erweiterung oder Neudefinition ihrer Kundengruppen und weniger ihrer Produkt- bzw. Dienstleistungsgruppen haben werden:

Hypothese 5: „Internationalisierten Professional Service Firms werden zukünftig größere Herausforderungen für ihr Geschäftsmodell und ihre Organisation aufgrund der Erweite-

---

[1139] In dieser vereinfachten Portfolio-Darstellung steht die Größe des Kreises für eine Indikation des Umsatzvolumens der jeweiligen Professional Service Firm.

rung oder Neudefinition ihrer Kundengruppen als aufgrund der Entwicklung zusätzlicher Produkt- bzw. Dienstleistungsgruppen entstehen."

5 Schlussbetrachtung

5.1 Zusammenfassung und Ausblick

Ziel der vorliegenden Arbeit war es, die wesentlichen übergreifenden Zusammenhänge der internationalen Tätigkeit von Professional Service Firms innerhalb eines breit angelegten Themenspektrums am Beispiel von WP-Firmen und Unternehmensberatungen zu identifizieren. Zusätzlich sollten konkrete Erkenntnisse hinsichtlich aktueller und antizipierter Herausforderungen und Lösungsmöglichkeiten gewonnen und bewertet werden. Den empirischen Kern der Arbeit bildete eine explorative Fallstudienanalyse, in der anhand dreier Praxisfälle die zentralen Forschungsfragen der Arbeit beantwortet wurden. Auf diesem Weg konnte den Besonderheiten des People's Business Rechnung getragen werden, um die bisher hierzu in der Forschung bestehende Lücke zu schließen und auch für die Unternehmenspraxis wertvolle Ergebnisse zu sammeln.

Ausgehend von den beiden originären Forschungsfragen „Warum erfordert die Globalisierung der Weltwirtschaft international aufgestellte Professional Service Firms?" und „Wie sollten Geschäftsmodell, Strategie und Organisation von Professional Service Firms gestaltet sein, um Ausrichtung und Zielen ihrer Internationalisierungsbestrebungen gerecht zu werden?" wurde nach der Einführung in die Thematik in *Kapitel 1* zunächst anhand einer Analyse des aktuellen Forschungsstands das theoretische Fundament der Arbeit in den *Kapiteln 2 und 3* gelegt. Dabei wurden in *Kapitel 2* Professional Services als Sonderform der Dienstleistung und Professional Service Firms als deren Anbieter wirtschaftlich eingeordnet und die Besonderheiten ihrer Geschäftsmodelle und Strategien eingehend aufgezeigt und diskutiert. Darauf aufbauend folgte in *Kapitel 3* eine begriffliche Abgrenzung der Internationalisierung als solcher und eine Analyse der Internationalisierungsstrategien von Professional Service Firms, insbesondere der Ausgestaltung ihrer internationalen Organisationsstrukturen sowie deren operativer Umsetzung.

Der umfassende theoretische Vorbau dieser Arbeit hatte zum Zweck, ein ganzheitliches Verständnis für das Betrachtungsobjekt und eine fundierte Basis für die qualitativen Fallstudien zu schaffen, die darauf aufbauend durchgeführt und in *Kapitel 4* beschrieben wurden. Dabei wurden bewusst mit Deloitte als multidisziplinäre Big-4-Firma, Rödl & Partner als (deutsche) mittelständisch geprägte „Non-Big-4"-Prüfungs- und Beratungsgesellschaft und McKinsey & Company als global führendes Strategieberatungsunternehmen Firmen der Branche für die

Fallstudien ausgewählt, die sich bereits vom Geschäftsmodell her relativ stark voneinander unterscheiden.

Für die Falluntersuchung wurden die beiden Ausgangsfragen um drei aus den im theoriegeleiteten Teil der Arbeit gewonnenen Erkenntnissen abgeleiteten Forschungsfrageblöcke ergänzt. Sie betreffen zum einen die interne Aufstellung der Firmen, zum anderen ihre externe Aufstellung beim Kunden und drittens ihre weiteren Herausforderungen: „Wie wirken systematische Maßnahmen, wie die Schaffung einer einheitlichen Unternehmenskultur und einheitlicher Anreiz- und Vergütungssysteme, als Bindeglieder zwischen Strategie, Organisation und deren Operationalisierung bei international tätigen Professional Service Firms?", „Warum steigen die Bemühungen zur Vereinheitlichung der internationalen Professional-Service-Firm-Organisationen? Für welche Firmen ist das Modell einer One-Firm dauerhaft erstrebenswert?" und „Wie gehen Professional Service Firms mit Herausforderungen um, die aus ihrem Wachstum entstehen?". Abschließend vereint eine fallstudienübergreifende Zusammenfassung die gewonnenen Erkenntnisse in *Kapitel 4.5*, aus der Hypothesen für die weitere Forschungsarbeit an diesem Thema abgeleitet und formuliert werden.

Die Behandlung der gewählten Thematik hat bestätigt, dass das Management der Internationalisierung Aktualität und Relevanz besitzt, und sich Professional Service Firms in unterschiedlichen Stadien und Ausprägungen damit beschäftigen müssen und dies auch in Zukunft weiter tun werden, wollen sie nicht auf der Sandbank der Gegenwart verharren. Es konnten dabei in dieser Arbeit eine Reihe von in der Fachliteratur aufgestellten Theorien validiert, eine Vielzahl eigener Schlüsse gezogen und mehrere Hypothesen gebildet werden, die für die weitere Forschung an dem Thema sowie für die Unternehmenspraxis von Interesse sein werden.

Dabei konnte im Einzelnen verdeutlicht werden, dass die Internationalisierung von Professional Service Firms vor allem kunden- und damit erlösseitige Gründe hat. Gleichzeitig institutionalisieren die Firmen ihre internationalen Aktivitäten dann sehr ähnlich, wenn ihr Geschäftsmodell und ihre Strategien nur geringfügig voneinander abweichen und sie direkt miteinander im Wettbewerb stehen. Damit entscheidet auch die Widerspruchsfreiheit zwischen der Ausgestaltung von Geschäftsmodell, Strategie und Organisationsform bei international tätigen Professional Service Firms über ihren Erfolg im Wettbewerb. Die organisationsinterne Umsetzung der Internationalisierungsstrategie hängt wiederum annahmegemäß von der Internationalität und Komplexität der jeweiligen Professional Service Firm ab. Somit muss ein einheitliches, an den Unternehmenszielen ausgerichtetes Anreiz- und Vergütungssystem zur Bindung der Mitarbeiter- an die Firmeninteressen ab einer gewissen Größe die Unternehmenskultur und die persönliche Abstimmung als gegenseitiges Kontrollorgan zwischen allen Partnern ergänzen.

Die Kundenseite sollte dagegen die Einheitlichkeitsbemühungen der internationalen Professional-Service-Firm-Organisationen vorantreiben. Wenn für Kunden ein global einheitlicher Service Priorität über dessen lokale Anpassung vor Ort hat, und die Professional Service Firm selbst sich beim Kunden über ihre einheitliche Reputation positioniert, ist eine Aufstellung als One-Firm notwendig. Allerdings scheinen gerade als One-Firm organisierte Professional Service Firms vor Herausforderungen bei der internen Weiterentwicklung ihrer einheitlichen Strukturen zu stehen, sollten sie auch in Zukunft so stark international wachsen wollen und können wie in der Vergangenheit.

Innerhalb der Professional-Service-Firm-Branche sind bei den Big-4-Firmen, wie z. B. Deloitte, in naher Zukunft die größten Veränderungen auf internationaler Ebene zu erwarten. Die Fusionen einzelner Landesgesellschaften innerhalb ihrer Netzwerke dürften erst der Anfang einer länger andauernden Entwicklung sein, deren Umsetzungserfolg allerdings frühestens in ein bis zwei Jahren ersichtlich sein wird. Die weitere Entwicklung wird zudem auch sehr stark davon beeinflusst werden, welche Entscheidung die Europäische Kommission hinsichtlich möglicher weiterer Haftungsbegrenzungen für Wirtschaftsprüfer fällen wird oder inwiefern die Wettbewerbsbehörden in wichtigen Ländern doch versuchen werden, das Oligopol der Big-4-Firmen aufzubrechen,[1140] um dem öffentlichen Auftrag der WP-Firmen ein anderes Fundament zu geben. Sollten stärkere Haftungsbegrenzungen nicht kommen, wie es aktuell bereits öffentlich zum Teil gefordert wird,[1141] oder regulative Aufspaltungstendenzen konkreter werden, dürften die Big 4 Professional Service Firms noch intensiver über eine Abspaltung des Audit-Bereichs vom Rest der Firma nachdenken, unabhängig von der in dieser Arbeit bereits prioritär diskutierten Aufspaltung nach Kundengruppen.

Die kleineren WP-Firmen wie Rödl & Partner werden die weiteren Entwicklungen der Big-4-Firmen genau beobachten, können sie doch mit größerer Nachfrage rechnen, sollte die internationale Netzwerkintegration bei den Marktführern intern zu Reibungsverlusten oder extern zu größerer Kundenunzufriedenheit führen. Allerdings dürfte sich auf der anderen Seite auch für sie daraus der Wettbewerbsdruck im kleineren und mittleren Segment erhöhen. Im Wettbewerb der rein strategischen Unternehmensberatungen wird primär zu beobachten sein, ob kleinere Spezialanbieter dauerhaft und auch auf internationaler Basis zu einer ernsthaften

---

[1140] Vgl. Financial Times (2007a), S. 1
[1141] Vgl. Financial Times Deutschland (2007c), S. 19. Vgl. in diesem Zusammenhang auch eine aktuelle Analyse bei Biugs/Schäfer (2007), S. 19 ff.

Konkurrenz für die Marktführer werden.[1142] Hierbei ist die Frage von besonderem Interesse, welche Implikationen entweder weiteres Wachstum für den Zusammenhalt der globalen Partnerschaften oder reduziertes Wachstum für die grundlegenden Charakteristika des Geschäftsmodells haben werden.

5.2 Implikationen für die weitere Forschung

Die vorliegende Arbeit hat belegt, dass ein ganzheitlicher und fließender Ansatz die Grundlage für weitere Forschungsaktivitäten auf diesem Gebiet sein muss, da Fragen zur Internationalisierung die Professional Service Firm in ihrem Geschäftsmodell, ihrer Strategie, ihrer Organisation und in deren operativer Umsetzung wesentlich tangieren. Gerade bei der vorherrschenden Subjektivität und Immaterialität des People's Business greift die Konzentration auf einzelne statische Teilaspekte zu kurz, weil menschliches Handeln hierzu per se zu komplex und dynamisch ist. Sinnvoll erscheint dabei auch der mögliche Versuch, die weitere Forschung an Professional Service Firms auch verstärkt um verhaltenswissenschaftliche Ansätze[1143] zu erweitern, um so deren Determinanten zielgerichteter in die kausalen Zusammenhänge bei der Beantwortung von Fragen zur internationalen Funktionsweise von Professional Service Firms zu integrieren.

Die verhaltenstheoretische Betriebswirtschaftslehre nach *Schanz* versucht „mit Hilfe von allgemeinen Theorien über menschliches Verhalten ... soziale und sozialtechnische Sachverhalte [zu] erklären und deren wirtschaftliche Konsequenzen auf[zu]zeigen sowie der Praxis konstruktiv und kritisch zur Seite [zu] stehen."[1144] Ein am individuellen Verhalten anknüpfender Ansatz ist dabei in der Lage, Bedürfnisse, Freiheitsziele, Konflikt- und Machtfragen des Individuums im sozialen Kontext zu klären. „Organisation und Märkte werden als Mittel zur individuellen Bedürfnisbefriedigung interpretiert."[1145] Ihre Wirksamkeit zu untersuchen, zu erklären und gegebenenfalls zu verbessern ist Aufgabe und Ziel der verhaltenstheoretischen Betriebswirtschaftslehre. In einzelnen Bereichen der Betriebswirtschaft, so z. B. dem Rechnungswesen und der Kapitalmarktfinanzierung, wird bereits versucht, Erkenntnisse über menschliche Verhaltensweisen in die Forschungsarbeit einfließen zu lassen, weil es sich „beim homo oeconomicus lediglich um das Abbild eines repräsentativen Individuums handelt und somit kein Bezug zu individuellen, in der Praxis beobachtbaren Verhaltensweisen be-

---

[1142] Vgl. Derakhchan/Aden (2007), S. 9 f. und manager magazin (2007b), S. 31.
[1143] Vgl. hierzu allgemein z. B. Schanz (1977, 1988, 2004a) oder Bräutigam (2005).
[1144] Schanz (2004b), S. 146.
[1145] Vgl. Schanz (2004b), S. 152.

steht"[1146]. So sind die Zweige des Behavioral Accounting[1147] und Behavioral Finance[1148] entstanden. Beide Begriffe lassen sich als „Synthese zwischen Ökonomie und Psychologie"[1149] verstehen. Eine Verknüpfung der hier gewonnenen Erkenntnisse auf die ganzheitliche Forschung am Management von Professional Service Firms steht noch aus.

Für das Testen der in dieser Arbeit aufgestellten Hypothesen sollte ein anwendungsorientiertes Forschungsverständnis und eine qualitative Forschungsmethodik beibehalten werden, weil nur so aus den Ergebnissen belastbare repräsentative Schlussfolgerungen gezogen werden können, die der Kritik standhalten. Dabei kommt für den Erfolg der weiteren Forschung beiden Seiten – dem Professional bzw. der Professional Service Firm auf der einen und dem Kunden auf der anderen Seite – sowie ihrer beidseitigen Interaktion eine tragende Rolle zu. Auf Firmenseite müssen die Professional Service Firms grundsätzlich transparenter werden und lernen, sich als wissenschaftliches Forschungsobjekt wahrzunehmen. Dies wird zunächst sie selbst und als Konsequenz auch ihre Kunden weiterbringen. Sie sollten sich Forschungaktivitäten daher weder verschließen noch sich vor den Forschern verstellen, indem sie eine geschönte Realität zeigen, wie dies heute häufig noch üblich ist. Die Kunden selbst, und dabei explizit ihre Erwartungen an Professional Service Firms und ihre Vorgehensweise im Mandatierungsprozess, sollten zudem in den Forschungsprozess miteinbezogen werden, weil letzten Endes die Nachfrage der Kunden den Markt für Professional Service Firms überhaupt erst bereitet. Nur so wird es möglich sein, die Geschäftsmodelle und Strategien der Anbieter auf ihre Validität hin zu überprüfen.

Schließlich könnte die Interaktion zwischen Professional Service Firms und Kunden anhand der Beobachtung des Geschäftsprozesses durch den Forschenden qualitativ erhoben werden. Hierbei würde er beide Parteien während der gesamten Wertschöpfungskette eines Projekts begleiten und die Treiber und Herausforderungen des Geschäftsprozesses als neutrale Instanz auf beiden Seiten fortlaufend erforschen können. Aufgrund der Vielfalt der Professional Service Firms und ihrer relativ großen Verschwiegenheit und Vertraulichkeit wird dies aber mit erheblichem zeitlichem wie inhaltlichem Aufwand verbunden sein. Trotzdem wäre dies eine geeignete Methode, um die aus der Notwendigkeit zur zwischenmenschlichen Interaktion entstehenden Besonderheiten des Geschäfts stärker greifbar zu machen und so zu verallgemeinerungsfähigen Schlüssen zu gelangen.

[1146]   Schäfer/Vater (2002), S. 739.
[1147]   Vgl. Fandel et al. (2004), S. 443 ff.
[1148]   Vgl. Goldberg/von Nitzsch (2002) zum Behavioral-Finance-Forschungsansatz innerhalb der Kapitalmarkttheorie.
[1149]   Schäfer/Vater (2002), S. 739.

Anhang A: Verzeichnis der geführten Interviews

Interviewpartner	Unternehmen	Position	Ort	Datum des Interviews
Dr. Jens Horn	Deloitte	Senior Manager Deloitte Reorganisation Services	Düsseldorf	28.11.2006
Dr. Hans-R. Röhm	Deloitte	Geschäftsführender Partner Deloitte GLCSP für DaimlerChrysler AG	Stuttgart	08.11.2006
Jan Stratmann	Deloitte	Partner; Geschäftsführer Deloitte Business Consulting GmbH Ehem. GF Arthur Andersen Business Consulting GmbH	Frankfurt am Main / Düsseldorf	26.10.2006
Dr. Sven Schiemann	Future Marketing GmbH	Geschäftsführer Ehem. Senior Projektleiter McKinsey & Company	Düsseldorf	19.03.2007
Dr. Stephan Görner	McKinsey & Company	Principal	Sydney / Berlin	19.10.2006 (per Telefon)
Dr. Bernd Rödl	Rödl & Partner	Geschäftsführender Partner Gründer	Nürnberg	29.11.2006
Martin Wambach	Rödl & Partner	Geschäftsführender Partner Niederlassungsleiter Köln	Köln	09.01.2007
Dr. Thilo Bobrowski	SMP AG	Vorstand Ehem. Senior Projektleiter The Boston Consulting Group	Düsseldorf	27.10.2006
Dr. Stephan Heydorn	The Boston Consulting Group	Vice President	Düsseldorf	07.02.2007 (per Telefon)

Anhang B: Verzeichnis der entwickelten Hypothesen

Hypothese 1: „Die Internationalisierung von Professional Service Firms ist die Konsequenz aus den Anforderungen ihrer global tätigen Kunden und den erlösseitigen Potenzialen, die sich für sie aus der grenzüberschreitenden Marktentwicklung ergeben."

Hypothese 2a: „Je direkter Professional Service Firms miteinander im internationalen Wettbewerb stehen, desto stärker nähern sich ihre institutionalisierten Internationalisierungsentwicklungen einander an und desto weniger Unterscheidungsmöglichkeiten hinsichtlich ihres Geschäftsmodells und ihrer Strategien gibt es."

Hypothese 2b: „Die Widerspruchsfreiheit zwischen der Ausgestaltung von Geschäftsmodell, Strategie und Organisationsform ist bei international tätigen Professional Service Firms das entscheidende Kriterium für ihren Erfolg im Wettbewerb."

Hypothese 3: „Je größer, internationaler und komplexer Professional Service Firms werden, desto höhere Relevanz für den Unternehmenserfolg hat die Implementierung eines an den Unternehmenszielen ausgerichteten Anreiz- und Vergütungssystems zur Koppelung der Mitarbei-ter- an die Firmeninteressen."

Hypothese 4: „Die Notwendigkeit, sich als globale One-Firm zu organisieren, besteht primär für Professional Service Firms, die überwiegend Aufträge über ihre Reputation und nicht über die Kundenbeziehungen ihrer Mitarbeiter akquirieren (wollen) und für deren Kunden ein global einheitlicher Service höhere Priorität besitzt als dessen lokale Anpassung vor Ort."

Hypothese 5: „Internationalisierten Professional Service Firms werden zukünftig größere Herausforderungen für ihr Geschäftsmodell und ihre Organisation aufgrund der Erweiterung oder Neudefinition ihrer Kundengruppen als aufgrund der Entwicklung zusätzlicher Produkt- bzw. Dienstleistungsgruppen entstehen."

Literaturverzeichnis

A.T. Kearney (2006a). A.T. Kearney: Management Buy-Out von EDS erfolgreich abgeschlossen, 24.01.2006. Unter: http://www.atkearney.de/content/presse/ pressemitteilungen_unternehmen_detail.php/id/49576 (abgerufen am 16.07.2006).

A.T. Kearney (2006b). A.T. Kearney Completes Management Buy-Out from EDS, Becomes Independent, Privately Owned Firm, 23.02.2006. Unter: http://www.atkearney.com/ main.taf?p=1,5,1,172 (16.07.2006).

Achleitner, A.-K. (2001). Handbuch Investment Banking (2. Aufl.). Wiesbaden, 2001.

Aharoni, Y. (1993). Coalitions and Competition: The globalization of professional business services. New York, 1993.

Aharoni, Y. (2000). The role of reputation in global professional business services. In: Aharoni, Y. & Nachum, L. (Hrsg.). Globalization of services: Some implications for theory and practice. London und New York, 2000, S. 125-141.

AICPA (2006). The American Institute of Certified Public Accountants. AICPA Code of Professional Conduct. Unter: http://www.aicpa.org (14.11.2006).

Allianz (2006). Verschmelzung RAS auf Allianz eingetragen – Allianz wird Europäische Gesellschaft, 13.10.2006. Unter: http://www.allianz.com/de/allianz_gruppe/investor_ relations/investor_news/investor_relations_mitteilungen/archiv_2006/page3.html (27.11.2006).

Alt, J.M. & Dungen, T. von (2004). Independent Judgement Through Professional Partnership or Managed Professional Business? Dysfunctional Effects of Incentive Systems in Auditing Firms, Presented at the EGOS Colloquium. Ljubljana, 2004.

Alt, J.M. (2006). Organisationswandel und Unabhängigkeit in Professional Service Firms. München und Mering, 2006.

Althaus, S. (1994). Unternehmensberatung. Gestaltungsvorschläge zur Steigerung der Effizienz des Beratungsprozesses. Hallstadt, 1994.

Alvesson, M. (1993). Organizations as rhetoric: knowledge-intensive firms and the struggle with ambiguity. In: Journal of Management Studies, 6-1993, S. 997-1015.

Alvesson, M. (1995). Management of knowledge-intensive companies. Berlin und New York, 1995.

Amtsblatt der Europäischen Gemeinschaften (2001). Amtsblatt der Europäischen Gemeinschaften AbL 294/A: 1-21. Verordnung (EG) Nr. 2157/2001 des Rates, 10.11.2001. Unter: http://europa.eu.int/eur-lex/pri/de/oj/dat/2001/l_294/l_29420011110de00010021.pdf (22.10.2006).

Andrews, K.R. (1980). The Concept of Corporate Strategy. Homewood, 1980.

Ansoff, I. (1965). Corporate Strategy. New York, 1965.

Ansoff, I. (1988). The New Corporate Strategy. New York, 1988.

Aquila, A.J. & Marcus, B.W. (2004). Client at the core: Marketing and managing today's professional services firm. New York, 2004.

Aquila, A.J. (2006). What's in your firm's partnership agreement? In: Accounting Today, October 2-15, 2006, S. 8-9.

Arens, A.A., Elder, R.J. & Beasley, M.S. (2005). Auditing and assurance services (11. Aufl.). New Jersey, 2005.

Armbrüster, T. & Kieser, A. (2001). Unternehmensberatung – Analysen einer Wachstumsbranche. In: Die Betriebswirtschaft, 6-2001, S. 688-709.

Ballwieser, W. (2003). Vertrauenskrise in der Wirtschaftsprüfung. Podiums- und Plenumsdiskussion. In: Richter, M. (Hrsg.). Entwicklungen der Wirtschaftsprüfung. Prüfungsmethoden – Risiko – Vertrauen. Bielefeld, 2003, S. 277-318.

Balzer, K. (2001). Die McKinsey Methode. Wien und Frankfurt am Main, 2000.

Balzereit, B. (1991). Betriebspsychologie (2. Aufl.). Konstanz, 1991.

Barchewitz, C. & Armbrüster, T. (2004). Unternehmensberatung. Marktmechanismen, Marketing, Auftragsakquisition. Wiesbaden, 2004.

Barett, M., Cooper, D.J. & Jamal, K. (2005). Globalization and the coordinating of work in multinational audits. In: Accounting, Organizations and Society, 1-2005, S. 1-24.

Barney, J. (2005). Strategic Management and Competitive Advantage. New York, 2005.

Bartlett, C.A. & Ghoshal, S. (2002). Managing Across Borders. The Transnational Solution (2. Aufl.). Cambridge, 2002.

Bartlett, C.A., Ghoshal, S. & Beamish, P. (2007). Transnational Management. Text, Cases, and Readings in Cross-Border Management (5. Aufl.). New York, 2007.

BDU (2006). Marktstudie Facts & Figures zum Beratermarkt 2005/2006 vom Bund Deutscher Unternehmensberater. Bonn, 2006.

Becker, M. (2005). Controlling von Internationalisierungsprozessen. Wiesbaden, 2005.

Becker, W. (2000). Strategisches Management (5. Aufl.). Bamberg, 2000.

Becker, W., Schwertner, K. & Seubert, C.-M. (2005). Strategieumsetzung mit BSC-basierten Anreizsystemen.Ergebnis einer empirischen Studie. In: Controlling, 1-2005, S. 33-39.

Berger, R. (1999). Die Dienstleistungsgesellschaft als Herausforderung und Chance. In: Beisheim, O. (Hrsg.). Distribution im Aufbruch. Bestandsaufnahme und Perspektiven. München, 1999, S. 199-215.

Binnewies, S. (2002). Strategisches Management professioneller Dienstleistungen am Beispiel der Unternehmensberatung. Göttingen, 2002.

Birkinshaw, J., Bouquet, C. & Ambos, T.C. (2007). Managing Executive Attention in the Global Company. In: MIT Sloan Management Review, Summer 2007, S. 39-45.

Biugs, J. & Schäfer, H.-B. (2007). Die Haftung des Wirtschaftsprüfers am Primär- und am Sekundärmarkt – eine rechtsökonomische Analyse. In: Zeitschrift für Betriebswirtschaft, 1-2007, S. 19-49.

Bleicher, K. (2004). Das Konzept Integriertes Management (7. Aufl.). Frankfurt am Main, 2004.

Blohm, H. (1980). Kooperation. In: Grochla, E. (Hrsg.). Handwörterbuch der Organisation. Stuttgart, 1980, S. 1112-1117.

Börsen-Zeitung (2006a). KPMG gründet Holding für Europa. In: Börsen-Zeitung, 06.10.2006, S. 9.

Börsen-Zeitung (2006b). Pariser Zentralismus ist kein Erfolgsmodell. In: Börsen-Zeitung, 30.12.2006, S. 28.

Börsen-Zeitung (2006c). Liquiditätsflut sorgt für grenzenlose Übernahme-Aktivitäten. In: Börsen-Zeitung, 30.12.2006, S. 41.

Börsen-Zeitung (2006d). Im Land der Buy-outs beginnt der Wind zu drehen. In: Börsen-Zeitung, 30.12.2006, S. 44.

Börsen-Zeitung (2007). Deloitte sucht neues rechtliches Fundament. In: Börsen-Zeitung, 17.03.2007, S. 11.

Börsig C. & Wattles G. (2005). Anmerkungen zur Strategieberatung. In: Seidl, D., Kirsch, W. & Linder, M. (Hrsg.). Grenzen der Strategieberatung. Bern, 2005, S. 392-406.

Bontis, N. (2002). Managing organizational knowledge by diagnosing intellectual capital: framing and advancing the state of the field. In: Bontis, N. (Hrsg.). World Congress on Intellectual Capital Readings. Woburn, 2002, S. 13-56.

Borchardt, A. & Goethlich, S.E. (2006). Erkenntnisgewinnung durch Fallstudien. In: Albers, S. et al. (Hrsg.). Methodik der empirischen Forschung. Wiesbaden, 2006, S. 37-56.

Bornemann, E. (1967). Betriebspsychologie. Wiesbaden, 1967.

Bortz, J. & Döring, N. (2002). Forschungsmethoden und Evaluation für Human- und Sozialwissenschaftler (3. Aufl.). Berlin, 2002.

Bossidy, L. & Charan, R. (2002). Execution. The discipline of getting things done. New York, 2002.

Boston Consulting Group (2006). BCG Alumni-Services. Unter: http://www.bcg.de/alumni/index.jsp (17.01.2007).

Bradley, F. (1995). The Service Firm in International Marketing. In: Glynn, W. & Barnes, I. (Hrsg.). Understanding Services Management. Dublin, 1995, S. 420-448.

Bräutigam, G. (2005). Verhaltensökonomie. Kreatur – Persönlichkeit – Gruppe. Aachen, 2005.

Brandes, D. (2007). Um die Sache geht's. Dieter Brandes im Gespräch mit Jutta I. Herzog. In: Zeuch, A. (Hrsg.). Management von Nichtwissen in Unternehmen. Heidelberg, 2007, S. 91-94.

Brown, J.L. et al. (1999). Strategic Alliances within a Big-Six Accounting Firm. In: International Studies of Management & Organization, 2-1996, S. 59-79.

Bruch, H., Krummaker, S. & Vogel, B. (Hrsg.; 2006). Leadership – Best Practices und Trends. Wiesbaden, 2006.

Brüsemeister, T. (2000). Qualitative Forschung. Wiesbaden, 2000.

Bruhn, M. (2005). Kooperationen im Dienstleistungssektor. In: Zentes, J., Swoboda, B. & Morschett, D. (Hrsg.). Kooperationen, Allianzen und Netzwerke (2. Aufl.). Wiesbaden, 2005, S. 1277-1302.

Bruhn, M. & Stauss, B. (Hrsg.; 2007). Wertschöpfungsprozesse bei Dienstleistungen. Forum Dienstleistungsmanagement. Wiesbaden, 2007.

Bürger, B. (2004). Qualität als Differenzierungsmöglichkeit aus dem Markt für professionelle Dienstleistungen. In: Ringlstetter, M., Bürger, B. & Kaiser, S. (Hrsg.). Strategien und Management für Professional Service Firms. Weinheim, 2004, S. 141-162.

Bürger, B. (2005). Aspekte der Führung und der strategischen Entwicklung von Professional Service Firms. Wiesbaden, 2005.

Burlingham, B. (2005). Small giants: companies that choose to be great instead of big. New York, 2005.

BusinessWeek (2002). Inside McKinsey, 08.07.2002. Unter: http://www.businessweek.com/magazine/content/02_27/b3790001.htm (11.01.2007).

BusinessWeek (2005). Professional Services: Cleaning Up By Cleaning Up, 10.01.2005. Unter: http://www.businessweek.com/magazine/content/05_02/b3915447.htm (19.10.2006).

Cannon, P. (1997). The big six move in. In: International Financial Law Review, 11-1997, S. 25-28.

Capital (2007). Ora statt labora. In: Capital, 14-2007, S. 130-131.

CASH (2006). Die Briten geben den Tarif durch. In: CASH, 25.10.2006, S. 6.

Castan, B. & Wehrheim, M. (2005). Die Partnerschaftsgesellschaft. Recht, Steuer, Betriebswirtschaft (3. Aufl.). Berlin, 2005.

Chandler, A.D. (1962). Strategy and Structure. Cambridge, 1962.

Chesbrough, H.W. (2003). Open Innovation. Boston, 2003.

CIMA (2007). PwC closes Japanese affiliate, 21.02.2007. Unter: http://www.cimaglobal.com/cps/rde/xchg/SID-0AAAC564-B9323F76/live/root.xsl/1630_11502.htm?itemid=18068357&categoryname=Organisational%20Management (09.08.2007).

Collis, D.J. & Montgomery, C.A. (2005). Corporate Strategy (2. Aufl.). New York, 2005.

Consultant (2006). Ernst & Young löst Verbindung mit Luther. In: Consultant, 10-2006, S. 11.

Consulting Magazine (2002). Marvin's Shoes, A Tale of Two Firms. In: Consulting Magazines, Mai 2002. Unter: http://www.consultingmag.com/CMCoverFeat-MckinseyMay02.html (25.01.2007).

Consulting Magazine (2004). A Firm for All Reasons. In: Consulting Magazine, September 2004. Unter: http://www.consultingmagazine.com/CMCoverFeat-Deloittesept04.html (23.01.2007).

Corsten, H., Dresch, K.-M. & Gössinger, R. (2007). Gestaltung modularer Dienstleistungsproduktion. In: Bruhn, M. & Stauss, B. (Hrsg.). Wertschöpfungsprozesse bei Dienstleistungen. Forum Dienstleistungsmanagement. Wiesbaden, 2007, S. 95-117.

Craig, D. (2005). Rip-off! The Scandalous Inside Story of the Management Consulting Money Machine. London, 2005.

Crozier, M. & Friedberg, E. (1993). Die Zwänge kollektiven Handelns. Über Macht und Organisation. Frankfurt am Main, 1993.

Davis, J.H., Schoorman, F.D. & Donaldson, L. (1997). Towards A Stewardship Theory Of Management. In: Academy of Management Review, 1-1997, S. 20-47.

Dawson, R. (2005). Developing knowledge-based client relationships (2. Aufl.). Burlington, 2005.

Deloitte (2004). GIRS Member Firm Introduction & Background. Unveröffentlichte Präsentation. Deloitte Global, 2004.

Deloitte (2005a). Annual Review 2005. Unter: http://www.deloitte.com (14.07.2006).

Deloitte (2005b). Anonymisiertes Strategiepapier #1. Unveröffentlicht. Deloitte Deutschland, 2005.

Deloitte (2005c). Anonymisiertes Strategiepapier #2. Unveröffentlicht. Deloitte Deutschland, 2005.

Deloitte (2005d). Global Business Strategy. Unveröffentlichte Präsentation. Deloitte Global, 2005.

Deloitte (2005e). Regional Business Strategy. Unveröffentlichte Präsentation. Deloitte Global, 2005.

Deloitte (2005f). Worldwide Member Firms 2005 Review: Deloitte at a glance. Unter: http://www.deloitte.com/dtt/article/0,1002,sid%3D95275%26cid%3D102744,00.html (12.11.2006).

Deloitte (2006a). Anonymisiertes Memo #1. Unveröffentlicht. Deloitte Deutschland, 2006.

Deloitte (2006b). Anonymisiertes Memo #2. Unveröffentlicht. Deloitte Deutschland, 2006.

Deloitte (2006c). Anonymisiertes Memo #3. Unveröffentlicht. Deloitte Deutschland, 2006.

Deloitte (2006d). Anonymisiertes Strategiepapier #3. Unveröffentlicht. Deloitte Deutschland, 2006.

Deloitte (2006e). Anonymisiertes Strategiepapier #4. Unveröffentlicht. Deloitte Global, 2006.

Deloitte (2006f). Anonymisiertes Strategiepapier #5. Unveröffentlicht. Deloitte Deutschland, 2006.

Deloitte (2006g). Anonymisiertes Strategiepapier #6. Unveröffentlicht. Deloitte Deutschland, 2006.

Deloitte (2006h). Anonymisiertes Strategiepapier #7. Unveröffentlicht. Deloitte Deutschland, 2006.

Deloitte (2006i). BDO Marque & Gendrot et Deloitte se rapprochent, 21.07.2006. Unter: http://www.deloitte.com/dtt/press_release/0,1014,cid%3D125835%26pv%3DY,00.html (12.08.2006).

Deloitte (2006j). Build the Next Generation of Talent. Unveröffentlichte Präsentation. Deloitte Deutschland, 2006.

Deloitte (2006k). Cross Border Execution. Unveröffentlichte Präsentation. Deloitte Global, 2006.

Deloitte (2006l). Deloitte 2010. Unveröffentlichte Präsentation. Deloitte Global, 2006.

Deloitte (2006m). Deloitte Touche Tohmatsu Worldwide Member Firms 2006 Review. Unter: http://www.deloitte.com (12.01.2007).

Deloitte (2006n). Doing business with Deloitte. Unveröffentlichte Präsentation. Deloitte Global, 2006.

Deloitte (2006o). EU-Regulation? High-level Assessment of Regulatory Environment. Unveröffentlichte Präsentation. Deloitte International, 2006.

Deloitte (2006p). Finance Transformation. It's in our DNA. Unveröffentlichte Präsentation. Deloitte Deutschland, 2006.

Deloitte (2006q). Partner Update vom 06.10.2006. Unveröffentlichtes Mitarbeiter-Memo. Deloitte Deutschland, 2006.

Deloitte (2006r). Performance Measurement. Unveröffentlichte Präsentation. Deloitte Deutschland, 2006.

Deloitte (2006s). Perspectives on Consulting. Unveröffentlichte Präsentation. Deloitte Deutschland, 2006.

Deloitte (2006t). Potential Cost Savings. Unveröffentlichte Präsentation. Deloitte Global, 2006.

Deloitte (2006u). Task Force Pricing. Unveröffentlichte Präsentation. Deloitte Global, 2006.

Deloitte (2006v). Verein territorial rights. Unveröffentlicht. Deloitte Global, 2006.

Deloitte (2007a). Country Services. Unter: http://www.deloitte.com/dtt/section_node/ 0,1042,sid%253D111395,00.html (28.01.2007).

Deloitte (2007b). Unternehmensgrundsätze. Unter: http://www.deloitte.com/dtt/section_node/ 0,1042,sid%253D6253,00.html (28.01.2007).

DeLong, T. & Nanda, A. (2003). Professional Services: Text & Cases. New York, 2003.

Der Platow-Brief (2003). Unternehmensberater rangeln inzwischen auch um die kleinen Fische. In: Der Platow-Brief, 29.09.2003.

Der Platow-Brief (2005a). Ernst & Young: Auch die Wirtschaftsprüfer suchen geschäftliche Chancen in China. In: Der Platow-Brief, 14.12.2005.

Der Platow-Brief (2005b). Roland Berger konzentriert sich verstärkt auf das Kerngeschäft. In: Der Platow-Brief, 24.12.2005.

Der Platow-Brief (2006). Ernst & Young denkt an weitere Verkleinerung des Vorstands. In: Der Platow-Brief, 24.11.2006.

Der Spiegel (2006). Frankreich: Das Beraterteam der Sozialistin Ségolène Royal. In: Der Spiegel, 48-2006, S. 140-142.

Derakhchan, M. & Aden, K. (2007). Die Herausforderer im Beratermarkt: Spezialisten greifen die ‚Global Brands' an. Ergebnispräsentation des Managerpanels von LAB/FTD. Düsseldorf, 2007.

Dick, R. van & West, M.A. (2005). Teamwork, Teamdiagnose, Teamentwicklung. Göttingen 2005.

Die Welt (2005). Auf dem Sprung an die Spitze. In: Die Welt, 14.07.2005, S. 12.

DIE ZEIT (2002). Rauf oder raus. In: DIE ZEIT, 49-2002. S. 26.

DIE ZEIT (2006a). Vom Kabeln und Putzen. In: DIE ZEITLITERATUR, September 2006, S. 64.

DIE ZEIT (2006b). Jeden Tag ein neuer Deal. In: DIE ZEIT, 11-2006, S. 23.

Dunn, P. & Baker, R. (2003). The Firm of the Future. A Guide for Accountants, Lawyers and other Professional Services. New Jersey, 2003.

Dungen, T. von (2007). Teamproduktion in Professional Service Firms. Organisationswandel und die Auswirkungen leistungsorientierter Anreizsysteme. München und Mering, 2007.

Dunning, J.H. (1993). The internationalization of the production of services. Some general and specific explanations. In: Aharoni, Y. (Hrsg.). Coalitions and Competition. The globalization of professional business services. New York, 1993, S. 79-101.

Dyckerhoff, C. (2004). Zur Strategie der Internationalisierung von Wirtschaftsprüfungsgesellschaften mit weltweit tätigen Mandanten – Zentrale Managementaufgaben der Branche. In: Ringlstetter, M., Bürger, B. & Kaiser, S. (Hrsg.). Strategien und Management für Professional Service Firms. Weinheim, 2004, S. 345-372.

E&Y (2005). Ernst & Young Global Review 2005. Unter: http://www.ey.com (14.07.2006).

E&Y (2006a). German Private Equity Activity June 2006 – The German PE-Market: Moving to the next level. Frankfurt am Main, 2006.

E&Y (2006b). Ernst & Young Global Review 2006. Unter: http://www.ey.com (28.11.2006).

Eckhardt, T.H. (2002). Strategische Ausrichtungen mittelständischer Wirtschaftsprüferpraxen. In: Die Wirtschaftsprüfung, 1-2/2002, S. 2-10.

Edersheim, E.H. (2004). McKinsey's Marvin Bower. New Jersey, 2004.

Eisenhardt, K.M. (1989). Building Theories From Case Study Research. In: Academy of Management Review, 4-1989, S. 532-550.

Eitzen, B. von (1996). Der Wirtschaftsprüfer im internationalen Umfeld. Eine statistische Untersuchung zum Berufsstand des Wirtschaftsprüfers, Probleme bei seiner Internationalisierung sowie bei der Harmonisierung von Ausbildung, Rechnungslegung und Prüfung. Freiburg, 1996.

Elfring, T., Bosch., F.A.J. van den & Aa, W. van der (1993). Issues of Strategic Management: Strategic Choice – Internationalization strategies of professional service firms, Working Paper, RSM Erasmus University, Management Report Series Nr. 160. Rotterdam, 1993.

EurActiv.com (2006). Parlamentswahlen in den Niederlanden: EU-Skeptiker im Aufwind, 23.11.2006. Unter: http://www.euractiv.com/de/wahlen/parlamentswahlen-niederlanden-eu-skeptiker-aufwind/article-159948 (04.12.2006).

Europäische Kommission (2006). Richtlinien zur Abschlussprüfung. Unter: http://ec.europa.eu/internal_market/auditing/directives/index_de.htm (04.12.2006).

Fandel, G. et al. (2004). Kostenrechnung (2. Aufl.). Berlin, 2004.

Fast50.de (2006). Deloitte Technology Fast 50. Unter: http://www.fast50.de (06.12.2006).

Financial Times (2006a). US inspecteurs scrutinise E&Y in London. In: Financial Times, 19.09.2006, S. 23.

Financial Times (2006b). Greenhill climbs the German M&A tree. In: Financial Times, 19.09.2006, S. 26.

Financial Times (2006c). India staff numbers soar for Goldman. In: Financial Times, 19.09.2006, S. 30.

Financial Times (2006d). KPMG to merge UK and German businesses. In: Financial Times, 06.10.2006, S. 28.

Financial Times (2007a). Dominance of the big four under attack. In: Financial Times, 26.02.2007, Special Report S. 1.

Financial Times (2007b). Audit groups back liability cap move. In: Financial Times, 18.06.2007, S. 12.

Financial Times (2007c). A motivational missive that amounts to mental torture. In: Financial Times, 02.07.2007, S. 16.

Financial Times (2007d). Dutch blow to superaccountant. In: Financial Times, 21.09.2007, S. 18.

Financial Times Deutschland (2004). Neue Branchenregeln geben Wirtschaftsprüfer Rödl & Partner Auftrieb. In: Financial Times Deutschland, 05.02.2004, S. 18.

Financial Times Deutschland (2005a). Mazars bildet kontinentalen Verbund. In: Financial Times Deutschland, 15.02.2005, S. 18.

Financial Times Deutschland (2005b). Rödl & Partner profitiert vom Auslandsgeschäft. In: Financial Times Deutschland, 25.02.2005, S. 20.

Financial Times Deutschland (2005c). Consulting Spezial. In: Financial Times Deutschland, 07.10.2005, S. A1.

Financial Times Deutschland (2006a). Rödl & Partner bauen Auslandsgeschäft aus. In: Financial Times Deutschland, 10.03.2006, S. 20.

Financial Times Deutschland (2006b). Deloitte stellt Partnerstruktur in Frage. In: Financial Times Deutschland, 17.07.2006, S. 17.

Financial Times Deutschland (2006c). Luther-Anwälte trennen sich von Ernst & Young. In: Financial Times Deutschland, 22.08.2006, S. 19.

Financial Times Deutschland (2006d). Also sprach die Heuschrecke. In: Financial Times Deutschland, 31.08.2006, S. 26.

Financial Times Deutschland (2006e). Rewe-Chef Egner soll gehen. In: Financial Times Deutschland, 01.09.2006, S. 1.

Financial Times Deutschland (2006f). McKinsey macht bei Chefsuche Tempo. In: Financial Times Deutschland, 05.09.2006, S. 6.

Financial Times Deutschland (2006g). KPMG bündelt Europageschäft. In: Financial Times Deutschland, 06.10.2006, S. 19.

Financial Times Deutschland (2006h). McCreevy stützt Wirtschaftsprüfer. In: Financial Times Deutschland, 27.10.2006, S. 19.

Financial Times Deutschland (2006i). Wirtschaftsprüfer bilden globale Allianz. In: Financial Times Deutschland, 13.11.2006, S. 20.

Financial Times Deutschland (2007a). Berater folgen ihren Kunden in alle Welt. In: Financial Times Deutschland, 01.03.07, S. A3.

Financial Times Deutschland (2007b). Alumni-Netzwerke stehen hoch im Kurs. In: Financial Times Deutschland, 01.03.2007, S. A4.

Financial Times Deutschland (2007c). Das Kapital – Wirtschaftsprüfer. In: Financial Times Deutschland, 19.03.2007, S. 19.

Fink, D. & Knoblach, B. (2003). Die großen Management-Consultants. Ihre Geschichte, ihre Konzepte, ihre Strategien. München, 2003.

Fisch, J.H. (2003). Innere Kündigung als Folge einer sich selbsterfüllenden Prophezeiung – Wenn Stewards mit Agents verwechselt werden. In: Zeitschrift für Personalforschung, 2-2003, S. 215-223.

Fisher, A.G.B. (1939). Production, Primary, Secondary, Tertiary. In: The Economic Journal, Vol. 15, S. 24-47.

Fitzgerald, L. et al. (1991). Performance Measurement in Service Businesses. Cambridge, 1991.

Fitzgerald, L. & Moon, P. (1996). Performance measurement in service industries – making it work. London, 1996.

Flick, U. (2004). Qualitative Sozialforschung (2. Aufl.). Hamburg, 2004.

Florian, D. (2006). Benchmarking Think Tanks. Bochum, 2004. Unter: http://www. thinktankdirectory.org/downloads/041010-dfo-benchmarking.pdf (18.07.2006).

Florida, R. (2002). The Rise of the Creative Class. New York, 2002.

Florida, R. (2005). The Flight of the Creative Class. New York, 2005.

Fluri, E. & Weibel, P. (1999). Strategisches Management von Professional Service Firms. In: Müller-Stewens, G., Drolshammer, J. & Kriegmeier, J. (Hrsg.). Professional Service Firms. Wie sich multinationale Dienstleister positionieren. Frankfurt am Main, 1999, S. 157-186.

Forbes (2006). The Largest Private Companies, #65 McKinsey & Co, 11.09.2006. Unter: http://www.forbes.com/lists/2006/21/biz_06privates_McKinsey-Co_IPPW.html (23.01.2007).

Fortune Magazine (2006a). Fortune 500 Companies, Global Edition 2006 – World's Largest Companies. Unter: http://money.cnn.com/magazines/fortune/global500/2006 (26.07.2006).

Fortune Magazine (2006b). Fortune 500: 1970 Archive Full List. Unter: http://money.cnn.com/magazines/fortune/fortune500_archive/full/1970 (26.07.2006).

Fortune Magazine (2006c). Fortune 100 Top MBA Employers 2006. Unter: http://money.cnn.com/magazines/fortune/mba100/industries (27.07.2006).

Foss, N.J. (1998). The resourced-based perspective: An assessment and diagnosis of problems. In: Scandinavian Journal of Management, 3-1998, S. 133-149.

Fox, M. (2006). Zur Evaluation des Erfolgs von Beratungsprojekten. OBIE Tagungsunterlagen vom 02.11.2006. München, 2006.

Franck, E., Pudack, T. & Benz, M.-A. (2004). Unternehmensberatung als Legitimation. In: Nippa, M. & Schneiderbauer, D. (Hrsg.). Erfolgsmechanismen der Top-Management-Beratung. Heidelberg, 2004, S. 27-38.

Frankfurter Allgemeine Sonntagszeitung (2006a). Unser Honorar enthält ein Schmerzensgeld. In: Frankfurter Allgemeine Sonntagszeitung, 10.09.2006, S. 37.

Frankfurter Allgemeine Sonntagszeitung (2006b). Post schickt Berater heim. In: Frankfurter Allgemeine Sonntagszeitung, 17.09.2006, S. 42.

Frankfurter Allgemeine Sonntagszeitung (2006c). Jetzt muss Frank Mattern ran. In: Frankfurter Allgemeine Sonntagszeitung, 29.10.06, S. 43.

Frankfurter Allgemeine Sonntagszeitung (2006d). Jürgen Kluge schreibt Geschichte. In: Frankfurter Allgemeine Sonntagszeitung, 17.12.2006, S. 43.

Frankfurter Allgemeine Sonntagszeitung (2006e). Private Equity. In: Frankfurter Allgemeine Sonntagszeitung, 31.12.2006, S. 49.

Frankfurter Allgemeine Zeitung (2006). Berater haben wieder Oberwasser. In: Frankfurter Allgemeine Zeitung, 24.05.2006, S. 20.

Frankfurter Allgemeine Zeitung (2007a). Unternehmensberatung. Die Lichtgestalt hat ausgedient. In: Frankfurter Allgemeine Zeitung, 06.01.2007, S. C5.

Frankfurter Allgemeine Zeitung (2007b). KPMG liegt mit Umsatzplus im Branchentrend. In: Frankfurter Allgemeine Zeitung, 09.01.2007, S. 15.

Frankfurter Allgemeine Zeitung (2007c). Es gärt bei Boston Consulting. In: Frankfurter Allgemeine Zeitung, 12.02.2007, S. 16.

Frankfurter Allgemeine Zeitung (2007d). Banken kommen Beteiligungsfonds in die Quere. In: Frankfurter Allgemeine Zeitung, 14.02.2007, S. 19.

Frankfurter Allgemeine Zeitung (2007e). Haftungsgrenze für Abschlussprüfer stößt auf Skepsis. In: Frankfurter Allgemeine Zeitung, 26.06.2007, S. 19.

Frankfurter Allgemeine Zeitung (2007f). Anspruchsvolle Mandanten. In: Frankfurter Allgemeine Zeitung, 14.07.2007, S. 18.

Friedman, T.L. (2006). Die Welt ist flach. Frankfurt am Main, 2006.

FTD.de (2006). Gut beraten, 05.09.2006. Unter: http://www.ftd.de/unternehmen/handel_dienstleister/110338.html (16.09.2006).

FTD.de (2007). Umsatz von Roland Berger stagniert, 29.05.2007. Unter: http://www. ftd.de/unternehmen/handel_dienstleister/110338.html (04.06.2007).

Gartner Research (2006). Preliminary Top 10 Worldwide Consulting Providers' Market Share 2005, 21.07.2006. Stamford, 2006.

Ghemawat, P. (2006). Strategy and the Business Landscape (2. Aufl.). New Jersey, 2006.

Ghoshal, S. (1987). Global Strategy: An Organizing Framework. In: Strategic Management Journal, 5-1987, S. 425-440.

Gillmann, J.-P. (2002). Performance Measurement in Professional Service Firms. Wiesbaden, 2002.

Glass, N. (2006). Die große Abzocke. Die skandalösen Praktiken der Unternehmensberater. Frankfurt am Main, 2006.

Glückler, J. (2006). Internationalisierung der Unternehmensberatung. OBIE Tagungsunterlagen vom 02.11.2006. München, 2006.

Goldberg, J. & Nitzsch, R. von (2002). Behavioral Finance. Chichester, 2002.

Goold, M., Campbell, A. & Alexander, M. (1994). Corporate Level Strategy, New York, 1994.

Govindarajan, V. & Gupta, A.K. (2001). Building an Effective Global Business Team. In: MIT Sloan Management Review, 4-2001, S. 63-71.

Graf, S. (2005). Internationalisierung von Dienstleistungen – Ansätze zur Erklärung von Auslandsaktivitäten im Dienstleistungsbereich. Bamberg, 2005.

Granier, B. & Brenner, H. (2004). Business Guide China (2. Aufl.). Köln, 2004.

Greenwood, R., Hinings, C.R. & Brown, J. (1990). „P2 Form" Strategic Management: Corporate Practices in Professional Partnerships. In: Academy of Management Journal, 4-1990, S. 725-755.

Greenwood, R., Hinings, C.R. & Brown, J. (1994). Merging Professional Service Firms. In: Organization Science, 2-1994, S. 239-257.

Greenwood, R. et al. (1995). The Global Management of Professional Services: The Example of Accounting. Paper presented at the 6th APROS international colloquium. Cuernavaca, 1995.

Greenwood, R. (2001). Kinsley Lord: Innovation and Growth in a Professional Service Firm. In: ECCHO, 27-2001, S. 14-15.

Greenwood, R. & Empson, L. (2003). The Professional Partnership. Relic or Exemplary Form of Governance. In: Organization Studies, 6-2003, S. 909-934.

Greenwood, R. & Suddaby, R. (Hrsg.; 2006). Professional Service Firms. Research in the Sociology of Organizations, Volume 24. Amsterdam, 2006.

Greven, T. & Scherrer, C. (2005). Globalisierung gestalten: Weltökonomie und soziale Standards. Bonn, 2005.

Grewe, T. (2005). Inside KPMG Corporate Finance. Unveröffentlichte Präsentation an der RSM Erasmus University, November 2005. Rotterdam, 2005.

Grewe, W. (2004). Führung und Management eines multidisziplinären Dienstleistungsunternehmens. In: Ringlstetter, M., Bürger, B. & Kaiser, S. (Hrsg.). Strategien und Management für Professional Service Firms. Weinheim, 2004, S. 229-242.

Grochla, E. (1980). Handwörterbuch der Organisation. Stuttgart, 1980.

Groß, C. & Kieser, A. (2006). Are Consultants moving towards Professionalization? In: Greenwood, R. & Suddaby, R. (Hrsg.). Professional Service Firms. Research in the Sociology of Organizations, Volume 24. Amsterdam, 2006, S. 69-100.

Großfeld, B. (2001). Wirtschaftsprüfer und Globalisierung: Zur Zukunft des Bilanzrechts. In: Die Wirtschaftsprüfung, 3-2001, S. 129-139.

Grote, M.H. (2005). Quo vadis, Finanzplatz Frankfurt? Virtualisierung der Märkte kann direkte Kommunikation am Ort nicht ersetzen. In: Forschung Frankfurt, 1-2005, S. 26-30.

Günther, T. (1997). Unternehmenswertorientiertes Controlling. München, 1997.

Hachmeister, D. (2001). Wirtschaftsprüfungsgesellschaften im Prüfungsmarkt. Stuttgart, 2001.

Halek, P.H. (2003). Professionelles Beziehungsmanagement in der Wirtschaftsberatung. In: Der Schweizer Treuhänder, 6/7-2003, S. 533-540.

Handelsblatt (2002). EU sieht Andersen-Fusionen kritisch. In: Handelsblatt, 16.05.2002, S. 16.

Handelsblatt (2003). Karriere im Mittelstand oder im internationalen Konzern. In: Handelsblatt, 13.10.2003, S. b08.

Handelsblatt (2005). A.T. Kearney wechselt in die Hand der Berater. In: Handelsblatt, 04.11.2005, S. 16.

Handelsblatt (2006a). Big 4 machen sich breit. In: Handelsblatt, 23.01.2006, S. 15.

Handelsblatt (2006b). Wer prüft wen. In: Handelsblatt, 23.01.2006, S. 15.

Handelsblatt (2006c). Zwei Konzerne haben Fehler in ihren Bilanzen. In: Handelsblatt, 23.01.2006, S. 15.

Handelsblatt (2006d). Zwei Prüfer dominieren den Markt. In: Handelsblatt, 23.01.2006, S. 15.

Handelsblatt (2006e). Deutsche und britische KPMG schließen sich zusammen. In: Handelsblatt, 06.10.2006, S. 14.

Handelsblatt (2006f). Prüfer konkurrieren mit Beratern. In: Handelsblatt, 23.11.2006, S. 14.

Handelsblatt (2007a). Einmal Zukunft und zurück. Organisation: Volkswagen setzt wieder auf zentrale Führung – ein Modell mit Tücken. In: Handelsblatt, 23.01.2007, S. 18.

Handelsblatt (2007b). Karriere am Broadway. In: Handelsblatt, 07.03.2007, S. C2.

Handelsblatt Agenda (2007). Entdecke die Möglichkeiten. In: Handelsblatt Agenda, 01-2007, S. 20.

Handelsblatt.com (2005). Rödl & Partner darf erstmals Zahlen vorlegen, 26.02.2005. Unter: http://www.handelsblatt.biz (06.01.2007).

Handelsblatt.com (2006a). Wal-Mart zieht sich aus Deutschland zurück. Metro übernimmt Märkte, 28.07.2006. Unter: http://www.handelsblatt.biz (29.07.2006).

Handelsblatt.com (2006b). Umsatzrekord 2005/06 verbucht. Berater kosten Ernst & Young viel Geld, 22.11.2006. Unter: http://www.handelsblatt.biz (22.11.2006).

Handelsblatt.com (2007). KfW sorgt für IKB-Verluste in der Bilanz vor, 16.08.2007. Unter: http://www.handelsblatt.biz (16.08.2007).

Harvard Business School Case (2000). Bartlett, C.A.: McKinsey & Company: Managing Knowledge and Learning. Case # 9-396-357. Boston, 2000.

Harvard Business School Case (2001). Lorsch, J.W.: McKinsey & Co. Case # 9-402-214. Boston, 2001.

Harvard Business School Case (2006). Jones, G. & Lefort, A.: McKinsey and the Globalization of Consultancy. Case # 9-806-035. Boston, 2006.

Harvard Businessmanager (2002). Ehemalige als Waffe im Wettbewerb. In: Harvard Businessmanager, 6-2002, S. 8-9.

Harvard Businessmanager (2004). Fallstudie: Partner oder Aktionäre? In: Harvard Businessmanager, 5-2004, S. 86-97.

Havermann, H. (1989). Strategische Aspekte internationaler Konzentrationsprozesse bei Wirtschaftsprüfungsgesellschaften. In: Hax, H., Kern, K. & Schröder, H.-H. (Hrsg.). Zeitaspekte betriebswirtschaftlicher Theorie und Praxis. Stuttgart, 1989, S. 105-116.

Havermann, H. (1993). Die Wirtschaftsprüfungsgesellschaft – Struktur und Strategie eines modernen Dienstleistungsunternehmens. In: Baetge, J. (Hrsg.). Rechnungslegung und Prüfung – Perspektiven für die neunziger Jahre. Düsseldorf, 1993, S. 41-59.

Heenan, D.A. & Perlmutter H.V. (1979). Multinational Organization Development. Reading, 1979.

Heininger, K. & Bertram, K.S. (2006). Der Referentenentwurf zur 7. WPO-Novelle (BARefG). In: Der Betrieb, 17-2006, S. 905-911.

Hentschel, B. (1992). Dienstleistungsqualität aus Kundensicht. Wiesbaden, 1992.

Henzler, H.A. (Hrsg.; 1988). Handbuch Strategische Führung. Wiesbaden, 1988.

Hess, T. (2002). Netzwerkcontrolling: Instrumente und ihre Werkzeugunterstützung. Wiesbaden, 2002.

Hick, M. & Keuper, F. (2001). Empirische Untersuchung zur Auswahl und Kompetenz von Beratungsgesellschaften. In: Die Betriebswirtschaft, 4-2001, S. 427-442.

Hinings, C. R., Greenwood, R. & Cooper, D. J. (1999). The dynamics of change in large accounting firms. In: Brock, D. M., Powell, M. J. & Hinings, C.R. (Hrsg.). Restructuring the professional organization: accounting, health care and law. London, 1999, S. 131-153.

Höck, M. & Keuper, F. (2001). Empirische Untersuchung zur Auswahl und Kompetenz von Beratungsgesellschaften. In: Die Betriebswirtschaft, 4-2001, S. 427-441.

Höselbarth, F., Lay, R. & Ammann, J.-C. (Hrsg.; 2001). Branding für Unternehmensberatungen. So bilden Sie eine Wissensmarke. Frankfurt am Main, 2001.

Hungenberg, H. (2004). Strategisches Management in Unternehmen (3. Aufl.). Wiesbaden, 2004.

Hungenberg, H. & Meffert, J. (Hrsg.; 2005). Handbuch Strategisches Management (2. Aufl.). Wiesbaden, 2005.

Instigate Group (2004). Management Consulting as a Career. Präsentation an der RSM Erasmus University, 12. November 2004. Rotterdam, 2004.

International Accounting Bulletin (2006). Resource constraints give mid-tier edge. In: International Accounting Bulletin, 25.07.2006, S. 4-6.

Jahn, C. (2007). Internationalisierung der Unternehmensberatung. Analyse und empirische Untersuchung. München und Mering, 2007.

Jehle, N. (2007). Konflikte innerhalb von Wirtschaftsprüfungsgesellschaften. Eine empirische Untersuchung branchenspezifischer Einflussfaktoren. Wiesbaden, 2007.

Jenner, T. (2000). Hybride Wettbewerbsstrategien in der deutschen Industrie – Bedeutung, Determinanten und Konsequenzen für die Marktbearbeitung. In: Die Betriebswirtschaft, 1-2000, S. 7-22.

Johnson, G., Scholes, K. & Whittington, R. (2005). Exploring corporate strategy (7. Aufl.). London, 2005.

Kaiser, S. (2004). Humanressourcen-Management in Professional Service Firms. In: Ringlstetter, M., Bürger, B. & Kaiser, S. (Hrsg.). Strategien und Management für Professional Service Firms. Weinheim, 2004, S. 163-184.

Kaiser, S. & Kampe, T. (2005). Partnerschaft ist, was der Partner schafft? In: Der Betriebs-Berater, BB-Spezial 11, 41-2005, S. 13-18.

Kaplan, R.S. & Norton, D.P. (1996). Balanced Scorecard: Translating Strategy into Action. Boston, 1996.

Karriere (2006). Wirtschaftsprüfungsgesellschaften – Men in Black, März 2006. Unter: http://www.karriere.de/psjuka/fn/juka/SH/0/sfn/cn_artikel_print/bt/1/page1/PAGE_7/page 2/PAGE_2206/aktelem/DOCUMENT_2207/oaobjid/22468/index.html (23.11.2006).

Keeble, D. & Nachum, L. (2001). Why do business service firms cluster? Small consultancies, clustering and decentralisation in London and Southern England. In: Transaction of the Institute of British Geographers, 1-2002, S. 67-90.

Keller, E. von & Lorentz, J. (1999). Zukunftsszenarien und Trends in der Managementberatung. In: Müller-Stewens, G., Drolshammer, J. & Kriegmeier, J. (Hrsg.). Professional Service Firms. Wie sich multinationale Dienstleister positionieren. Frankfurt am Main, 1999, S. 349-372.

Kellner, H. (2002). Die Teamlüge. Von der Kunst, den eigenen Weg zu gehen. Frankfurt am Main, 2002.

Kennedy Information (2006a). The Global Consulting Marketplace 2006. Peterborough (NH), 2006.

Kennedy Information (2006b). Business Advisory Services: Delivering Financial & Business Consulting Capabilities. Peterborough (NH), 2006.

Keppel, M.F. (1997). Netzwerkorganisation von Wirtschaftsprüfungsgesellschaften. Lohmar, 1997.

Kewitz, T. & Reihlen, M. (2007). Strategischer Wandel im Internationalisierungsprozess am Beispiel der Deutschen Treuhandgesellschaft: Vom Korrespondentennetzwerk zur ‚Global Advisory Firm'. In: Reihlen, M. & Rohde, A. (Hrsg.). Internationalisierung professioneller Dienstleistungsunternehmen. Köln, 2007, S. 185-226.

Kihn, M. (2005). House of Lies: How Management Consultants Steal Your Watch Then Tell You the Time. New York, 2005.

Kim W.C. & Mauborgne R. (2005). Der blaue Ozean als Strategie. Wie man neue Märkte schafft, wo es keine Konkurrenz gibt. München, 2005.

Kinney, W.R. (2000). Information Quality Assurance and Internal Control for Management Decision Making. Boston, 2000.

Kitschler, R. (2005). Abschlussprüfung, Interessenkonflikt und Reputation. Eine ökonomische Analyse. Wiesbaden, 2005.

Kittel-Wegner, E. & Meyer, J.-A. (2002). Die Fallstudie in der betriebswirtschaftlichen Forschung und Lehre. Schriften zu Management und KMU. Flensburg, 2002.

Klatetzki, T. & Tacke, V. (2003). Organisation und Profession in der Gesellschaft des Wissens. Tagungskonzept zur Tagung der Arbeitsgemeinschaft Organisationssoziologie der Deutschen Gesellschaft für Soziologie am 8./9.10.2003 an der Universität Siegen. Siegen, 2003.

Knee, J.A. (2006). The Accidental Investment Banker: Inside the Decade That Transformed Wall Street. Oxford, 2006.

Knorr, A. & Arndt, A. (2003). Wal-Mart in Deutschland – Eine verfehlte Internationalisierungsstrategie. In: Knorr, A. et al. (Hrsg.). Materialien des Wissenschaftsschwerpunktes „Globalisierung der Weltwirtschaft", Band 25, Juni 2003. Bremen, 2003.

Knyphausen-Aufseß, D. zu & Meinhardt, Y. (2002). Revisiting Strategy: Ein Ansatz zur Systematisierung von Geschäftsmodellen. In: Bieger, T. et al. (Hrsg.). Zukünftige Geschäftsmodelle. Konzept und Anwendung in der Netzökonomie. Berlin und Heidelberg, 2002, S. 63-89.

Köppen, R.O. (2001). Erfolgsfaktoren von Unternehmensberatungen: Die Nachfolgeregelung in kleinen und mittleren Unternehmen. Wiesbaden, 2001.

Kohler-Koch, B. (2000). Regieren in der Europäischen Union. Auf der Suche nach demokratischer Legitimität. In: Aus Politik und Zeitgeschichte, 6-2000, unter: http://www.bpb.de/publikationen/PI6UI1.html (09.08.2007).

Kohr, J. (2000). Die Auswahl von Unternehmensberatungen. München, 2000.

Koller, T., Goedhart, M. & Wessels, D. (2005). Valuation. Measuring and Managing the Value of Companies (4. Aufl.). New Jersey, 2005.

KPMG (2005). KPMG Annual Review 2005. Unter: http://www.kpmg.com (14.07.2006).

KPMG (2006a). KPMG Profil. Unter: http://www.kpmg.com (27.07.2006).

KPMG (2006b). M&A Jahr 2006 dürfte alle Rekorde brechen. Pressemitteilung vom 30.07.2006. Berlin und Frankfurt am Main, 2006.

Kralj, D. (2004). Vergütung von Beratungsdienstleistungen. Wiesbaden, 2004.

Kriegmeier, J.R. (2003). Professional Service Firms – Koordination im Spannungsfeld von globaler Integration und lokaler Differenzierung. St. Gallen, 2003.

Kromrey, H. (2006). Empirische Sozialforschung (11. Aufl.). Stuttgart, 2006.

Kubr, M. (2002). Management Consulting: A Guide to the Profession (4. Aufl.). Genf, 2002.

Kühnel, S. (2004). Wissensorganisation in Professional Service Firms – Perspektiven aus der Wirtschaftsprüfung. Rostock, 2004.

Küpper, H.-U. & Balke, N. (2005). Controlling in Netzwerken: Struktur und Systeme. In: Zentes, J., Swoboda, B. & Morschett, D. (Hrsg.). Kooperationen, Allianzen und Netzwerke (2. Aufl.). Wiesbaden, 2005, S. 1033-1056.

Kupsch, P. (1986). Die Rechnungslegung der Unternehmen. In: Hofbauer, M.A. & Kupsch, P. (Hrsg.). Bonner Handbuch Rechnungslegung. Bonn, 1986, Fach 3, S. 1-75.

Kupsch, P. (2004). Steuersystem. In: Bea, F.X., Friedl, B. & Schweitzer, M. (Hrsg.). Allgemeine Betriebswirtschaftslehre, Band 1: Grundfragen (9. Aufl.). Stuttgart, 2004. S. 180-223.

Kutschker, M. (1999). Das internationale Unternehmen. In: Kutschker, M. (Hrsg.). Perspektiven der Internationalen Wirtschaft. Wiesbaden, 1999, S. 101-127.

Kutschker, M. & Schmid, S. (2006). Internationales Management (5. Aufl.). München und Wien, 2006.

Kynge, J. (2006). China shakes the world. The rise of a hungry nation. London, 2006.

Lamnek, S. (2005). Qualitative Sozialforschung (4. Aufl.). Weinheim, 2005.

Landry, C. (2000). The Creative City: A Toolkit for Urban Innovators. London, 2000.

Lechner, C. & Kreutzer, M. (2005). So messen Sie die Arbeit Ihrer Consultants. In: io new management, 9-2005, S. 32-35.

Lechner, C. et al. (2005). Berater unter Druck. In: Harvard Businessmanager, 8-2006, S. 6-8.

Leif, T. (2006). Beraten und verkauft. McKinsey & Co. – Der große Bluff der Unternehmensberater. München, 2006.

Lenz, H. & Schmidt, M. (1999). Das strategische Netzwerk als Organisationsform internationaler Prüfungs- und Beratungsunternehmen – Die Entwicklung zur „Global Professional Service Firm". In: Engelhard, J. (Hrsg.). Kooperation und Wettbewerb. Wiesbaden, 1999, S. 115-140.

Lenz, H. & Bauer, M. (2004). Prüfungs- und Beratungshonorare von Abschlussprüfern deutscher börsennotierter Aktiengesellschaften. In: Die Wirtschaftsprüfung, 18-2004, S. 985-998.

Lenz, H. & James, M.L. (2007). International Audit Firms as Strategic Networks – The Evolution of Global Professional Service Firms. In: Cliquet, G. et al. (Hrsg.). Economics and Management of Networks. Franchising, Strategic Alliances and Cooperatives. Heidelberg und New York, 2007, S. 367-392.

LEO (2007). LEO Deutsch-Englisches Wörterbuch. Unter: http://dict.leo.org (21.05.2007).

Leukel, S. (2003). Neue Dienstleistungen für Wirtschaftsprüfungsunternehmen. Marburg, 2003.

London Economics (2006). Study on the Economic Impact of Auditors' Liability Regimes. Final Report to EC-DG Internal Market and Services, September 2006. London, 2006.

Lorsch, J.W. & Tierney, T.J. (2002). Aligning the Stars. How to Succeed When Professionals Drive Results. Boston, 2002.

Lovelock C. (1999). Developing Marketing Strategies For Transnational Service Operations. In: Journal of Services Marketing, 4/5-1999, S. 278-289.

Lowendahl, B. (2005). Strategic Management of Professional Service Firms (3. Aufl.). Kopenhagen, 2005.

Lück W. & Holzer P. (1981). Multinationale Wirtschaftsprüfungsgesellschaften. In: Der Betrieb 34-1981, S. 2037-2041.

Lück, W., Bungartz, O. & Henke, M. (2002). Internationalisierung – eine conditio sine qua non für die Wirtschaftsprüfung. In: Betriebs-Berater, 21-2002, S. 1086-1090.

Lünendonk (2006). Führende Wirtschaftsprüfungs-Gesellschaften in Deutschland, September 2006. Bad Wörishofen, 2006.

Lundberg, C. (1997). Towards a general model of consultancy foundations. In: Journal of Organizational Change Management, 3-1997, S. 193-201.

Macharzina, K. & Wolf, J. (2005). Unternehmensführung (5. Aufl.), Wiesbaden, 2005.

Macharzina, K. (1992). Internationalisierung und Organisation. In: Zeitschrift Führung und Organisation, 1-1992, S. 4-11.

Maister, D. (1997). Managing the Professional Service Firm. New York, 1997.

Maister, D. (2003). Managing the Professional Service Firm. Überarbeitete Ausgabe. London, 2003.

Maister, D. (2006). What Does it Take to be Truly Great?, 19.02.2006. Unter: http://davidmaister.com/blog/26 (16.07.2006).

Maister, D. & McKenna, P.J. (2006). Managing the Multidimensional Organization. Unter: http://davidmaister.com/articles/1/100 (12.12.2006).

Maister, D. & Walker, J. (2006). The One-Firm Firm Revisited. Unter: http://davidmaister.com/articles/1/101 (12.12.2006).

Malhotra, N., Morris, T. & Hinings, C.R. (2006). Variation in Organizational Form Among Professional Service Organizations. In: Greenwood, R. & Suddaby, R. (Hrsg.). Professional Service Firms. Research in the Sociology of Organizations, Volume 24. Amsterdam, 2006, S. 171-202.

Man, A.-P. de (2004). The network economy. Cheltenham, 2004.

manager magazin (2002a). Operation Big Mac. In: manager magazin, 11-2002, S. 52-58.

manager magazin (2002b). Energieknappheit. In: manager magazin, 11-2002, S. 56.

manager magazin (2006a). Beratermarkt: Heimliche Helden. In: manager magazin, 25.07.2006. Unter: http://www.manager-magazin.de/unternehmen/beratertest/ 0,2828,427332,00.html (22.11.2006).

manager magazin (2006b). Unternehmensberater – das große Duell. In: manager magazin, 8-2006, S. 26.

manager magazin (2006c). Leserbriefe. In: manager magazin, 10-2006, S. 266.

manager magazin (2007a). Deutscher Scherbenhaufen. In: manager magazin, 4-2007, S. 69-75.

manager magazin (2007b). Unternehmensberater: Helden der Arbeit. In: manager magazin, 8-2007, S. 28-37.

Mandler, U. (1994). Wirtschaftsprüfung im Umbruch. Harmonisierung der Rechnungslegung und Globalisierung der Unternehmensstrukturen. In: Zeitschrift für Betriebswirtschaft, 2-1994, S. 167-188.

Mandler, U. (1999). Die Internationalisierung von Wirtschaftsprüfungsgesellschaften. In: Giesel, F. & Glaum M. (Hrsg.). Globalisierung – Herausforderungen an die Unternehmensführung zu Beginn des 21. Jahrhunderts. München, 1999, S. 429-452.

Marten, K.-U., Quick, R. & Ruhnke, K. (Hrsg.; 2003). Wirtschaftsprüfung (2. Aufl.). Stuttgart, 2003.

Matussek, M. (2006). Wir Deutschen. Frankfurt am Main, 2006.

Mayring, P. (2002). Einführung in die qualitative Sozialforschung (5. Aufl.). Weinheim und Basel, 2002.

McKenna, P.J. & Maister, D.H. (2002). FIrst Among Equals. New York, 2002.

McKinsey & Company (2004). Europäisches Asia House in Frankfurt eröffnet. Pressemitteilung vom 16.09.2004. Unter: http://www.mckinsey.de/presse/040916_asiahouse.htm (30.01.2007).

McKinsey & Company (2006a). McKinsey & Company. Unter: http://www.mckinsey.com (08.07.2006).

McKinsey & Company (2006b). Profil. Unter: http://www.mckinsey.de/profil/firm/profil_firm.htm (30.11.2006).

McKinsey & Company (2006c). Asia House. Unter: http://www.asiahouse.mckinsey.com/html/client_services/our_work.php (30.11.2006).

McKinsey & Company (2006d). McKinsey wächst stark. Pressemitteilung vom 14.12.2006. Unter: http://www.mckinsey.de/presse/061214_weihnachtspressegespraech.htm (30.01.2007).

McKinsey & Company (2007a). Globales Netzwerk. Unter: http://www.mckinsey.de/profil/firm/globalesnetzwerk.htm (30.01.2007).

McKinsey & Company (2007b). Kunden. Unter: http://www.mckinsey.de/profil/clients/profil_clients.htm (30.01.2007).

McKinsey & Company (2007c). Kompetenz. Unter: http://mckinsey.de/kompetenz/kompetenz_index.htm (31.01.2007).

McKinsey & Company (2007d). Ideas – Innovation and Insight. Unter: http://www.mckinsey.com/ideas (31.01.2007).

McKinsey & Company (2007e). Mitarbeiter. Unter: http://www.mckinsey.de/profil/people/profil_people.htm (31.01.2007).

Meffert, H. (1990). Implementierungsprobleme globaler Strategien. In: Welge, M.K. (Hrsg.). Globales Management. Erfolgreiche Strategien für den Weltmarkt. Stuttgart, 1990, S. 93-115.

Meffert, H. & Bruhn, M. (2006). Dienstleistungsmarketing (5. Aufl.). Wiesbaden, 2006.

Meurer, C. (2003). Strategisches internationales Marketing für Dienstleistungen dargestellt am Beispiel des Management-Consulting. Frankfurt am Main, 2003.

Meyer, J.A. (2003). Die Fallstudie in der betriebswirtschaftlichen Forschung und Lehre. In: Das Wirtschaftsstudium, 8-2003, S. 475-479.

Miles, M.B. & Huberman, A.M. (1994). Qualitative Data Analysis: An Expanded Sourcebook (2. Aufl.). Thousand Oaks, 1994.

Mintzberg, H. (1996). The Structuring of Organizations. In: Mintzberg, H. & Quinn, J.B. (Hrsg.). The Strategy Process (3. Aufl.), Saddle River, S. 331-349.

Mintzberg, H., Ahlstrand, B. & Lampel, J. (1998). Strategy Safari: A Guided Tour Through the Wilds of Strategic Management. New York, 1998.

Mößlang, A.M. (1995). Internationalisierung von Dienstleistungsunternehmen: Empirische Relevanz – Systematisierung – Gestaltung. Wiesbaden, 1995.

Mohe, M. (2005). Klientenprofessionalisierung – Strategien eines professionellen Umgangs mit Beratung. In Seidl, D., Kirsch, W. & Linder, M. (Hrsg.). Grenzen der Strategieberatung. Bern, 2005, S. 203-227.

Morgan, G. & Quack, S. (2005). Internationalization and Capability Development of Professional Services Firms. In: Morgan, G., Whitley, R. & Moen, E. (Hrsg.). Changing Capitalism? Internationalization, Institutional Change, and Systems of Economic Organization. Oxford, 2005, S. 277-311.

Müller-Seitz, G. (2003). Der Zusammenhang von Mitarbeiter- und Kundenzufriedenheit bei Professional Service Firms. Unveröffentlichte Diplomarbeit, Katholische Universität Eichstätt-Ingolstadt. Eichstätt, 2003.

Müller-Stewens, G., Drolshammer, J. & Kriegmeier, J. (Hrsg.; 1999). Professional Service Firms. Wie sich multinationale Dienstleister positionieren. Frankfurt am Main, 1999.

Müller-Stewens, G. & Young, M. (1999). Globalisierung und Konzentration: Fallstudie zur Fusion von Coopers & Lybrand und Price Waterhouse. In: Müller-Stewens, G., Drolshammer, J. & Kriegmeier, J. (Hrsg.). Professional Service Firms. Wie sich multinationale Dienstleister positionieren. Frankfurt am Main, 1999, S. 281-325.

Müller-Stewens, G. (2000). Das „One-Firm"-Konzept – Zum Spannungsfeld von globaler Integration und lokaler Kundennähe bei international tätigen Professional Service Firms. In: Belz, C. & Bieger, T. (Hrsg.). Dienstleistungskompetenz und innovative Geschäftsmodelle. St. Gallen, 2000, S. 76-87.

Müller-Stewens, G. (2001). Die Bereitschaft zur Teilung von Wissen in Professional Service Firms. In: Maas, P. (Hrsg.). Integriertes Dienstleistungs-Management – Auf dem Weg zum Customer Value. Institut für Versicherungswirtschaft der Universität St. Gallen, 2001, S. 121-135.

Müller-Stewens, G. & Kriegmeier, J. (2001). Das Wertschöpfungssystem einer Professional Service Firm. In: Siegwart, H. & Mahari, J. (Hrsg.). Management Consulting. München, 2001, S. 133-160.

Müller-Stewens, G. & Lechner C. (2002). Strategische Prozessforschung – Grundlagen und Perspektiven. In: Ringlstetter, M.J., Henzler, H.A. & Mirow, M. (Hrsg.). Perspektiven der strategischen Unternehmensführung. Wiesbaden, 2003, S. 43-71.

Müller-Stewens, G. & Lechner, C. (2005). Strategisches Management (3. Aufl.). Stuttgart, 2005.

Muhr, T. (2004). Beratung und Macht. Mikropolitische Fallstudie einer Organisationsberatung. Dissertation, Universität Bielefeld. Bielefeld, 2004.

N24 Wirtschaft (2006). BA vergibt Millionenaufträge an Berater. Unter: http://www.n24.de/wirtschaft/wirtschaftspolitik/index.php/n2005032517521700002 (12.07.2006).

NeilMcIntyre.ca (2007). BDO and Grant Thornton decide against merger, 11.05.2007. Unter: http://neilmcintyre.ca/index.php/2007/05/11/bdo-and-grant-thornton-decide-against-merger (14.08.2007).

Netzer, T. (2000). Das Partnerschaftsmodell als Erfolgsfaktor wissensintensiver Dienstleistungen. Lohmar, 2000.

Neue Zürcher Zeitung (2004). Sich über Gott und die Welt austauschen, 16.06.2004. Unter: http://www.alumni.emba-unizh.ch/customers/emba/emba.nsf/search/85f189268157f8afc1256f07002dca93 (11.11.2006).

Neuhoff, A. (1998). Zum Standortsystem der höherwertigen unternehmensorientierten Dienstleistung in Nordrhein-Westfalen. Stabilität oder Umbruch im Formationswechsel? Dissertation, Universität Duisburg. Duisburg, 1998.

Niedereichholz, C. (2006). Unternehmensberatung – Auftragsdurchführung und Qualitätssicherung (4. Aufl.). München, 2006.

Niedereichholz, C. & Niedereichholz, J. (2006). Consulting Insight. München, 2006.

Nikolova, N., Reihlen, M. & Stoyanov, K. (2001). Kooperationen von Managementberatungsunternehmen: Eine explorative Analyse, Arbeitsbericht Nr. 103. Seminar für Allgemeine Betriebswirtschaftslehre, Betriebswirtschaftliche Planung und Logistik, Universität Köln, 2001.

Nissen, V. (Hrsg.; 2007). Consulting Research. Unternehmensberatung aus wissenschaftlicher Perspektive. Wiesbaden, 2007.

O'Shea, J. & Madigan, C. (1999). Dangerous Company: Management Consultants and the Businesses They Save and Ruin. London, 1999.

OECD (1999). Strategic Business Services. Paris, 1999.

OECD (2000). The Service Economy. Paris, 2000.

Oetinger, B. von (2004). Management- und Strategieberatung. In: Ringlstetter, M., Bürger, B. & Kaiser, S. (Hrsg.). Strategien und Management für Professional Service Firms. Weinheim, 2004, S. 63-87.

Otte, H.-H. (2002). Am Anfang eine Vision, heute Wirklichkeit: BDO. Hamburg, 2002.

Oxman, J.A. & Smith, B.D. (2003). The Limits of Structural Change. In: MIT Sloan Management Review, 1-2003, S. 77-82.

Parise, S., Cross, R. & Davenport, T. (2006). Makler in der Mitte. In: MIT Sloan Management Review, abgedruckt in WirtschaftsWoche, 25.09.2006, S. 142-147.

Perlitz, M. (2004). Internationales Management (5. Aufl.). Stuttgart, 2004.

Pfitzer, N. (2006). Aktuelles zur Qualitätssicherung und Qualitätskontrolle. In: Die Wirtschaftsprüfung, 4-2006, S. 186.

Picot, A., Reichwald, R. & Wigand, R.T. (2003). Die grenzenlose Unternehmung (5. Aufl.). Wiesbaden, 2003.

Pinnington, A. & Morris, T. (2003). Archetype Change in Professional Organizations: Survey Evidence from Large Law Firms. In: British Journal of Management, 14-2003, S. 85-99.

Porter, M.E. (1999). Wettbewerbsstrategie (10. Aufl.). Frankfurt am Main, 1999.

Post, H.A. (1996). Internationalization and Professionalization in Accounting Services. In: International Studies of Management & Organization, 2-1996, S. 80-103.

Powell, M.J., Brock, D.M. & Hinings, C.R. (1999). The changing professional organization. In: Brock, D.M., Powell, M.J. & Hinings, C.R. (1999). Restructuring the Professional Organization: Accounting, Health Care & Law. London, 1999. S. 1-19.

Prahalad, C.K. (2006). Der Reichtum der Dritten Welt. München, 2006.

Pressetext (2002). Arthur D. Little: Management-Buy-Out geplant, 18.02.2002. Unter: http://www.pressetext.ch/pte.mc?pte=020218040 (17.07.2006).

Proff, H. (1997). Hybride Strategien. Unternehmensstrategien zur Sicherung des Überlebens. In: Wirtschaftswissenschaftliches Studium, 6-1997, S. 305-307.

PwC (2005). PwC Annual Review 2005. Unter: http://www.pwc.com (14.07.2006).

PwC (2006). PricewaterhouseCoopers. Unter: http://www.pwc.com (14.11.2006).

Raelin, J.A. (1986). The Clash of Cultures. Boston, 1986.

Ragin, C.C. (1994). Constructing Social Research. Thousand Oaks, 1994.

Rasche, C. (1994). Wettbewerbsvorteile durch Kernkompetenzen. Ein ressourcenorientierter Ansatz. Wiesbaden, 1994.

Rasche, C. & Wagner, D. (Hrsg.; 2003). Professional Services: Mismanaged Industries – Chancen und Risiken. München und Mering, 2003.

Rasiel, E.M. (1999). The McKinsey Way. New York, 1999.

Rasiel, E.M. (2001). The McKinsey Mind. New York, 2001.

Rassam, J. (2001). The management consultancy industry. In: Sadler, P. (Hrsg.). Management Consultancy – a handbook for best practice (2. Aufl.). London, 2001, S. 29-59.

Raynor, M.E. (2007). The Strategy Paradox: Why Committing to Success Leads to Failure (and What to Do about It). New York, 2007.

Reder, D., Roeseling, S. & Prüfer, T. (2007). Geschichtsbüro Reder, Roeseling & Prüfer: 100 Jahre Deloitte Deutschland. Köln, 2007 (im Erscheinen).

Reihlen. M. & Apel, B.A. (2006). Internationalization of Professional Service Firms as Learning – A Constructivist Approach. Seminar für Allgemeine Betriebswirtschaftslehre, Betriebswirtschaftliche Planung und Logistik, Universität Köln, 2006 (im Erscheinen).

Reihlen, M. & Ringberg, T. (2006). Computer-Mediated Knowledge Systems in Consultancy Firms: Do they work? In: Greenwood, R. & Suddaby, R. (Hrsg.). Professional Service Firms. Research in the Sociology of Organizations, Volume 24. Amsterdam, 2006, S. 307-336.

Reihlen, M. & Rohde, A. (Hrsg.; 2007). Internationalisierung professioneller Dienstleistungsunternehmen. Köln, 2007.

Reinmoeller, P. & Baardwijk, N. van (2005). Neuer Zugang. In: MIT Sloan Management Review, abgedruckt in WirtschaftsWoche, 13.10.2005, S. 94-96.

Richter, A. & Schroeder, K. (2006). The Allocation of Ownership Rights in Consulting Firms. Paper #00662 zum IFSAM VIIIth World Congress 2006. Berlin, 2006.

Riddle, D. (2005). Business & Professional Services. Fast-growing Markets. In: International Trade Forum, 2-2005, S. 28.

Ringlstetter, M., Henzler, H.A. & Mirow, M. (Hrsg.; 2003). Perspektiven der strategischen Unternehmensführung. Wiesbaden, 2003.

Ringlstetter, M. & Bürger, B. (2004). Strategische Entwicklung von Professional Service Firms – Optionen, Herausforderungen und Umsetzungsformen. In: Ringlstetter, M., Bürger, B. & Kaiser, S. (Hrsg.). Strategien und Management für Professional Service Firms. Weinheim, 2004, S. 283-305.

Ringlstetter, M., Bürger, B. & Kaiser, S. (Hrsg.; 2004). Strategien und Management für Professional Service Firms. Weinheim, 2004.

Ringlstetter, M., Kaiser, S. & Bürger, B. (2004). Professional Service Firms: Geschäftstypen, Vergütungsformen und Teilbranchen. In: Ringlstetter, M., Bürger, B. & Kaiser, S. (Hrsg.). Strategien und Management für Professional Service Firms. Weinheim, 2004, S. 39-61.

Ringlstetter, M., Kaiser, S. & Kampe, T. (2007). Vernetzung von Wertschöpfungsprozessen kleinerer und mittlerer Professional Service Firms – Eine Analyse aus Sicht der Sozialkapital-Forschung. In: Bruhn, M. & Stauss, B. (Hrsg.). Wertschöpfungsprozesse bei Dienstleistungen. Forum Dienstleistungsmanagement. Wiesbaden, 2007, S. 142-164.

Rödl & Partner (2004). Rödl & Partner steigert Umsatz in 2003. Pressemitteilung vom 04.02.2004. Unter: http://www.roedl.de/Inhalt/download/Briefe/PM_040204_Jahrespressekonferenz.pdf (18.11.2006).

Rödl & Partner (2006a). Jahresbericht 2004/2005 Rödl & Partner. Nürnberg, 2006.

Rödl & Partner (2006b). Erfolgreiche Jahresbilanz für Wirtschaftskanzlei Rödl & Partner. Pressemitteilung vom 09.03.2006. Unter: http://www.roedl.de/Inhalt/download/Briefe/PM_060309_Jahrespressekonferenz_Frankfurt_Internet.pdf (18.11.2006).

Rödl & Partner (2006c). Rödl & Partner Profil. Unter: http://www.roedl.de/profil/index.htm (18.11.2006).

Rödl & Partner (2007a). Rödl & Partner Philosophie. Unter: http://www.roedl.de/ phil/index.htm (06.01.2007).

Rödl & Partner (2007b). Rödl & Partner Engagement. Unter: http://www.roedl.de/ engagement/index.htm (06.01.2007).

Rödl & Partner (2007c). Weltweite Standorte. Unter: http://www.roedl.de/welt/index.htm (06.01.2007).

Rödl & Partner (2007d). Rödl & Partner Geschäftsleitung. http://www.roedl.de/ partner/index.htm (06.01.2007).

Rolfe, J. & Troob, P. (2001). Monkey Business: Swinging Through the Wall Street Jungle. Oxford, 2001.

Roos, J. et al. (1998). Intellectual Capital. Navigating in the New Business Landscape. New York, 1998.

Rüegg-Stürm, J. (2002). Das neue St. Galler Management-Modell. Bern, 2002.

Ruhnke, K. (2000). Entwicklungen in der internationalen Wirtschaftsprüfung. In: Lachnit, L. & Freidank, C.-C. (Hrsg.). Investorientierte Unternehmenspublizität. Wiesbaden, 2000, S. 329-361.

Ruud, T.F. & Beer, M. (1999). Wirtschaftsprüfung – quo vadis? In: Müller-Stevens, G., Drolshammer, J. & Kriegmeier, J. (Hrsg.). Professional Service Firms. Wie sich multinationale Dienstleister positionieren. Frankfurt am Main, 1999, S. 373-392.

Sabine Christiansen (2006). Gästelistenarchiv. Unter: http://www.sabine-christiansen.de/archiv_gaeste.jsp (28.07.2006).

Sagebiel, J. & Vanhoefer, E. (2006). Es könnte auch anders sein. Systematische Variationen der Teamberatung. Heidelberg, 2006.

Schäfer, S.-I. & Vater, H. (2002). Behavioral Finance. Eine Einführung. In: Der Finanz-Betrieb, 12-2002, S. 739-748.

Schanz, G. (1977). Grundlagen der verhaltenstheoretischen Betriebswirtschaftslehre. Tübingen, 1977.

Schanz, G. (1988). Erkennen und Gestalten. Betriebswirtschaftslehre in kritisch-rationaler Absicht. Stuttgart, 1988.

Schanz, G. (2004a). Das individualisierte Unternehmen. München und Mering, 2004.

Schanz, G. (2004b). Wissenschaftsprogramme der Betriebswirtschaftslehre. In: Bea, F.X., Friedl, B. & Schweitzer, M. (Hrsg.). Allgemeine Betriebswirtschaftslehre, Band 1: Grundfragen (9. Aufl.). Stuttgart, 2004. S. 83-161.

Schaper-Rinkel, W. (1998). Akquisitionen und strategische Allianzen. Wiesbaden, 1998.

Schivelbusch, W. (2007). Ende des Schau-Geschäfts. Geschichte und Globalisierung. In: Der Spiegel, 23-2007, S. 186-187.

Schmickl, C & Jöns, I. (2001). Der Einfluss weicher Faktoren auf den Erfolg von Fusionen und Akquisitionen. In: Mannheimer Beiträge zur Wirtschafts- und Organisationspsychologie, 3-2001, S. 3-12.

Schmidt A. & Strobel W. (2005). Strategieberatung – Anspruch und Realität. In: Seidl, D., Kirsch, W. & Linder, M. (Hrsg.). Grenzen der Strategieberatung. Bern, 2005, S. 21-28.

Schneider, D. & Amann, M. (2006). Benchmarking von Beratungsgesellschaften mit SuccessResourceDeployment (SRD) – Empirische Ergebnisse für einzelne Wettbewerber. In: Zeitschrift der Unternehmensberatung, 1-2006, S. 9-15.

Schneider, H. (1991). Team und Teamarbeit. Bergisch Gladbach, 1991.

Scholz, C. (2005). Von der Netzwerkorganisation zur virtuellen Organisation – und zurück? In: Zentes, J., Swoboda, B. & Morschett, D. (Hrsg.). Kooperationen, Allianzen und Netzwerke (2. Aufl.). Wiesbaden, 2005, S. 505-530.

Scholz, R.W. & Tietje, O. (2002). Embedded Case Study Methods: Integrating Quantitative and Qualitative Knowledge. Thousand Oaks, 2002.

Schreyögg, G. (2003). Organisation. Grundlagen moderner Organisationsgestaltung (4. Aufl.). Wiesbaden, 2003.

Scott, M. (2001). The Professional Service Firm. The Manager's Guide to Maximising Profit and Value. Chichester, 2001.

Seifert, W.G. (2006). Invasion der Heuschrecken. Berlin, 2006.

Sennett, R. (2005). Die Kultur des neuen Kapitalismus. Berlin, 2005.

Siebert, H. (1991). Ökonomische Analyse von Unternehmensnetzwerken. In: Staehle, W.H. & Sydow, J. (Hrsg.). Managementforschung, Band 1. Berlin, 1991, S. 291-311.

Simon – Kucher & Partners (2006). Wir über uns. Unter: http://www.simon-kucher.com/deu04/630_presse_zahlenfakten.html (18.08.2006).

Simon, H. (1985). Goodwill und Marketingstrategie. Wiesbaden, 1985.

Simons, D. (2005). Internationalisierung von Rechnungslegung, Prüfung und Corporate Governance. Wiesbaden, 2005.

Skaates, M.A., Tikkanen, H. & Alajoutsijärvi, K. (2003). The international marketing of professional service projects: To what extent does territoriality matter? In: Journal of Services Marketing, 1-2003, S. 83-97.

Specker, T. & Engelhard, J. (2005). Internationalisierungsprozesse von wissensintensiven Dienstleistungsunternehmen. In: Bruhn, M. & Stauss, B. (Hrsg.). Internationalisierung von Dienstleistungen. Forum Dienstleistungsmanagement. Wiesbaden, 2005, S. 433-458.

Spiegel Online (2006). Berger-Chef will China-Geschäft stärken, 09.12.2006. Unter: http://www.spiegel.de/wirtschaft/0,1518,453563,00.html (10.12.2006).

Squires, S.E. et al. (2003). Inside Arthur Andersen. New Jersey, 2003.

Stabell, C.B. & Fjeldstad, O.D. (1998). Configuring Value for Competitive Advantage: On Chains, Shops and Networks. In: Strategic Management Journal, 5-1998, S. 413-437.

Staehle, W.H. (1999). Management (8. Aufl.). München, 1999.

Stähler, P. (2001). Geschäftsmodelle in der digitalen Ökonomie: Merkmale, Strategien und Auswirkungen. Köln-Lohmar, 2001.

Stauss, B. (1995). Internationales Dienstleistungsmarketing. In: Hermanns, A. & Wissmeier, U.K. (Hrsg.). Internationales Marketingmanagement. München, 1995, S. 437-474.

Steele, F. (1975). Consulting for Organizational Change. Amherst, 1975.

Stein, W. (2005). Best Practice im Wissensmanagement – Ergebnisse einer internationalen Untersuchung und Erfahrungen aus dem Beratungsalltag. In: Hungenberg, H. & Meffert, J. (Hrsg.). Handbuch Strategisches Management (2. Aufl.). Wiesbaden, 2005, S. 937-960.

Steppan, R. (2003). Versager im Dreiteiler. Wie Unternehmensberater die Wirtschaft ruinieren. Frankfurt am Main, 2003.

Stevens, M. (1984). The Big Eight. New York, 1984.

Stevens, M. (1992). Big Six. New York, 1992.

Stevens, M. (2002). The death of the Big Five. In: Westchester County Business Journal, 02.09.2002.

Stimpson, J. (2005). Strenghts of Associations, Networks & Alliances, 01.02.2005. Unter: http://www.webcpa.com/article.cfm?articleid=10380 (14.11.2006).

Strambach, S. (1995). Wissensintensive unternehmensorientierte Dienstleistungen: Netzwerke und Interaktion am Beispiel des Rhein-Neckar-Raumes. Mannheim, 1995.

Strasser, H. (1993). Unternehmensberatung aus der Sicht des Kunden – Eine resultatsorientierte Gestaltung der Beratungsbeziehung und des Beratungsprozesses. Zürich, 1993.

Stumpf, S.A., Doh, J.P. & Clark K.D. (2002). Professional service firms in transition: Challenges and opportunities for improving performance. In: Organizational Dynamics, 3-2002, S. 259-279.

Stutz, H.-R. (1988). Management Consulting. Organisationsstrukturen am Beispiel einer interaktiven Dienstleistung. Bern, 1988.

Süddeutsche Zeitung (2004a). Im Glashaus. In: Süddeutsche Zeitung, 14./15.02.2004, S. W-III.

Süddeutsche Zeitung (2004b). Drei Tage mit den Mackies. In: Süddeutsche Zeitung, 18.03.2004, S. 3.

Süddeutsche Zeitung (2006a). Wirtschaftsbuch – Ein Berater packt aus. In: Süddeutsche Zeitung, 05./06.08.2006, S. 34.

Süddeutsche Zeitung (2006b). Die neue Leichtigkeit. In: Süddeutsche Zeitung, 09.09.2006, S. 26.

Süddeutsche Zeitung (2006c), KPMG wird größter europäischer Prüfer. In: Süddeutsche Zeitung, 06.10.2006, S. 21.

Süddeutsche Zeitung (2006d). Über Stolperstein nach Kleinbritannien. In: Süddeutsche Zeitung, 16.10.2006, S. 3.

Süddeutsche Zeitung (2007). Es geht immer darum, Anleger zu schützen. Interview mit James Quigley. In: Süddeutsche Zeitung, 19.07.2007, S. 19.

Sveiby, K.E. (1998). Wissenskapital. Das unentdeckte Vermögen. Landsberg am Lech, 1998.

Sydow, J. (1992). Strategische Netzwerke: Evolution und Organisation. Wiesbaden, 1992.

Teece, D.J. (2000). Managing Intellectual Capital. Oxford, 2000.

Tenhagen, U. (1992). Strategisches Management in Wirtschaftsprüfungsunternehmen. Bergisch Gladbach, 1992.

The Lawyer (2006). Freeing up the professional services market has highlighted the need for robust ethical codes. In: The Lawyer, 06.02.2006, S. 20.

The McKinsey Quarterly (1998). The war for talent. In: The McKinsey Quarterly, 3-1998, S. 44-57.

The New York Times (2006). Legal Costs of Shelter Case Hurt Deutsche Bank Profit. In: The New York Times, 10.03.2006, S. C3.

Theuvsen, L. (2001). Kernkompetenzorientierte Unternehmensführung. In: Das Wirtschaftsstudium, 12-2001, S. 1644-1650.

Thiele M. (1997). Kernkompetenzorientierte Unternehmensstrukturen. Wiesbaden, 1997.

Thomas, R.S., Schwab, S.J. & Hansen, R.G. (2001). Megafirms. In: The North Carolina Law Review, 1-2001, S. 115-198.

Thommen, J.-P. & Achleitner, A.-K. (2001). Allgemeine Betriebswirtschaftslehre. Umfassende Einführung aus managementorientierter Sicht (3. Aufl.). Wiesbaden, 2001.

Thunert, M. (2003). Think Tanks in Deutschland – Berater der Politik? In: Aus Politik und Zeitgeschichte, 51-2003, S. 30-38.

Toffler, B.L. & Reingold, J. (2003). Final Accounting: Ambition, Greed and the Fall of Arthur Andersen. New York, 2003.

Trek Consulting (2005). Intellectual Capital Defined. Trek Consulting, 2005. Unter: http://www.icknowledgecenter.com/ICDefined.html (19.07.2007).

Ulrich, H. (1982). Anwendungsorientierte Wissenschaft. In: Die Unternehmung, 1-1982, S. 1-10.

Ulrich, H. (2001). Praxisbezug und wissenschaftliche Fundierung einer transdisziplinären Managementlehre. In: Ulrich, H. (Hrsg.). Gesammelte Schriften, Band 5. Bern, 2001, S. 459-468.

Universität St. Gallen (2006). Institut für Accounting, Controlling und Auditing an der Universität St. Gallen. Unter: http://www.aca.unisg.ch (04.02.2007).

Unternehmertum Deutschland (2006). Unternehmertum Deutschland. Eine Perspektive für profitables Wachstum. Unter: http://www.unternehmertum-deutschland.de (28.07.2006).

US Chamber of Commerce (2006). Auditing: A Profession at risk, January 2006. Washington, 2006.

Utikal, H. (2003). Von der Strategie zur Struktur. In: Simon, H. (Hrsg.). Strategie im Wettbewerb. Frankfurt am Main, 2003, S. 264-269.

Venture Economics (2006). Private Equity 2006. Unter: http://www.ventureeconomics.com/ evcj/protected/penews/1152907879571.html (14.08.2006).

Vorstius, S. (2004). Wertrelevanz von Jahresabschlussdaten. Wiesbaden, 2004.

WebCPA (2006). Merger Creates Major U.S. CPA Firm Association, 02.11.2005. Unter: http://www.webcpa.com/article.cfm?articleid=16186 (18.11.2006).

WebFeet (2006). WebFeet Insider Guide 2006: McKinsey & Company. San Francisco, 2006.

Weinert, A.B. (1992). Anreizsysteme. Verhaltenswissenschaftliche Dimensionen. In: Frese, E. (Hrsg.). Handbuch der Organisation (3. Aufl.). Stuttgart, 1992, S. 122-134.

Welge, M.K. & Holtbrügge, D. (2006). Internationales Management. Theorien, Funktionen, Fallstudien (4. Aufl.). Stuttgart, 2006.

Welge, M.K. (1989). Koordinations- und Steuerungsinstrumente. In: Macharzina, K. & Welge, M.K. (Hrsg.). Handwörterbuch Export und Internationale Unternehmung. Stuttgart, 1989, S. 1182-1191.

Welt am Sonntag (2007). Der Weg zu mehr Rendite. Unternehmensberater Hermann Simon will fünf neue Filialen im Ausland eröffnen. In: Welt am Sonntag, 12.02.2007, S. NRW4.

Wernerfelt, B. (1984). A Resource-based View on the Firm. In: Strategic Management Journal, 2-1984, S. 171-184.

Wettstein, T. (2002). Gesamtheitliches Performance Measurement – Vorgehensmodell und informationstechnische Ausgestaltung. Freiburg im Uechtland., 2002.

Weyrather, C. (2006). Internationalisierung als neue Herausforderung für kleine und mittlere Beratungsunternehmen. OBIE Tagungsunterlagen vom 03.11.2006. München, 2006.

Wikipedia (2007). McKinsey & Company. Unter: http://en.wikipedia.org/wiki/McKinsey_&_ Company (02.02.2007).

Wilkesmann, U. (2005). Die Organisation von Wissensarbeit. In: Berliner Journal für Soziologie, 15-2005, S. 55-72.

Willert, F. (2006). Was determiniert die Größe von Private Equity-Gesellschaften? Eine fallstudienbasierte Untersuchung des Geschäftsmodells von Beteiligungsgesellschaften zur Erklärung von Größenmustern von Fonds und Organisation. Marburg, 2006.

Wirtschaft in Mittelfranken (2006). Bundesverdienstkreuz für Dr. Bernd Rödl. In: Wirtschaft in Mittelfranken, 11-2006, S. 77.

Wirtschaftsprüferkammer (2006). Rechtsvorschriften. Unter: http://www.wpk.de/rechtsvorschriften/rechtsvorschriften.asp (18.10.2006).

WirtschaftsWoche (2005). Einfach zu. In: WirtschaftsWoche, 03.02.2005, S. 64-65.

WirtschaftsWoche (2006a). Alles neu. In: WirtschaftsWoche, 06.11.2006, S. 134-142.

WirtschaftsWoche (2006b). Grüner Anstrich. In: WirtschaftsWoche, 13.11.2006, S. 38.

WirtschaftsWoche (2007a). Manipulierte Listen. In: WirtschaftsWoche, 05.02.2007, S. 58.

WirtschaftsWoche (2007b). Ein Jahr zählt nicht. In: WirtschaftsWoche, 05.03.2007, S. 17.

WirtschaftsWoche (2007c). Netzwerk der Berater. In: WirtschaftsWoche, 19.03.2007, S. 72.

WirtschaftsWoche (2007d). Gefühltes Glück. In: WirtschaftsWoche, 21.05.2007, S. 80-83.

Wöhe, G. (1996). Einführung in die Allgemeine Betriebswirtschaftslehre (19. Aufl.). München, 1996.

Wohlgemuth, A.C. (1995). Professionelle Unternehmensberatung: Eine zukunftsorientierte Dienstleistung. In: Wohlgemuth, A.C. & Treichler, C. (Hrsg.). Unternehmensberatung und Management. Zürich, 1995, S. 11-38.

Wohlgemuth, A.C. (2006). Unternehmensberatung (Management Consulting). Dokumentation zur Vorlesung „Unternehmensberatung" (7. Aufl.). Zürich, 2006.

World Accounting Intelligence (2006). Deloitte Touche Tohmatsu consolidates the Caribbean, 10.11.2006. Unter: http://www.worldaccountingintelligence.com (12.11.2006).

WP-Handbuch (2006). Wirtschaftsprüferhandbuch 2006. Wirtschaftsprüfung, Rechnungslegung, Beratung, Band I (13. Aufl.). Düsseldorf, 2006.

Yin, R.K. (2003a). Case study research. Design and methods (3. Aufl.). London, 2003.

Yin, R.K. (2003b). Applications of case study research (2. Aufl.). London, 2003.

Zeithaml, V.A. (1981). How customers evaluation processes differ between goods and services. In: Donelly, J.H. & George, W.R. (Hrsg.). Marketing of services. Chicago, 1981, S. 186-190.

Zentes, J. & Morschett, D. (2003). Kooperative Internationalisierungsstrategien. In: Holtbrügge, D. (Hrsg.). Management multinationaler Unternehmungen. Heidelberg, 2003, S. 51-66.

ZFB Rostock (2003). Zentrum für angewandte Bank- und Finanzmarktforschung e.V. Rostock. Marketing im Investmentbanking. Rostock, 2003.